U0322331

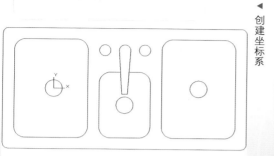

创建坐标系

控制坐标系图标显示

设置捕捉和栅格

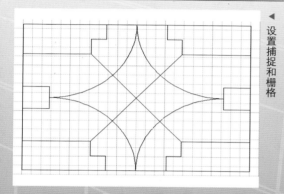

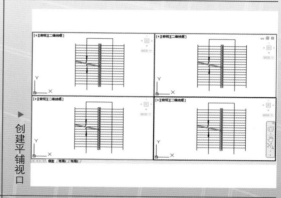

创建平铺视口

创建单点

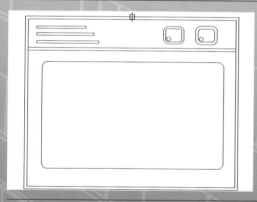

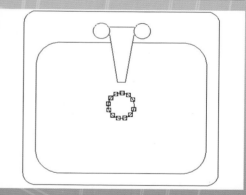

创建定距等分点

创建直线

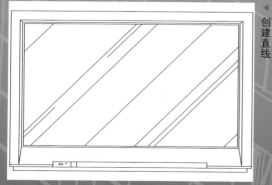

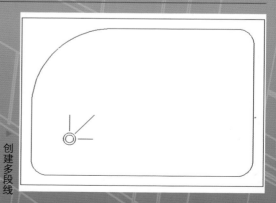

创建多段线

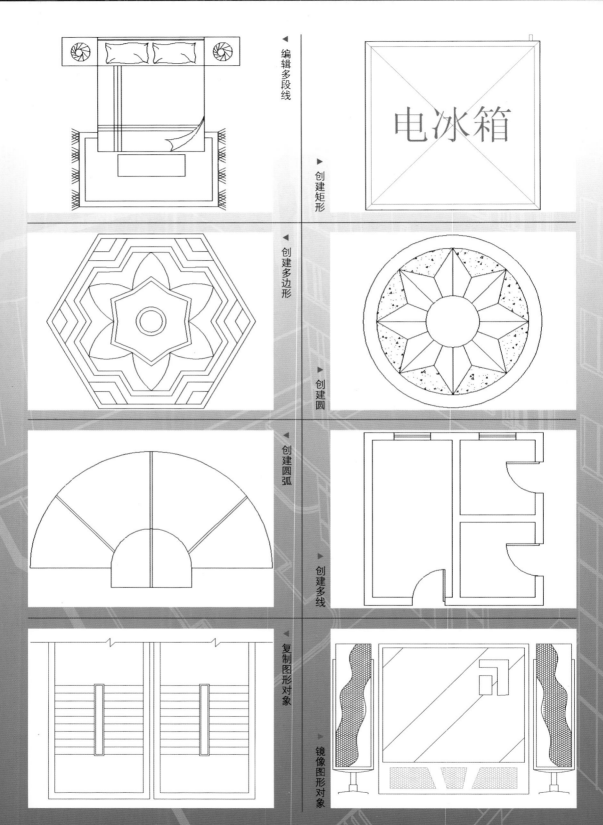

编辑多段线

创建矩形

电冰箱

创建多边形

创建圆

创建圆弧

创建多线

复制图形对象

镜像图形对象

中文版AutoCAD 2013建筑设计从入门到精通

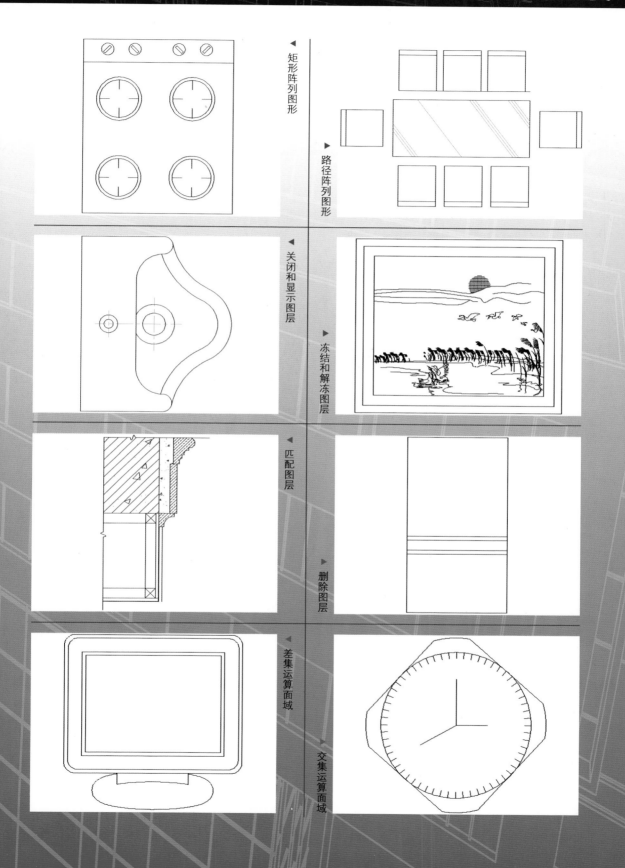

矩形阵列图形

路径阵列图形

关闭和显示图层

冻结和解冻图层

匹配图层

删除图层

差集运算面域

交集运算面域

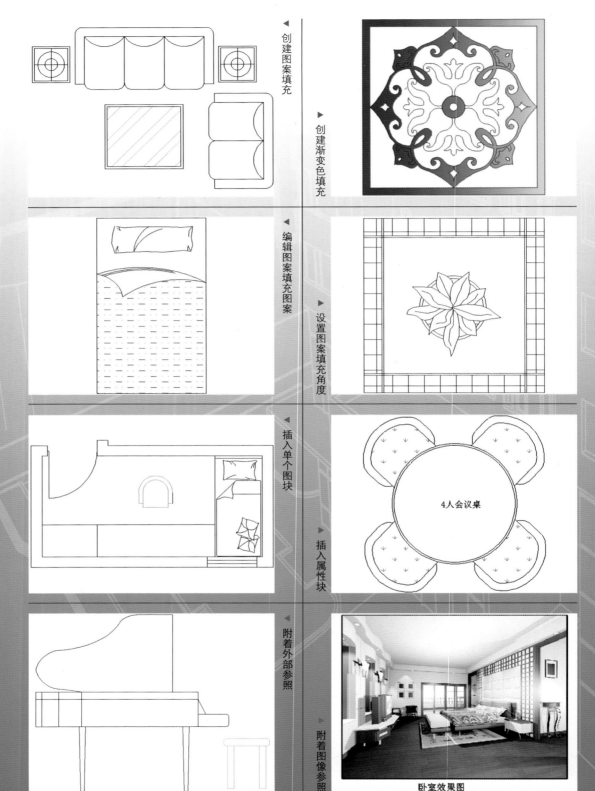

创建图案填充

创建渐变色填充

编辑图案填充图案

设置图案填充角度

插入单个图块

插入属性块

附着外部参照

附着图像参照

中文版AutoCAD 2013建筑设计从入门到精通

4人会议桌

卧室效果图

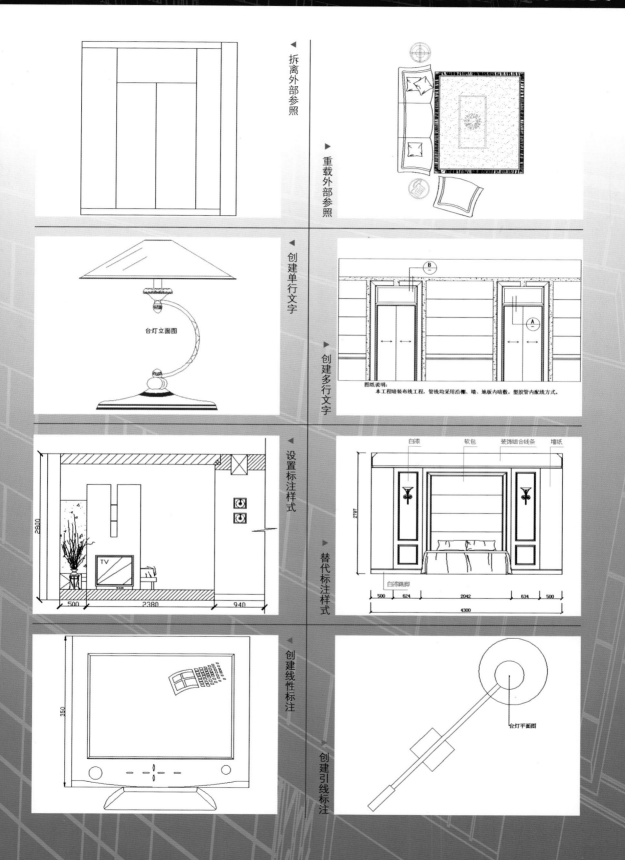

拆离外部参照

重载外部参照

创建单行文字

台灯立面图

创建多行文字

图纸说明:
本工程暗装布线工程,管线均采用沿棚、墙、地板内暗敷,塑胶管内配线方式。

设置标注样式

2900

500　2380　940

替代标注样式

白漆　　软包　　装饰组合线条　　墙纸

白漆踢脚

500　624　2042　634　500
4300

创建线性标注

350

创建引线标注

台灯平面图

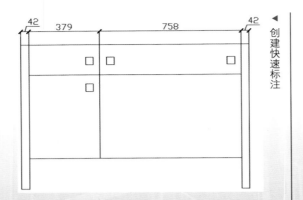

▲ 创建快速标注

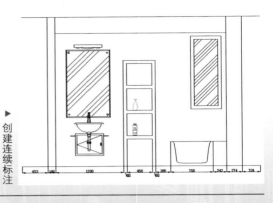

▶ 创建连续标注

◀ 户型平面图设计

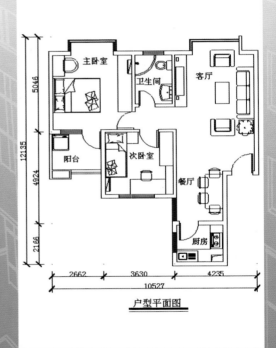

户型平面图

◀ 接待室透视图3D效果图

接待室透视图

中文版AutoCAD 2013建筑设计从入门到精通

接待室透视图 CAD 效果图

接待室透视图

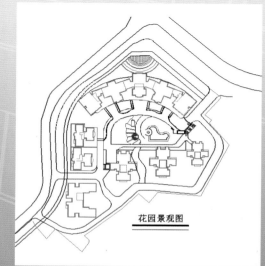

花园景观图设计

花园景观图

住宅楼侧面图

住宅楼侧面图

▲ 别墅立面图效果图

▲ 别墅立面图 CAD 图

中文版AutoCAD 2013建筑设计从入门到精通

▲ 会议室 3D 效果图

▲ 会议室 CAD 效果图

中文版

AutoCAD 2013

建筑设计

从入门到精通

龙飞 编著

化学工业出版社

·北京·

本书为一本建筑设计从入门到精通手册，本书通过 6 个大型实例、100 个专家提醒、168 个小型实例、740 分钟视频演示、1200 多张图片说明，帮助用户在最短的时间内从入门到精通 AutoCAD 2013 软件，从建筑设计新手成为高手。

本书共分为 4 篇：操作入门篇、设计提高篇、工程核心篇、案例实战篇，详细介绍了建筑设计和软件应用、绘图设置和辅助功能、控制图形显示模式、绘制基本图形对象、编辑与修改图形、创建与管理图层、二维图形的高级应用、应用建筑制图图块、外部参照和设计中心、文本说明和表格数据、建筑制图尺寸标注、建筑图纸发布与打印、户型平面图的绘制、接待室透视图的绘制、花园景观图的绘制、住宅楼侧面图的绘制、别墅立面图以及会议室效果图的绘制等内容，使读者可以融会贯通、举一反三，制作出更多更加精彩、漂亮的效果。

本书结构清晰、语言简洁，适合于 AutoCAD 2013 的初、中级读者使用，包括建筑绘图人员、工程制图及室内装潢设计人员、建筑施工相关人员等，同时也可以作为各类计算机培训中心、中职中专、高职高专等院校相关专业的辅导教材。

图书在版编目（CIP）数据

中文版 AutoCAD 2013 建筑设计从入门到精通／龙飞
编著.—北京：化学工业出版社，2012.10
　　ISBN 978-7-122-15220-6
　　ISBN 978-7-89472-664-3（光盘）

Ⅰ.中… Ⅱ.龙… Ⅲ.建筑设计—计算机辅助设计—AutoCAD 软件 Ⅳ.TU201.4

中国版本图书馆 CIP 数据核字（2012）第 208577 号

责任编辑：瞿　微　　张素芳　　　　　　装帧设计：王晓宇

出版发行：化学工业出版社（北京市东城区青年湖南街 13 号　邮政编码 100011）
印　　装：化学工业出版社印刷厂
787mm×1092mm　1/16　印张 26　彩插 4　字数 656 千字　2013 年 1 月北京第 1 版第 1 次印刷

购书咨询：010-64518888（传真：010-64519686）　　售后服务：010-64518899
网　　址：http://www.cip.com.cn
凡购买本书，如有缺损质量问题，本社销售中心负责调换。

定　　价：55.00 元（含 1DVD-ROM）

■　软件简介

　　AutoCAD 2013 是由美国 Autodesk 公司推出的最新一款计算机辅助绘图与设计软件，具有功能强大、易于掌握、使用方便和体系结构开放等特点。在国内建筑领域，AutoCAD 更是得到了广大从业者的一致认可，成为这个领域用户最多的设计软件之一。本书将重点介绍 AutoCAD 2013 在建筑设计方面的应用。

■　本书特色

4 大 篇幅内容布局	本书结构清晰，全书共分为 4 大篇：操作入门篇、设计提高篇、工程核心篇和案例实战篇。
6 个 大型实例精解	书中 6 大实例综合各章知识点，实战操作，达到"即学即用"的效果。
100 多个 专家提醒放送	100 多个 AutoCAD 2013 实战技巧、设计经验毫无保留地奉献给读者，帮助读者提高学习与工作效率。
168 个 小型实例奉献	书中以理论与实例相结合的方式，布局了 168 个小型范例详细讲解，让读者快速掌握并实际运用。
740 分钟视频播放	书中实例全部录制了带语音讲解的演示视频，时间长度达 740 分钟，读者可以观看视频轻松学习。
1200 多张 图片全程图解	本书采用了 1200 多张图片，对软件的技术、案例的讲解，进行了全程图解，让内容变得更通俗易懂。

■　内容安排

　　本书共分为 4 篇：操作入门篇、设计提高篇、工程核心篇和案例实战篇。各篇所包含的具体内容如下。

操作入门篇	第 1～3 章，专业讲解了建筑设计基础知识、建筑图设计规则、AutoCAD 软件基本操作、设置建筑绘图环境、精确定位建筑图形、查询建筑图形属性、缩放视图、平移视图、应用视口和命名视图等内容。
设计提高篇	第 4～8 章，专业讲解了创建线形图形、创建折线形图形、复制对象的方法、改变图形大小和位置、控制图层显示状态、应用面域对象、创建图案填充、修改图案填充、建筑图块的应用和编辑图块等内容。
工程核心篇	第 9～12 章，专业讲解了应用外部参照、管理外部参照、使用 CAD 标准、建筑设计中文字的应用、建筑制图中表格的应用、创建并管理标注样式、创建和编辑常用尺寸标注、输入和发布建筑图纸等内容。
案例实战篇	第 13～18 章，从不同领域或行业，精选与精做了实战效果，从建筑设计的各个方面进行案例实战，既融会贯通、巩固前面所学知识，又能帮助读者在实战中将设计水平更上一个台阶，快速精通并应用。

■ 本书编者

　　本书由龙飞编著，在成书的过程中，得到了谭贤、柏松、杨闰艳、刘嫄、苏高、宋金梅、刘东姣、曾杰、周旭阳、袁淑敏、谭俊杰、徐茜、杨端阳、谭中阳、王力建等人的帮助，在此表示感谢。由于编者知识水平有限，书中难免有不足和疏漏之处，恳请广大读者批评、指正，联系邮箱 itsir@qq.com。

■ 版权声明

编　者

2012 年 9 月

目 录

CONTENTS

第1篇　操作入门篇

第3章　控制图形显示模式..........43

🍊 本章视频时长：13分钟

第 2 篇　　设计提高篇

🎬 本章视频时长：21 分钟

第5章　编辑与修改图形 88

🎬 本章视频时长：20分钟

第6章　创建与管理图层 115

🎬 本章视频时长：14分钟

第7章 二维图形的高级应用 ··· 134

🎬 本章视频时长：11 分钟

第8章 应用建筑制图图块 ·············151

🎬 本章视频时长：15分钟

第3篇 工程核心篇

第9章 外部参照和设计中心 ·············174

🎬 本章视频时长：9分钟

第 10 章 文本说明和表格数据 194

🎞 本章视频时长：18 分钟

第11章 建筑制图尺寸标注 ···218

🎬 本章视频时长：14分钟

第4篇 案例实战篇

第 1 篇 操作入门篇

本篇专业讲解了建筑设计基础知识、建筑图设计规则、AutoCAD 软件基本操作、设置建筑绘图环境、精确定位建筑图形、查询建筑图形属性、缩放视图、平移视图、应用视口和命名视图等内容。

◇ 第 1 章 建筑设计和 AutoCAD 软件
◇ 第 2 章 绘图设置和辅助功能
◇ 第 3 章 控制图形显示模式

第 1 章　建筑设计和 AutoCAD 软件

学前提示

　　随着城市化进程的加快和人民生活水平的提高，建筑行业已经成为不可缺少的行业。而随着计算机技术的飞速发展，计算机辅助设计越来越重要，AutoCAD 在建筑设计领域中的应用也越来越广泛，用户可以充分地感受到 AutoCAD 建筑绘图的精彩世界。

本章知识重点

- ▶ 建筑设计基础知识
- ▶ 建筑图设计规则
- ▶ AutoCAD 2013 新增功能
- ▶ AutoCAD 2013 操作界面
- ▶ AutoCAD2013 基本操作

学完本章后你会做什么

- ▶ 了解建筑设计的基础知识以及设计规则
- ▶ 全新感受 AutoCAD 2013 的新界面
- ▶ 掌握 AutoCAD 2013 的基本操作方式，如新建、打开、另存为文件等

视频演示

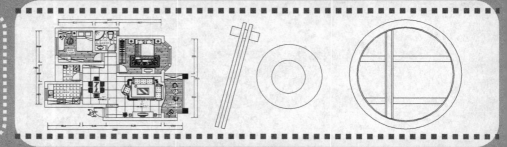

1.1　建筑设计基础知识

　　建筑是人们用土、石、木、钢、玻璃、芦苇、塑料、冰块等一切可以利用的材料建造的构筑物。建筑的本身不是目的，建筑的目的是获得建筑所形成的"空间"。广义上来讲，园林也是建筑的一部分。在建筑学和土木工程的范畴里，建筑是指兴建建筑物或发展基建的过程。本节将介绍建筑设计的相关基础知识。

1.1.1　建筑设计概述

　　建筑设计是指建筑物在建造之前，设计者按照建设任务，把施工和使用过程中可能存在或发生的问题，事先做好通盘的设想，拟定好解决这些问题的办法和方案，并用图样和文件表达出来。它也是备料、施工组织工作和各工种在制作和建造过程中互相协作的依据。

　　广义的建筑设计是指一个建筑物或建筑群所要做的全部工作。随着科学技术的发展，各种高科技成果在建筑上的利用越来越深入，因此，设计通常涉及给排水、供暖、空调、电气、煤气、消防、自动化控制管理、结构学以及建筑声学、光学、热工学、工程估算和园林绿化等方面的知识，因此在进行设计的过程中也需要各种专业技术人员的密切配合。

　　但通常所说的建筑设计，是指"建筑学"范围内的工作。它所要解决的问题，包括建筑物内部各种使用功能和使用空间的合理安排，建筑物与周围环境、与各种外部条件的协调配合，内部和外表的艺术效果，各个细部的构造方式，建筑与结构、建筑与各种设备等相关技术的综合协调，以及如何以更少的材料、更少的劳动力、更少的投资、更少的时间来实现上述各种要求。其最终目的是使建筑物做到适用、经济、坚固、美观。

1.1.2　认识家装施工图

　　家装绘图是指专门绘制室、内外家装型图纸，如绘制各类家装构件、配件，绘制室内各个功能空间的施工图纸，以及建筑的平面图、立面图、剖面图等。其作用是将设计师头脑中感性的东西用标准的、规范的、技术性的方式表现出来，通过图纸准确地传达给工程施工人员。也就是说，家装施工图是设计师和工程施工人员之间的桥梁。

　　家装施工图图纸有以下 6 种。

　　◆ 土建结构图：该图是房屋在未进行装潢之前的原始框架结构图。

　　◆ 室内平面布置图：该图反映了室内的布置特征。

　　◆ 灯光天花图：该图是为木工、油漆工和电工提供的施工图。

　　◆ 立面图：该图反映室内装潢的外貌特征，是木工、油漆工的施工图。

　　◆ 电气施工图：该图中一般包含家用电器的配电和外部信号的介入等图形，它是电工的施工图。

　　◆ 给排水施工图：该图主要针对如何安装冷、热水管道，是管道工的施工图。

> **专家提醒** ☞
>
> 　　在进行家装施工图纸的设计时，首先需要用 AutoCAD 绘制出供土建、木工、油漆工、水电工使用的施工图纸，然后利用三维制作软件绘制供设计和评估的效果图。

1.1.3 认识建筑施工图

建筑施工图，主要是表达建筑的规划位置、外部造型、内部布局、室内外装修、细部结构及施工要求等内容，包括建筑总平面图、建筑平面图、建筑立面图、建筑剖面图和建筑详图。

在绘制标准建筑图形时，首先要了解建筑物的规模、复杂程度、分类，然后根据当地的地形、风向和标高等进行综合分析，得出建筑物的走向、设计程序和形体的表达方式等内容。

建筑物按其使用功能通常可以分为工业建筑、民用建筑和农业建筑三大类，其中民用建筑又分为居住建筑和公共建筑。

◆ 居住建筑主要是供人们休息、生活起居的建筑物，如住宅、宿舍、旅馆等。

◆ 公共建筑是指提供人们进行政治、经济、文化、科学技术等交流活动等所需要的建筑物，如商场、学校、医院等。

1.1.4 了解经典室内设计图

在绘制建筑图形时，为了能更清晰地体现图形的特征，常常需要不同的图来体现。在家庭装潢中，一套完整的家装施工图包括土建结构图、室内平面图、室内立面图、灯光天花图、电气施工图、室内透视图以及给排水设施图等。下面将分别介绍 5 种经典室内设计图。

1. 室内平面图

室内平面图是室内设计的基础，有了整个平面图，才可以放样、定位，所有的细部设计也必须依照平面图的尺寸来绘制。如果设计师对实际尺寸不了解，把家具画得太大或太小，将导致比例失调；若强行放置，则会造成不真实的视觉效果。室内平面图主要反映室内设施的安装位置。如图 1-1 所示为室内平面图。

2. 室内立面图

立面图是施工过程中的施工依据，根据立面施工图尺寸大小来对造型进行现场的制作；立面图反映了整个室内的设计风格和效果，用来描述室内主要装饰面的外形图，如电视背景图等主装饰墙体，它可以表示出某一墙体垂直方向上的装饰情况，如装饰物样式、摆放位置、墙体的装饰材料等。如图 1-2 所示为室内立面图。

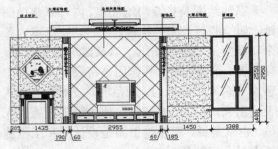

图 1-2 室内立面图

3. 电气施工图

一张家庭装潢的电气施工图需要绘制的内容包括住宅的所有电气设施及电气线路，一般包括强电和弱电两部分。其中，弱电比较简单，主要是电话、有线电视和电脑网络，其终端设置比较简单，电气线路也比较简单；而强

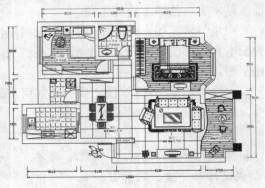

图 1-1 室内平面图

电部分的内容就相对比较多，分照明系统和配电系统两部分，其中照明系统包括灯具、电气开关和电气线路，配电系统主要是插座和电气线路。如图 1-3 所示为电气施工图。

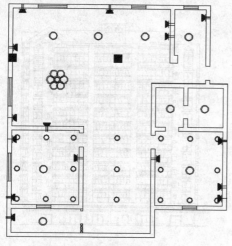

图 1-3　电气施工图

4. 室内透视图

透视图是运用几何学的中心投影原理绘制出来的。它用点和线来表达物体造型和空间造型的直观形象，具有表达准确、真实，完全符合人们视觉印象中造型和空间形象的特点，是表达设计者设计构思和设计意图的重要手段。透视图是表现技法的基础，是彩色透视效果图的造型轮廓和底稿。室内透视图是以一个点为视点，由该点引出室内物体的位置，从而绘制出符合人类视觉印象的图形。如图 1-4 所示为室内透视图。

专家提醒 ☞

在透视图的绘制过程中除了要懂得作图原理和法则之外，还需多练习，在运用中掌握它的规律变化。

图 1-4　室内透视图

5. 给排水设施图

在家庭装潢中，管道有给水（热水和冷水）和排水两部分。因为排水管为预埋管，土建时已经完成，用户不必另行设计和安装。对于给水，开发商给出一个冷水接口，由用户自行设计和安装用水设施。给水图中有冷水和热水两个系统，分为给水平面图和给水系统图。如图 1-5 所示为给排水平面图。

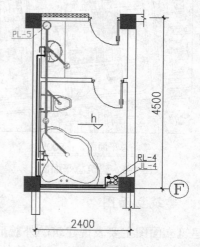

图 1-5　给排水平面图

1.1.5　了解经典室外设计图

在建筑施工图中，一套完整的建筑施工图包括建筑总平面图、建筑平面图、建筑立面图、建筑剖面图、建筑详图、结构平面布置图、结构构件详图以及建筑给排水图等。下面介绍 5 种经典室外设计图纸的相关知识。

1. 建筑总平面图

建筑总平面图是表明一项建设工程总体布置情况的图纸。它是在建设基地的地形图上，把已有的、新建的和拟建的建筑物、构筑物以及道路、绿化等按与地形图同样比例绘制出来的平面图。主要表明新建平面形状、层数、室内外地面标高，新建道路、绿化、场地排水和管线的布置情况，并表明原有建筑、道路、绿化等和新建筑的相互关系以及环境保护方面的要求等。由于建设工程的性质、规模及所在基地的地形、地貌的不同，建筑总平面图所包括的内容有的较为简单，有的则比较复杂，必要时还可分项绘出竖向布置图、管线综合布置图、绿化布置图等。如图 1-6 所示为建筑总平面图。

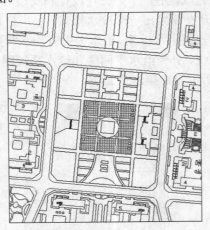

广场总平面图　1:500

图 1-6　建筑总平面图

2. 建筑立面图

建筑立面图主要表现建筑的外貌形状，反映屋面、门窗、阳台、雨篷、台阶等的形式和位置，建筑垂直方向各部分高度，建筑的艺术造型效果和外部装饰做法等。根据建筑型体的复杂程度，建筑立面图的数量也有所不同，一般分为正立面、背立面和侧立面，也可按建筑的朝向分为南立面、北立面、东立面、西立面，

还可以按轴线编号来命名立面图名称，这对平面形状复杂的建筑尤为适宜。在施工中，建筑立面图主要是作建筑外部装修的依据。如图 1-7 所示为建筑立面图。

图 1-7　建筑立面图

3. 建筑剖面图

沿建筑宽度方向剖切后得到的剖面图称横剖面图；沿建筑长度方向剖切后得到的剖面图称纵剖面图；将建筑的局部剖切后得到的剖面图称局部剖面图。建筑剖面图主要表示建筑在垂直方向的内部布置情况，反映建筑的结构形式、分层情况、材料做法、构造关系及建筑竖向部分的高度尺寸等。如图 1-8 所示为建筑剖面图。

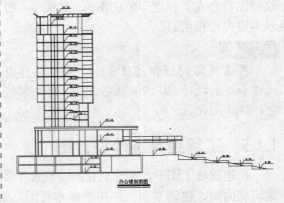

办公楼剖面图

图 1-8　建筑剖面图

4．建筑详图

建筑详图是指当房屋某些细小部位的处理、做法或使用的材料等在建筑平面图、立面图或剖面图中难以表达清楚时，使用较大比例绘制这些局部构造的图形。如图 1-9 所示为建筑详图。

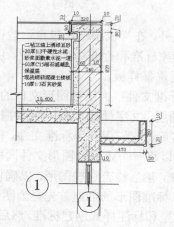

图 1-9　建筑详图

5．建筑给排水图

建筑给排水图主要包括给排水平面布置图和给排水系统轴测图。如图 1-10 所示为建筑给排水图。

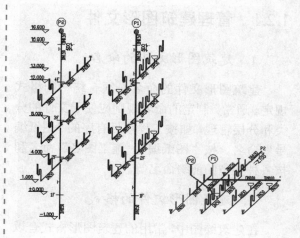

图 1-10　建筑给排水图

1.1.6　AutoCAD 在建筑制图中的应用

随着时代的发展和社会进步，人们的生活水平也越来越高，表现最明显的就是住房环境的不断改善，随之家装和建筑市场也日益繁盛，建筑设计和绘图人员日趋紧俏。

AutoCAD 是建筑设计中最常用的计算机辅助绘图软件，使用它可以边设计图形边修改，直到满意，再利用打印设备出图，从而在设计过程中不再需要绘制很多不必要的草图，大大提高了设计的质量和工作效率。AutoCAD 2013 在建筑方面的应用主要表现在以下 6 个方面。

◆ 在 AutoCAD 2013 中，用户可以方便地使用绘图命令绘制轴线、墙体、柱子等建筑图形，其改进的创建与编辑三维对象还有助于创建和修改三维实体、使用三维建模等。

◆ 当某一张图纸上需要绘制多个相同的图形时，利用其强大的复制、偏移和镜像等功能可以快速地绘制出其他对象。

◆ 国家建筑标准对建筑图形的线条宽度、文字样式等均有明确的规定，利用 AutoCAD 2013 能够完全满足这些标准要求。

◆ 在建筑行业中可以大量地运用 CAD 软件对建筑基础、承载梁和钢结构等进行静动态分析，如结构体变位示意图、断面受力分布图等；还可以进行钢材检验、断面设计最佳化和钢结构的焊接设计等。

◆ 当用户设计系列建筑物时，可以方便地通过已有图形修改派生出新的图形。

◆ 图形集管理器在用户绘制复杂图形时，可以从创建单个图形到管理，整个过程都进行有效的控制。通过 Web 共享设计信息到创建帮助，将建筑设计产品推向市场的大量图形演示，利用 AutoCAD 生产中的新标准能帮助用户获得更大的成功。

1.2　建筑图设计规则

　　一套完整的建筑施工图，其内容和数量繁多，而工程的规模、复杂程度等的不同都会导致图样数量和内容的差异。为了准确地表达建筑物的设计，除了设计图样的数量和内容应完整，还应该制定设计规则以便设计人员遵守。

1.2.1　管理建筑图形文件

1．建筑图形文件的命名

　　建筑图形文件的命名必须有统一的格式规定。通常，制定的命名规则应便于文件的分类和分层管理，如按工程项目有序的"图纸编号"命名、按"图纸编号-施工图名"命名和按各种类型的前缀命名等。

2．建筑图形文件的格式

　　在建筑绘图中，常用的建筑图形格式有以下 4 种。

　　◆ 图形文件：AutoCAD 2013 的图形文件格式采用 DWG 格式。随着 AutoCAD 版本的不断升级，图形文件存储的内部格式也不同，高版本的 AutoCAD 文件可以兼容低版本的图形文件，但在打开它们时会修改其内部格式，使其符合当前版本的要求。

　　◆ 样板文件：在创建新图形文件时，AutoCAD 2013 会使用一个样板图（Template Drawing）对新建图形文件进行初始化设置，以此作为绘制新图形的基础。样板图存储着图形的所有设置，既有绘图环境的设置，如图层、颜色等；也有某些图形元素，如图纸尺寸、图

框等。此外，在样板图中还包含一些符合国际标准、国家标准和行业标准的样板，用户可以根据需要选择样板。

　　◆ 标准文件：为维护图形文件的一致性，可以为图层、文字样式、线型和标注样式定义标准，然后将它们保存为标准文件。根据标准文件，可以将一个或多个图形文件同标准文件关联起来，然后检查这些图形，以确保它们符合标准。标准图形的创建首先是为图层、文字样式、线型和标注样式创建标准，然后以 DWS 格式保存文件。

　　◆ 图形交换文件：图形交换文件的格式为DXF，它是图形文件的 ASCII 或二进制表示形式，主要用于在程序之间共享图形数据。

3．设置建筑图形的保存路径

　　设计过程中产生的各种图形文件，应按图形类别和层次分别保存在不同的路径下。一般按照工程项目创建一个总文件夹，然后再根据图纸类别创建子文件夹，设计人员应该在指定文件夹下存放和读取文件。如果使用局域网进行设计，需要预先设置权限来限定不同人员可访问的路径和权利。

1.2.2　建筑绘图中的投影

　　将物体置于第一象限内的投影法叫做第一角法。在绘制建筑图形时，一般应在图纸的标题栏内注明其投影法或用第一角法符号表示。目前使用第三角法，一些发达国家（如美国、日本等）均采用这种方法，即将物体置于第三象限的投影法。

　　在剖视图中，剖面区域都要用填充表示，以便区分物体的空心部分。当剖面线倾斜时，剖面线则要与水平线成 30° 或 60° ，以不与物体的外形线平行或垂直为原则。如果两个部位都需要剖切，组合剖视图时两剖面方向必须相反。

1.2.3　建筑绘图的看图原则

　　建筑看图是绘制各类工程图技术人员必须掌握的技能。看图的重点在于正交视图的阅读，看图所需的能力与用户对投影原理的了解有很大的关系。

　　在看图的过程中，必须先对图中的细节和组成部分逐一了解，当对整个图形具备了完整的概念后，再将各个部分连接起来，就能熟练地了解整个建筑物的形状。

　　增强看图能力，除了要将所学的知识灵活运用外，还应该增加绘图和练习。可以通过以下 3 种方法来增强看图能力。

- ◆ 熟悉所学专业的各种视图及画法。
- ◆ 分析并掌握图纸中各图形的关系。
- ◆ 分析不太了解或较复杂的部分，找出各点、线、面在视图上所呈现的关系，以助于研究各个建筑物的正确形状。

1.3　AutoCAD 2013 新增功能

　　AutoCAD 2013 在以前版本的技术基础上，进行了大量的升级优化，增加了许多新功能，从而使用户的工作和学习更加方便、简单。

1.3.1　"欢迎"对话框

　　AutoCAD 2013 的"欢迎"对话框中新增了"工作"和"最近使用的文件"选项区，用户在启动 AutoCAD 2013 程序后，可以直接在"欢迎"对话框中单击"新建"或"打开"按钮新建或打开文件。

1.3.2　"布局"选项卡

　　AutoCAD 2013 新增了"布局"选项卡，如图 1-11 所示，在该选项卡中可以对模型的基础视图、投影视图、截面视图以及局部视图等进行创建，还可以对新创建的视图进行编辑。

图 1-11　"布局"选项卡

1.3.3　新增文字删除线

　　在"文字编辑器"选项卡中新增了一个"删除线样式"按钮，如图 1-12 所示，单击该按钮可以在多行文字、多重引线、标注、表格与弧形文字上使用，以增加文字表达的灵活性。

图 1-12　"文字编辑器"选项卡

1.3.4 新增 Autodesk 360 功能

Autodesk 360 是一组安全的联机服务器，用来存储、检索、组织和共享图形和其他文档。创建 Autodesk 360 账户后，可以访问扩展的功能和特征。

◆ 安全图形备份：将图形保存到 Autodesk 360 账户与将它们存储在安全的、受到维护的网络驱动器中类似。

◆ 自动联机更新：在本地修改图形时，可以选择自动更新用户联机账户中的文件。该选项称为 Autodesk Sync，当用户在 AutoCAD 中保存图形时，它可确保自动更新用户 Autodesk 360 账户中的副本。

◆ 远程访问：如果在办公室和家中或在远程机构中进行工作，可以访问 Autodesk 360 账户中的文件而不需要使用笔记本电脑或 USB 闪存驱动器复制或传送文件。

◆ 自定义应用程序设置同步：当在不同的计算机上打开 AutoCAD 图形时，将自动使用自定义工作空间、工具选项板、图案填充、图形样板文件和设置。

◆ 移动设备：可以使用常用的电话和平板电脑设备来通过 AutoCAD WS 查看、编辑和共享 Autodesk 360 账户中的图形。

◆ 协作：通过使用 Cloud 账户，可以单独或成组地授予其他人访问指定图形文件或文件夹的权限。

◆ 权限控制：可以控制文件的访问，为单独的成员或组指定不同级别的访问权限。

◆ 软件和服务：可以在 Autodesk 360 账户中而不是在本地计算机上运行渲染、分析和文档管理软件。

1.4 AutoCAD 2013 操作界面

AutoCAD 2013 操作界面是 AutoCAD 显示、编辑图形的区域，一个完整的 AutoCAD 操作界面如图 1-13 所示，包括"应用程序"按钮、快速访问工具栏、标题栏、"功能区"选项板、绘图区、命令行、导航面板、文本窗口和状态栏等。

图 1-13　AutoCAD 2013 操作界面

1.4.1　"应用程序"菜单

"应用程序"按钮▓位于 AutoCAD 2013 程序窗口的左上方位置处。在程序窗口中，单击"应用程序"按钮▓，将打开"应用程序"菜单，在该菜单中可以快速进行创建图形文件、打开现有图形文件、保存图形文件、输出图形文件、准备带有密码和数字签名的图形、打印图形文件、发布图形文件以及退出 AutoCAD 2013 等操作。如图 1-14 所示为"应用程序"菜单。

图 1-14　"应用程序"菜单

1.4.2　快速访问工具栏

AutoCAD 2013 的快速访问工具栏中包含最常用的操作快捷按钮，方便用户使用。在默认状态下，快速访问工具栏中包含 8 个快捷工具，分别为"新建"按钮▭、"打开"按钮▭、"保存"按钮▭、"另存为"按钮▭、"打印"按钮▭、"放弃"按钮▭、"重做"按钮▭和"工作空间"按钮▭草图与注释▭，如图 1-15 所示。

图 1-15　快速访问工具栏

1.4.3　标题栏

标题栏位于应用程序窗口的最上方，用于显示当前正在运行的程序名及文件名等信息。AutoCAD 默认的图形文件，其名称为 DrawingN.dwg（N 表示数字），如图 1-16 所示。

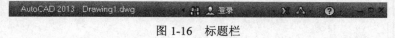

图 1-16　标题栏

标题栏的信息中心提供了多种信息来源。在文本框中输入需要帮助的问题，并单击"搜索"按钮▭，即可获取相关的帮助；单击"登录"按钮▭登录▭，可以登录 Autodesk Online 以访问与桌面软件集成的服务；单击"交换"按钮▭，显示"交流"窗口，其中包含信息、帮助和下载内容，并可以访问 AutoCAD 社区；单击"帮助"按钮▭，可以访问帮助，查看相关信息；单击标题栏右侧的按钮组▭，可以最小化、最大化或关闭应用程序窗口。

1.4.4 "功能区"选项板

"功能区"选项板是一种特殊的选项板，位于绘图区的上方，是菜单和工具栏的主要替代工具，用于显示与基于任务的工作空间关联的按钮和空间。默认状态下，在"草图与注释"工作界面中，"功能区"选项板中包含"常用"、"插入"、"注释"、"布局"、"参数化"、"视图"、"管理"、"输出"、"插件"和"联机"10 个选项卡，每个选项卡中包含若干个面板，每个面板中又包含许多命令按钮，如图 1-17 所示。

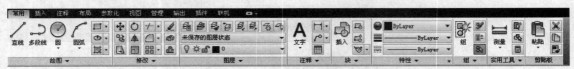

图 1-17 "功能区"选项板

专家提醒 ☞

如果需要扩大绘图区域，则可以单击选项卡右侧的三角形按钮▣▾，使各面板最小化为面板按钮；再次单击该按钮，使各面板最小化为面板标题；再次单击该按钮，使"功能区"选项板最小化为选项卡；再次单击该按钮，可以显示完整的功能区。

1.4.5 绘图区

工作界面中央的空白区域称为绘图窗口，也称为绘图区，是用户进行绘制工作的区域，所有的绘图结果都反映在这个窗口中。如果图纸比例较大，需要查看未显示的部分时，可以单击绘图区右侧与下侧滚动条上的箭头，或者拖曳滚动条上的滑块来移动图纸。

在绘图区中除了显示当前的绘图结果外，还显示了当前使用的坐标系类型、导航面板以及坐标原点、X/Y/Z 轴的方向等，如图 1-18 所示。其中，导航面板是一种用户界面元素，用户可以从中访问通用导航工具和特定于产品的导航工具。

图 1-18 绘图区

1.4.6 命令行

命令行位于绘图窗口的下方，用于显示提示信息和输入数据，如命令、绘图模式、变量名、坐标值和角度值等，如图 1-19 所示。

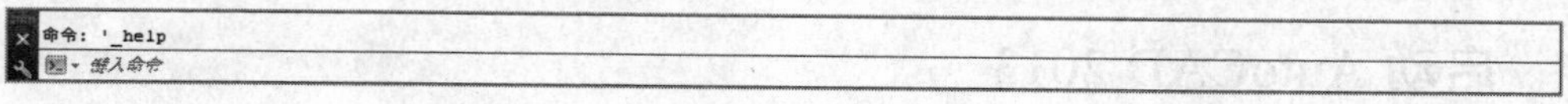

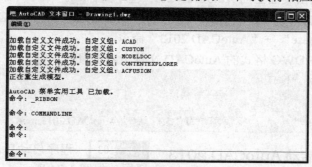

图 1-19　命令行

按【F2】键，弹出 AutoCAD 文本窗口，如图 1-20 所示，其中显示了命令行窗口的所有信息。文本窗口也称专业命令窗口，用于记录在窗口中操作的所有命令，如单击按钮和选择菜单项等。在文本窗口中输入命令，按【Enter】键确认，即可执行相应的命令。

图 1-20　AutoCAD 文本窗口

1.4.7　状态栏

状态栏位于 AutoCAD 2013 窗口的最下方，它可以显示 AutoCAD 当前的状态，主要由 5 部分组成，如图 1-21 所示。

图 1-21　状态栏

下面将介绍状态栏的各组成部分。

◆ 坐标值：显示了绘图区中光标的位置，移动光标，坐标值也随之变化。

◆ 绘图辅助工具：主要用于控制绘图的性能，其中包括推断约束、捕捉模式、栅格显示、正交模式、极轴追踪、对象捕捉、三维对象捕捉、对象捕捉追踪、允许/禁止动态 UCS、动态输入、显示/隐藏线宽、显示/隐藏透明度、快捷特性和选择循环等工具。

◆ 快速查看工具：使用其中的工具可以轻松预览打开的图形，以及打开图形的模型空间与布局，并在其间进行切换，图形将以缩略图形式显示在应用程序窗口的底部。

◆ 注释工具：用于显示缩放注释的若干工具。对于模型空间和图纸空间，将显示不同的工具。当图形状态栏打开后，将显示在绘图区的底部；当图形状态栏关闭时，图形状态栏上的工具移至应用程序状态栏。

◆ 工作空间工具：用于切换 AutoCAD 2013 的工作空间，以及对工作空间进行自定义设置等操作。

1.5　AutoCAD 2013 基本操作

要学习 AutoCAD 2013 软件，首先需要掌握 AutoCAD 2013 的基本操作，包括启动 AutoCAD 2013、新建图形文件、打开图形文件、保存图形文件、加密图形文件、输出图形文件和关闭图形文件。下面向用户介绍掌握各个基本操作的几种方法。

1.5.1 启动 AutoCAD 2013

要使用 AutoCAD 绘制和编辑图形，首先需要启动 AutoCAD 2013 软件。下面将介绍启动 AutoCAD 2013 软件的操作步骤。

执行操作的三种方法	
图标法	双击桌面上的 AutoCAD 2013 程序图标 。
程序法	选择"开始"→"所有程序"→"Autodesk"→"AutoCAD 2013-Simplified Chinese"→"AutoCAD 2013"命令。
文件法	在 DWG 格式的 AutoCAD 文件上双击鼠标左键。

	素材文件	无
	效果文件	无
	视频文件	光盘\视频\第 1 章\1.5.1 启动 AutoCAD 2013.mp4

实战演练 001——启动 AutoCAD 2013

步骤 **01**   双击桌面上的 AutoCAD 2013 程序图标 ，如图 1-22 所示。

图 1-22 双击程序图标

步骤 **02**   在弹出的 AutoCAD 2013 程序启动界面中显示程序启动信息，如图 1-23 所示。

图 1-23 显示程序启动信息

步骤 **03**   程序启动后，将弹出"欢迎"对话框，如图 1-24 所示。

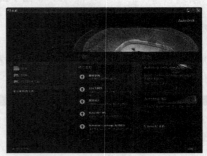

图 1-24 "欢迎"对话框

步骤 **04**   单击"关闭"按钮，即可启动 AutoCAD 2013 应用程序，如图 1-25 所示。

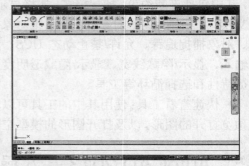

图 1-25 启动 AutoCAD 2013 应用程序

1.5.2 新建图形文件

新建 AutoCAD 图形文件的方式有两种，一种是软件启动之后，将会自动新建一个名称为

Drawing1.dwg 的默认文件；另一种则是启动软件之后重新创建一个图形文件。下面将介绍重新创建一个图形文件的操作方法。

执行操作的五种方法	
按钮法	单击快速访问工具栏中的"新建"按钮▯。
菜单栏	选择菜单栏中的"文件"→"新建"命令。
命令行	输入 NEW 或 QNEW 命令。
快捷键	按【Ctrl＋N】组合键。
程序菜单	单击"应用程序"按钮，在弹出的菜单中选择"新建"→"图形"命令。

	素材文件	无
	效果文件	无
	视频文件	光盘\视频\第 1 章\1.5.2　新建空白图形文件.mp4

实战演练 002——新建空白图形文件

步骤 01　单击快速访问工具栏中的"新建"按钮▯，如图 1-26 所示。

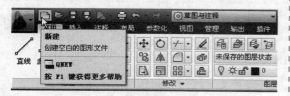

图 1-26　单击"新建"按钮

步骤 02　弹出"选择样板"对话框，在"名称"列表框中选择一个合适的样板，并单击"打开"右侧的下拉按钮，在弹出的列表框中选择"无样板打开-公制"选项，如图 1-27 所示，即可新建图形文件。

图 1-27　选择"无样板打开-公制"选项

在"选择样板"对话框中，各主要选项的含义如下。

◆　"上一级"按钮▯：单击该按钮，可以回到当前路径树的上一级。

◆　"搜索 Web"按钮▯：单击该按钮，可以显示"浏览 Web"对话框，使用此对话框可以访问和存储 Internet 上的文件。

◆　"删除"按钮▯：单击该按钮，可以删除选定的文件或文件夹。

◆　"创建新文件夹"按钮▯：单击该按钮，可以用指定的名称在当前路径中创建一个新文件夹。

◆　"查看"按钮：控制"文件"列表或"文件夹"列表的外观，并为"文件"列表指定选中文件时是否显示预览图像。

◆　"工具"按钮：提供了帮助执行文件选择和可在文件选择对话框中执行的其他操作的工具。

◆　"打开"选项：选择该选项，可以以正常方式新建图形。

◆　"无样板打开-英制"选项：基于英制测量系统创建新图形，图形将使用内部默认值，默认栅格显示边界为 12in×9in。

◆　"无样板打开-公制"选项：基于公制测量系统创建新图形，图形使用内部默认值，默认栅格显示边界为 420mm×290mm。

样板文件是扩展名为.dwt 的 AutoCAD 文件，通常包含了一些通用设置以及一些常用的图形对象。

1.5.3 打开图形文件

如果用户的计算机中已经保存了 AutoCAD 文件，可以直接将其打开并进行查看和编辑。

执行操作的五种方法	
按钮法	单击快速访问工具栏中的"打开"按钮 📂 。
菜单栏	选择菜单栏中的"文件"→"打开"命令。
命令行	输入 OPEN 命令。
快捷键	按【Ctrl＋O】组合键。
程序菜单	单击"应用程序"按钮，在弹出的菜单中选择"打开"→"图形"命令。

	素材文件	光盘\素材\第 1 章\餐具.dwg
	效果文件	无
	视频文件	光盘\视频\第 1 章\1.5.3　打开图形文件.mp4

实战演练 003——打开图形文件

步骤 **01** 单击快速访问工具栏中的"打开"按钮 📂 ，弹出"选择文件"对话框，选择合适的图形文件，如图 1-28 所示。

步骤 **02** 单击"打开"按钮，即可打开图形文件，如图 1-29 所示。

图 1-28　选择合适的图形文件

图 1-29　打开图形文件

在打开图形文件时，在弹出的"选择文件"对话框中单击"打开"右侧的下拉按钮，在弹出的下拉列表中有"打开"、"以只读方式打开"、"局部打开"、"以只读方式局部打开" 4 种打开图形文件的方式。当运用"打开"或"局部打开"方式打开一个图形文件时，可以对打开的图形文件进行编辑操作；当运用"以只读方式打开"或"以只读方式局部打开"打开一个图形文件时，则不能对原文件进行编辑操作。

1.5.4　保存图形文件

在 AutoCAD 2013 中，用户可以使用当前的文件名保存图形文件，也可以使用新的文件名另存为图形文件。使用图形文件的"保存"功能，可以避免在绘制图形的过程中，因发生断电等意外而造成文件数据丢失等情况。

执行操作的五种方法	
按钮法	单击快速访问工具栏中的"保存"按钮🖫。
菜单栏	选择菜单栏中的"文件"→"保存"命令。
命令行	输入 QSAVE 命令。
快捷键	按【Ctrl＋S】组合键。
程序菜单	单击"应用程序" 按钮，在弹出的菜单中选择"保存"命令。

	素材文件	无
	效果文件	光盘\效果\第 1 章\保存图形文件.dwg
	视频文件	光盘\视频\第 1 章\1.5.4　保存图形文件.mp4

实战演练 004——保存图形文件

步骤 01　按【Ctrl＋N】组合键，新建一个空白图形文件；单击快速访问工具栏中的"保存"按钮🖫，如图 1-30 所示。

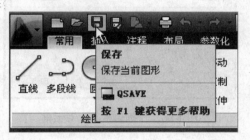

图 1-30　单击"保存"按钮

步骤 02　弹出"图形另存为"对话框，设置文件名和保存路径，单击"保存"按钮，如图 1-31 所示，即可保存图形文件对象。

图 1-31　单击"保存"按钮

专家提醒 ☞

再次执行"保存"命令，将不再弹出"图形另存为"对话框，而是直接将所做的编辑操作保存到已经保存过的文件中。

1.5.5　加密图形文件

在 AutoCAD 2013 中，出于对图形文件的安全性考虑，可以对需要保存的图形文件使用密码保护功能。

	素材文件	光盘\素材\第 1 章\洗脸盆.dwg
	效果文件	光盘\效果\第 1 章\洗脸盆.dwg
	视频文件	光盘\视频\第 1 章\1.5.5　加密图形文件.mp4

实战演练 005——加密图形文件

步骤 01 单击快速访问工具栏中的"打开"按钮，打开素材图形，如图 1-32 所示。

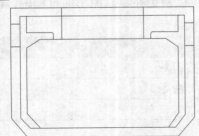

图 1-32 素材图形

步骤 02 单击快速访问工具栏中的"另存为"按钮，如图 1-33 所示。

图 1-33 单击"另存为"按钮

步骤 03 弹出"图形另存为"对话框，设置好文件名称和保存路径，单击"工具"右侧的下拉按钮，在弹出的下拉列表中选择"安全选项"选项，如图 1-34 所示。

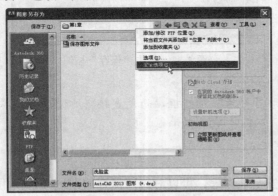

图 1-34 选择"安全选项"选项

步骤 04 弹出"安全选项"对话框，切换至"密码"选项卡，在"用于打开此图形的密码或短语"文本框中输入密码（如 123456），并选中"加密图形特性"复选框，如图 1-35 所示。

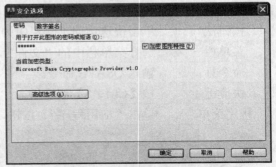

图 1-35 "安全选项"对话框

步骤 05 单击"确定"按钮，弹出"确认密码"对话框，输入密码，如图 1-36 所示。

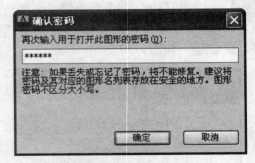

图 1-36 "确认密码"对话框

步骤 06 单击"确定"按钮，返回"图形另存为"对话框，单击"保存"按钮，即可对图形文件进行加密。

专家提醒 ☞

为图形文件设置密码后，在打开该文件时系统将弹出"密码"对话框，在其中要求输入正确的密码，否则将无法打开，这对于需要加密的图纸非常重要。

1.5.6 输出图形文件

输出图形文件是将 AutoCAD 中的文件转换为其他格式进行保存，方便在其他软件中使用该文件。

执行操作的三种方法	
菜单栏	选择菜单栏中的"文件"→"输出"命令。
命令行	输入 EXPORT（快捷命令：EXP）命令。
程序菜单	单击"应用程序"按钮，在弹出的菜单中选择"输出"子菜单中的命令。

	素材文件	光盘\素材\第 1 章\圆形窗.dwg
	效果文件	光盘\效果\第 1 章\圆形窗.dwf
	视频文件	光盘\视频\第 1 章\1.5.6　输出图形文件.mp4

实战演练 006——输出图形文件

步骤 01　单击快速访问工具栏中的"打开"按钮，打开素材图形，如图 1-37 所示。

图 1-37　素材图形

步骤 02　在命令行中输入 EXPORT（输出）命令，按【Enter】键确认，弹出"输出数据"对话框，设置文件名和保存路径，单击"保存"按钮，如图 1-38 所示，即可输出图形文件。

图 1-38　单击"保存"按钮

1.5.7　关闭图形文件

当完成对图形文件的编辑之后，如果用户只是想关闭当前打开的文件，而不退出 AutoCAD 程序，可以根据相应的操作，关闭当前的图形文件。

执行操作的三种方法	
菜单栏	选择菜单栏中的"文件"→"关闭"命令。
命令行	输入 CLOSE 命令。
程序菜单	单击"应用程序"按钮，在弹出的菜单中选择"关闭"→"当前图形"命令。

专家提醒

如果图形文件尚未做修改，可以直接将图形文件关闭；如果保存后又修改过图形文件，系统将弹出信息提示框，提示是否保存文件或放弃已做的修改。

第2章 绘图设置和辅助功能

学前提示

　　使用 AutoCAD 2013 绘制建筑图形时需要保证图形设计的精确度。坐标为确定点位置不可缺少的工具，在绘制图形时，用户可以根据需要创建坐标，还可以使用不同的命令查询面积和周长等，这就避免了手工绘图中用尺寸量的麻烦或用肉眼测量所造成的误差。

本章知识重点

- ▶ 设置建筑绘图环境
- ▶ 使用坐标和坐标系
- ▶ 精确定位建筑图形
- ▶ 查询建筑图形属性
- ▶ 操作命令的执行方式

学完本章后你会做什么

- ▶ 掌握设置建筑绘图环境的操作，如设置系统环境、绘图单位和界限等
- ▶ 掌握使用坐标和坐标系的操作，如输入点坐标、创建坐标系等
- ▶ 掌握操作命令的执行方式，如键盘执行命令、鼠标执行命令等

视频演示

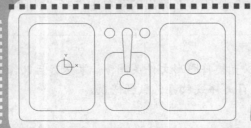
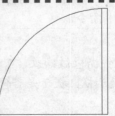
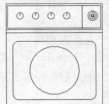

2.1 设置建筑绘图环境

工作环境是设计者与 AutoCAD 系统的交流平台，AutoCAD 启动后，用户就可以在其默认的绘图环境中绘图，但是，有时为了保证图形文件的规范性、图形的准确性与绘图的效率，需要在绘制图形前对绘图环境和系统参数进行设置。

2.1.1 设置系统环境

在 AutoCAD 2013 中，单击"应用程序"按钮，在弹出的"应用程序"菜单中，单击"选项"按钮，或输入 OPTIONS（快捷命令：OP）命令，按【Enter】键确认，在弹出的"选项"对话框中，用户可以对系统和绘图环境进行各种设置，以满足不同用户的需求。

在"选项"对话框中，包含了多个选项卡，分别用来设置相应的选项。

◆ "文件"选项卡：用于指定 AutoCAD 搜索支持文件、驱动程序、菜单文件和其他文件的目录等，其中列表以树状结构显示 AutoCAD 所使用的目录和文件，如图 2-1 所示。

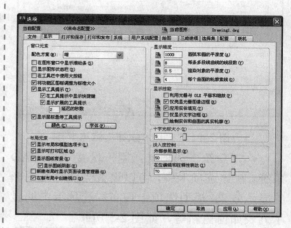

图 2-2 "显示"选项卡

◆ "打开和保存"选项卡：主要用于设置 AutoCAD 中打开和保存文件的相关选项。在其中，用户可以设置图形文件的保存操作、安全措施、打开文件数目、外部参照、ObjectARX 应用程序等，如图 2-3 所示。

图 2-1 "文件"选项卡

◆ "显示"选项卡：主要用于设置 AutoCAD 的显示情况。在该选项卡中，可以设置窗口中显示的元素、元素的布局、图形的显示精度、显示性能及十字光标的大小等，如图 2-2 所示。

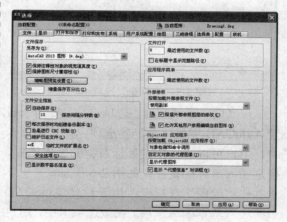

图 2-3 "打开和保存"选项卡

◆ "打印和发布"选项卡：主要用于设置

AutoCAD 打印和发布的相关选项。在该选项卡中，用户可以进行默认的输出设备和控制打印质量等设置，如图 2-4 所示。

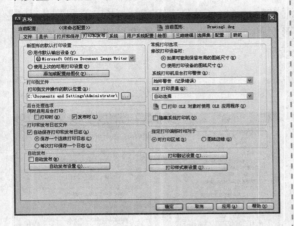

图 2-4　"打印和发布"选项卡

◆ "系统"选项卡：用于设置 AutoCAD 系统。在该选项卡中，可以设置当前三维图形的显示效果、模型选项卡和布局选项卡中的显示列表如何更新等，如图 2-5 所示。

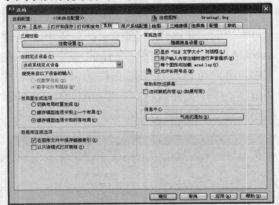

图 2-5　"系统"选项卡

◆ "用户系统配置"选项卡：主要用于设置 AutoCAD 中优化性能的选项。在该选项卡中，用户可以进行指定鼠标右键的操作模式、指定插入单位等设置，如图 2-6 所示。

◆ "绘图"选项卡：用于设置 AutoCAD 中的一些基本编辑选项。在该选项卡中，用户可以进行是否打开自动捕捉标记、改变自动捕捉标记大小等设置，如图 2-7 所示。

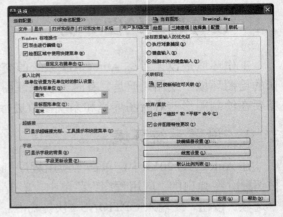

图 2-6　"用户系统配置"选项卡

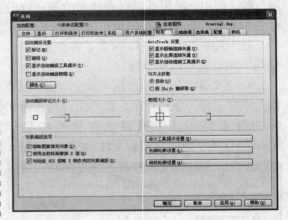

图 2-7　"绘图"选项卡

◆ "三维建模"选项卡：用于对三维绘图模式下的三维十字光标、UCS 图标、动态输入、三维对象和三维导航等选项进行设置，如图 2-8 所示。

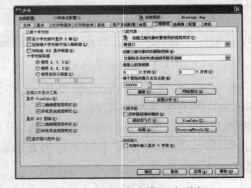

图 2-8　"三维建模"选项卡

◆ "选择集"选项卡：用于设置对象选择的方法。用户可以在该选项卡中进行拾取框大小、夹点的大小等设置，如图 2-9 所示。

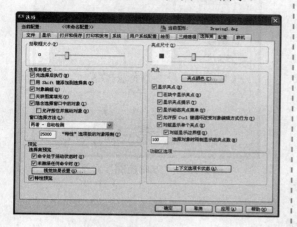

图 2-9　"选择集"选项卡

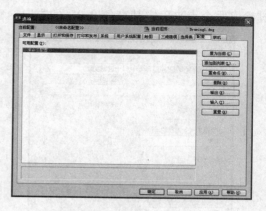

图 2-10　"配置"选项卡

◆ "配置"选项卡：用于控制配置的使用，配置是由用户定义的。用户可以将配置以文件的形式保存起来并随时调用，如图 2-10 所示。

◆ "联机"选项卡：设置用于使用 Autodesk 360 联机工作的选项，并提供对存储在 Cloud 账户中的设计文档的访问，如图 2-11 所示。

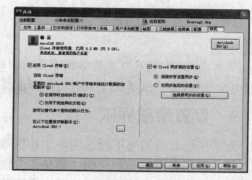

图 2-11　"联机"选项卡

2.1.2　设置绘图单位

尺寸是衡量物体大小的准则，AutoCAD 作为一款非常专业的设计软件，对单位的要求非常高。为了方便各个不同领域的辅助设计，AutoCAD 的工作单位是可以进行修改的。使用"单位"命令可以修改当前图形的长度单位、角度单位、零角度方向等内容。

执行操作的两种方法	
菜单栏	选择菜单栏中的"格式"→"单位"命令。
命令行	输入 UNITS 或 DDUNITS（快捷命令：UN）命令。

执行以上任意一个命令方式后，都将弹出"图形单位"对话框，如图 2-12 所示。在该对话框中，可以为图形设置长度、角度的单位类型和精度，其中各主要选项的含义如下。

◆ "长度"选项区：用于设置长度单位的类型和精度。

◆ "角度"选项区：用于控制角度单位类型和精度。其中，"顺时针"复选框用于控制角度增量的正负方向。

◆ "光源"选项区：用于指定光源强度的单位参数。

◆ "方向"按钮：单击该按钮，将弹出"方向控制"对话框，如图 2-13 所示，用于控制角度的起点和测量方向。默认的起点角度为 0°，方向正东。若选中"其他"单选按钮，可以单击"拾取角度"按钮，切换到绘图区中，通过拾取两个点来确定基准角度 0° 的方向。

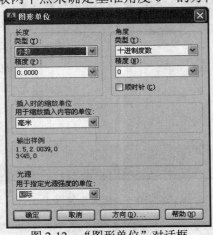

图 2-12 "图形单位"对话框

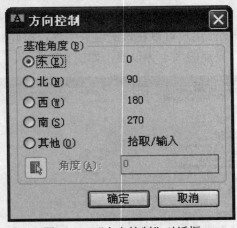

图 2-13 "方向控制"对话框

专家提醒 ☞

　　毫米（mm）是国内工程绘图中最常用的绘图单位，AutoCAD 默认的绘图单位也是毫米（mm），所以有时候可以省略绘图单位设置这一步骤。

2.1.3　设置绘图界限

　　为了使绘制的图形不超过用户工作区域，需要使用图形界限来标明边界。在设置图形界限之前，需要启用状态栏中的"栅格"功能，只有启用该功能才能清楚地查看图形界限设置的效果。栅格所显示的区域即是用户设置的图形界限区域。

执行操作的两种方法		
菜单栏	选择菜单栏中的"格式"→"图形界限"命令。	
命令行	输入 LIMITS 命令。	
	素材文件	无
	效果文件	无
	视频文件	光盘\视频\第 2 章\2.1.3　设置绘图界限.mp4

实战演练 007——设置绘图界限

步骤 01　在命令行中输入 LIMITS（图形界限）命令，按【Enter】键确认，在命令行提示下，输入（0,0），如图 2-14 所示。

图 2-14　输入点坐标参数

步骤 02　按【Enter】键确认，输入（100, 300）并确认，即可设置绘图界限，如图 2-15 所示。

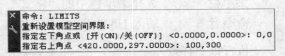

图 2-15　设置绘图界限

　　执行"图形界限"命令后，命令行中的提示如下。

　　重新设置模型空间界限：

　　指定左下角点或 [开 (ON)/ 关 (OFF)] <0.0000,0.0000>：（指定坐标原点为图形界限左上角点，此时若输入 ON 选项，则绘图时图

形不能超过图形界限；若输入 OFF 选项，则准予超出图形界限）

指定右上角点 <420.0000,297.0000>：（指定右上方角点）

2.2　使用坐标和坐标系

AutoCAD 的图形定位，主要是由坐标系统确定的。使用 AutoCAD 提供的坐标系和坐标可以精确地设计并绘制图形。

2.2.1　世界和用户坐标系

在 AutoCAD 2013 中，默认的坐标系是世界坐标系（World Coordinate System，简称 WCS），是运行 AutoCAD 时系统自动建立的。WCS 包括 X 轴和 Y 轴（在三维建模空间下，还有 Z 轴），其坐标轴的交汇处有一个"口"字形标记，如图 2-16 所示。世界坐标系中所有的位置都是相对于坐标原点计算的，而且规定 X 轴正方向及 Y 轴正方向为正方向。AutoCAD 中的世界坐标系是唯一的，用户不能自行建立，也不能修改原点位置和坐标方向。但为了更好地辅助绘图，经常需要修改坐标系的原点和方向，这时，世界坐标系将变成用户坐标系，即 UCS。UCS 没有"口"形标记，如图 2-17 所示。

图 2-16　世界坐标系　　图 2-17　用户坐标系

2.2.2　输入点坐标

在 AutoCAD 2013 中，输入点的坐标可以使用绝对坐标系、相对坐标系、绝对极坐标和相对极坐标 4 种方式，下面将分别进行介绍输入点坐标的方式。

1.　绝对坐标系

绝对坐标是以原点（0,0）或（0,0,0）为基点定位的所有点，系统默认的坐标原点位于绘图区的左下角。在绝对坐标系中，X 轴、Y 轴和 Z 轴在原点（0,0,0）处相交。绘图区内的任意一点都可以使用（X, Y, Z）来标识，也可以通过输入 X、Y、Z 坐标值来定义点的位置，坐标间用逗号隔开，例如（20,25）、（5,7,10）等。

2.　相对坐标系

相对坐标是一点相对于另一特定点的位置，可以使用（@X, Y）方式输入相对坐标。一般情况下，系统将把上一步操作的点看作是特定点，后续操作都是相对于上一步操作的点而进行，如上一步操作点为（20,40），输入下一个点的相对坐标为（@10,20），则说明确定该点的绝对坐标为（30,60）。

3.　绝对极坐标

绝对极坐标是以原点作为极点。在 AutoCAD 2012 中，输入一个长度距离，后面加上一个"<"符号，再加一个角度即可以表示绝对极坐标。绝对极坐标规定 X 轴正方向为

0°，Y 轴正方向为 90°，如（5<10）表示该点相对于原点的极径为 5，而该点与坐标原点的连线与 X 轴正方向之间的夹角为 10°。

极径和偏移角度来表示，是以上一步操作点为极点，而不是以原点为极点。相对极坐标用（@l<a）来表示，其中@表示相对，1 表示极径，a 表示角度，如（@20<40）表示相对于上一步操作点的极径为 20、角度为 40° 的点。

4. 相对极坐标

相对极坐标通过用相对于某一特定点的

专家提醒 ☞

在指定点的位置时，如果该点的绝对坐标不易确定，而该点相对于前一点位置容易确定，就可以使用相对坐标。

2.2.3 创建坐标系

在 AutoCAD 2013 中，用户可以创建自己的坐标系（UCS）。UCS 的原点以及 X 轴、Y 轴、Z 轴方向都可以移动及旋转，甚至可以依赖于图形中某个特定的对象。下面将介绍创建坐标系的操作方法。

执行操作的三种方法	
按钮法	切换至"视图"选项卡，单击"坐标"面板中的"UCS"按钮 ⊔。
菜单栏	选择菜单栏中的"工具"→"新建 UCS"→"原点"命令。
命令行	输入 UCS 命令。

	素材文件	光盘\素材\第 2 章\洗菜池.dwg
	效果文件	光盘\效果\第 2 章\洗菜池.dwg
	视频文件	光盘\视频\第 2 章\2.2.3 创建坐标系.mp4

实战演练 008——创建洗菜池坐标系

步骤 01 单击快速访问工具栏中的"打开"按钮 ☞，打开素材图形，如图 2-18 所示。

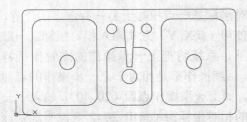

图 2-18 素材图形

步骤 02 在"功能区"选项板的"视图"选项卡中单击"坐标"面板中的"UCS"按钮 ⊔，如图 2-19 所示。

步骤 03 在命令行提示下，在绘图区中，将鼠标指针移至图形的左侧圆心点处，如图 2-20 所示。

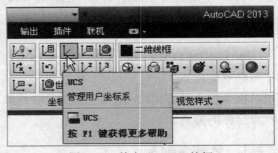

图 2-19 单击"UCS"按钮

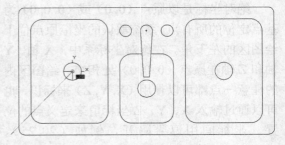

图 2-20 移动光标

步骤 04　单击鼠标左键，并按【Enter】键确认，指定左侧圆心点为新坐标系的原点，如图 2-21 所示。

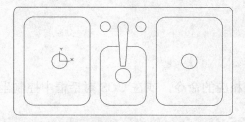

图 2-21　新坐标系原点

执行"坐标系"命令后，命令行中的提示如下。

当前 UCS 名称：*世界*指定 UCS 的原点或 [面 (F) /命名 (NA) /对象 (OB) /上一个 (P) /视图 (V) /世界(W) /X/Y/Z/Z 轴 (ZA)]<世界>：（使用一点、两点或三点定义一个新的 UCS，或输入相应的选项以确定坐标系的类型）

命令行中各选项的含义如下。

◆ 面（F）：将 UCS 与实体选定的面对齐。

◆ 命名（NA）：用于保存或恢复命名 UCS 定义。

◆ 对象（OB）：根据选择的对象创建 UCS。新创建的对象将位于新的 XY 平面上，X 轴和 Y 轴方向取决于用户选择的对象类型。该命令不能用于三维实体、三维网格、视口、多线、面域、样条曲线、椭圆、射线、构造线、引线、多行文字等对象。对于非三维面的对象，新 UCS 的 XY 平面与当绘制该对象时生效的 XY 平面平行，但 X 轴和 Y 轴可以进行不同的旋转。

◆ 上一个（P）：退回到上一个坐标系，最多可以返回至前 10 个坐标系。

◆ 视图（V）：使新坐标系的 XY 平面与当前视图的方向垂直，Z 轴与 XY 平面垂直，而原点保持不变。

◆ 世界（W）：将当前坐标系设置为 WCS 世界坐标系。

◆ X/Y/Z：坐标系分别绕 X、Y、Z 轴旋转一定的角度生成新的坐标系，可以指定两个点或输入一个角度值来确定所需角度。

◆ Z 轴（ZA）：在不改变原坐标系 Z 轴方向的前提下，通过确定新坐标系原点和 Z 轴正方向上的任意一点来新建 UCS。

专家提醒

在 AutoCAD 中，用户坐标是一种可移动的自定义坐标系，用户不仅可以更改该坐标的位置，还可以改变其方向，在绘制三维对象时非常有用。

2.2.4　控制坐标显示

在 AutoCAD 2013 中，坐标系图标的显示取决于所选择的模式和程序中运行的命令，有"关"、"绝对"和"相对"3 种模式。

◆ 关：可以显示上一个拾取点的绝对坐标。此时，指针坐标将不能更新，只有在拾取一个新点时，显示才可以更新。但是，从键盘输入一个新的点坐标参数时，将不会改变该模式的显示方式，如图 2-22 所示。

图 2-22　"关"模式

◆ 绝对：可以显示光标的绝对坐标，该值是动态更新的，默认情况下，显示方式是打开的，如图 2-23 所示。

图 2-23　"绝对"模式

◆ 相对：可以显示一个相对极坐标。选择该模式时，如果当前处于拾取点状态，系统将显示光标所在位置相对于上一个点的距离和角度。当离开拾取点状态时，系统将恢复到"绝对"模式，如图 2-24 所示。

图 2-24　"相对"模式

专家提醒 ☞

如果要在集中不同的显示类型中切换，可以使用以下 3 种方法。

➢ 在"指定下一点:"提示下，单击坐标显示区域。

➢ 按【F6】键。

➢ 按【Ctrl + D】组合键。

2.2.5 控制坐标系图标显示

在 AutoCAD 2013 中，用户可以根据需要输入相应的命令，或在 UCS 对话框中控制坐标系图标的显示。

执行操作的三种方法	
按钮法	切换至"视图"选项卡，单击"坐标"面板中的"UCS，UCS 设置"按钮▣。
菜单栏	选择菜单栏中的"工具"→"命名 UCS"命令。
命令行	输入 UCSICON 或 UCSMAN 命令。
素材文件	光盘\素材\第 2 章\灶台.dwg
效果文件	光盘\效果\第 2 章\灶台.dwg
视频文件	光盘\视频\第 2 章\2.2.5 控制坐标系图标显示.mp4

实战演练 009——控制灶台坐标系显示

步骤 01 单击快速访问工具栏中的"打开"按钮☞，打开素材图形，如图 2-25 所示。

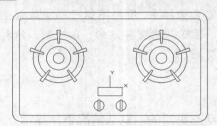

图 2-25 素材图形

步骤 02 在"功能区"选项板的"视图"选项卡中单击"坐标"面板中的"UCS，UCS 设置"按钮▣，如图 2-26 所示。

图 2-26 单击"UCS，UCS 设置"按钮

步骤 03 弹出"UCS"对话框，取消对"开"复选框的选中，如图 2-27 所示。

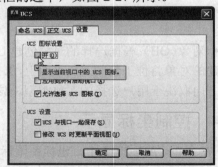

图 2-27 "UCS"对话框

步骤 04 单击"确定"按钮，即可取消坐标系图标的显示，如图 2-28 所示。

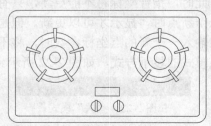

图 2-28 取消坐标系图标的显示

在"UCS"对话框中,"命名 UCS"选项卡列出了 UCS 定义,并可设置当前 UCS;"正交 UCS"选项卡用于将 UCS 改为正交 UCS 设置;"设置"选项卡用于设置 UCS 图标和保存与修改设置,其中各复选框含义如下。

◆ "开"复选框:选中该复选框,可以显示当前视口中的 UCS 图标。

◆ "显示于 UCS 原点"复选框:选中该复选框,可以在当前视口中当前坐标系的原点处显示 UCS 图标。如果不选中该复选框,则坐标系原点在视口中不可见。

◆ "应用到所有活动视口"复选框:选中该复选框,可以将 UCS 图标设置应用到当前图形中的所有活动视口。

◆ "允许选择 UCS 图标"复选框:选中该复选框,可以控制当光标移到 UCS 图标上是否图标将亮显,以及是否可以单击以选择它并访问 UCS 图标夹点。

◆ "UCS 与视口一起保存"复选框:选中该复选框,可以将坐标系设置与视口(UCSVP 系统变量)一起保存。

◆ "修改 UCS 时更新平面视图"复选框:选中该复选框,可以修改视口中的坐标系时恢复平面视图。

2.2.6　使用 UCS 工具栏

在 AutoCAD 2013 中,使用 UCS 工具栏中的按钮,同样可以新建 UCS,如图 2-29 所示为 UCS 工具栏。

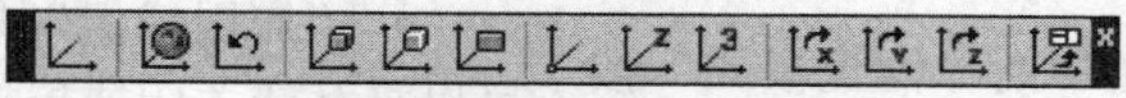

图 2-29　UCS 工具栏

在该工具栏中,除"UCS"按钮 ⌐ 和"应用"按钮 ⌐ 之外,其他各按钮与"新建 UCS"子菜单中的命令相对应。其中,单击"UCS"按钮 ⌐,在命令行提示下,在适当的位置单击鼠标左键,指定 UCS 的原点,并按【Enter】键确认,即可完成 UCS 的创建;单击"应用"按钮 ⌐,当窗口中包含多个视口时,可以将当前坐标系应用于其他的视口。

2.3　精确定位建筑图形

在绘制建筑图形时,使用光标很难准确地指定点的正确位置。在 AutoCAD 2013 中,使用捕捉、栅格、正交功能、自动捕捉功能、捕捉自功能和动态输入等功能可以精确定位点的位置,绘制出精确的建筑图形。

2.3.1　设置捕捉和栅格

捕捉模式用于限制十字光标,使其按照定义的间距移动;栅格则相当于手工制图中使用的坐标系,按照相等的间距在屏幕上设置栅格点。

执行操作的三种方法	
菜单栏	选择菜单栏中的"工具"→"绘图设置"命令,弹出"草图设置"对话框,切换至"捕捉和栅格"选项卡。
命令行	输入 DSETTINGS 命令。
快捷菜单	在状态栏中的"捕捉模式"按钮 ▦ 和"栅格显示"按钮 ▦ 上,单击鼠标右键,在弹出的快捷菜单中选择"设置"选项。

素材文件	光盘\素材\第 2 章\窗格.dwg
效果文件	光盘\效果\第 2 章\窗格.dwg
视频文件	光盘\视频\第 2 章\2.3.1　设置捕捉和栅格.mp4

实战演练 010——设置窗格图形的捕捉和栅格

步骤 01　单击快速访问工具栏中的"打开"按钮，打开素材图形，如图 2-30 所示。

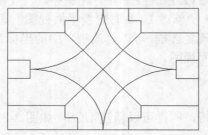

图 2-30　素材图形

步骤 02　选择状态栏中的"捕捉模式"按钮，单击鼠标右键，在弹出的快捷菜单中选择"设置"选项，如图 2-31 所示。

图 2-31　选择"设置"选项

步骤 03　弹出"草图设置"对话框，选中"启用捕捉"和"启用栅格"复选框，设置"栅格 X 轴间距"为 5、"栅格 Y 轴间距"为 5，如图 2-32 所示。

图 2-32　"草图设置"对话框

步骤 04　单击"确定"按钮，即可设置捕捉和栅格，效果如图 2-33 所示。

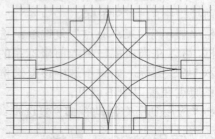

图 2-33　设置捕捉和栅格

在"草图设置"对话框中的"捕捉和栅格"选项卡中，各主要选项的含义如下。

◆ "启用捕捉"复选框：选中该复选框，可以打开或关闭捕捉模式。

◆ "捕捉 X 轴间距"文本框：指定 X 方向的捕捉间距。此间距值必须为正实数。

◆ "捕捉 Y 轴间距"文本框：指定 Y 方向的捕捉间距。此间距值必须为正实数。

◆ "X 轴间距和 Y 轴间距相等"复选框，选中该复选框，可以对捕捉间距和栅格间距中的 X、Y 间距值强制使用同一参数值。捕捉间距可以与栅格间距不同。

◆ "栅格捕捉"单选钮：选中该单选钮，可以设置捕捉样式为栅格。

◆ "矩形捕捉"单选钮：选中该单选钮，可以将捕捉样式设置为标准矩形捕捉模式。

◆ "等轴测捕捉"单选钮：选中该单选钮，可以将捕捉样式设置为等轴测捕捉样式。

◆ "极轴捕捉（PolarSnap）"单选钮：选中该单选钮，可以将捕捉样式设置为极轴捕捉。

◆ "启用栅格"复选框：选中该复选框，可以打开或关闭栅格模式。

◆ "栅格样式"选项区：在二维上下文中设定栅格样式。

◆ "栅格 X 轴间距"文本框：指定 X 方向上的栅格间距。

◆ "栅格 Y 轴间距"文本框：指定 Y 方向上的栅格间距。

◆ "每条主线之间的栅格数"数值框：指定主栅格线相对于次栅格线的频率。

◆ "栅格行为"选项区：在该选项区中可以控制将 GRIDSTYLE 设定为 0 时，所显示栅格线的外观。

2.3.2　使用正交模式

在正交模式下，可以方便地绘制出平行于当前 X 轴或 Y 轴的线段。

执行操作的四种方法	
按钮法	单击状态栏中的"正交模式"按钮 。
命令行	输入 ORTHO 命令。
快捷键	按【F8】键，或按【Ctrl＋L】组合键。
快捷菜单	在状态栏中的"正交模式"按钮 上，单击鼠标右键，在弹出的快捷菜单中选择"启用"选项。

	素材文件	光盘\素材\第 2 章\进户门.dwg
	效果文件	光盘\效果\第 2 章\进户门.dwg
	视频文件	光盘\视频\第 2 章\2.3.2　使用正交模式.mp4

实战演练 011——使用正交模式绘制进户门直线

步骤 **01**　单击快速访问工具栏中的"打开"按钮 ，打开素材图形，如图 2-34 所示。

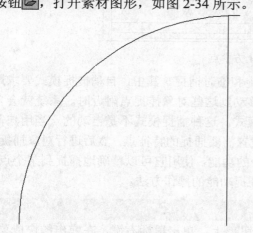

图 2-34　素材图形

步骤 **02**　选择状态栏中的"正交模式"按钮 ，单击鼠标右键，在弹出的快捷菜单中选择"启用"选项，如图 2-35 所示。

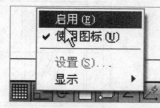

图 2-35　选择"启用"选项

步骤 **03**　执行操作后，启用正交模式，并在命令行中显示"正交开"信息，执行 L（直线）命令，在命令行提示下，捕捉图形的右上角点，向下引导光标，如图 2-36 所示。

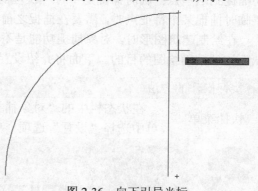

图 2-36　向下引导光标

步骤 04 　　输入直线长度为 800，按【Enter】键确认；向左引导光标，再次输入直线长度为800，连续按两次【Enter】键确认，即可使用正交模式绘制两条相互垂直的直线对象，效果如图 2-37 所示。

专家提醒 ☞

　　打开正交模式后，系统就只能画出水平或垂直的直线。更方便的是，由于正交功能已经限制了直线的方向，所以在绘制一定长度的直线时，用户只需要输入直线的长度即可。在正交模式下，十字光标将被限制在水平和垂直的方向上，因此正交模式和极轴追踪模式不能同时打开，若打开其中一个，另一个会自动关闭。

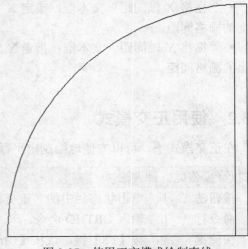

图 2-37　使用正交模式绘制直线

2.3.3　设置对象捕捉功能

　　对象捕捉功能就是当把光标放在一个对象上时，系统将会自动捕捉对象上所有符合条件的几何特征点，并有相应的显示，如图 2-38 所示为捕捉最上方中点。

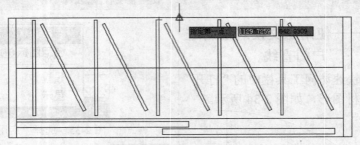

图 2-38　捕捉最上方中点

　　AutoCAD 提供了两种对象捕捉模式：自动捕捉和临时捕捉。其中，自动捕捉模式要求用户先设置好需要的对象捕捉点类型，以后当光标移动到这些对象捕捉点附近时，系统就会自动捕捉到这些点；临时捕捉是一种一次性的捕捉模式，这种捕捉模式不是自动的。当用户需要临时捕捉某个特征点时，需要在捕捉之前手工设置需要捕捉的特征点，然后进行对象捕捉。

　　在绘制建筑图形时，对象捕捉功能是不可缺少的功能，使用它可以精确地捕捉到某个点，从而达到精确绘图的目的。下面将介绍设置对象捕捉功能的操作方法。

执行操作的方法		
快捷菜单	在状态栏中的"对象捕捉"按钮□上，单击鼠标右键，在弹出的快捷菜单中选择"设置"选项。	
	素材文件	无
	效果文件	无
	视频文件	光盘\视频\第 2 章\2.3.3　设置对象捕捉功能.mp4

实战演练 012——设置对象捕捉功能

步骤 01 选择状态栏中的"对象捕捉"按钮□，单击鼠标右键，在弹出的快捷菜单中选择"设置"选项，如图 2-39 所示。

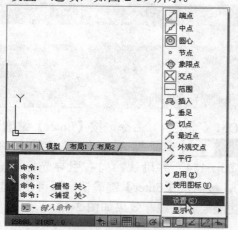

图 2-39 选择"设置"选项

步骤 02 弹出"草图设置"对话框，在"对象捕捉"选项卡中，依次选中"插入点"和"垂足"复选框，如图 2-40 所示，单击"确定"按钮，即可启动"插入点"和"垂足"的捕捉功能。

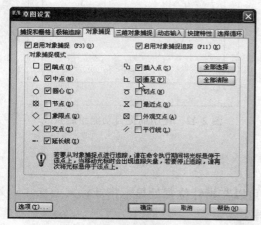

图 2-40 "草图设置"对话框

在"草图设置"对话框的"对象捕捉"选项卡中，各主要选项的含义如下。

◆ "启用对象捕捉"复选框：打开或关闭执行对象捕捉。当对象捕捉打开时，在"对象捕捉模式"下选定的对象捕捉处于活动状态。

◆ "启用对象捕捉追踪"复选框：打开或关闭对象捕捉追踪。使用对象捕捉追踪，在命令中指定点时，光标可以沿基于其他对象捕捉点的对齐路径进行追踪。要使用对象捕捉追踪，必须打开一个或多个对象捕捉。

◆ "端点"复选框：捕捉到圆弧、椭圆弧、直线、多线、多段线线段、样条曲线、面域或射线最近的端点。

◆ "中点"复选框：捕捉到圆弧、椭圆、椭圆弧、直线、多线、多段线线段、面域、实体、样条曲线或参照线的中点。

◆ "圆心"复选框：捕捉到圆弧、圆、椭圆或椭圆弧的中心点。

◆ "节点"复选框：捕捉到点对角、标注定义或标注文字原点。

◆ "象限点"复选框：捕捉到圆弧、圆、椭圆或椭圆弧的象限点。

◆ "交点"复选框：捕捉到圆弧、圆、椭圆、椭圆弧、直线、多线、多段线、射线、面域、样条曲线或参照线的交点。

◆ "延长线"复选框：捕捉到当光标经过对象的端点时，显示临时延长线或圆弧，以便用户在延长线或圆弧上指定点。

◆ "插入点"复选框：捕捉到属性、块、形或文字的插入点。

◆ "垂足"复选框：捕捉圆弧、圆、椭圆、椭圆弧、直线、多线、多段线、射线、面域、实体、样条曲线或构造线的垂足。

◆ "切点"复选框：捕捉到圆弧、圆、椭圆、椭圆弧或样条曲线的切点。

◆ "最近点"复选框：捕捉到圆弧、圆、椭圆、椭圆弧、直线、多线、点、多段线、射线、样条曲线或参照线的最近点。

◆ "外观交点"复选框：捕捉不在同一平面但在当前视图中看起来可能相交的两个对象的视觉交点。

◆ "平行线"复选框：将直线段、多段线线段、射线或构造线限制为与其他线性对象平行。

2.3.4 使用捕捉自功能

使用"捕捉自"命令，可以在使用相对坐标指定下一个应用点时，输入基点，并将该基点作为临时参照点，从而精确点定位。

执行操作的方法	
命令行	输入 FROM 命令。

	素材文件	光盘\素材\第 2 章\洗衣机.dwg
	效果文件	光盘\效果\第 2 章\洗衣机.dwg
	视频文件	光盘\视频\第 2 章\2.3.4 使用捕捉自功能.mp4

实战演练 013——使用捕捉自功能绘制洗衣机直线

步骤 01 单击快速访问工具栏中的"打开"按钮，打开素材图形，如图 2-41 所示。

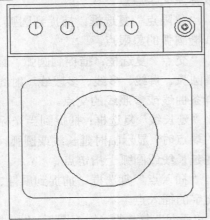

图 2-41 素材图形

步骤 02 在命令行中输入 L（直线）命令，按【Enter】键确认，在命令行提示下，输入 FROM（捕捉自）命令，按【Enter】键确认。

步骤 03 捕捉左上角点对象，输入（@0,-154）并确认，向右引导光标，输入 500，按两次【Enter】键确认，即可使用捕捉自功能绘制直线，效果如图 2-42 所示。

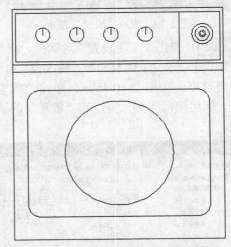

图 2-42 使用捕捉自功能绘制直线

2.3.5 启用动态输入

在 AutoCAD 2013 中，启用动态输入功能，可以在指针位置处显示指针输入或标注输入的命令提示等信息，从而极大地提高了绘图的效率。

执行操作的三种方法	
按钮法	单击状态栏中的"动态输入"按钮。
快捷键	按【F9】键。
快捷菜单	在"动态输入"按钮上，单击鼠标右键，在弹出的快捷菜单中选择"设置"选项。

素材文件	无
效果文件	无
视频文件	光盘\视频\第 2 章\2.3.5　启用动态输入.mp4

实战演练 014——启用动态输入

步骤 **01** 　选择状态栏中的"动态输入"按钮 ，单击鼠标右键，在弹出的快捷菜单中选择"设置"选项，如图 2-43 所示。

图 2-43　选择"设置"选项

步骤 **02** 　弹出"草图设置"对话框，在"动态输入"选项卡中，选中"可能时启用标注输入"复选框，如图 2-44 所示，单击"确定"按钮，即可启用动态输入。

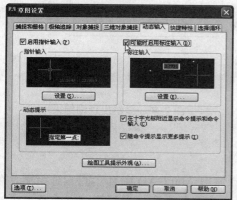

图 2-44　选中相应的复选框

在"草图设置"对话框中的"动态输入"选项卡中，各主要选项的含义如下。

◆ "启用指针输入"复选框：选中该复选框，可以打开指针输入。如果同时打开指针输入和标注输入，则标注输入在可用时将取代指针输入。

◆ "指针输入"选项区：工具提示中的十字光标位置的坐标值将显示在光标旁边。

◆ "可能时启用标注输入"复选框：选中该复选框，可以打开标注输入。

◆ "标注输入"选项区：当命令提示用户输入第二个点或距离时，将显示标注和距离值与角度值的工具提示。标注工具提示中的值将随光标移动而更改。可以在工具提示中输入值，而不用在命令行上输入值。

◆ "动态提示"选项区：需要时将在光标旁边显示工具提示中的提示，以完成命令。可以在工具提示中输入值，而不用在命令行上输入值。

◆ "绘图工具提示外观"按钮：单击该按钮，可以显示"工具提示外观"对话框。可以在该对话框中设置工具提示的外观颜色、大小、透明度等。

◆ "选项"按钮：单击该按钮，可以弹出"选项"对话框。

2.4　查询建筑图形属性

在绘制建筑图形时或绘制完成后，经常需要查询绘制对象的有关数据信息，如房屋的轴线间距、楼层的标高和墙体厚度等。AutoCAD 2013 提供了各种查询命令，方便用户得到对象的有关信息。

2.4.1　查询点坐标

AutoCAD 提供的查询点的坐标命令，可以方便用户查询指定点的坐标。在指定需要查询的点对象后，将列出指定点的 X、Y 和 Z 值。

执行操作的两种方法	
菜单栏	选择菜单栏中的"工具"→"查询"→"点坐标"命令。
命令行	输入 ID 命令。

	素材文件	光盘\素材\第 2 章\沙发.dwg
	效果文件	无
	视频文件	光盘\视频\第 2 章\2.4.1　查询点坐标.mp4

实战演练 015——查询沙发点坐标

步骤 01　单击快速访问工具栏中的"打开"按钮，打开素材图形，如图 2-45 所示。

步骤 02　在命令行中输入 ID（点坐标）命令，按【Enter】键确认，在命令行提示下，选取上方水平直线的中点，即可查询点坐标，并显示出查询结果，如图 2-46 所示。

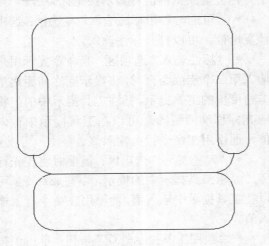

图 2-45　素材图形

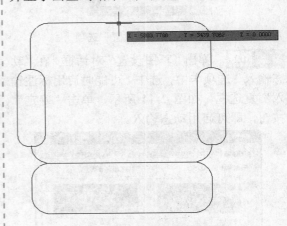

图 2-46　显示出查询结果

2.4.2　查询距离

　　在 AutoCAD 2013 中使用"距离"命令，可以计算出 AutoCAD 中真实的三维距离。在查询距离时，如果忽略 Z 轴的坐标值，用"距离"命令计算的距离将采用第一点或第二点的当前距离。

执行操作的三种方法	
按钮法	切换至"常用"选项卡，单击"实用工具"面板中的"距离"按钮。
菜单栏	选择菜单栏中的"工具"→"查询"→"距离"命令。
命令行	输入 DIST（快捷命令：DI）命令。

	素材文件	光盘\素材\第 2 章\冰箱.dwg
	效果文件	无
	视频文件	光盘\视频\第 2 章\2.4.2　查询距离.mp4

实战演练 016——查询冰箱的距离

步骤 01　单击快速访问工具栏中的"打开"按钮📂，打开素材图形，如图 2-47 所示。

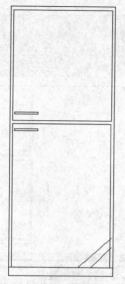

图 2-47　素材图形

步骤 02　在命令行中输入 DIST（距离）命令，按【Enter】键确认，在命令行提示下，拾取绘图区中的左上角点，如图 2-48 所示。

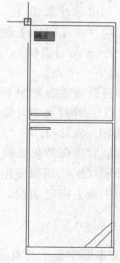

图 2-48　拾取左上角点

步骤 03　向右引导光标，将光标移至右下角点处，如图 2-49 所示。

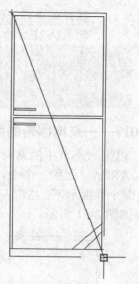

图 2-49　移动光标

步骤 04　在右下角点处，单击鼠标左键，即可查询距离，并在命令行中显示查询结果，如图 2-50 所示。

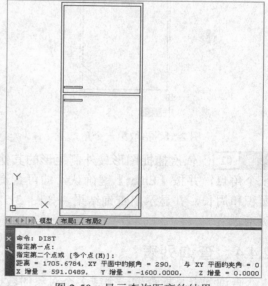

图 2-50　显示查询距离的结果

2.4.3　查询面积和周长

AutoCAD 提供的查询面积命令，可以方便地查询由用户指定区域的面积和周长。

中文版 AutoCAD 2013
建筑设计从入门到精通

执行操作的三种方法	
按钮法	切换至"常用"选项卡,单击"实用工具"面板中的"面积"按钮 ▣ 面积 。
菜单栏	选择菜单栏中的"工具"→"查询"→"面积"命令。
命令行	输入 AREA 命令。

	素材文件	光盘\素材\第 2 章\冰箱.dwg
	效果文件	无
	视频文件	光盘\视频\第 2 章\2.4.3 查询面积和周长.mp4

实战演练 017——查询冰箱的面积和周长

步骤 01 以上一小节中的素材为例,在命令行中输入 AREA(面积)命令,按【Enter】键确认,在命令行提示下,拾取左下角点为第一个角点,如图 2-51 所示。

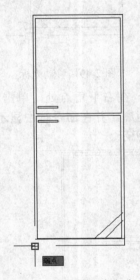

图 2-51 拾取第一个角点

步骤 02 依次捕捉图形最外侧矩形的其他三个角点,并按【Enter】键确认,即可查询面积和周长,并显示出查询结果,如图 2-52 所示。

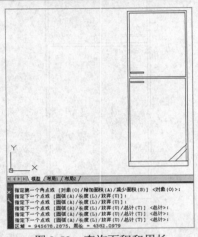

图 2-52 查询面积和周长

执行"面积"命令后,命令行中的提示如下。

指定第一个角点或 [对象(O)/增加面积(A)/减少面积(S)] <对象(O)>:(指定第一个点,或输入选项,按【Enter】键确认)

指定下一个点或 [圆弧(A)/长度(L)/放弃(U)]:(指定下一个点)

命令行中各选项的含义如下。

◆ 对象(O):计算选定对象面积和周长。

◆ 增加面积(A):打开"加"模式后,继续定义新区域时应保持总面积平衡。

◆ 减少面积(S):可以使用"减少面积"选项从总面积中减去指定面积。

2.4.4 查询列表

查询列表是指查询一个或多个对象的数据库信息,并在文本框中显示对象的特征数据。

执行操作的两种方法	
菜单栏	选择菜单栏中的"工具"→"查询"→"列表"命令。
命令行	输入 LIST 命令。

素材文件	光盘\素材\第 2 章\电话机.dwg
效果文件	无
视频文件	光盘\视频\第 2 章\2.4.4　查询列表.mp4

实战演练 018——查询电话机列表

步骤 01　单击快速访问工具栏中的"打开"按钮，打开素材图形，如图 2-53 所示。

步骤 02　在命令行中输入 LIST（列表）命令，按【Enter】键确认，在命令行提示下，选择电话图形并确认，弹出 AutoCAD 文本窗口，在该窗口中可以查询电话机的列表，包括长度、图层、颜色等，如图 2-54 所示。

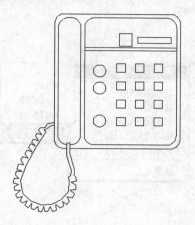

图 2-53　素材图形

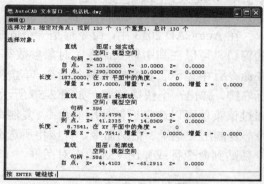

图 2-54　AutoCAD 文本窗口

专家提醒 ☞

通常"列表"命令将报告对象的共有特性（如图层、线型和颜色等），并根据所选对象的类型，报告对象本身和特性的信息，以及与对象相关的信息，如文字样式、标注样式等。

2.5　操作命令的执行方式

在 AutoCAD 2013 中，可以使用菜单、工具按钮、命令或系统变量来绘制建筑图形。下面将介绍使用操作命令的执行方式。

2.5.1　鼠标执行命令

在绘图区中，鼠标指针通常显示为"十"字形状。当鼠标指针移至菜单命令、工具栏或对话框内时，会自动变成箭头形状。无论鼠标指针是"十"字形状，还是箭头形状，当单击鼠标时，都会执行相应的命令或动作。在 AutoCAD 2013 中，鼠标有以下三种用法。

◆ 拾取：指鼠标左键，用于指定屏幕上的点，也可以用于选择对象、单击"功能区"选项板中的相应按钮或执行菜单命令等。如图

2-55 所示为使用鼠标左键拾取"功能区"选项板中的"圆"按钮。

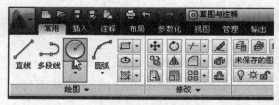

图 2-55　使用鼠标左键拾取"功能区"
选项板中的"圆"按钮

◆ 确认命令：指鼠标右键，用于结束当前使用的命令，此时，系统将根据当前的绘图状态弹出不同的快捷菜单。

◆ 弹出菜单：当使用【Shift】键和鼠标右键的组合时，将弹出一个快捷菜单，用于设置捕捉点的方法，对于三键鼠标，弹出键通常为鼠标的中间键。

2.5.2　键盘执行命令

在 AutoCAD 2013 中，绘图或编辑图形大多是通过键盘输入完成的，如输入命令、系统变量、文本对象、数值参数、点的坐标或进行参数选择等。

2.5.3　命令行执行命令

在 AutoCAD 2013 中，命令行是一个固定的窗口，可以在其中输入命令、对象参数等。在命令行中显示了执行完的两条命令，单击鼠标右键，弹出一个快捷菜单，如图 2-56 所示，通过该菜单可以选择近期使用的命令、复制命令、复制历史记录、粘贴命令、直接将所选命令粘贴到命令行或弹出"选项"对话框。

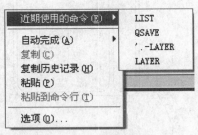

图 2-56　快捷菜单

2.5.4　重复执行命令

在 AutoCAD 中，可以重复执行一个命令。这是 AutoCAD 与其他软件不同的特点之一。

执行操作的方法		
快捷键	按【Enter】键。	
	素材文件	光盘\素材\第 2 章\厨具.dwg
	效果文件	光盘\效果\第 2 章\厨具.dwg
	视频文件	光盘\视频\第 2 章\2.5.4　重复执行命令.mp4

实战演练 019——重复圆命令绘制厨具部分图形

步骤 01　单击快速访问工具栏中的"打开"按钮，打开素材图形，如图 2-57 所示。

步骤 02　在命令行中输入 C（圆）命令，按【Enter】键确认，在命令行提示下，输入圆心坐标为（2797, 1099），并确认，输入圆的半径为 150，按【Enter】键确认，即可绘制圆，效果如图 2-58 所示。

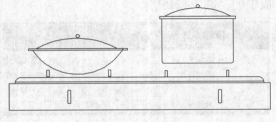

图 2-57　素材图形

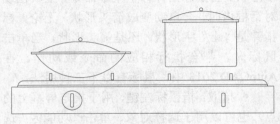

图 2-58　绘制圆

步骤 03 　再次按【Enter】键确认，即可重
复执行"圆"命令，在圆心坐标为（5095,1099）
处，绘制一个半径为 150 的圆，效果如图 2-59
所示。

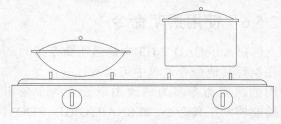

图 2-59　重复执行命令绘制圆

2.5.5　撤销执行命令

使用 AutoCAD 2013 进行图形的绘制及编辑时，难免会出现错误，在出现错误时，可以
不必重新对图形进行绘制或编辑，只需要撤销错误的操作即可。

执行操作的四种方法	
按钮法	单击快速访问工具栏中的"放弃"按钮 。
菜单栏	选择菜单栏中的"编辑"→"放弃"命令。
命令行	输入 UNDO（快捷命令：U）命令。
快捷键	按【Ctrl＋Z】组合键。

素材文件	光盘\素材\第 2 章\吸顶灯.dwg	
效果文件	无	
视频文件	光盘\视频\第 2 章\2.5.5　撤销执行命令.mp4	

实战演练 020——撤销吸顶灯中的删除命令

步骤 01 　单击快速访问工具栏中的"打开"
按钮 ，打开素材图形，如图 2-60 所示。

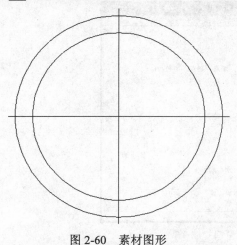

图 2-60　素材图形

步骤 02 　在绘图区中选择中间的直线对

象，按【Delete】键，即可删除直线，效果如
图 2-61 所示。

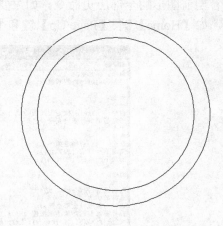

图 2-61　删除直线

步骤 03 　在命令行中输入 UNDO（放弃）
命令，按两次【Enter】键确认，即可撤销执
行的删除命令。

2.5.6 使用透明命令

在 AutoCAD 2013 中，透明命令指的是在执行其他命令过程中可以执行的命令。常用的透明命令多为修改图形设置的命令和绘制辅助工具命令，如 SNAP、GRID、ZOOM 命令等。

如果要以透明的方式使用命令，应在输入命令之前输入单引号"'"。在命令行中，透明命令的提示前有一个双折号">>"。完成透明命令后，将执行原命令。如在绘制圆时，需要缩放视图，应在命令行中输入 ZOOM 命令，并按【Enter】键确认。

2.5.7 使用系统变量

系统变量用于控制 AutoCAD 的某些功能和设计环境，可以打开或关闭捕捉、栅格或正交等绘图模式，设置默认的填充图案，或存储当前图形和 AutoCAD 配置的有关信息。

系统变量通常为 6～10 个字符长的缩写名称，大多数系统变量都带有简单的开关设置。如图 2-62 所示为执行 GRIDMODE 系统

变量的命令行提示。

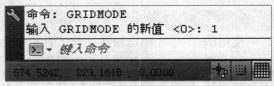

图 2-62 执行 GRIDMODE 系统变量

2.5.8 文本窗口执行命令

AutoCAD 文本窗口是一个浮动窗口，可以在其中输入命令或查看命令行提示信息，以便查看执行的历史命令。文本窗口中的内容是只读的，因此不能对其进行修改，但可以复制并粘贴到命令行，以重复前面的操作或应用到其他应用程序中（如 Word）。在文本窗口中，可以查看当前图形的全部历史命令。如果要浏览命令文字，可拖曳窗口滚动条或按命令窗口浏览键，如【Home】键、【Page Up】键和【Page Down】键等。如图 2-63 所示为文本窗口。

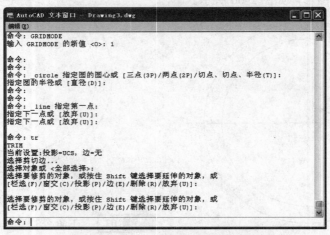

图 2-63 文本窗口

第3章 控制图形显示模式

学前提示

在 AutoCAD 2013 中进行操作时，用户经常需要改变图形的显示方式。例如，为了观察图形的整体效果，可以缩小图形；为了对图形进行细节编辑，可以放大图形等。

本章知识重点

- ▶ 重画与重生成图形
- ▶ 缩放视图
- ▶ 平移视图
- ▶ 应用视口和命名视图

学完本章后你会做什么

- ▶ 掌握重画和重生成图形的操作
- ▶ 掌握缩放视图的操作，如实时缩放视图、窗口缩放视图等
- ▶ 掌握应用视口和命名视图的操作，如创建平铺视口、应用命名视图等

视频演示

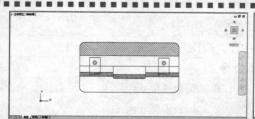
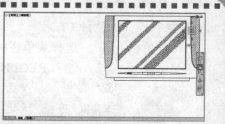

3.1 重画与重生成图形

在绘制与编辑图形的过程中，屏幕上经常会留下对象的选取标记，而这些标记并不是图形中的对象，因此当前图形画面会显得很混乱，这时，就可以使用 AutoCAD 2013 中的重画和重生成功能来清除这些痕迹。

3.1.1 重画图形

使用"重画"命令，系统将会刷新屏幕，可以清除临时标记，还可以更新用户使用的当前视口对象。

执行操作的两种方法	
菜单栏	选择菜单栏中的"视图"→"重画"命令。
命令行	输入 REDRAW 命令。

重画图形前后效果对比如图 3-1 所示。

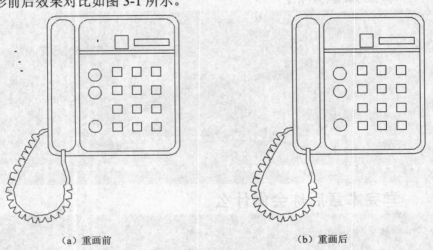

（a）重画前　　　　　　　　　　　　　（b）重画后

图 3-1　重画图形前后效果对比图

3.1.2 重生成图形

使用"重生成"命令可以重新生成图形，此时系统将从磁盘中调用当前图形的数据。它比"重画"命令慢，因为更新屏幕的时间要比"重画"命令用的时间长。

执行操作的两种方法	
菜单栏	选择菜单栏中的"视图"→"重生成"命令。
命令行	输入 REGEN 命令。

	素材文件	光盘\素材\第 3 章\会议桌.dwg
	效果文件	光盘\效果\第 3 章\会议桌.dwg
	视频文件	光盘\视频\第 3 章\3.1.2　重生成图形.mp4

实战演练 021——重生成会议桌图案

步骤 01　单击快速访问工具栏中的"打开"按钮，打开素材图形，如图 3-2 所示。

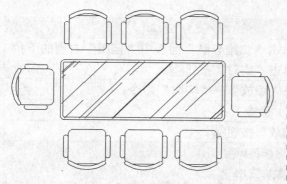

图 3-2　素材图形

步骤 02　单击"应用程序"按钮，弹出程序菜单，单击"选项"按钮，如图 3-3 所示。

图 3-3　单击"选项"按钮

步骤 03　弹出"选项"对话框，在"显示"选项卡中，取消选中"应用实体填充"复选框，如图 3-4 所示。

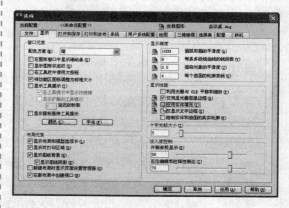

图 3-4　"选项"对话框

步骤 04　单击"确定"按钮，在命令行中输入 REGEN（重生成）命令，并按【Enter】键确认，即可重生成图形，如图 3-5 所示。

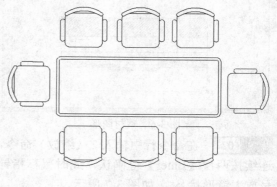

图 3-5　重生成图形

专家提醒

在 AutoCAD 中，某些操作只在使用"重生成"命令后才能生效。如果一直使用某个命令修改编辑图形，但该图形似乎没有发生什么变化，可以使用"重生成"命令更新屏幕显示。

3.2　缩放视图

图形的显示缩放命令类似于照相机可变焦距镜头，使用该命令可以调整当前视图大小，既能观察较大的图形范围，又能观察图形的细节，而不改变图形的实际大小。

3.2.1 实时缩放视图

实时缩放视图功能可以帮助用户观察图形的大小，还可以放大和缩小图形，而且原图形的尺寸并不会发生改变。

执行操作的四种方法	
按钮法	切换至"视图"选项卡，单击"二维导航"面板中"范围"右侧的下拉按钮，在弹出的下拉列表中单击"实时"按钮。
菜单栏	选择菜单栏中的"视图"→"缩放"→"实时"命令。
命令行	输入 ZOOM（快捷命令：Z）命令。
导航面板	单击导航面板中的"实时缩放"按钮。

	素材文件	光盘\素材\第 3 章\建筑装饰图.dwg
	效果文件	光盘\效果\第 3 章\建筑装饰图.dwg
	视频文件	光盘\视频\第 3 章\3.2.1　实时缩放视图.mp4

实战演练 022——实时缩放建筑装饰图

步骤 01　单击快速访问工具栏中的"打开"按钮，打开素材图形，如图 3-6 所示。

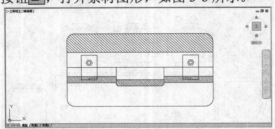

图 3-6　素材图形

步骤 02　在命令行中输入 Z（缩放）命令，连续按两次【Enter】键确认，此时鼠标指针呈放大镜形状，如图 3-7 所示。

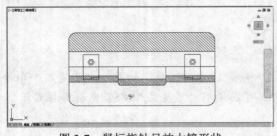

图 3-7　鼠标指针呈放大镜形状

步骤 03　按住鼠标左键向上拖曳至合适位置，释放鼠标，放大图形，如图 3-8 所示。

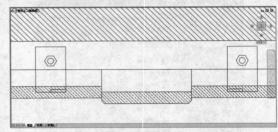

图 3-8　放大图形

步骤 04　按住鼠标左键并向下拖曳至合适位置，释放鼠标左键，即可缩小图形，如图 3-9 所示。

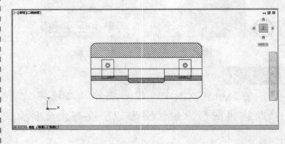

图 3-9　缩小图形

3.2.2 窗口缩放视图

使用"窗口"命令缩放视图时，应尽量使所选取的矩形对角点与屏幕成一定的比例。窗口缩放适用于观察图形的细部，分别指定两点即可将所选区域中的图形放大。

执行操作的三种方法	
按钮法	切换至"视图"选项卡，单击"二维导航"面板中"范围"右侧的下拉按钮，在弹出的下拉列表中单击"窗口"按钮🔍。
菜单栏	选择菜单栏中的"视图"→"缩放"→"窗口"命令。
导航面板	单击导航面板中的"窗口缩放"按钮🔍。

	素材文件	光盘\素材\第 3 章\电视机立面.dwg
	效果文件	光盘\效果\第 3 章\电视机立面.dwg
	视频文件	光盘\视频\第 3 章\3.2.2　窗口缩放视图.mp4

实战演练 023——窗口缩放电视机立面图形

步骤 **01**　单击快速访问工具栏中的"打开"按钮📂，打开素材图形，如图 3-10 所示。

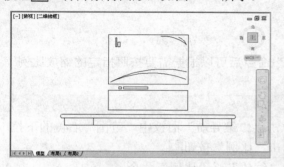

图 3-10　素材图形

步骤 **02**　在命令行中输入 Z（缩放）命令，按【Enter】键确认，在命令行提示下，输入 W（窗口）选项，按【Enter】键确认。

步骤 **03**　在绘图区中，捕捉左上方合适的端

点，并向右下方拖曳，至合适位置后，单击鼠标左键，即可窗口缩放视图，如图 3-11 所示。

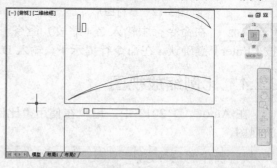

图 3-11　窗口缩放视图

专家提醒 👉

　图形放大后，矩形窗口的中心作为当前视口新视图的中心，如果指定矩形窗口的长度与当前视口的长度比不同，AutoCAD 会以短边为准使其充满当前视口，较长一边的显示范围则按视口的比例相应取舍。

3.2.3　动态缩放视图

　　动态缩放是使用一个动态视图框预先调整下一次新视口所要显示的图形内容，然后将动态视图框内包罗的图形显示充满整个窗口。

执行操作的三种方法	
按钮法	切换至"视图"选项卡，单击"二维导航"面板中"范围"右侧的下拉按钮，在弹出的下拉列表中单击"动态"按钮🔍。
菜单栏	选择菜单栏中的"视图"→"缩放"→"动态"命令。
导航面板	单击导航面板中的"动态缩放"按钮🔍。

	素材文件	光盘\素材\第 3 章\楼梯剖面图.dwg
	效果文件	光盘\效果\第 3 章\楼梯剖面图.dwg
	视频文件	光盘\视频\第 3 章\3.2.3　动态缩放视图.mp4

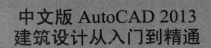

建筑设计从入门到精通

实战演练 024——动态缩放楼梯剖面图

步骤 **01** 单击快速访问工具栏中的"打开"按钮，打开素材图形，如图 3-12 所示。

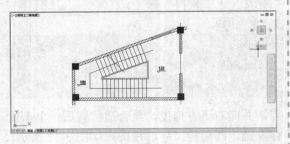

图 3-12 素材图形

步骤 **02** 在命令行中输入 Z（缩放）命令，按【Enter】键确认，在命令行提示下，输入 D

（动态）选项，按【Enter】键确认。

步骤 **03** 光标呈带有"×"标记的矩形形状时，在合适位置上单击鼠标左键，将矩形框向右拖曳，至合适位置后，按【Enter】键确认，即可动态缩放图形，如图 3-13 所示。

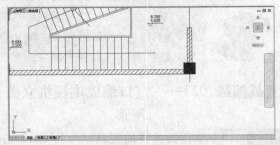

图 3-13 动态缩放视图

3.2.4 比例缩放视图

在 AutoCAD 2013 中，用户在使用"比例"命令后可以根据需要按照指定的缩放比例缩放视图。

执行操作的三种方法	
按钮法	切换至"视图"选项卡，单击"二维导航"面板中"范围"右侧的下拉按钮，在弹出的下拉列表中单击"比例"按钮。
菜单栏	选择菜单栏中的"视图"→"缩放"→"比例"命令。
导航面板	单击导航面板中的"缩放比例"按钮。

	素材文件	光盘\素材\第 3 章\衣柜.dwg
	效果文件	光盘\效果\第 3 章\衣柜.dwg
	视频文件	光盘\视频\第 3 章\3.2.4 比例缩放视图.mp4

实战演练 025——比例缩放衣柜图形

步骤 **01** 单击快速访问工具栏中的"打开"按钮，打开素材图形，如图 3-14 所示。

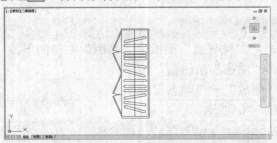

图 3-14 素材图形

步骤 **02** 在"功能区"选项板中，切换至

"视图"选项卡，单击"二维导航"面板"范围"右侧的下拉按钮，在弹出的下拉列表中单击"比例"按钮，如同 3-15 所示。

图 3-15 单击"比例"按钮

步骤 03　根据命令行提示,输入缩放比例为 0.4X,按【Enter】键确认,即可比例缩放视图,效果如图 3-16 所示。

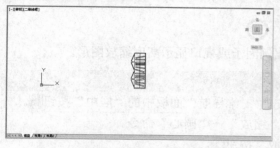

图 3-16　比例缩放视图

专家提醒 ☞

输入比例因子有以下 3 种格式。

➤　比例因子值:直接输入比例因子值,保持显示中心不变,相对于图形界限缩放图形。

➤　相对比例因子:在输入的比例因子后加上后缀 X,则保持显示中心不变,相对于当前视口缩放图形。

➤　相对于图纸空间比例因子:在比例因子后加上后缀 XP,表示相对于图纸空间的浮动视口缩放图形。

3.2.5　显示上一个视图

显示上一个建筑图形时按照前一个视图位置和放大倍数重新显示图形,而不会废除对图形所做的修改。

执行操作的三种方法	
按钮法	切换至"视图"选项卡,单击"二维导航"面板中"范围"右侧的下拉按钮,在弹出的下拉列表中单击"上一个"按钮。
菜单栏	选择菜单栏中的"视图"→"缩放"→"上一个"命令。
导航面板	单击导航面板中的"缩放上一个"按钮。
素材文件	光盘\素材\第 3 章\书桌.dwg
效果文件	无
视频文件	光盘\视频\第 3 章\3.2.5　显示上一个视图.mp4

实战演练 026——显示书桌上一个视图

步骤 01　单击快速访问工具栏中的"打开"按钮,打开素材图形,如图 3-17 所示。

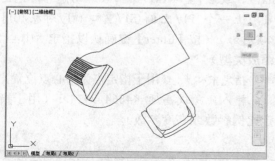

图 3-17　素材图形

步骤 02　在命令行中输入 Z(缩放)命令,按两次【Enter】键确认,在命令行提示下,在绘图区中,单击鼠标左键,并向下拖曳鼠标,缩小图形,如图 3-18 所示。

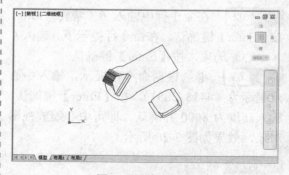

图 3-18　缩小图形

步骤 03　重复执行 Z(缩放)命令,在命令行提示下,输入 P(上一个)选项,按【Enter】键确认,即可显示上一个视图。

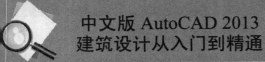
在绘制图形时，可能会将已经放大的图形缩小来观察总体布局，然后又希望重新显示前面的视图，这时就可以使用"上一步"命令来完成。

3.2.6　中心缩放视图

中心缩放是以指定点为中心，按照指定的比例因子或视口显示高度缩放图形。

执行操作的三种方法	
按钮法	切换至"视图"选项卡，单击"二维导航"面板中的"居中"按钮🔍。
菜单栏	选择菜单栏中的"视图"→"缩放"→"圆心"命令。
导航面板	单击导航面板中的"中心缩放"按钮🔍。

素材文件	光盘\素材\第 3 章\沙发组合.dwg	
效果文件	光盘\效果\第 3 章\沙发组合.dwg	
视频文件	光盘\视频\第 3 章\3.2.6　中心缩放视图.mp4	

实战演练 027——中心缩放沙发组合

步骤 01　单击快速访问工具栏中的"打开"按钮📂，打开素材图形，如图 3-19 所示。

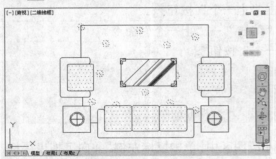

图 3-19　素材图形

步骤 02　在命令行中输入 Z（缩放）命令，按【Enter】键确认，在命令行提示下，输入 C（中心）选项，按【Enter】键确认。

步骤 03　继续根据命令行提示，输入中心点坐标为（4418，2851），按【Enter】键确认，输入高度为 8000 并确认，即可中心缩放视图对象，效果如图 3-20 所示。

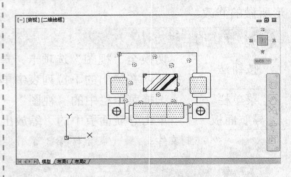

图 3-20　中心缩放视图

执行"中心缩放"命令后，命令行中的提示如下。

指定窗口的角点，输入比例因子（nX 或 nXP），或者[全部(A)/中心(C)/动态(D)/范围(E)/上一个(P)/比例(S)/窗口(W)/对象(O)]<实时>：c（按【Enter】键确认以指定"中心"缩放类型）

指定中心点：（用于指定点为中心点位置）

输入比例或高度 <4864.9414>：（用于指定比例参数或高度参数）

中心缩放时，指定的中心点将成为新视口的中心。如果输入了比例因子，新的视口高度将相对于当前视口或浮动视口的高度按比例缩放，比例因子的输入格式与比例缩放相同。如果输入高度值，中心点缩放后新视口的高度为所输入的高度值。

3.2.7　对象缩放视图

在 AutoCAD 2013 中，使用"对象"命令可以将指定的对象最大化显示。

执行操作的三种方法	
按钮法	切换至"视图"选项卡，单击"二维导航"面板"范围"右侧的下拉按钮，在弹出的下拉列表中单击"对象"按钮🔍。
菜单栏	选择菜单栏中的"视图"→"缩放"→"对象"命令。
导航面板	单击导航面板中的"缩放对象"按钮🔍。

	素材文件	光盘\素材\第 3 章\天花大样图.dwg
	效果文件	光盘\效果\第 3 章\天花大样图.dwg
	视频文件	光盘\视频\第 3 章\3.2.7　对象缩放视图.mp4

实战演练 028——对象缩放天花大样图

步骤 01　单击快速访问工具栏中的"打开按钮"📂，打开素材图形，如图 3-21 所示。

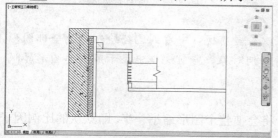

图 3-21　素材图形

步骤 02　在命令行中输入 Z（缩放）命令，按【Enter】键确认，在命令行提示下，输入 O（对象）选项，按【Enter】键确认。

步骤 03　在绘图区中，选择合适的图形为缩放对象，如图 3-22 所示。

步骤 04　按【Enter】键确认，即可根据选定的对象缩放视图，效果如图 3-23 所示。

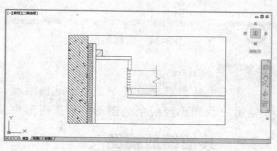

图 3-22　选择缩放对象

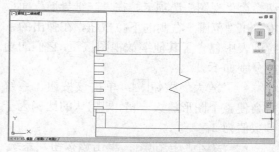

图 3-23　对象缩放视图

3.2.8　范围缩放视图

使用"范围缩放"命令，可以在绘图区中尽可能大地显示图形对象。范围缩放使用的显示边界只是图形而不是图形界限。

执行操作的三种方法	
按钮法	切换至"视图"选项卡，单击"二维导航"面板"范围"右侧的下拉按钮，在弹出的下拉列表中单击"范围"按钮🔍。
菜单栏	选择菜单栏中的"视图"→"缩放"→"范围"命令。
导航面板	单击导航面板中的"范围缩放"按钮🔍。

素材文件	光盘\素材\第 3 章\厨房平面图.dwg
效果文件	光盘\效果\第 3 章\厨房平面图.dwg
视频文件	光盘\视频\第 3 章\3.2.8　范围缩放视图.mp4

实战演练 029——范围缩放厨房平面图

步骤 01　单击快速访问工具栏中的"打开"按钮，打开素材图形，如图 3-24 所示。

步骤 02　在命令行中输入 Z（缩放）命令，按【Enter】键确认，在命令行提示下，输入 E（范围）选项，按【Enter】键确认，即可按范围缩放视图，效果如图 3-25 所示。

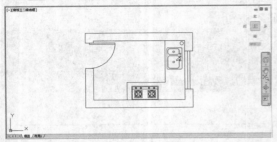

图 3-24　素材图形

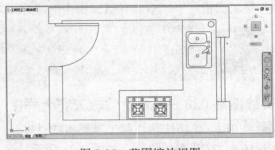

图 3-25　范围缩放视图

专家提醒 ☞

在不冻结图层的前提下，使用范围缩放，可以在当前视口中看到已经绘制好的全部图形，方便用户找到已经绘制的图形。如果图形中没有任何对象，当前视口中显示范围为图形界限。

3.2.9　其他缩放视图

在 AutoCAD 2013 的"功能区"选项板中，切换至"视图"选项卡，在"二维导航"面板中单击"范围"右侧的下拉按钮，在弹出的下拉列表中包含了其他缩放视图按钮，它们的功能分别如下。

◆ "放大"按钮：单击该按钮，系统将会使整个图形放大一倍，即默认的比例因子参数值为 2。

◆ "缩小"按钮：单击该按钮，系统将会使整个图形缩小一半，即默认的比例因子参数值为 0.5。

◆ "全部"按钮：单击该按钮，可以显示整个图形中的所有图像。在平面视图中，它以图形界限或当前图形范围为显示边界，在具体情况下，哪个范围大就将其作为显示的边界。如果图形对象延伸到图形界限外，则仍将显示图形对象中的所有图像，此时显示的是图形对象的范围。

3.3　平移视图

平移视图可以重新定位图形，以便看清图形的其他部分。此时，不会改变图形对象的位置或比例，而只改变视图。

3.3.1　实时平移视图

实时平移相当于一个镜头对准视图，当移动镜头时，视口中的图形也跟着移动。使用"平移"命令可以根据需要平移视图。

执行操作的四种方法	
按钮法	切换至"视图"选项卡，单击"二维导航"面板中的"平移"按钮🖐。
菜单栏	选择菜单栏中的"视图"→"平移"→"实时"命令。
命令行	输入 PAN 命令。
导航面板	单击导航面板中的"平移"按钮🖐。

	素材文件	光盘\素材\第 3 章\电脑显示器.dwg
	效果文件	光盘\效果\第 3 章\电脑显示器.dwg
	视频文件	光盘\视频\第 3 章\3.3.1　实时平移视图.mp4

实战演练 030——实时平移电脑显示器

步骤 **01**　单击快速访问工具栏中的"打开"按钮📂，打开素材图形，如图 3-26 所示。

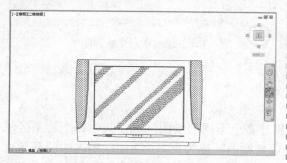

图 3-26　素材图形

步骤 **02**　在"功能区"选项板的"视图"选项卡中，单击"二维导航"面板中的"平移"按钮🖐，如图 3-27 所示。

步骤 **03**　此时鼠标指针呈小手形状🖐，单击鼠标左键并向右上方拖曳鼠标至合适位置，即可实时平移视图，如图 3-28 所示。

图 3-27　单击"平移"按钮

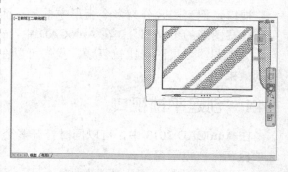

图 3-28　实时平移视图

专家提醒 👉

　　"实时平移"工具使用频率最高，通过该工具可以拖动光标移动视图在窗口中的位置。

3.3.2　定点平移视图

　　使用"定点平移"命令，可以将视图按照两点间的距离进行平移。

执行操作的两种方法	
菜单栏	选择菜单栏中的"视图"→"平移"→"点"命令。
命令行	输入 -PAN 命令。

	素材文件	光盘\素材\第 3 章\电视机.dwg
	效果文件	光盘\效果\第 3 章\电视机.dwg
	视频文件	光盘\视频\第 3 章\3.3.2　定点平移视图.mp4

实战演练 031——定点平移电视机视图

步骤 **01** 单击快速访问工具栏中的"打开"按钮，打开素材图形，如图 3-29 所示。

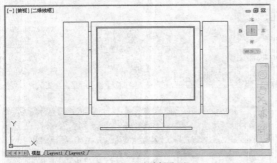

图 3-29　素材图形

步骤 **02** 在命令行中输入-PAN（定点平移）命令，按【Enter】键确认，在命令行提示下，输入基点坐标值（-540,1235），按【Enter】键确认。

步骤 **03** 向右上方引导光标，输入第二点的参数值为 512，按【Enter】键确认，即可定点平移视图，效果如图 3-30 所示。

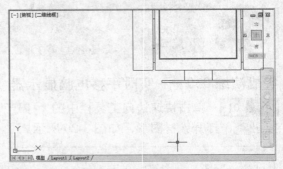

图 3-30　定点平移视图

3.4　应用视口和命名视图

视口是把绘图区分为多个矩形方框，从而创建多个不同的绘图区域，其中每个绘图区域用来观察图形的不同部分。在 AutoCAD 中，一般把绘图区称为视口，而把绘图区中的显示内容称为视图。如果图形比较复杂，我们可以在绘图区中开辟多个视口，从而方便观察图形的不同效果。

3.4.1　创建平铺视口

在 AutoCAD 2013 中，可以同时打开多个可视视口，同时，屏幕上还可以保留"功能区"选项板和命令提示窗口。

执行操作的三种方法	
按钮法	切换至"视图"选项卡，单击"视口"面板中的"命名"按钮圖。
菜单栏	选择菜单栏中的"视图"→"视口"→"命名视口"命令。
命令行	输入 VPORTS 命令。
素材文件	光盘\素材\第 3 章\楼梯.dwg
效果文件	光盘\效果\第 3 章\楼梯.dwg
视频文件	光盘\视频\第 3 章\3.4.1　创建平铺视口.mp4

实战演练 032——创建楼梯图形的平铺视口

步骤 **01** 单击快速访问工具栏中的"打开"按钮，打开素材图形，如图 3-31 所示。

步骤 **02** 在"功能区"选项板中切换着"视图"选项卡，单击"视口"面板中的"命名"按钮圖，如图 3-32 所示。

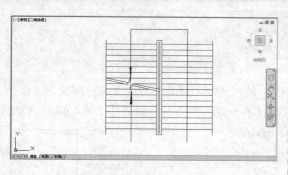

图 3-31　素材图形

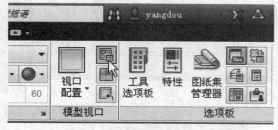

图 3-32　单击"命名"按钮

步骤　03　弹出"视口"对话框，切换至"新建视口"选项卡，输入"新名称"为"视口"，在"标准视口"列表框中选择"四个：相等"选项，如图 3-33 所示。

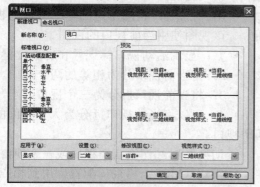

图 3-33　"视口"对话框

步骤　04　单击"确定"按钮，即可创建平铺视口，如图 3-34 所示。

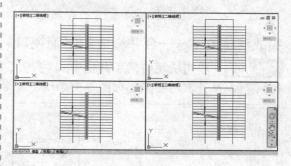

图 3-34　创建平铺视口

在"视口"对话框中，各选项含义如下。

◆　"新名称"文本框：在该文本框中，可以为新模型空间视口配置指定名称。

◆　"标准视口"列表框：在该列表框中，列出并设定标准视口配置。

◆　"预览"选项区：在该选项区中，显示选定视口配置的预览图像，以及在配置中被分配到每个单独视口的缺省视图。

◆　"应用于"选项区：在选项区中，可以将模型空间视口配置应用到整个显示窗口或当前视口。

◆　"设置"选项区：在该选项区中，可以指定二维或三维设置。

◆　"修改视图"选项区：在该选项区中，可以用从列表中选择的视图替换选定视口中的视图。

◆　"视图样式"选项区：在该选项区中，可以将视觉样式应用到视口。

3.4.2　合并平铺视口

当用户需要从视口中减去一个视口时，可以将其中一个视口合并到当前视口中。

执行操作的三种方法	
按钮法	切换至"视图"选项卡，单击"视口"面板中的"合并视口"按钮圖。
菜单栏	选择菜单栏中的"视图"→"视口"→"合并"命令。
命令行	输入 -VPORTS 命令。

素材文件	光盘\素材\第 3 章\微波炉.dwg
效果文件	光盘\效果\第 3 章\微波炉.dwg
视频文件	光盘\视频\第 3 章\3.4.2　合并平铺视口.mp4

实战演练 033——合并微波炉平铺视口

步骤 01　单击快速访问工具栏中的"打开"按钮，打开素材图形，如图 3-35 所示。

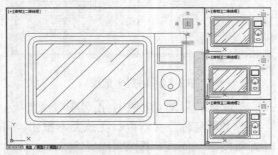

图 3-35　素材图形

步骤 02　在"功能区"选项板中，切换至"视图"选项卡，单击"视口"面板中的"合并视口"按钮，如图 3-36 所示。

图 3-36　单击"合并视口"按钮

步骤 03　在命令行提示下选择右侧的上方视口为主视口对象，选择右侧的中间视口为合并视口对象，即可合并平铺视口，效果如图 3-37 所示。

执行"合并视口"命令后，命令行中的提示如下。

输入选项 [保存(S)/恢复(R)/删除(D)/合并(J)/单一(SI)/?/2/3/4/切换(T)/模式(MO)] <3>:

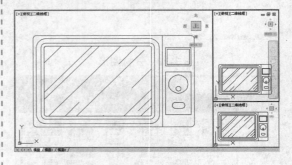

图 3-37　合并平铺视口

命令行中各选项含义如下。

◆ 保存（S）：使用名称保存当前配置。

◆ 恢复（R）：恢复以前保存的视口配置。

◆ 删除（D）：删除已命名的视口配置。

◆ 合并（J）：将两个邻接的模型视口合并为一个较大的视口。

◆ 单一（SI）：将图形返回单一视口的视图中，该视图使用当前视口的视图。

◆ ？：显示活动视口标识号和屏幕位置。

◆ 2：将当前视口分为相等的两个视口。

◆ 3：将当前视口拆分为三个视口。

◆ 4：可以将当前视口拆分为大小相同的四个视口。

◆ 切换（T）：切换四个视口或一个视口。

◆ 模式（MO）：将视口配置应用到相应的模式。

3.4.3　创建命名视图

在 AutoCAD 2013 中，使用"命名视图"命令可以为绘图区中的任意视图指定名称，并可以在创建命名视图的过程中，设置视图的中点、位置、缩放比例和透视设置等。

执行操作的三种方法	
按钮法	切换至"视图"选项卡，单击"视图"面板中的"视图管理器"按钮。
菜单栏	选择菜单栏中的"视图"→"命名视图"命令。
命令行	输入 VIEW 命令。

素材文件	光盘\素材\第 3 章\电话.dwg
效果文件	光盘\效果\第 3 章\电话.dwg
视频文件	光盘\视频\第 3 章\3.4.3　创建命名视图.mp4

实战演练 034——创建电话视图对象

步骤　01　单击快速访问工具栏中的"打开"按钮，打开素材图形，如图 3-38 所示。

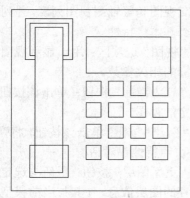

图 3-38　素材图形

步骤　02　在"功能区"选项板的"视图"选项卡中，单击"视图"面板中的"视图管理器"按钮，如图 3-39 所示。

图 3-39　单击"视图管理器"按钮

步骤　03　弹出"视图管理器"对话框，在弹出的对话框的右侧单击"新建"按钮，如图 3-40 所示。

步骤　04　弹出"新建视图/快照特性"对话框，在"视图名称"文本框中输入"电话"，在"边界"选项区选中"当前显示"单选钮，单击"定义视图窗口"按钮，如图 3-41 所示。

步骤　05　在命令行提示下捕捉图形左上角点，并向右下方拖曳鼠标，如图 3-42 所示。

图 3-40　"视图管理器"对话框

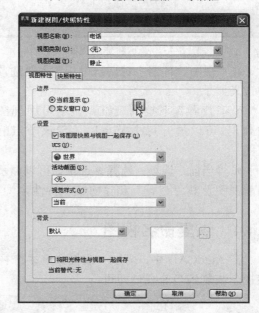

图 3-41　"新建视图/快照特性"对话框

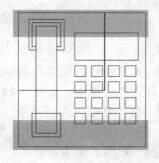

图 3-42　向右下方拖曳鼠标

步骤 06 捕捉右下方的端点，按【Enter】键确认，返回"新建视图/快照特性"对话框；单击"确定"按钮，返回"视图管理器"对话框，在"查看"下拉列表框中，将显示新建的视图，如图 3-43 所示，依次单击"置为当前"和"确定"按钮，即可创建命名视图。

图 3-43 显示新建的视图

在"视图管理器"对话框中，各主要选项的含义如下。

◆ "查看"下拉列表框：显示可用视图的列表。可以展开每个节点以显示该节点的视图。

◆ "当前"选项：选择该选项，可以显示当前视图及其"查看"和"剪裁"特性。

◆ "模型视图"选项：选择该选项，可以显示命名视图和相机视图列表，并列出选定视图的"基本"、"查看"和"剪裁"特性。

◆ "布局视图"选项：选择该选项，可以在定义视图的布局上显示视口列表，并列出选定视图的"基本"和"查看"特性。

◆ "预设视图"选项：选择该选项，可以显示正交视图和等轴测视图列表，并列出选定视图的"基本"特性。

◆ "视图"选项区：用于显示视图相机和视图目标的相关参数。

◆ "置为当前"按钮：单击该按钮，可以恢复选定的视图。

◆ "新建"按钮：单击该按钮，将弹出"新建视图/快照特性"对话框。

◆ "更新图层"按钮：更新与选定的视图一起保存的图层信息，使其与当前模型空间和布局视口中的图层可见性匹配。

◆ "编辑边界"按钮：单击该按钮，可以显示选定的视图，绘图区的其他部分以较浅的颜色显示，从而显示命名视图的边界。

◆ "删除"按钮：单击该按钮，可以删除选定的视图。

3.4.4 恢复命名视图

在 AutoCAD 中，可以一次性命名多个视图，当需要重新使用一个已命名视图时，只需将该视图恢复到当前视口即可。

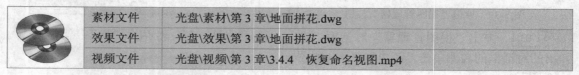

素材文件	光盘\素材\第 3 章\地面拼花.dwg	
效果文件	光盘\效果\第 3 章\地面拼花.dwg	
视频文件	光盘\视频\第 3 章\3.4.4　恢复命名视图.mp4	

实战演练 035——恢复地面拼花视图

步骤 01 单击快速访问工具栏中的"打开"按钮，打开素材图形，如图 3-44 所示。

步骤 02 在"功能区"选项板的"视图"选项卡中，单击"视图"面板中的"视图管理器"按钮，弹出"视图管理器"对话框；

单击"预设视图"选项前的"＋"号按钮，展开列表，选择"东北等轴测"选项，如图 3-45所示。

步骤 03 依次单击"置为当前"和"确定"按钮，即可恢复命名视图，如图 3-46 所示。

图 3-44 素材图形

图 3-46 恢复命名视图

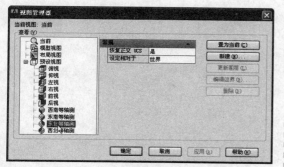

图 3-45 "视图管理器"对话框

第 2 篇　设计提高篇

本篇专业讲解了创建线形图形、创建折线形图形、复制对象的方法、改变图形大小和位置、控制图层显示状态、应用面域对象、创建图案填充、修改图案填充、建筑图块的应用和编辑图块等内容。

第4章 绘制基本图形对象

学前提示

任何二维图形都是由点、直线、圆、圆弧和矩形等元素构成的，只有熟练掌握这些基本元素的绘制方法后，才能绘制出各种复杂的图形对象。通过本章的学习，用户将会对二维图形的基本绘制方法有一个全面的了解和认识，并能够熟练使用常用的绘图命令。

本章知识重点

▶ 点在建筑图形中的应用　　　　▶ 创建曲线形图形

▶ 创建线形图形　　　　　　　　▶ 建筑绘图中的多线应用

▶ 创建折线图形

学完本章后你会做什么

▶ 掌握点在建筑图形中的应用的操作，如创建单点和多点等

▶ 掌握创建线形图形的操作，如创建直线、射线和构造线

▶ 掌握创建曲线图形的操作，如创建圆、圆弧、椭圆、样条曲线等

视频演示

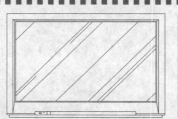

电冰箱

4.1　点在建筑图形中的应用

点是组成图形的最基本元素，通常用来作为对象捕捉的参考点。AutoCAD 2013 提供了多种形式的点，包括单点、多点、定数等分点和定距等分点 4 种类型。在建筑制图中，点的应用比较广泛，主要用于定位。

4.1.1　设置点样式

从理论上来说，点是没有长度和大小的图形对象。在 AutoCAD 2013 中，系统默认情况下绘制的点显示为一个圆点，因此很难看见，对此，用户可以为点设置显示样式，使其可见。

执行操作的三种方法	
按钮法	切换至"常用"选项卡中，单击"实用工具"面板中的"点样式"按钮 点样式 。
菜单栏	选择菜单栏中的"格式"→"点样式"命令。
命令行	输入 DDPTYPE 命令。
素材文件	光盘\素材\第 4 章\指南针.dwg
效果文件	光盘\效果\第 4 章\指南针.dwg
视频文件	光盘\视频\第 4 章\4.1.1　设置点样式.mp4

实战演练 036——设置指南针图形的点样式

步骤 01　单击快速访问工具栏中的"打开"按钮 ，打开素材图形，如图 4-1 所示。

图 4-1　素材图形

步骤 02　在"功能区"选项板的"常用"选项卡中，单击"实用工具"面板中间的下拉按钮，在展开的面板中单击"点样式"按钮 点样式... ，如图 4-2 所示。

图 4-2　单击"点样式"按钮

步骤 03　弹出"点样式"对话框，并在对话框中选择第 3 行的第 4 个点样式，如图 4-3 所示。

步骤 04　单击"确定"按钮，即可设置点样式，如图 4-4 所示。

专家提醒

在图形输出时任何点样式都不会显示在图纸上。

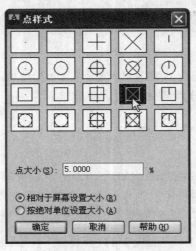

图 4-3　"点样式"对话框

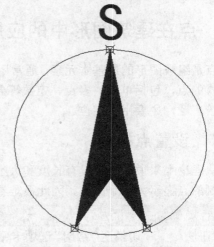

图 4-4　设置点样式

4.1.2　创建单点

作为节点或参照几何图形的点对象，对于对象捕捉和相对偏移非常有用。

执行操作的两种方法	
菜单栏	选择菜单栏中的"绘图"→"点"→"单点"命令。
命令行	输入 POINT（快捷命令：PO）命令。

	素材文件	光盘\素材\第 4 章\洗衣机.dwg
	效果文件	光盘\效果\第 4 章\洗衣机.dwg
	视频文件	光盘\视频\第 4 章\4.1.2　创建单点.mp4

实战演练 037——在洗衣机图形中创建单点

步骤 01　单击快速访问工具栏中的"打开"按钮，打开素材图形，如图 4-5 所示。

步骤 02　在命令行中输入 PO（单点）命令，按【Enter】键确认，在命令行提示下，在最上方直线的中点上单击鼠标左键，即可绘制单点，如图 4-6 所示。

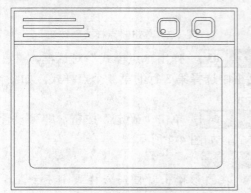

图 4-5　素材图形

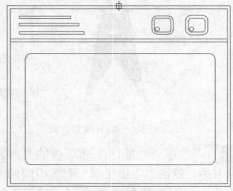

图 4-6　创建单点

4.1.3　创建多点

　　绘制多点就是指执行一次"多点"命令后，可以连续绘制多个点，直到按【Esc】键退出。

执行操作的两种方法	
按钮法	切换至"常用"选项卡中，单击"绘图"面板中的"多点"按钮。
菜单栏	选择菜单栏中的"绘图"→"点"→"多点"命令。

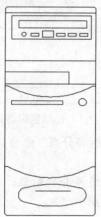	素材文件	光盘\素材\第 4 章\电脑主机.dwg
	效果文件	光盘\效果\第 4 章\电脑主机.dwg
	视频文件	光盘\视频\第 4 章\4.1.3　创建多点.mp4

实战演练 038——在电脑主机图形中创建多点

步骤 **01**　　单击快速访问工具栏中的"打开"按钮，打开素材图形，如图 4-7 所示。

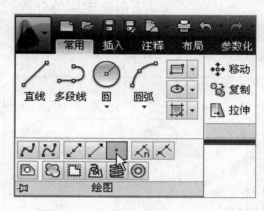

图 4-8　单击"多点"按钮

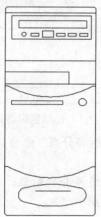

图 4-7　素材图形

步骤 **02**　　在"功能区"选项板的"常用"选项卡中，单击"绘图"面板中间的下拉按钮，在展开的面板中单击"多点"按钮，如图 4-8 所示。

步骤 **03**　　在命令行提示下，依次在图形最外侧的 4 条直线的中点上单击鼠标左键，并按【Esc】键退出命令，即可创建多点，如图 4-9 所示。

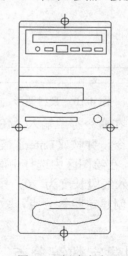

图 4-9　创建多点

4.1.4　创建定距等分点

　　定距等分功能是对选择的对象从起点开始按指定的距离进行度量，并在每个度量点上放置定距等分标记。

执行操作的三种方法	
按钮法	切换至"常用"选项卡中，单击"绘图"面板中的"测量"按钮。
菜单栏	选择菜单栏中的"绘图"→"点"→"定距等分"命令。
命令行	输入 MEASURE（快捷命令：ME）命令。

	素材文件	光盘\素材\第 4 章\洗菜盆.dwg
	效果文件	光盘\效果\第 4 章\洗菜盆.dwg
	视频文件	光盘\视频\第 4 章\4.1.4　创建定距等分点.mp4

实战演练 039——在洗菜盆图形的大圆上创建定距等分点

步骤 01　单击快速访问工具栏中的"打开"按钮，打开素材图形，如图 4-10 所示。

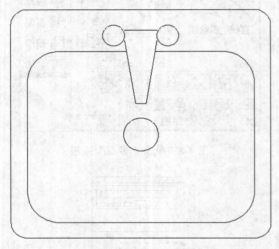

图 4-10　素材图形

步骤 02　在命令行中输入 MEASURE（定距等分）命令，并按【Enter】键确认，在命令行提示下，在绘图区中选择中间的大圆图形对象，并输入线段长度为 20，按【Enter】键确认，即可创建定距等分点，效果如图 4-11 所示。

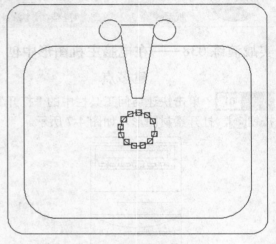

图 4-11　创建定距等分点

执行"定距等分点"命令后，命令行中的提示如下。

选择要定距等分的对象：（选择要设置测量距离点的图形）

指定线段长度或 [块(B)]：（指定图形的等分数，或输入 B 选项，以在等分点处插入指定的块）

专家提醒 ☞
　　由于定距等分功能是以规定的距离来划分对象，因此，往往在度量的最后有不足度量距离的剩余量。

4.1.5　创建定数等分点

　　定数等分功能是将选中的对象按照指定的定段数进行等分，并在对象的等分点上设置点标记或块参照标记。

执行操作的三种方法	
按钮法	切换至"常用"选项卡中，单击"绘图"面板中的"定数等分"按钮。

菜单栏	选择菜单栏中的"绘图"→"点"→"定数等分"命令。
命令行	输入 DIVIDE（快捷命令：DIV）命令。

	素材文件	光盘\素材\第4章\墙体.dwg
	效果文件	光盘\效果\第4章\墙体.dwg
	视频文件	光盘\视频\第4章\4.1.5　创建定数等分点.mp4

实战演练 040——在墙体图形上创建定数等分点

步骤 01　单击快速访问工具栏中的"打开"按钮，打开素材图形，如图4-12所示。

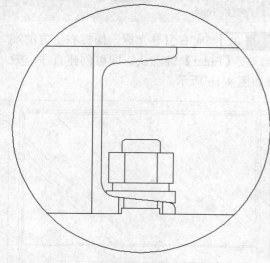

图 4-12　素材图形

步骤 02　在命令行中输入 DIV（定数等分）命令，按【Enter】键确认，在命令行提示下选择最外侧的大圆对象，输入线段数目为10，按【Enter】键确认，即可创建定数等分点，效果如图4-13所示。

专家提醒

尽管在等分对象上出现了许多等分点的标记，但被等分的对象本身并未被等分点断开，仍是一个完整的对象。

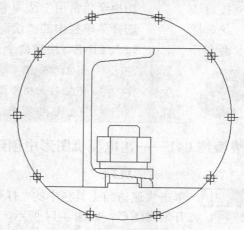

图 4-13　创建定数等分点

执行"定数等分点"命令后，命令行中的提示如下。

选择要定数等分的对象:（选择需要等分的图形对象）

指定线段数目或 [块(B)]:（指定图形的线段数目，或输入 B 选项，以在等分点处插入指定的块）

专家提醒

在使用"定数等分"命令时，应该注意以下两点。

➢　因为输入的是等分数，而不是放置点的个数，所以如果将所选非闭合对象分为 N 份，则实际上只生成N-1个点。

➢　每次只能对一个对象操作，而不能对一组对象操作。

4.2　创建线形图形

在建筑绘图中，线形对象起到定位和辅助的作用，如轴线。在 AutoCAD 2013 中，主要的线形对象包括直线、射线和构造线三种。

4.2.1　创建直线

在 AutoCAD 2013 中，可以使用"直线"命令绘制直线。"直线"命令用于绘制直线或由多条直线组成的平面或空间的折线等。

执行操作的三种方法	
按钮法	切换至"常用"选项卡中，单击"绘图"面板中的"直线"按钮 ╱。
菜单栏	选择菜单栏中的"绘制"→"直线"命令。
命令行	输入 LINE（快捷命令：L）命令。

	素材文件	光盘\素材\第 4 章\电视机.dwg
	效果文件	光盘\效果\第 4 章\电视机.dwg
	视频文件	光盘\视频\第 4 章\4.2.1　创建直线.mp4

实战演练 041——在电视机图形中创建直线

步骤 01　单击快速访问工具栏中的"打开"按钮 ☞，打开素材图形，如图 4-14 所示。

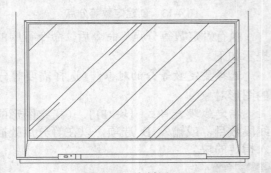

图 4-14　素材图形

步骤 02　在命令行中输入 L（直线）命令，按【Enter】键确认，在命令行提示下捕捉左上方的端点，如图 4-15 所示。

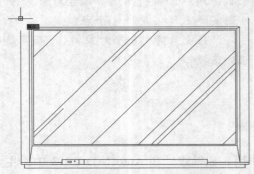

图 4-15　捕捉左上方的端点

步骤 03　向右引导光标，捕捉右上方的端点，按【Enter】键确认，即可创建直线，效果如图 4-16 所示。

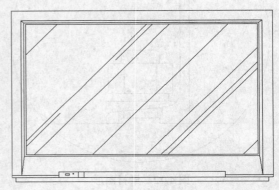

图 4-16　创建直线对象

专家提醒 ☞

直线对象可以是一条线段，也可以是一系列的线段。在指定直线的端点时，如果仅输入二维坐标（X、Y），所绘制的直线位于同一平面；如果输入三维坐标（X、Y、Z），并且 Z 坐标不同，则绘制的直线为不在同一平面的空间直线。

执行"直线"命令后，命令行中的提示如下。

指定第一点：（输入直线段的起点坐标或在绘图区单击指定点）

指定下一点或 [放弃(U)]：（输入直线段的端点坐标，或利用光标指定一定角度后，直

接输入直线的长度）

指定下一点或 [放弃(U)]：（输入下一直线段的端点，或输入 U 选项，放弃前面的输入；然后按【Enter】键确认，结束命令）

指定下一点或 [闭合(C)/放弃(U)]：（输入下一直线段的端点，或输入 C 选项，使图形闭合，并结束命令）

4.2.2 创建构造线

构造线是两端无限延长的直线，没有起点和终点，它们充满至屏幕的边缘，通常也用作绘图的辅助线。构造线具有普通 AutoCAD 图形对象的各种属性，如图层、颜色、线型等，它还可以通过修改变为射线或直线。

执行操作的三种方法	
按钮法	切换至"常用"选项卡中，单击"绘图"面板中的"构造线"按钮 。
菜单栏	选择菜单栏中的"绘制"→"构造线"命令。
命令行	输入 XLINE（快捷命令：XL）命令。
素材文件	光盘\素材\第 4 章\铺地.dwg
效果文件	光盘\效果\第 4 章\铺地.dwg
视频文件	光盘\视频\第 4 章\4.2.2 创建构造线.mp4

实战演练 042——在铺地图形中创建构造线

步骤 01 单击快速访问工具栏中的"打开"按钮 ，打开素材图形，如图 4-17 所示。

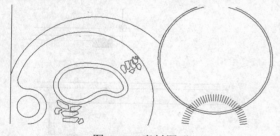

图 4-17 素材图形

步骤 02 在命令行中输入 XL（构造线）命令，按【Enter】键确认，在命令行提示下捕捉绘图区中的左上角点，如图 4-18 所示。

步骤 03 向右引导光标，将光标移至右侧外圆的上端点处，如图 4-19 所示。

步骤 04 在上端点处单击鼠标左键，并按【Enter】键确认，即可创建构造线，效果如图 4-20 所示。

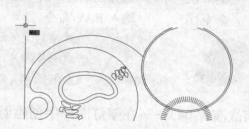

图 4-18 捕捉左上角点

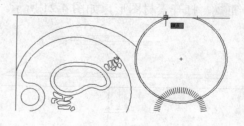

图 4-19 移动光标

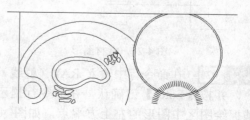

图 4-20 创建构造线

执行"构造线"命令后,命令行中的提示如下。

指定点或 [水平(H)/垂直(V)/角度(A)/二等分(B)/偏移(O)]:(指定起点)

指定通过点:(指定通过点,绘制一条双向无限长直线)

指定通过点:(继续指定点,继续绘制直线,按【Enter】键确认,结束命令)

命令行中各选项含义如下。

◆ 水平(H):绘制一条通过指定点且平行于 X 轴的构造线。

◆ 垂直(V):绘制一条通过指定点且平行于 Y 轴的构造线。

◆ 角度(A):以指定角度或参照某条已经存在直线以一定的角度绘制一条构造线。

◆ 二等分(B):绘制角平分线。使用该选项绘制的构造线将平分指定的两条相交线之间的夹角。

◆ 偏移(O):通过另一条直线对象绘制平行的构造线,绘制此平行构造线时可以指定偏移的距离与方向,也可以指定通过的点。

4.2.3 创建射线

射线是一条只有起始点而无限延长的线,通常用作绘图的辅助线。

执行操作的三种方法	
按钮法	切换至"常用"选项卡中,单击"绘图"面板中的"射线"按钮 ✓。
菜单栏	选择菜单栏中的"绘制"→"射线"命令。
命令行	输入 RAY 命令。
素材文件	光盘\素材\第 4 章\壁灯.dwg
效果文件	光盘\效果\第 4 章\壁灯.dwg
视频文件	光盘\视频\第 4 章\4.2.3　创建射线.mp4

实战演练 043——在壁灯图形中创建射线

步骤 01 单击快速访问工具栏中的"打开"按钮 ⬦,打开素材图形,如图 4-21 所示。

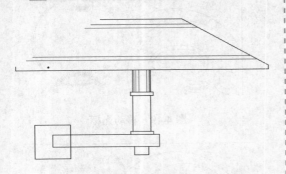

图 4-21　素材图形

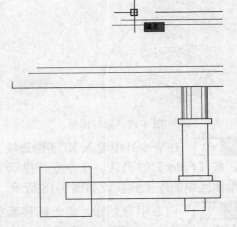

图 4-22　捕捉左上方端点

步骤 02 在命令行中输入 RAY(射线)命令,并按【Enter】键确认,在命令行提示下捕捉绘图区中图形的左上方端点,如图 4-22 所示。

步骤 03 向左下方引导光标,并在图形的左下方合适的角点上单击鼠标左键,并按【Enter】键确认,即可创建射线,效果如图 4-23 所示。

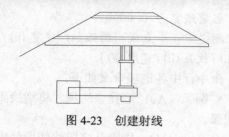

图 4-23　创建射线

专家提醒

　　射线是一端固定，而另一端无限延伸的直线。与构造线的区别在于它只朝一个方向延伸，而构造线则是向两端进行延伸。

4.3　创建折线图形

折线对象（如矩形、正多边形和多段线等）都具有一个共同的特点，即不论它们从外观上看有几条边，实质上都是一条多段线。本节将分别向用户介绍矩形、多段线、多边形和修订云线的特点及绘制方法。

4.3.1　创建多段线

多段线是由可以改变宽度的直线段或圆弧相互连接而组成的对象，它作为一个整体对象而存在。使用"多段线"命令可以创建直线段、弧线段或者两者组合的线段。利用多段线，可以得到由一条直线、圆弧连接而成的曲线，而且曲线各段线条的宽度都可以不同。

执行操作的三种方法	
按钮法	切换至"常用"选项卡中，单击"绘图"面板中的"多段线"按钮。
菜单栏	选择菜单栏中的"绘制"→"多段线"命令。
命令行	输入 PLINE（快捷命令：PL）命令。

	素材文件	光盘\素材\第 4 章\浴缸.dwg
	效果文件	光盘\效果\第 4 章\浴缸.dwg
	视频文件	光盘\视频\第 4 章\4.3.1　创建多段线.mp4

实战演练 044——创建浴缸图形中的部分多段线

步骤 01　单击快速访问工具栏中的"打开"按钮，打开素材图形，如图 4-24 所示。

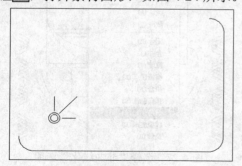

图 4-24　素材图形

步骤 02　在命令行中输入 PL（多段线）命令，按【Enter】键确认，在命令行提示下，在绘图区中捕捉右上方圆弧的上端点，并输入第二点的参数坐标值为（@-620,0），按【Enter】键确认，输入 A（圆弧）选项，按【Enter】键确认。

步骤 03　根据命令行提示依次输入圆弧的端点坐标（@-283,-117）、（@-117,-283），再输入 L（直线）选项，输入下一点坐标（@0,-270）并确认，即可创建多段线对象，效果如图 4-25 所示。

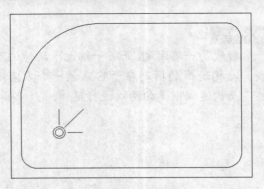

图 4-25 创建多段线

执行"多段线"命令后，命令行中的提示如下。

指定起点:（指定多段线的起点）

当前线宽为 0.0000

指定下一个点或 [圆弧(A)/半宽(H)/长度(L)/放弃(U)/宽度(W)]:

命令行中各选项含义如下。

◆ 圆弧（A）：选择该选项，将切换到绘制圆弧。

◆ 半宽（H）：指定从多段线线段的中心到其一边的宽度。

◆ 长度（L）：在与上一线段相同的角度方向上绘制指定长度的直线段。

◆ 放弃（U）：删除最近一次添加到多段线上的直线段。

◆ 宽度（W）：指定下一条直线段的宽度。

4.3.2 编辑多段线

在 AutoCAD 2013 中，使用"编辑多段线"命令可以编辑多段线。二维和三维多段线、矩形、正多边形和三维多边形网格都是多段线的变形，均可使用该命令进行编辑。

执行操作的三种方法	
按钮法	切换至"常用"选项卡中，单击"修改"面板中的"编辑多段线"按钮 。
菜单栏	选择菜单栏中的"修改"→"对象"→"多段线"命令。
命令行	输入 PEDIT（快捷命令：PE）命令。

	素材文件	光盘\素材\第 4 章\双人床.dwg
	效果文件	光盘\效果\第 4 章\双人床.dwg
	视频文件	光盘\视频\第 4 章\4.3.2 编辑多段线.mp4

实战演练 045——编辑双人床图形中的多段线

步骤 01　单击快速访问工具栏中的"打开"按钮 ，打开素材图形，如图 4-26 所示。

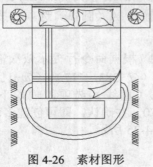

图 4-26 素材图形

步骤 02　输入 PE（编辑多段线）命令，按【Enter】键确认，在命令行提示下选择最下方的多段线，单击鼠标右键，弹出快捷菜单，选择"非曲线化"选项，如图 4-27 所示。

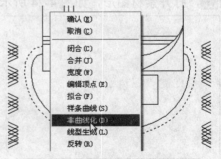

图 4-27 选择"非曲线化"选项

步骤 03 　按【Enter】键确认，即可编辑多段线对象，效果如图 4-28 所示。

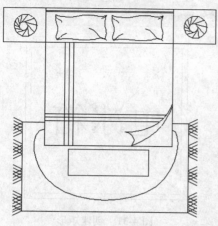

图 4-28　编辑多段线

步骤 04 　采用相同的方法，在绘图区中选择下方另一条多段线对象，对其进行编辑，效果如图 4-29 所示。

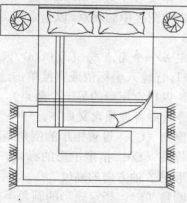

图 4-29　编辑其他多段线

执行"编辑多段线"命令后，命令行中的提示如下。

选择多段线或 [多条(M)]：(选择单条多段线对象，或输入 M 选项按【Enter】键确认，选择多条多段线对象)

输入选项 [闭合(C)/合并(J)/宽度(W)/编辑顶点(E)/拟合(F)/样条曲线(S)/非曲线化(D)/线型生成(L)/反转(R)/放弃(U)]：(输入选项，或按【Enter】键确认以指定编辑多段线的方式)

命令行中各选项含义如下。

◆ 闭合（C）：创建闭合多段线。

◆ 合并（J）：在开放的多段线的尾端点添加直线、圆弧或多段线和从曲线拟合多段线中删除曲线拟合。

◆ 宽度（W）：为整个多段线指定新的统一宽度。

◆ 编辑顶点（E）：提供一组子选项，使用户能够编辑顶点和与顶点相邻的线段。

◆ 拟合（F）：用于创建圆弧拟合多段线。

◆ 样条曲线（S）：将样条曲线拟合成多段线，且闭合时，以多段线各顶点作为样条曲线的控制点。

◆ 非曲线化（D）：删除拟合或样条曲线插入的额外顶点，回到初始状态。

◆ 线型生成（L）：用于控制非连续线型多段线顶点处的线型。

◆ 反转（R）：反转多段线顶点的顺序。

◆ 放弃（U）：还原操作，可一直返回"编辑多段线"命令任务开始时的状态。

4.3.3　创建矩形

矩形是多边形的一种，在建筑绘图中比较常用。使用"矩形"命令可以创建矩形形状的闭合多段线，可以指定长度、宽度、面积和旋转的参数，还可以控制矩形上角点的类型，如圆角、倒角和直角等。

执行操作的三种方法	
按钮法	切换至"常用"选项卡中，单击"绘图"面板中的"矩形"按钮▢。
菜单栏	选择菜单栏中的"绘制"→"矩形"命令。
命令行	输入 RECTANG（快捷命令：REC）命令。

素材文件	光盘\素材\第 4 章\电冰箱.dwg
效果文件	光盘\效果\第 4 章\电冰箱.dwg
视频文件	光盘\视频\第 4 章\4.3.3　创建矩形.mp4

实战演练 046——创建电冰箱图形中的矩形

步骤 **01**　单击快速访问工具栏中的"打开"按钮，打开素材图形，如图 4-30 所示。

图 4-30　素材图形

步骤 **02**　在命令行中输入 REC（矩形）命令，按【Enter】键确认，在命令行提示下捕捉左上方端点为第一角点，向右下方引导光标，捕捉右下方端点为对角点，即可创建矩形对象，如图 4-31 所示。

专家提醒 ☞

绘制带圆角或倒角的矩形时，如果矩形的长度和宽度太小，而无法使用当前的设置创建矩形时，那么绘制出来的矩形将不进行倒圆角或倒角。

图 4-31　创建矩形

执行"矩形"命令后，命令行中的提示如下。

指定第一个角点或 [倒角(C)/标高(E)/圆角(F)/厚度(T)/宽度(W)]：（输入坐标值或直接单击绘图区中的端点，以指定矩形的第一个角点）

指定另一个角点或 [面积(A)/尺寸(D)/旋转(R)]：（输入坐标值或直接单击绘图区中的端点，以指定矩形的另一个角点）

命令行中各选项含义如下。

◆ 倒角（C）：设置矩形的倒角距离。

◆ 标高（E）：指定矩形的标高，即所绘制的矩形在 Z 轴方向的高度。

◆ 圆角（F）：指定矩形的圆角半径。

◆ 厚度（T）：指定矩形的厚度。

◆ 宽度（W）：为要绘制的矩形指定多段线的宽度。

◆ 面积（A）：使用面积与长度或宽度创建矩形。

◆ 尺寸（D）：使用长和宽的尺寸长度创建矩形。

◆ 旋转（R）：按指定旋转角度创建矩形。

4.3.4　创建多边形

正多边形是建筑绘图中经常用到的一种简单图形。使用"正多边形"命令可以绘制边数为 3～1024 的二维正多边形。

执行操作的三种方法	
按钮法	切换至"常用"选项卡中，单击"绘图"面板中的"正多边形"按钮⬡。
菜单栏	选择菜单栏中的"绘制"→"正多边形"命令。
命令行	输入 POLYGON（快捷命令：POL）命令。

	素材文件	光盘\素材\第 4 章\地面拼花.dwg
	效果文件	光盘\效果\第 4 章\地面拼花.dwg
	视频文件	光盘\视频\第 4 章\4.3.4 创建多边形.mp4

实战演练 047——创建地面拼花图形中的多边形

步骤 **01** 单击快速访问工具栏中的"打开"按钮🗁，打开素材图形，如图 4-32 所示。

图 4-32 素材图形

步骤 **02** 在命令行中输入 POL（多边形）命令，按【Enter】键确认，在命令行提示下，输入侧面数为 6，按【Enter】键确认。

步骤 **03** 在绘图区中，捕捉圆心点为多边形中心点，并弹出快捷菜单，选择"内接于圆"选项。

步骤 **04** 向右引导光标，输入内接圆的半径为 2662，按【Enter】键确认，即可创建多边形，效果如图 4-33 所示。

步骤 **05** 采用同样的方法，在绘图区中相同的圆心点处，创建一个侧面数为 6、半径为 2807，且内接于圆的多边形，效果如图 4-34 所示。

图 4-33 创建多边形 1

图 4-34 创建多边形 2

专家提醒 ☞

使用"正多边形"命令是创建等边三角形、正方形、五边形、六边形等的简单方法。

执行"多边形"命令后，命令行中的提示如下。

输入侧面数 <4>: (指定多边形的边数, 默认值为 4)

指定正多边形的中心点或 [边(E)]: (指定中心点, 或输入 E, 指定正多边形的边)

输入选项 [内接于圆(I)/外切于圆(C)] <I>: (指定多边形是内接于圆还是外切于圆)

指定圆的半径: (指定外接圆或内切圆的半径)

4.3.5 创建修订云线

修订云线是指由连续弧组成的云状多段线, 通常在审阅建筑图形时, 使用修订云线为需要修改或关注的部位添加标记, 以引起注意。

执行操作的三种方法	
按钮法	切换至"常用"选项卡中, 单击"绘图"面板中的"修订云线"按钮。
菜单栏	选择菜单栏中的"绘制"→"修订云线"命令。
命令行	输入 REVCLOUD 命令。

	素材文件	光盘\素材\第 4 章\树木.dwg
	效果文件	光盘\效果\第 4 章\树木.dwg
	视频文件	光盘\视频\第 4 章\4.3.5 创建修订云线.mp4

实战演练 048——创建树木图形的修订云线

步骤 01 单击快速访问工具栏中的"打开"按钮，打开素材图形, 如图 4-35 所示。

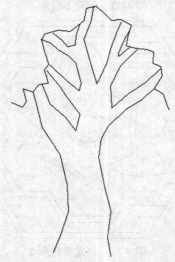

图 4-35 素材图形

步骤 02 在"功能区"选项板的"常用"选项卡中, 单击"绘图"面板中间的下拉按钮, 在展开的面板中单击"修订云线"按钮, 如图 4-36 所示。

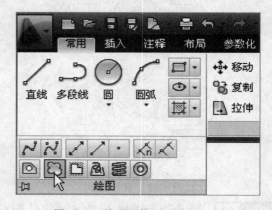

图 4-36 单击"修订云线"按钮

步骤 03 在命令行提示下, 输入 A（弧长）选项, 按【Enter】键确认, 输入最小弧长值为 5 并确认, 输入最大弧长值为 10, 按【Enter】键确认。

步骤 04 捕捉绘图区中左侧最外侧的端点, 确定起点, 并依次移动光标, 至合适位置后, 单击鼠标左键, 连续确认两次, 即可创建修订云线, 如图 4-37 所示。

执行"修订云线"命令后, 命令行中的提示如下。

最小弧长: 15   最大弧长: 15   样式:

普通

指定起点或 [弧长 (A) / 对象 (O) / 样式 (S)] <对象>:（指定起点后拖动鼠标以绘制修订云线或输入选项，按【Enter】键确认）

命令行中各选项含义如下。

◆ 弧长（A）：指定修订云线中圆弧长度。

◆ 对象（O）：指定要转换为修订云线的对象。

◆ 样式（S）：指定修订云线的样式。

图 4-37　创建修订云线

4.4　创建曲线形图形

曲线是图形的重要组成部分，是建筑绘图中不可缺少的一部分，因为曲线使得建筑图形对象的样式变得更加丰富。曲线对象主要包括圆、圆弧、椭圆、椭圆弧和样条曲线。

4.4.1　创建圆

在 AutoCAD 2013 中，使用"圆"命令相当于手工绘图中的圆规，可以根据不同的已知条件进行绘制。

执行操作的三种方法	
按钮法	切换至"常用"选项卡中，单击"绘图"面板中"圆"按钮 ⊙ 下方的下拉按钮，在弹出的下拉列表中选择一种绘制圆的方式。
菜单栏	选择菜单栏中的"绘制"→"圆"命令子菜单中的相应命令。
命令行	输入 CIRCLE（快捷命令：C）命令。
素材文件	光盘\素材\第 4 章\圆形拼花.dwg
效果文件	光盘\效果\第 4 章\圆形拼花.dwg
视频文件	光盘\视频\第 4 章\4.4.1　创建圆.mp4

实战演练 049——创建圆形拼花图形中的圆

步骤 01　单击快速访问工具栏中的"打开"按钮 📂，打开素材图形，如图 4-38 所示。

步骤 02　在命令行中输入 C（圆）命令，按【Enter】键确认，在命令行提示下捕捉中间的圆心点对象。

步骤 03　移动鼠标，输入半径参数值为 1000，按【Enter】键确认，即可创建圆，效果如图 4-39 所示。

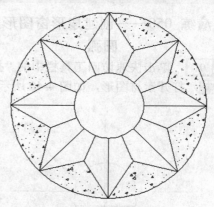

图 4-38　素材图形

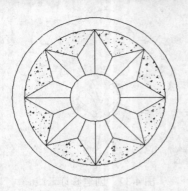

图 4-39 创建圆

执行"圆"命令后,命令行中的提示如下。

指定圆的圆心或 [三点(3P)/两点(2P)/切点、切点、半径(T)]:(输入坐标值,或直接单击鼠标左键以指定圆心点)

指定圆的半径或 [直径(D)]:(直接输入半径值,或直接单击鼠标左键,指定半径长度)

命令行中各选项含义如下。

◆ 三点(3P):基于圆周上的三个端点绘制圆。

◆ 两点(2P):基于圆直径上的两个端点绘制圆。

◆ 切点、切点、半径(T):创建相切于三个对象的圆。

◆ 直径(D):定义圆的直径。

对于圆心点的选择,除了直接输入圆心点坐标外,还可以利用圆心点与中心线的对应关系,利用对象捕捉的方法选择。

4.4.2 创建圆弧

圆弧即圆的部分曲线,它常用于连接图形中的各个部分。默认情况下,将通过指定 3 个点的位置来绘制圆弧。

执行操作的三种方法	
按钮法	切换至"常用"选项卡中,单击"绘图"面板中"圆弧"按钮 ⌒ 下方的下拉按钮,在弹出的下拉列表中选择一种绘制圆弧的方式。
菜单栏	选择菜单栏中的"绘制"→"圆弧"命令子菜单中的相应命令。
命令行	输入 ARC(快捷命令:A)命令。

	素材文件	光盘\素材\第 4 章\扇形窗.dwg
	效果文件	光盘\效果\第 4 章\扇形窗.dwg
	视频文件	光盘\视频\第 4 章\4.4.2 创建圆弧.mp4

实战演练 050——创建扇形窗图形中的圆弧

步骤 01 单击快速访问工具栏中的"打开"按钮 📂,打开素材图形,如图 4-40 所示。

步骤 02 在命令行中输入 A(圆弧)命令,按【Enter】键确认,在命令行提示下捕捉左下角点,如图 4-41 所示。

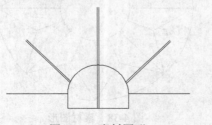

图 4-40 素材图形

图 4-41 捕捉左下角点

步骤 03　捕捉左侧竖直直线的上端点，如图 4-42 所示。

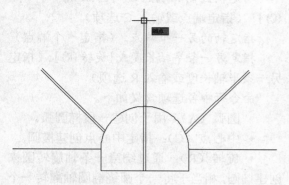

图 4-42　捕捉上端点

步骤 04　捕捉右下角点，即可创建圆弧，效果如图 4-43 所示。

专家提醒 ☞

绘制圆弧时，圆弧的曲率遵循逆时针方向。因此，在选择指定圆弧的两个端点和半径模式时，需要注意端点的指定顺序，否则将可能导致圆弧的凹凸形状与预期的形状相反。

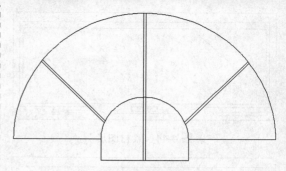

图 4-43　创建圆弧

执行"圆弧"命令后，命令行中的提示如下。

指定圆弧的起点或 [圆心(C)]：（指定圆弧的新起点）

指定圆弧的第二个点或 [圆心(C)/端点(E)]：（指定第二点）

指定圆弧的端点：（指定末端点）

命令行中各选项含义如下。

◆ 圆心（C）：指定圆弧所在圆的圆心。

◆ 端点（E）：指定圆弧端点。

4.4.3　创建椭圆

使用"椭圆"命令，可以根据长短轴上的任意三个端点绘制椭圆，也可以根据椭圆心和长短轴的两个端点来绘制。

执行操作的三种方法		
按钮法	切换至"常用"选项卡中，单击"绘图"面板中的"圆心"按钮 ⊙ 右侧的下拉按钮，在弹出的下拉列表中选择一种绘制椭圆的方式。	
菜单栏	选择菜单栏中的"绘制"→"椭圆"命令子菜单中的相应命令。	
命令行	输入 ELLIPSE（快捷命令：EL）命令。	
	素材文件	光盘\素材\第 4 章\电器.dwg
	效果文件	光盘\效果\第 4 章\电器.dwg
	视频文件	光盘\视频\第 4 章\4.4.3　创建椭圆.mp4

实战演练051——创建电器图形中的椭圆

步骤 01　单击快速访问工具栏中的"打开"按钮 ☞，打开素材图形，如图 4-44 所示。

步骤 02　在命令行中输入 EL（椭圆）命令，按【Enter】键确认，在命令行提示下，输入 C（中心点）选项，按【Enter】键确认，输入椭圆中心点坐标为（@2755，1126），按【Enter】键确认。

步骤 03　向上引导光标，捕捉上方第 3 条水平直线的中点，向右引导光标，输入另一条半轴长度为 302，按【Enter】键确认，即可创建椭圆，效果如图 4-45 所示。

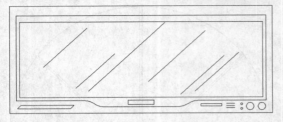

图 4-44 素材图形

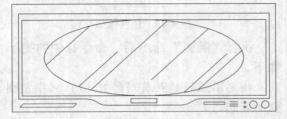

图 4-45 创建椭圆

专家提醒 ☞

中心点是指椭圆长轴和短轴的交点，该选项通过指定椭圆的中心点、一条轴的端点和另一条轴的长度来创建椭圆。

执行"椭圆"命令后，命令行中的提示如下。

指定椭圆的轴端点或 [圆弧(A)/中心点(C)]：（指定端点或输入 C 选项）

指定轴的另一个端点：（指定一个端点）

指定另一条半轴长度或[旋转(R)]：（指定另一条半轴长度或输入 R 选项）

命令行中各选项含义如下。

◆ 圆弧（A）：用于创建一段椭圆弧。

◆ 中心点（C）：指定中心点创建椭圆。

◆ 旋转（R）：通过绕第一条轴旋转圆来创建椭圆，相当于将一个圆绕椭圆轴翻转一个角度后的投影视图。

专家提醒 ☞

"椭圆"命令生成的椭圆是以多段线还是以椭圆为实体，是由系统变量 PELLIPSE 决定的。当将系统变量设置为 1 时，生成的椭圆就是以多段线形式存在；当将系统变量设置为 0 时，生成的椭圆则是以实体形式存在的。

4.4.4 创建椭圆弧

椭圆弧是椭圆上的部分线段，在 AutoCAD 2013 中，绘制椭圆和椭圆弧的命令都是一样的，只是相应的内容不同。

执行操作的两种方法	
按钮法	切换至"常用"选项卡中，单击"绘图"面板中"圆心"按钮 ⊙ 右侧的下拉按钮，在弹出的下拉列表中单击"椭圆弧"按钮 ◯。
菜单栏	选择菜单栏中的"绘制"→"椭圆"→"椭圆弧"命令。

	素材文件	光盘\素材\第 4 章\射灯.dwg
	效果文件	光盘\效果\第 4 章\射灯.dwg
	视频文件	光盘\视频\第 4 章\4.4.4 绘制椭圆弧.mp4

实战演练 052——创建射灯图形中的椭圆弧

步骤 01 单击快速访问工具栏的"打开"按钮 📂，打开素材图形，如图 4-46 所示。

步骤 02 在"功能区"选项板的"常用"选项卡中，单击"绘图"面板中的"圆心"右侧的下拉按钮，在弹出的下拉列表中单击"椭圆弧"按钮 ◯，如图 4-47 所示。

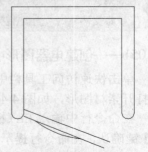

图 4-46 素材图形

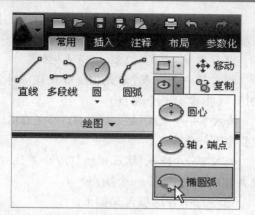

图 4-47　单击"椭圆弧"按钮

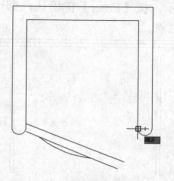

图 4-48　确定椭圆弧的起点

步骤 03　在命令行提示下，在绘图区中捕捉右下方合适的端点，确定椭圆弧的起点，如图 4-48 所示。

步骤 04　在绘图区中左侧第 2 条直线和下方指定的角点上单击鼠标左键，确定第二个端点；在右侧最下方的端点上单击鼠标左键，确定半轴长度；在最下方直线的右端点和左端点上依次单击鼠标左键，即可创建椭圆弧，效果如图 4-49 所示。

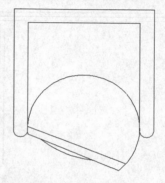

图 4-49　创建椭圆弧

4.4.5　创建样条曲线

样条曲线是一种能够自由编辑的曲线，在曲线周围将显示控制点，可以通过调整曲线上的起点、控制点、终点以及偏差变量来控制曲线。

执行操作的三种方法		
按钮法	切换至"常用"选项卡，单击"绘图"面板中的"样条曲线拟合"按钮 ⌁，或单击"样条曲线控制点"按钮 ⌁。	
菜单栏	选择菜单栏中的"绘图"→"样条曲线"命令。	
命令行	输入 SPLINE（快捷命令：SPL）命令。	
	素材文件	光盘\素材\第 4 章\餐桌立面.dwg
	效果文件	光盘\效果\第 4 章\餐桌立面.dwg
	视频文件	光盘\视频\第 4 章\4.4.5　创建样条曲线.mp4

实战演练 053——创建餐桌立面图中的样条曲线

步骤 01　单击快速访问工具栏中的"打开"按钮 ☞，打开素材图形，如图 4-50 所示。

步骤 02　在命令行中输入 SPL（样条曲线）命令，按【Enter】键确认，在命令行提示下捕捉小矩形的左下方端点，确定样条曲线的起始点，如图 4-51 所示。

步骤 03　依次捕捉其他的端点，并捕捉小矩形的右下方端点为样条曲线的终点，如图

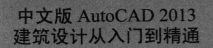

4-52 所示，按【Enter】键确认，即可创建样条曲线对象。

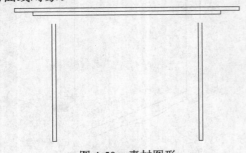

图 4-50　素材图形

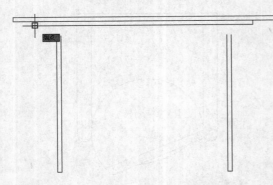

图 4-51　确定样条曲线的起始点

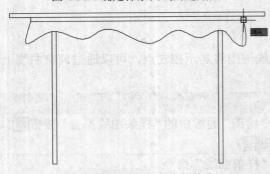

图 4-52　捕捉样条曲线的终点

执行"样条曲线"命令后，命令行中的提示如下。

　　当前设置: 方式=拟合　　节点=弦

　　指定第一个点或[方式(M)/节点(K)/对象(O)]:（指定第一个端点）

　　输入下一个点或[起点切向(T)/公差(L)]:（指定下一个端点）

　　输入下一个点或[端点相切(T)/公差(L)/放弃(U)]:（指定下一个端点）

　　命令行中各选项含义如下。

◆ 方式（M）：控制是使用拟合点还是使用控制点来创建样条曲线。

◆ 节点（K）：将通过指定节点参数化的方法来确定样条曲线中连续拟合点之间的零部件曲线如何过渡。

◆ 对象（O）：将二维或三维样条曲线拟合多段线转换成等效样条曲线。

◆ 起点切向（T）：指定样条曲线起始点处切线方向。

◆ 公差（L）：指定样条曲线可以偏离指定拟合点的距离。

◆ 端点相切（T）：指定样条曲线端点切线方向上的一点。

专家提醒 ☞

样条曲线是通过拟合数据点绘制而成的光滑曲线，样条曲线最少应该有 3 个顶点。在 AutoCAD 2013 中，通过编辑多段线可以生成平滑多段线，与样条曲线相类似。

4.4.6　创建圆环

使用"圆环"命令，不但可以绘制圆环的内外两个圆，而且还可以将其内部填充，创建填充圆。

执行操作的三种方法	
按钮法	切换至"常用"选项卡，单击"绘图"面板中间的下拉按钮，在展开的面板中单击"圆环"按钮◎。
菜单栏	选择菜单栏中的"绘图"→"圆环"命令。
命令行	输入 DONUT（快捷命令：DO）命令。

素材文件	光盘\素材\第 4 章\五连环.dwg
效果文件	光盘\效果\第 4 章\五连环.dwg
视频文件	光盘\视频\第 4 章\4.4.6　创建圆环.mp4

实战演练 054——创建五连环图形中的部分圆环

步骤 **01**　单击快速访问工具栏中的"打开"按钮📁，打开素材图形，如图 4-53 所示。

图 4-53　素材图形

步骤 **02**　在命令行中输入 DO（圆环）命令，按【Enter】键确认，在命令行提示下，输入圆环的内径为 156，按【Enter】键确认；输入圆环的外径为 206，按【Enter】键确认。

步骤 **03**　根据命令行提示，输入圆环的中心点坐标值为（1584, 322），按【Enter】键确认，即可创建圆环，效果如图 4-54 所示。

图 4-54　创建圆环

执行"圆环"命令后，命令行中的提示如下。

指定圆环的内径 <0. 5. 0000>：（指定圆环的内径参数）

指定圆环的外径 <1. 0000>：（指定圆环的外径参数）

指定圆环的中心点或 <退出>：（输入坐标值，或单击鼠标左键指定圆环的中心点）

专家提醒 ☞

执行 SETVAR 命令，按【Enter】键确认。在命令行提示下输入变量名 FILLMODE 并按【Enter】键确认，输入变量的新值为 0，表示将填充模式系统变量设置为不填充，此后绘制的圆环为虚环。

4.5　建筑绘图中的多线应用

多线是一种由多条平行线组成的组合对象，平行线之间的间距和数目是可以调整的，多线常用于绘制建筑图中的墙线、电子线路图等平行线。

多线可以包含 1~16 条平行的直线，这些直线被称为元素。根据直线的多少，多线相应地可被称为三元素线、五元素线等。下面将介绍设置多线样式、创建与编辑多线的操作方法。

4.5.1　设置多线样式

AutoCAD 2013 中提供了一个预定义的多线样式，称为 STANDARD 样式，由一对平行的连续线组成。用户可以创建一个受多线数量限制的样式。所有定义的多样样式都将保存在当前图形中。也可以将多线样式保存到独立的多线样式库文件中，以便在其他图形中加载并使用这些多线样式。

每个多线样式控制着一个多线中元素的数量和每个元素的特性，也控制着背景颜色和多线端点的封口。

执行操作的两种方法	
菜单栏	选择菜单栏中的"格式"→"多线样式"命令。
命令行	输入 MLSTYLE 命令。

	素材文件	无
	效果文件	无
	视频文件	光盘\视频\第 4 章\4.5.1　设置多线样式.mp4

实战演练 055——设置多线样式

步骤 01　在命令行中输入 MLSTYLE（多线样式）命令，按【Enter】键确认，弹出"多线样式"对话框，如图 4-55 所示。

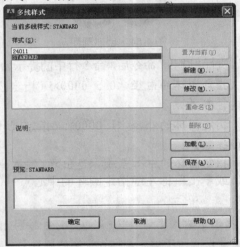

图 4-55　"多线样式"对话框

步骤 02　单击"新建"按钮，弹出"创建新的多线样式"对话框，设置"新样式名"为"墙线"，如图 4-56 所示。

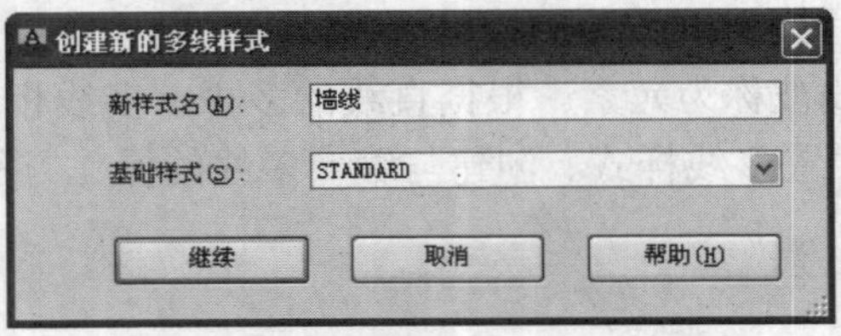

图 4-56　"创建新的多线样式"对话框

步骤 03　单击"继续"按钮，弹出"新建多线样式：墙线"对话框，依次选中"外弧"选项区中的"起点"和"端点"复选框，设置"起点角度"和"端点角度"均为 60、"填充

颜色"为"红"，如图 4-57 所示。

图 4-57　"新建多线样式：墙线"对话框

步骤 04　单击"确定"按钮，返回"多线样式"对话框，在"样式"列表框中将显示新建的多线样式，并在"预览"选项区中可以预览到新创建多线样式的效果，如图 4-58 所示，单击"确定"按钮，即可创建并设置多线样式。

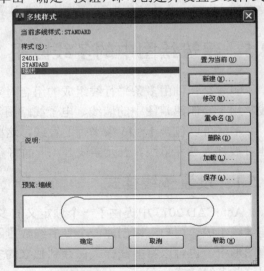

图 4-58　显示新建的多线样式

"多线样式"对话框中各选项含义如下。

◆ "当前多线样式"显示区：显示当前多线样式名称，该样式将在后续创建的多线中用到。

◆ "样式"列表框：显示已加载到图形中的多线样式列表。

◆ "说明"显示区：显示选定多线样式的说明。

◆ "预览"选项区：显示选定多线样式的名称和图像。

◆ "置为当前"按钮：设置用于后续创建的多线的当前多线样式。

◆ "新建"按钮：可以新建多线样式。

◆ "修改"按钮：可以修改已经设置好的多线样式。

◆ "重命名"按钮：可以为当前的多线样式更改名称。

◆ "删除"按钮：可以删除当前多线样式、默认多线样式及在当前文件中已经使用的多线样式之外的其他多线样式。

◆ "加载"按钮：单击该按钮，弹出"加载多样式"对话框，如图 4-59 所示，通过该对话框可以从多线文件中加载已定义的多线样式。

◆ "保存"按钮：单击该按钮，弹出"保存多线样式"对话框，如图 4-60 所示，可以将当前的多线样式保存到多线样式文件中。

图 4-59　"加载多线样式"对话框

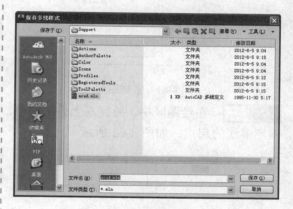

图 4-60　"保存多线样式"对话框

专家提醒

在 AutoCAD 2013 中，用户可以创建和保存多线的样式和应用默认样式，还可以设置每个元素的线型和线宽，并能显示或隐藏多线转折处的边线。

4.5.2　创建多线

在建筑绘图中，使用"多线"命令可以创建建筑图形中的墙体对象。

执行操作的两种方法	
菜单栏	选择菜单栏中的"绘图"→"多线"命令。
命令行	输入 MLINE（快捷命令：ML）命令。
素材文件	光盘\素材\第 4 章\卫生间.dwg
效果文件	光盘\效果\第 4 章\卫生间.dwg
视频文件	光盘\视频\第 4 章\4.5.2　创建多线.mp4

实战演练 056——创建卫生间多线对象

步骤 01　单击快速访问工具栏中的"打开"按钮，打开素材图形，如图 4-61 所示。

步骤 02　在命令行中输入 ML（多线）命令，按【Enter】键确认，在命令行提示下，输入 J（对正）选项并确认，输入 Z（无）选项并确认，输入S（比例）选项并确认，输入多线比例为22，按【Enter】键确认。

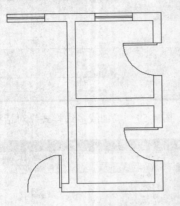

图 4-61　素材图形

步骤 03　在绘图区中，捕捉左上方的中点，确定多线的起点，如图 4-62 所示。

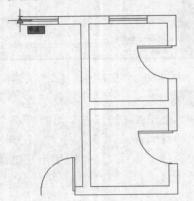

图 4-62　确定多线的起点

步骤 04　依次输入下一点坐标为（@-70,0）、（@0,-468）、（@120,0），每输入一次按【Enter】键确认，即可创建多线，效果如图4-63 所示。

执行"多线"命令后，命令行中的提示如下。

当前设置：对正 = 上，比例 = 20.00，样式 = STANDARD

　　指定起点或 [对正(J)/比例(S)/样式(ST)]：（指定起点）

　　指定下一点：（指定下一个端点位置）

　　指定下一点或 [放弃(U)]：（继续指定下一个点绘制线段，或输入 U 选项）

　　指定下一点或 [闭合(C)/放弃(U)]：（继续给定下一个点绘制线段，或输入 C 选项，闭合多线）

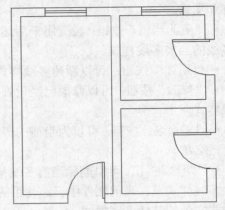

图 4-63　创建多线

命令行中各选项含义如下。

◆ 对正（J）：用于指定绘制多线的基准。共有 3 种对正类型，即"上（T）"、"无（Z）"和"下（B）"。其中，"上（T）"表示在光标下方绘制多线；"无（Z）"表示将光标位置作为原点绘制多线；"下（B）"表示在光标上方绘制多线。

◆ 比例（S）：用于设置平行线的间距距离。当输入值为 0 时，平行线重合；当输入值为负值时，则多线的排列倒置。

◆ 样式（ST）：用于设置当前使用的多线样式。

◆ 放弃（U）：放弃多线上的上一个顶点。

◆ 闭合（C）：通过将最后一条线段与第一条线段相接合来闭合多线。

4.5.3　编辑多线

"编辑多线"命令是一个专门用于编辑多线对象的命令。编辑多线是为了处理多种类型的交叉点，如十字交叉点和 T 形交叉点等。

执行操作的两种方法	
菜单栏	选择菜单栏中的"修改"→"对象"→"多线"命令。
命令行	输入 MLEDIT 命令。

	素材文件	光盘\素材\第 4 章\指示牌.dwg
	效果文件	光盘\效果\第 4 章\指示牌.dwg
	视频文件	光盘\视频\第 4 章\4.5.3 编辑多线.mp4

实战演练 057——编辑指示牌中的多线

步骤 01 单击快速访问工具栏中的"打开"按钮 , 打开素材图形, 如图 4-64 所示。

图 4-64 素材图形

步骤 02 在命令行中输入 MLEDIT（编辑多线）命令, 按【Enter】键确认, 弹出"多线编辑工具"对话框, 单击"删除顶点"按钮, 如图 4-65 所示。

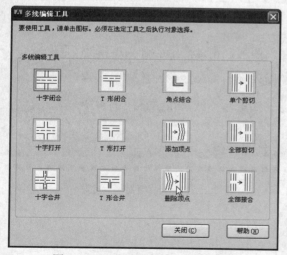

图 4-65 "多线编辑工具"对话框

步骤 03 在命令行提示下, 在绘图区中单击需要删除的多线顶点, 按【Enter】键确认, 即可编辑多线, 如图 4-66 所示。

图 4-66 编辑多线

在"多线编辑工具"对话框中, 各工具按钮的含义如下。

◆ 十字闭合/ 打开/ 合并：在两条多线间创建闭合/ 打开/ 合并的十字交点。

◆ T 形闭合/ 打开/ 合并：在两条多线间创建闭合/ 打开/ 合并的 T 形交点。

◆ 角点结合：在多线之间创建角点结合。

◆ 添加/ 删除顶点：从多线上添加/ 删除一个顶点。

◆ 单个/ 全部剪切：通过拾取点剪切所选定的单个/ 全部多线元素。

◆ 全部接合：将被剪切多线线段重新接合起来。

第 5 章 编辑与修改图形

学前提示

图形的编辑在 AutoCAD 绘图中占有非常重要的地位，AutoCAD 的绘图工作有 50%以上的工作量是用在图形的修改和编辑方面的。运用 AutoCAD 可以对二维对象进行各种编辑操作。AutoCAD 2013 提供了强大的图形编辑工具，使用户可以更加灵活、快捷地修改和编辑图形。

本章知识重点

▶ 选择建筑图形对象

▶ 复制对象的方法

▶ 改变图形大小和位置

▶ 其他修改图形对象的方式

▶ 建筑绘图中的特殊编辑

学完本章后你会做什么

▶ 掌握复制对象的方法，如复制图形、镜像图形、阵列图形等

▶ 掌握改变图形大小和位置的操作，如移动图形、旋转图形等

▶ 掌握其他修改图形对象的方式的操作，如圆角图形、倒角图形等

视频演示

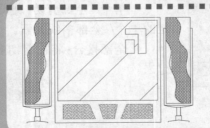

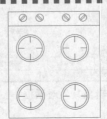

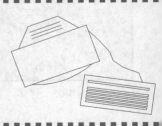

5.1　选择建筑图形对象

在编辑对象前，首先要选择该图形对象。选择的对象以虚线亮显表示。如果选择多个图形对象，就可以构成选择集，选择集中既可以包含单个对象，也可以包含更为复杂的对象编辑组。

5.1.1　对象选择的模式

单击"应用程序"按钮，在弹出的程序菜单中单击"选项"按钮，弹出"选项"对话框，切换至"选择集"选项卡，其中"选择集模式"选项区中包含 6 个选择模式，如图 5-1 所示，通过这 6 种选择模式可以控制选择对象的操作。

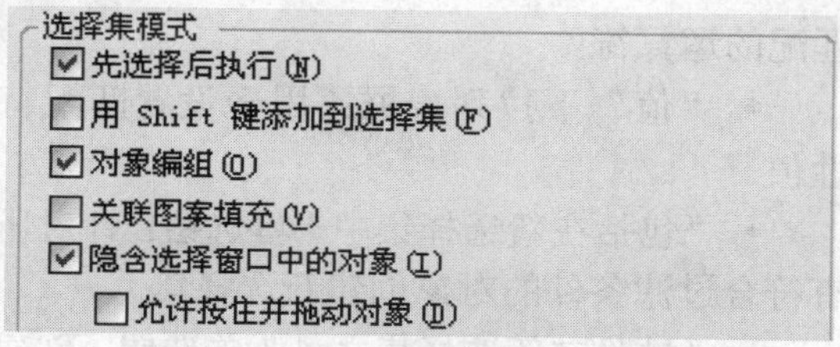

图 5-1　"选择集模式"选项区

在"选择集模式"选项区中，各种对象选择模式的含义如下。

- 先选择后执行：控制在发出命令之前（先选择后执行）还是之后选择对象。
- 用 Shift 键添加到选择集：控制后续选择项是替换当前选择集还是添加到其中。
- 对象编组：选择编组中的一个对象就选择了编组中的所有对象。
- 关联图案填充：确定选择关联图案填充时将选定哪些对象。如果选中该复选框，那么选择关联图案填充时也选定边界对象。
- 隐含选择窗口中的对象：在对象外选择了一点时，初始化选择窗口中的图形。
- 允许按住并拖动对象：控制窗口选择方法。如果选中该复选框，则可以用定点设备单击两个单独点来绘制窗口。

5.1.2　快速选择对象

快速选择建筑图形时根据过滤条件在指定范围内通过筛选对象创建选择集。对于图形中的数量很多、位置离散但具有某些相同特性的对象尤其适用。

执行操作的三种方法	
按钮法	切换至"常用"选项卡，单击"实用工具"面板中的"快速选择"按钮。
菜单栏	选择菜单栏中的"工具"→"快速选择"命令。
命令行	输入 QSELECT 命令。

	素材文件	光盘\素材\第 5 章\壁灯.dwg
	效果文件	无
	视频文件	光盘\视频\第 5 章\5.1.2　快速选择对象.mp4

实战演练 058——快速选择壁灯图形的灯罩图层

步骤 01　单击快速访问工具栏中的"打开"按钮，打开素材图形，如图 5-2 所示。

步骤 02　在命令行中输入 QSELECT（快速

选择）命令，按【Enter】键确认，弹出"快速选择"对话框，在"特性"下拉列表框中，选择"图层"选项，单击"值"下拉列表框，在弹出的下拉列表中选择"灯罩"选项，如图 5-3 所示。

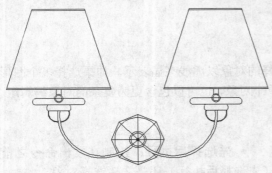

图 5-2　素材图形

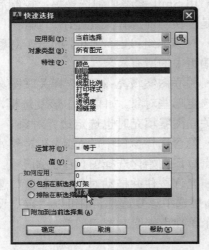

图 5-3　"快速选择"对话框

步骤 **03**　单击"确定"按钮，即可快速选择图形对象，如图 5-4 所示。

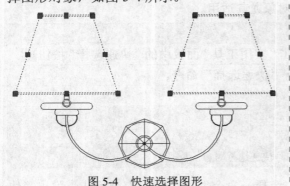

图 5-4　快速选择图形

5.1.3　过滤选择对象

在 AutoCAD 2013 中，如果需要在复杂的图形中选择某个指定对象，可以采用过滤选择集进行对象的选择。

在"快速选择"对话框中，各选项的含义如下。

◆ "应用到"下拉列表框：用于选择过滤条件的筛选范围，可以在整个图形中筛选，或者在当前选择集中筛选，但当前选择集必须存在。

◆ "选择对象"按钮：单击该按钮将允许用户选择要对其应用过滤条件的对象。

◆ "对象类型"下拉列表框：用于选择需要过滤的对象类型，如圆、矩形。

◆ "特性"下拉列表：列出了所有可搜索的对象特性，可以选择过滤哪一种特性。

◆ "运算符"下拉列表框：用于指定进行匹配的运算符。

◆ "值"下拉列表框：用于设置匹配特性值。

◆ "包括在新选择集中"单选钮：针对所有符合过滤条件的对象创建新选择集。

◆ "排除在新选择集之外"单选钮：创建只包含不符合过滤条件对象的新选择集。

◆ "附加到当前选择集"复选框：仅在需要连续进行筛选时才选中该复选框，此时，筛选出的对象添加到当前的选择集中；否则，筛选出的对象将成为当前选择集。

专家提醒

只有在"如何应用"选项区中，选中"包括在新选择集中"单选钮，并取消选中"附加到当前选择集"复选框的前提下，"选择对象"按钮才被激活。

执行操作的方法	
命令行	输入 FILTER（快捷命令：FI）命令。

执行以上命令后，将弹出"对象选择过滤器"对话框，如图 5-5 所示。在该对话框中，各主要选项的含义如下。

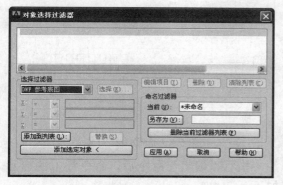

图 5-5　"对象选择过滤器"对话框

◆　"选择过滤器"下拉列表框：单击其右侧的下拉按钮，在弹出的下拉列表中选择要过滤的对象类型。

◆　"X"/"Y"/"Z"文本框：可以选择或输入对应的关系运算符。

◆　"添加到列表"按钮：单击该按钮，可以将选择的过滤器及附加条件添加到过滤器列表框中。

◆　"替换"按钮：单击该按钮，可以将当前"选择过滤器"选项区中的设置代替过滤器列表框中选定的过滤器。

◆　"添加选定对象"按钮：可以向过滤器列表中添加图形中的一个选定对象。

◆　"编辑项目"按钮：单击该按钮，可以将选定的过滤器特性移动到"选择过滤器"区域进行编辑。

◆　"删除"按钮：单击该按钮，可以从当前过滤器中删除选定的过滤器特性。

◆　"清除列表"按钮：单击该按钮，可以从当前过滤器中删除所有列出的特性。

◆　"当前"下拉列表框：显示保存的过滤器。选择一个过滤器列表将其置为当前。

◆　"另存为"按钮：单击该按钮，可以保存过滤器及其特性列表。

◆　"删除当前过滤器列表"按钮：单击该按钮，可以从默认过滤器文件中删除过滤器及其所有特性。

◆　"应用"按钮：单击该按钮，可以退出对话框并显示"选择对象"提示，在该提示下创建一个选择集。

专家提醒 🖘

使用"对象选择过滤器"对话框来选择对象，可以以对象的类型、图层、颜色、线型或线宽等特性为条件，过滤选择符合条件的对象。

5.1.4　创建编组对象

编组是保存的对象集，可以根据需要同时选择和编辑这些对象，也可以分别进行选择和编辑。编组提供了以组为单位操作图形元素的简单方法，可以快速创建编组并使用默认名称。用户可以通过添加或删除对象来更改编组的部件。

执行操作的两种方法		
按钮法	切换至"常用"选项卡，单击"组"面板中的"组"按钮🔲。	
命令行	输入 GROUP（快捷命令：G）命令。	
💿	素材文件	光盘\素材\第 5 章\播放机.dwg
	效果文件	光盘\效果\第 5 章\播放机.dwg
	视频文件	光盘\视频\第 5 章\5.1.4　创建编组对象.mp4

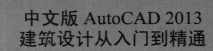

实战演练 059——创建播放机图形编组

步骤 01　单击快速访问工具栏中的"打开"按钮 📂，打开素材图形，如图 5-6 所示。

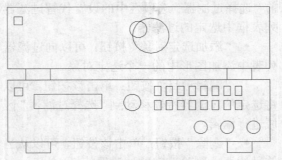

图 5-6　素材图形

步骤 02　在命令行中输入 G（编组）命令，按【Enter】键确认，在命令行提示下，在绘图区中选择两个大矩形对象，如图 5-7 所示。

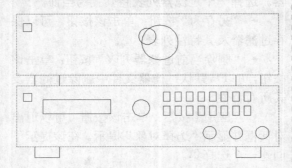

图 5-7　选择合适的图形

步骤 03　按【Enter】键确认，即可创建编组对象，在绘图区中的大矩形对象上单击鼠标左键，即可选择编组对象，如图 5-8 所示。

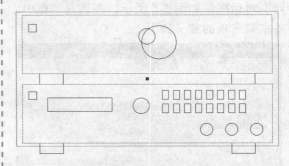

图 5-8　选择编组对象

执行"编组"命令后，命令行中的提示如下。

选择对象或 [名称(N)/说明(D)]：（选择需要创建编组的图形对象）

命令行中各选项的含义如下。

◆ 名称（N）：给新创建的编组对象指定名称。

◆ 说明（D）：对编组对象进行说明。

专家提醒 📢

编组在某些方面类似于块，它是另一种将对象编组成命名集的方法。

5.2　复制对象的方法

如果对需要的对象进行一次又一次地绘制，实在麻烦，AutoCAD 提供了相关的"复制"、"镜像"、"阵列"和"偏移"命令，帮助用户轻松地将对象复制到新的位置。

5.2.1　复制图形对象

复制图形对象可以将选择的对象复制到指定的位置，复制生成的对象相对于源对象的位置由指定的位移确定。"复制"命令是各种复制命令中最简单、使用也较频繁的编辑命令之一。

执行操作的三种方法	
按钮法	切换至"常用"选项卡，单击"修改"面板中的"复制"按钮 📇。
菜单栏	选择菜单栏中的"修改"→"复制"命令。
命令行	输入 COPY（快捷命令：CO）命令。

素材文件	光盘\素材\第 5 章\楼梯.dwg
效果文件	光盘\效果\第 5 章\楼梯.dwg
视频文件	光盘\视频\第 5 章\5.2.1　复制图形对象.mp4

实战演练 060——复制楼梯图形对象

步骤 01　单击快速访问工具栏中的"打开"按钮，打开素材图形，如图 5-9 所示。

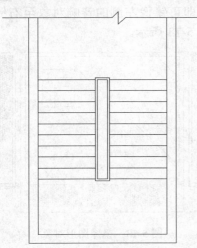

图 5-9　素材图形

步骤 02　在命令行中输入 CO（复制）命令，按【Enter】键确认，在命令行提示下选择绘图区中的所有的图形对象为复制对象并确认，捕捉左上角点，向右引导光标，输入 4000，连续按两次【Enter】键确认，即可复制图形对象，效果如图 5-10 所示。

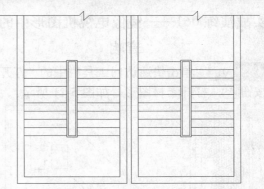

图 5-10　复制图形对象

执行"复制"命令后，命令行中的提示如下。

选择对象：（选择要复制的对象）

当前设置：　复制模式 = 多个

指定基点或 [位移 (D) /模式 (O)] <位移>：（指定基点或位移）

指定第二个点或 [阵列 (A)] <使用第一个点作为位移>：（指定位移的第二个点）

命令行中各选项的含义如下。

◆ 位移（D）：直接输入位移值。

◆ 模式（O）：确定控制命令的复制模式。

◆ 阵列（A）：指定在线性阵列中排列的副本数量。

专家提醒 ☞

使用"复制"命令可以根据已有对象绘制出一个或多个相同的实体，相当于文件的复制，被复制出来的新对象与源对象完全相同。

5.2.2　镜像图形对象

"镜像"命令是指将选择的对象以一条镜像线为轴做对称复制。镜像操作完成后，可以保留源对象，也可以将其删除。

执行操作的三种方法	
按钮法	切换至"常用"选项卡，单击"修改"面板中的"镜像"按钮。
菜单栏	选择菜单栏中的"修改"→"镜像"命令。
命令行	输入 MIRROR（快捷命令：MI）命令。

素材文件	光盘\素材\第 5 章\电视机.dwg
效果文件	光盘\效果\第 5 章\电视机.dwg
视频文件	光盘\视频\第 5 章\5.2.2　镜像图形对象.mp4

实战演练 061——镜像电视机图形中的
音响

步骤 01　　单击快速访问工具栏中的"打开"按钮，打开素材图形，如图 5-11 所示。

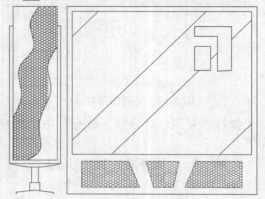

图 5-11　素材图形

步骤 02　　在命令行中输入 MI（镜像）命令，按【Enter】键确认，在命令行提示下，在绘图区中选择左侧合适的音响对象为镜像对象，如图 5-12 所示。

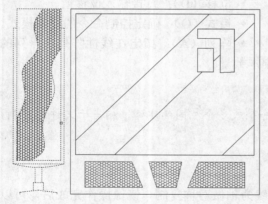

图 5-12　选择镜像对象

步骤 03　　捕捉电视机顶部矩形的最上方水平直线的中点作为镜像线上的一条，向下引导光标，捕捉顶部矩形的下一条水平直线的中点作为镜像线上的第二条，按【Enter】键确认，即可镜像左侧的音响对象至右侧，效果如图 5-13 所示。

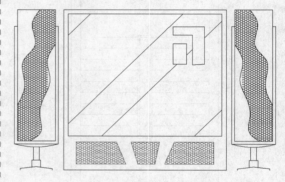

图 5-13　镜像图形对象

执行"镜像"命令后，命令行中的提示如下。

选择对象：（选择需要镜像的图形对象，按【Enter】键确认）

指定镜像线第一点：（在绘图区指定镜像线的第一点）

指定镜像线第二点：（在绘图区指定镜像线的第二点）

是否删除源对象？[是（Y）/否（N）] <N>：（确定是否删除源对象，输入 Y 选项将删除源对象，输入 N 选项将保留源对象）

专家提醒 ☞
在镜像对象时需要指出镜像线，镜像线是任意方向的。

5.2.3　偏移图形对象

在 AutoCAD 2013 中，使用"偏移"命令可以通过指定点或者距离两种方式来进行偏移操作，从而创建新的图形对象。

执行操作的三种方法	
按钮法	切换至"常用"选项卡，单击"修改"面板中的"偏移"按钮 。
菜单栏	选择菜单栏中的"修改"→"偏移"命令。
命令行	输入 OFFSET（快捷命令：O）命令。

	素材文件	光盘\素材\第 5 章\座便器.dwg
	效果文件	光盘\效果\第 5 章\座便器.dwg
	视频文件	光盘\视频\第 5 章\5.2.3　偏移图形对象.mp4

实战演练 062——偏移坐便器图形的左侧直线

步骤 01　单击快速访问工具栏中的"打开"按钮 ，打开素材图形，如图 5-14 所示。

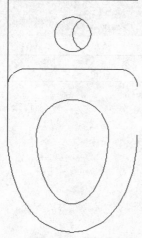

图 5-14　素材图形

步骤 02　在命令行中输入 O（偏移）命令，按【Enter】键确认，在命令行提示下，设置偏移距离为 360，按【Enter】键确认。

步骤 03　在绘图区中选择图形左侧上部的竖直直线，在图形的右侧单击鼠标左键并确认，即可向右偏移该直线对象，效果如图 5-15 所示。

专家提醒

"偏移"命令是指保持选择对象的形状、在不同的位置以不同尺寸大小新建一个对象。使用"偏移"命令并不能对所有图形对象进行偏移处理，而仅能对直线、多段线、构造线、圆、圆弧、多边形进行偏移复制。

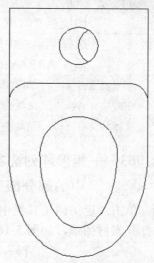

图 5-15　偏移直线对象

执行"偏移"命令后，命令行中的提示如下。

当前设置：删除源=否　图层=源 OFFSETGAPTYPE=0

指定偏移距离或 [通过(T)/删除(E)/图层(L)] <通过>:（输入图形的偏移距离）

选择要偏移的对象，或 [退出(E)/放弃(U)] <退出>:（选择需要偏移的图形对象）

指定要偏移的那一侧上的点，或 [退出(E)/多个(M)/放弃(U)] <退出>:（指定偏移的方向）

选择要偏移的对象，或 [退出(E)/放弃(U)] <退出>:（按【Enter】键确认结束命令）

命令行中各选项的含义如下。

◆ 通过（T）：创建通过指定点的对象。

◆ 删除（E）：偏移源对象后将其删除。

◆ 图层（L）：确定将偏移对象创建在当

前图层上还是源对象所在的图层上。

◆ 退出（E）：退出"偏移"命令。

◆ 放弃（U）：恢复前一个偏移。

◆ 多个（M）：输入"多个"偏移模式，这将使用当前偏移距离重复进行偏移操作。

5.2.4 矩形阵列图形

使用"矩形阵列"命令，可以将对象副本分布到行、列和标高的任意组合。使用该命令相当于 ARRAY 命令中的"矩形"选项。

执行操作的三种方法	
按钮法	切换至"常用"选项卡，单击"修改"面板中的"矩形阵列"按钮 ▦。
菜单栏	选择菜单栏中的"修改"→"阵列"→"矩形阵列"命令。
命令行	输入 ARRAYRECT 命令。

素材文件	光盘\素材\第 5 章\洗衣机.dwg
效果文件	光盘\效果\第 5 章\洗衣机.dwg
视频文件	光盘\视频\第 5 章\5.2.4 矩形阵列图形.mp4

实战演练 063——矩形阵列洗衣机图形中的部分图形

步骤 **01** 单击快速访问工具栏中的"打开"按钮 ➤，打开素材图形，如图 5-16 所示。

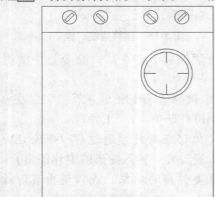

图 5-16 素材图形

步骤 **02** 在命令行中输入 ARRAYRECT（矩形阵列）命令，按【Enter】键确认，在命令行提示下，在绘图区中选择合适的图形为阵列对象，如图 5-17 所示。

步骤 **03** 按【Enter】键确认，弹出"阵列创建"选项卡，设置"列数"为 2、"介于"为-488、"行数"为 2、第二个"介于"为-542，如图 5-18 所示。

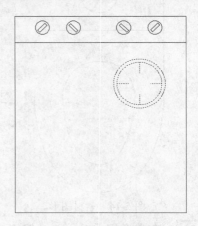

图 5-17 设置阵列参数

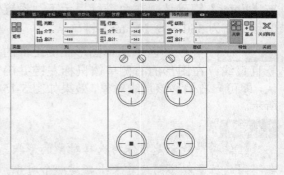

图 5-18 选择阵列对象

步骤 **04** 按【Enter】键确认，即可矩形阵列图形，效果如图 5-19 所示。

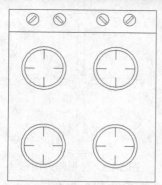

图 5-19　矩形阵列图形效果

在"阵列创建"选项卡中，各主要选项的含义如下。

◆ "介于"文本框：指定列数或行数间距。

◆ "总计"文本框：指定第一列和最后一列之间的总距离。

◆ "行"面板：用于指定行的数目、间距以及总距离等。

◆ "层级"面板：用于指定层级的数目、间距以及总距离等。

执行"矩形阵列"命令后，命令行中的提示如下。

选择对象：（使用对象选择方法）

类型 = 矩形　关联 = 是

选择夹点以编辑阵列或 [关联(AS)/基点(B)/计数(COU)/间距(S)/列数(COL)/行数(R)/层数(L)/退出(X)] <退出>：（直接按【Enter】键确认，或输入选项）

命令行中各选项的含义如下。

◆ 关联（AS）：指定是否在阵列中创建项目作为关联阵列对象，或作为独立对象。

◆ 基点（B）：指定阵列的基点。

◆ 计数（COU）：分别指定行和列的值。

◆ 间距（S）：分别指定行间距和列间距。

◆ 列数（COL）：编辑列数和列间距。

◆ 行数（R）：编辑阵列中的行数和行间距，以及它们之间的增量标高。

◆ 层数（L）：指定层数和层间距。

◆ 退出（X）：退出命令。

5.2.5　环形阵列图形

使用"环形阵列"命令，围绕中心点或旋转轴在环形阵列中均匀分布对象副本。

执行操作的三种方法	
按钮法	切换至"常用"选项卡，单击"修改"面板中的"环形阵列"按钮。
菜单栏	选择菜单栏中的"修改"→"阵列"→"环形阵列"命令。
命令行	输入 ARRAYPOLAR 命令。

素材文件	光盘\素材\第 5 章\地面拼花.dwg
效果文件	光盘\效果\第 5 章\地面拼花.dwg
视频文件	光盘\视频\第 5 章\5.2.5　环形阵列图形.mp4

实战演练 064——环形阵列地面拼花图形中的部分图形

步骤 **01**　单击快速访问工具栏中的"打开"按钮，打开素材图形，如图 5-20 所示。

步骤 **02**　在命令行中输入 ARRAYPOLAR（环形阵列）命令，按【Enter】键确认，在命令行提示下选择合适的图形为阵列对象，如图 5-21 所示，按【Enter】键确认。

图 5-20　素材图形

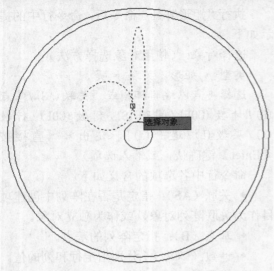

图 5-21 选择阵列对象

图 5-22 环形阵列图形

执行"环形阵列"命令后，命令行中的提示如下。

选择对象：（使用对象选择方法）

类型 = 极轴 关联 = 是

指定阵列的中心点或 ［基点(B)／旋转轴(A)］：（指定阵列中心点，或输入选项按【Enter】键确认）

选择夹点以编辑阵列或 ［关联(AS)／基点(B)／项目(I)／项目间角度(A)／填充角度(F)／行(ROW)／层(L)／旋转项目(ROT)／退出(X)］＜退出＞：（按【Enter】键确认，或输入选项）

步骤 03 捕捉圆心点作为阵列中心点，按【Enter】键确认，弹出"阵列创建"选项卡，设置"项目数"为 4 并确认，即可环形阵列图形对象，效果如图 5-22 所示。

5.2.6 路径阵列图形

使用"路径阵列"命令，围绕中心点或旋转轴在环形阵列中均匀分布对象副本。使用该命令相当于 ARRAY 命令中的"路径"选项。

执行操作的三种方法	
按钮法	切换至"常用"选项卡，单击"修改"面板中的"路径阵列"按钮 🖉。
菜单栏	选择菜单栏中的"修改"→"阵列"→"路径阵列"命令。
命令行	输入 ARRAYPATH 命令。
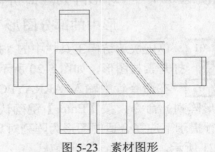 素材文件	光盘\素材\第 5 章\方桌.dwg
效果文件	光盘\效果\第 5 章\方桌.dwg
视频文件	光盘\视频\第 5 章\5.2.6 路径阵列图形.mp4

实战演练 065——路径阵列椅子图形

步骤 01 单击快速访问工具栏中的"打开"按钮 📂，打开素材图形，如图 5-23 所示。

步骤 02 在命令行中输入 ARRAYPATH（路径阵列）命令，按【Enter】键确认，在命令行提示下选择左上方的椅子图形为阵列对象并确认，如图 5-24 所示。

图 5-23 素材图形

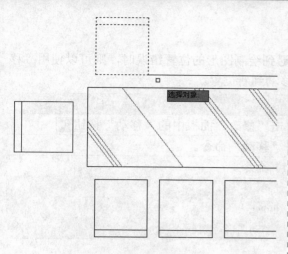

图 5-24 选择阵列对象

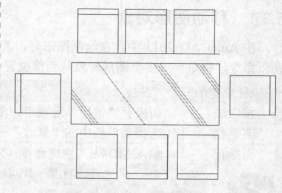

图 5-26 路径阵列图形

步骤 **03**　选择椅子图形右侧的水平直线为路径曲线，弹出"阵列创建"选项卡，单击"项目"面板中的相应按钮 ，显示文本框，设置"项目数"为 3、"介于"为 600，如图 5-25 所示。

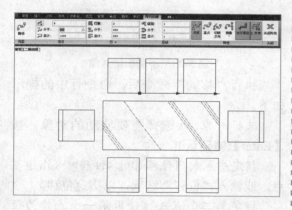

图 5-25 设置参数值

步骤 **04**　按【Enter】键确认即可路径阵列图形对象，效果如图 5-26 所示。

执行"路径阵列"命令后，命令行中的提示如下。

选择对象：（使用对象选择方法）

类型 = 路径　关联 = 是

选择路径曲线：（选择路径曲线对象）

选择夹点以编辑阵列或 [关联(AS) /方法(M) /基点(B) /切向(T) /项目(I) /行(R) /层(L) /对齐项目(A) /Z 方向(Z) /退出(X)] ＜退出＞：（直接按【Enter】键确认，或输入选项）

命令行中各主要选项的含义如下。

◆ 方法（M）：控制如何沿路径分布项目。

◆ 切向（T）：指定阵列中的项目如何相对于路径的起始方向对齐。

◆ 项目（I）：根据"方法"设置，指定项目数或项目之间的距离。

◆ 行（R）：指定阵列中的行数、它们之间的距离以及行之间的增量标高。

◆ 对齐项目（A）：指定是否对齐每个项目以与路径的方向相切。

◆ Z 方向（Z）：控制是否保持项目的原始 Z 方向或沿三维路径自然倾斜项目。

5.3 改变图形大小和位置

在绘制建筑图形时，当需要改变图形对象的位置与大小时，可以使用"移动"、"旋转"、"缩放"、"拉伸"、"延伸"和"修剪"等命令来进行编辑。本节将详细介绍这些命令的操作方法。

5.3.1　移动图形对象

在 AutoCAD 2013 中，在绘制图形时，若遇到绘制图形的位置错误时，则可以使用"移动"命令，将单个或多个图形对象从当前位置移动到新位置。

执行操作的三种方法	
按钮法	切换至"常用"选项卡，单击"修改"面板中的"移动"按钮 🖼️。
菜单栏	选择菜单栏中的"修改"→"移动"命令。
命令行	输入 MOVE（快捷命令：M）命令。
素材文件	光盘\素材\第 5 章\煤气灶.dwg
效果文件	光盘\效果\第 5 章\煤气灶.dwg
视频文件	光盘\视频\第 5 章\5.3.1　移动图形对象.mp4

实战演练 066——移动煤气灶图形中的部分图形

步骤 01　单击快速访问工具栏中的"打开"按钮 📂，打开素材图形，如图 5-27 所示。

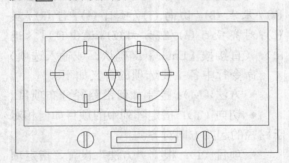

图 5-27　素材图形

步骤 02　在命令行中输入 M（移动）命令，按【Enter】键确认，在命令行提示下选择绘图区中合适的图形对象，捕捉中间的圆心点对象，向右引导光标，输入 200，按【Enter】键确认，即可移动图形对象，效果如图 5-28 所示。

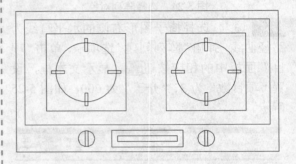

图 5-28　移动图形对象

执行"移动"命令后，命令行中的提示如下。

选择对象：（选择需要移动的对象，按【Enter】键确认）

指定基点或 ［位移 (D)］〈位移〉：（指定基点，或输入"位移"选项，以指定位移）

指定第二个点或 〈使用第一个点作为位移〉：（用鼠标指定移到新位置的点或用第一点的数值作位移，并移动图形）

专家提醒 ☞

使用移动命令对图形对象进行移动操作，原图形对象的位置将会被改变，但形状和结构不会改变。

5.3.2　旋转图形对象

使用"旋转"命令可以将所选对象按指定的角度进行旋转，该操作也不会改变对象的尺寸等外观形状，只会改变对象在绘图区中所处的角度。

执行操作的三种方法	
按钮法	切换至"常用"选项卡，单击"修改"面板中的"旋转"按钮◯。
菜单栏	选择菜单栏中的"修改"→"旋转"命令。
命令行	输入 ROTATE（快捷命令：RO）命令。

	素材文件	光盘\素材\第 5 章\单人床.dwg
	效果文件	光盘\效果\第 5 章\单人床.dwg
	视频文件	光盘\视频\第 5 章\5.3.2　旋转图形对象.mp4

实战演练 067——旋转单人床图形

步骤 01　单击快速访问工具栏中的"打开"按钮，打开素材图形，如图 5-29 所示。

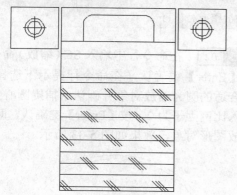

图 5-29　素材图形

步骤 02　在命令行中输入 RO（旋转）命令，按【Enter】键确认，在命令行提示下选择所有的图形为旋转对象，如图 5-30 所示，按【Enter】键确认。

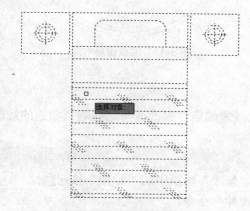

图 5-30　选择旋转对象

步骤 03　在绘图区中，捕捉上方的中点为基点，输入角度为 90°，按【Enter】键确认，即可旋转图形对象，效果如图 5-31 所示。

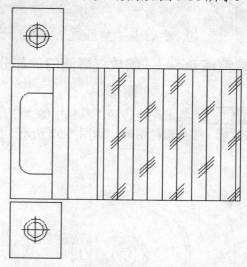

图 5-31　旋转图形对象

执行"旋转"命令后，命令行中的提示如下。

选择对象：（选择需要旋转的对象，按【Enter】键确认）

指定基点：（指定旋转的基点）

指定旋转角度，或 [复制(C)/参照(R)]<0>：（指定旋转角度）

命令行中各主要选项的含义如下。

◆ 复制（C）：创建要旋转的选定对象的副本。

◆ 参照（R）：将对象从指定的角度旋转到新的绝对角度。

5.3.3　缩放图形对象

使用"缩放"命令可以将所选对象按指定的比例进行缩小或放大，使用该命令进行比例缩放时，所选对象的 X、Y、Z 方向上的缩放比例因子是相同的，从而保证了缩放实体的整体形状不改变。

执行操作的三种方法	
按钮法	切换至"常用"选项卡，单击"修改"面板中的"缩放"按钮 。
菜单栏	选择菜单栏中的"修改"→"缩放"命令。
命令行	输入 SCALE（快捷命令：SC）命令。
素材文件	光盘\素材\第 5 章\气罐阀门.dwg
效果文件	光盘\效果\第 5 章\气罐阀门.dwg
视频文件	光盘\视频\第 5 章\5.3.3　缩放图形对象.mp4

实战演练 068——缩放气罐阀门的部分图形

步骤 01　单击快速访问工具栏中的"打开"按钮 ，打开素材图形，如图 5-32 所示。

步骤 02　在命令行中输入 SC（缩放）命令，按【Enter】键确认，在命令行提示下选择中间合适的圆为缩放对象并确认，捕捉圆心点，输入比例因子为 2，按【Enter】键确认，即可缩放图形对象，效果如图 5-33 所示。

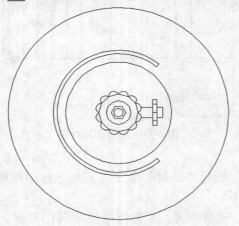

图 5-32　素材图形

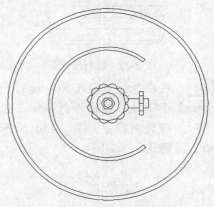

图 5-33　缩放图形对象

5.3.4　拉伸图形对象

拉伸图形对象是通过移动一个或多个对象上的线段端点，来改变与这些端点相连的线段长度和位置。

执行操作的三种方法	
按钮法	切换至"常用"选项卡，单击"修改"面板中的"拉伸"按钮 。
菜单栏	选择菜单栏中的"修改"→"拉伸"命令。
命令行	输入 STRETCH 命令。

素材文件	光盘\素材\第 5 章\沙发.dwg
效果文件	光盘\效果\第 5 章\沙发.dwg
视频文件	光盘\视频\第 5 章\5.3.4　拉伸图形对象.mp4

实战演练 069——拉伸沙发的部分图形

步骤　01　单击快速访问工具栏中的"打开"按钮，打开素材图形，如图 5-34 所示。

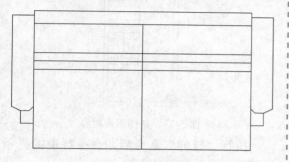

图 5-34　素材图形

步骤　02　在命令行中输入 STRETCH（拉伸）命令，按【Enter】键确认，在命令行提示下选择需要拉伸的图形对象，如图 5-35 所示，按【Enter】键确认。

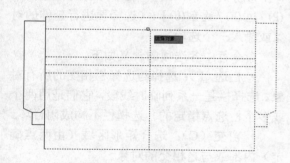

图 5-35　选择需要的拉伸图形

步骤　03　捕捉从右数第 3 条垂直直线的中点，向左引导光标，在相应竖直直线中点上单击鼠标左键，即可拉伸图形对象，效果如图 5-36 所示。

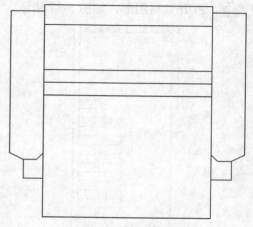

图 5-36　拉伸图形对象

执行"拉伸"命令后，命令行中的提示如下。

以交叉窗口或交叉多边形选择要拉伸的对象...（提示以交叉窗选，或以多边形选择方式选择拉伸对象）

选择对象：（以交叉窗选方式选择对象）

指定基点或 [位移(D)] <位移>：（指定进行拉伸操作的基点或位移）

指定第二个点或 <使用第一个点作为位移>：（指定拉伸的距离）

5.3.5　延伸图形对象

使用"延伸"命令可以将直线、圆弧等对象延伸到与其端点最近一侧的延伸边界，延伸边界可以是直线、圆弧等对象。

执行操作的三种方法	
按钮法	切换至"常用"选项卡，单击"修改"面板中的"延伸"按钮。
菜单栏	选择菜单栏中的"修改"→"延伸"命令。
命令行	输入 EXTEND（快捷命令：EX）命令。

素材文件	光盘\素材\第 5 章\楼梯大样.dwg	
效果文件	光盘\效果\第 5 章\楼梯大样.dwg	
视频文件	光盘\视频\第 5 章\5.3.5　延伸图形对象.mp4	

实战演练 070——延伸楼梯大样中的部分直线

步骤 01　单击快速访问工具栏中的"打开"按钮，打开素材图形，如图 5-37 所示。

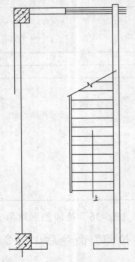

图 5-37　素材图形

专家提醒 ☞
　　使用"延伸"命令延伸对象与使用"修剪"命令的操作方法类似，但用户应该注意两者之间的区别。

步骤 02　在命令行中输入 EX（延伸）命令，按【Enter】键确认，在命令行提示下选择左侧最下方的水平直线并确认，在绘图区中的左侧垂直直线上单击鼠标左键，并确认，即可延伸图形对象，效果如图 5-38 所示。

专家提醒 ☞
　　使用"延伸"命令时，一次可以选择多个实体作为边界，选择被延伸实体时应点取靠近边界的一端，否则会出现错误。

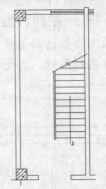

图 5-38　延伸图形对象

　　执行"延伸"命令后，命令行中的提示如下。

　　当前设置：投影=UCS，边=无
　　选择边界的边...
　　选择对象：（选择作为延伸边界的对象）
　　选择要延伸的对象，或按住 Shift 键选择要修剪的对象，或[栏选(F)/窗交(C)/投影(P)/边(E)/放弃(U)]：（选择要进行延伸的对象或输入一个选项）

　　命令行中各选项的含义如下。

◆ 栏选（F）：选择与选择栏相交的所有对象。选择栏是一系列临时线段，它们是用两个或多个栏选点指定的。选择栏不构成闭合环。

◆ 窗交（C）：选择矩形区域（由两点确定）内部或与之相交的对象。

◆ 投影（P）：指定延伸对象时使用的投影方法。

◆ 边（E）：将对象延伸到另一个对象的隐含边，或仅延伸到三维空间中与其实际相交的对象。

◆ 放弃（U）：放弃最近由 EXTEND 所做的更改。

5.3.6　修剪图形对象

　　修剪对象是指将图形中多余的边线剪掉，使它们精确地终止于由其他对象定义的边界。使用"修剪"命令，首先要指定剪切边，剪切边是一个与剪切对象相交的、已存在的图形对象。

执行操作的三种方法	
按钮法	切换至"常用"选项卡，单击"修改"面板中的"修剪"按钮 ┼。
菜单栏	选择菜单栏中的"修改"→"修剪"命令。
命令行	输入 TRIM（快捷命令：TR）命令。

	素材文件	光盘\素材\第 5 章\窗户.dwg
	效果文件	光盘\效果\第 5 章\窗户.dwg
	视频文件	光盘\视频\第 5 章\5.3.6 修剪图形对象.mp4

实战演练 071——修剪窗户中的多余图形

步骤 01 单击快速访问工具栏中的"打开"按钮 ☞，打开素材图形，如图 5-39 所示。

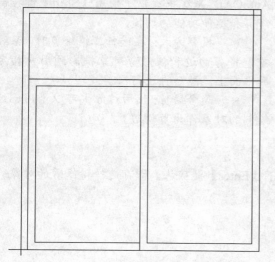

图 5-39 素材图形

步骤 02 在命令行中输入 TR（修剪）命令，按【Enter】键确认，在命令行提示下选择合适的水平直线为剪切边，如图 5-40 所示。

步骤 03 按【Enter】键确认，在选择的水平直线左侧的垂直直线下方单击鼠标左键，即可修剪图形对象，效果如图 5-41 所示。

专家提醒 ☞

如果需要修剪的多个对象满足某些特定的条件，就可以指定修剪对象时使用栏选方式选择一系列修剪对象。

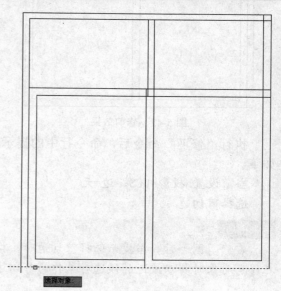

图 5-40 选择剪切边

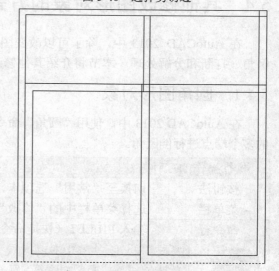

图 5-41 修剪图形对象

步骤 04 采用与上一步中相同的方法，修剪其他的图形对象，效果如图 5-42 所示。

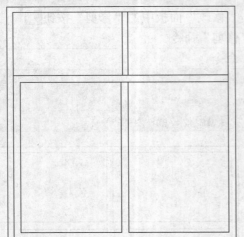

图 5-42 修剪效果

执行"修剪"命令后，命令行中的提示如下。

当前设置：投影=UCS，边=无
选择剪切边...

专家提醒 ☞

在修剪图形时，当提示选择剪切边时，按下【Enter】键确认，即可选择待修剪的对象。在修剪对象时将以最近的候选对象作为剪切边。

选择对象：（选择需要修剪的对象）

选择要修剪的对象，或按住 Shift 键选择要延伸的对象，或[栏选(F)/窗交(C)/投影(P)/边(E)/删除(R)/放弃(U)]：（选择要进行修剪的对象或输入一个选项）

专家提醒 ☞

修剪图形对象有以下 4 种方式。

➢ 一般的修剪操作：该方式是先选择作为剪切边时用的对象，再选择被裁剪的对象。

➢ 修剪和延伸功能的切换：该方式用于在编辑图形中遇到线段参差不齐，某些线段需要修剪，而另一些线段需要延长的情况。AutoCAD 系统中提供了使用【Shift】键控制修剪和延伸功能的切换。

➢ 投影方式：在进行二维修剪时，系统首先将剪切边和被修剪对象投影到用户指定的平面上，然后再进行修剪处理。

➢ 隐含修剪：使用该方式可以借用已经绘制的对象作为剪切边。

5.4 其他修改图形对象的方式

在 AutoCAD 2013 中，除了可以改变图形的大小和位置外，还可以对图形进行倒圆角、倒角、打断和分解处理。本节将介绍其他修改图形对象的操作方法。

5.4.1 圆角图形对象

在 AutoCAD 2013 中，使用"圆角"命令，可以对两个对象进行圆弧连接，还能对多段线的多个端点进行倒圆角。

执行操作的三种方法	
按钮法	切换至"常用"选项卡，单击"修改"面板中的"圆角"按钮 ◻。
菜单栏	选择菜单栏中的"修改"→"圆角"命令。
命令行	输入 FILLET（快捷命令：F）命令。

	素材文件	光盘\素材\第 5 章\洗菜台.dwg
	效果文件	光盘\效果\第 5 章\洗菜台.dwg
	视频文件	光盘\视频\第 5 章\5.4.1 圆角图形对象.mp4

实战演练 072——对洗菜台图形中的直线倒圆角

步骤 **01**　单击快速访问工具栏中的"打开"按钮 📂，打开素材图形，如图 5-43 所示。

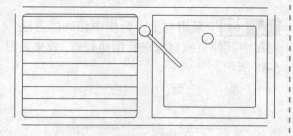

图 5-43　素材图形

步骤 **02**　在命令行中输入 F（圆角）命令，按【Enter】键确认，在命令行提示下，输入 R（半径）选项并确认，输入圆角半径为 28，按【Enter】键确认，依次选择左侧竖直直线和最上方的水平直线，对图形倒圆角，效果如图 5-44 所示。

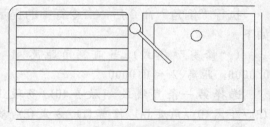

图 5-44　图形倒圆角 1

步骤 **03**　采用与上一步中相同的方法，对图像中的其他直线对象倒圆角，效果如图 5-45 所示。

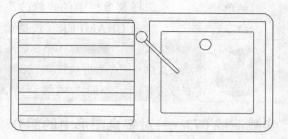

图 5-45　图形倒圆角 2

执行"圆角"命令后，命令行中的提示如下。

当前设置：模式=修剪，半径=0.0000

选择第一个对象或［放弃（U）/多段线（P）/半径（R）/修剪（T）/多个（M）］：r（选择"半径"选项）

指定圆角半径 <0.0000>：（指定圆角半径）

选择第一个对象或［放弃（U）/多段线（P）/半径（R）/修剪（T）/多个（M）］：（选择要倒圆角图形的第一条边）

选择第二个对象，或按住 Shift 键选择对象以应用角点或［半径（R）］：（选择要倒圆角图形的第二条边）

命令行中各选项的含义如下。

◆ 放弃（U）：恢复执行上一个操作。

◆ 多段线（P）：在二维多段线中两条直线段相交的每个顶点处插入圆角圆弧。

◆ 半径（R）：定义圆角圆弧的半径。

◆ 修剪（T）：控制 FILLET 是否将选定的边修剪到圆角圆弧的端点。

◆ 多个（M）：给多个对象集加圆角。

专家提醒 ☞

如果重复使用"圆角"命令，且圆角半径与上一步倒圆角操作时的半径一样的话，可以直接单击要倒圆角的两个边即可。

5.4.2　倒角图形对象

使用"倒角"命令可以将两条非平行直线或多段线做出有斜度的倒角。在倒角之前应该先指定倒角距离，然后再指定倒角线。

执行操作的三种方法	
按钮法	切换至"常用"选项卡，单击"修改"面板中的"倒角"按钮 ◿。

菜单栏	选择菜单栏中的"修改"→"倒角"命令。
命令行	输入 CHAMFER（快捷命令：CHA）命令。

	素材文件	光盘\素材\第 5 章\餐桌.dwg
	效果文件	光盘\效果\第 5 章\餐桌.dwg
	视频文件	光盘\视频\第 5 章\5.4.2　倒角图形对象.mp4

实战演练 073——对餐桌图形中的部分直线倒角

步骤 01　单击快速访问工具栏中的"打开"按钮，打开素材图形，如图 5-46 所示。

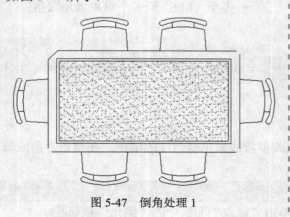

图 5-46　素材图形

步骤 02　在命令行中输入 CHA（倒角）命令，按【Enter】键确认，在命令行提示下，输入 D（距离）选项并确认，输入第一个倒角距离为 25，按两次【Enter】键确认。

步骤 03　在绘图区中，依次选择左侧竖直直线和上方水平直线，进行倒角处理，效果如图 5-47 所示。

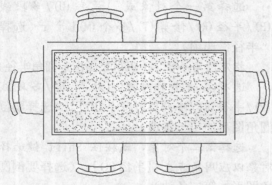

图 5-47　倒角处理 1

步骤 04　采用与上面两步中相同的方法，对图中其他直线对象进行倒角处理，效果如图 5-48 所示。

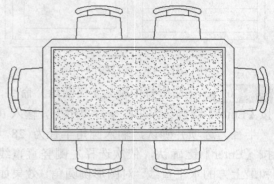

图 5-48　倒角处理 2

执行"倒角"命令后，命令行中的提示如下。

（"修剪"模式）当前倒角距离 1 = 0.0000，距离 2 = 0.0000

选择第一条直线或 [放弃(U)/多段线(P)/距离(D)/角度(A)/修剪(T)/方式(E)/多个(M)]：d（选择"距离"选项，以指定倒角距离）

指定第一个倒角距离<0.0000>:（指定第一个倒角距离）

指定第二个倒角距离<25.0000>:（指定第二个倒角距离）

选择第一条直线或 [放弃(U)/多段线(P)/距离(D)/角度(A)/修剪(T)/方式(E)/多个(M)]：（选择图形的第一条边）

选择第二条直线，或按住 Shift 键选择直线以应用角点或 [距离(D)/角度(A)/方法(M)]：（选择与之相邻的一条边）

命令行中各主要选项的含义如下。

◆ 放弃（U）：恢复执行上一个操作。

◆ 多段线（P）：对整个二维多段线倒角。相交多段线线段在每个多段线顶点被倒角，倒角成为多段线的新线段。如果多段线包含的线段过短以至于无法容纳倒角距离，则不对这些线段倒角。

◆ 距离（D）：设定倒角至选定边端点的距离。

◆ 角度（A）：设置是否在倒角对象后，仍然保留被倒角对象原有的距离。

◆ 修剪（T）：控制是否将选定的边修剪到倒角直线的端点。

◆ 方式（E）：控制是使用两个距离还是一个距离和一个角度来创建倒角。

◆ 多个（M）：为多组对象的边倒角。

专家提醒 ☞

在进行倒角操作时，设置的倒角距离或倒角角度不能太大，否则无效。当两个倒角距离为 0 时，"倒角"命令将延伸两条直线使之相交，而不产生倒角。

5.4.3　打断图形对象

打断图形对象是用两个打断点或一个打断点打断对象。在绘图过程中，有时需要将圆、直线等从某一点折断，甚至需要删除该对象的某一部分。为此，AutoCAD 提供了"打断"命令。

执行操作的三种方法		
按钮法	切换至"常用"选项卡，单击"修改"面板中的"打断"按钮▢。	
菜单栏	选择菜单栏中的"修改"→"打断"命令。	
命令行	输入 BREAK（快捷命令：BR）命令。	
	素材文件	光盘\素材\第 5 章\双人床.dwg
	效果文件	光盘\效果\第 5 章\双人床.dwg
	视频文件	光盘\视频\第 5 章\5.4.3　打断图形对象.mp4

实战演练 074——打断双人床图形中的直线

步骤 **01**　单击快速访问工具栏中的"打开"按钮▭，打开素材图形，如图 5-49 所示。

步骤 **02**　在命令行中输入 BR（打断）命令，按【Enter】键确认，在命令行提示下，在绘图区中选择第 2 条水平直线为打断对象，如图 5-50 所示。

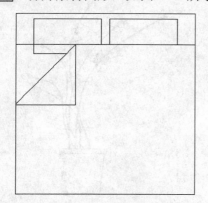

图 5-49　素材图形

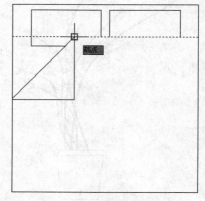

图 5-50　选择打断对象

步骤 03 　　向左引导光标，在第 2 条水平直线的左端点上单击鼠标左键，即可打断图形对象，效果如图 5-51 所示。

专家提醒 ☞

　　如果一个打断点指定在对象范围之外，将截去距该打断点最近的一端。对于圆或椭圆，AutoCAD 将按逆时针方向在两个打断点之间打断。打断封闭多段线时，将从多段线的起点向后扫描，截去从第一打断点至第二打断点之间的部分。

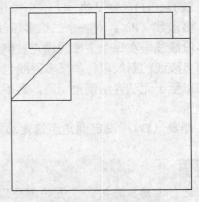

图 5-51　打断图形对象

5.4.4　分解图形对象

　　分解图形对象是指把多段线分解成一系列组成该多段线的直线与圆弧，把多段线分解成各直线段，把图块分解成组成该图块的各对象等。

执行操作的三种方法	
按钮法	切换至"常用"选项卡，单击"修改"面板中的"分解"按钮 。
菜单栏	选择菜单栏中的"修改"→"分解"命令。
命令行	输入 EXPLODE（快捷命令：X）命令。
素材文件	光盘\素材\第 5 章\植物.dwg
效果文件	光盘\效果\第 5 章\植物.dwg
视频文件	光盘\视频\第 5 章\5.4.4　分解图形对象.mp4

实战演练 075——分解植物图形对象

步骤 01 　　单击快速访问工具栏中的"打开"按钮 ，打开素材图形，如图 5-52 所示。

步骤 02 　　在命令行中输入 X（分解）命令，按【Enter】键确认，在命令行提示下选择图块为分解对象并确认，即可分解图形。任选一条直线，查看分解效果如图 5-53 所示。

图 5-52　素材图形

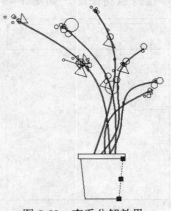

图 5-53　查看分解效果

专家提醒 ☞

可以分解的图形对象包括三维网格、三维实体、块、体、标注、多线、多面网格、多段线以及面域等。如果选择的对象不能分解，如直线、圆弧，系统会提示不能分解的信息。

5.4.5　合并图形对象

合并对象是指将相似的对象合并为一个对象，可以合并的对象包括圆弧、椭圆弧、直线、多段线、样条曲线等。

执行操作的三种方法	
按钮法	切换至"常用"选项卡，单击"修改"面板中的"合并"按钮⁺⁺。
菜单栏	选择菜单栏中的"修改"→"合并"命令。
命令行	输入 JOIN 命令。

	素材文件	光盘\素材\第 5 章\垃圾桶.dwg
	效果文件	光盘\效果\第 5 章\垃圾桶.dwg
	视频文件	光盘\视频\第 5 章\5.4.5　合并图形对象.mp4

实战演练 076——合并垃圾桶图形中的圆弧

步骤 01　单击快速访问工具栏中的"打开"按钮▷，打开素材图形，如图 5-54 所示。

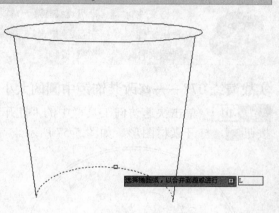

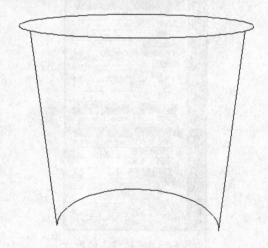

图 5-54　素材图形

图 5-55　选择合并对象并输入 L 选项

步骤 02　在命令行中输入 JOIN（合并）命令，按【Enter】键确认，在命令行提示下选择被打断的圆弧对象为合并对象，并确认，输入 L（闭合）选项，如图 5-55 所示。

步骤 03　按【Enter】键确认，即可合并图形对象，效果如图 5-56 所示。

图 5-56　合并图形对象

5.5 建筑绘图中的特殊编辑

在 AutoCAD 2013 中，建筑绘图中的图形特殊编辑功能，可以通过"特性"面板和特性匹配功能来完成。

5.5.1 修改图形特性

使用"特性"面板不仅可以编辑图形对象的基本特性，如图层、颜色、线型和线宽等，还可以修改图形对象的几个特性，如圆心和半径等。

执行操作的四种方法	
按钮法 1	切换至"常用"选项卡，单击"特性"面板中的"特性"按钮。
按钮法 2	切换至"视图"选项卡，单击"选项板"面板中的"特性"按钮。
菜单栏	选择菜单栏中的"修改"→"特性"命令。
命令行	输入 PROPERTIES 命令。
	素材文件	光盘\素材\第 5 章\装饰镜.dwg
	效果文件	光盘\效果\第 5 章\装饰镜.dwg
	视频文件	光盘\视频\第 5 章\5.5.1　修改图形特性.mp4

实战演练 077——修改装饰镜中圆的大小

步骤 01 单击快速访问工具栏中的"打开"按钮，打开素材图形，如图 5-57 所示。

图 5-57　素材图形

步骤 02 在命令行中输入 PROPERTIES（特性）命令，按【Enter】键确认，弹出"特性"面板，如图 5-58 所示。

图 5-58　"特性"面板

步骤 03 单击面板中的"选择对象"按钮，在命令行提示下，在绘图区中选择中间合适的小圆对象，如图 5-59 所示。

步骤 04 按【Enter】键确认，返回相应面板，在相应选项区中设置"半径"为 110 并确认，即可修改图形特性，如图 5-60 所示。

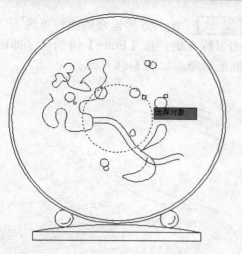

图 5-59　选择中间的小圆对象

图 5-60　修改图形特性

5.5.2　使用特性匹配功能

使用"特性匹配"命令可以将一个源对象的特性复制到指定的目标对象上，从而达到修改、统一对象特性的目的。

执行操作的三种方法	
按钮法	切换至"常用"选项卡，单击"剪贴板"面板中的"特性匹配"按钮📋。
菜单栏	选择菜单栏中的"修改"→"特性匹配"命令。
命令行	输入 MATCHPROP 命令。

	素材文件	光盘\素材\第 5 章\电脑.dwg
	效果文件	光盘\效果\第 5 章\电脑.dwg
	视频文件	光盘\视频\第 5 章\5.5.2　使用特性匹配功能.mp4

实战演练 078——特性匹配电脑图形中的直线

步骤 01　单击快速访问工具栏中的"打开"按钮📂，打开素材图形，如图 5-61 所示。

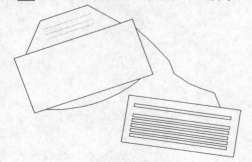

图 5-61　素材图形

步骤 02　输入 MATCHPROP（特性匹配）命令，按【Enter】键确认，在命令行提示下选择圆弧对象，如图 5-62 所示。

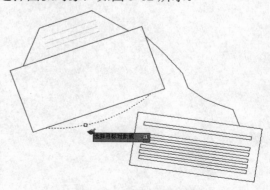

图 5-62　选择圆弧对象

步骤 03 在上方合适的短直线上单击鼠标左键，则选择的直线颜色将发生变化，如图 5-63 所示。

步骤 04 在上方其他合适的短直线上依次单击鼠标左键，按【Enter】键确认，即可特性匹配对象，如图 5-64 所示。

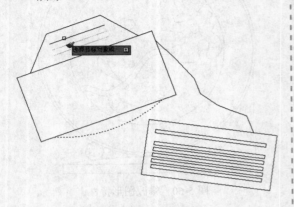

图 5-63 选择的直线颜色发生变化

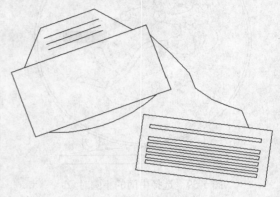

图 5-64 特性匹配对象

第 6 章　创建与管理图层

学前提示

　　图层是大多数图形图像处理软件的基本组成元素。在 AutoCAD 2013 中，增强的图层管理功能可以帮助用户有效地管理大量的图层。新图层特性不仅占用小，而且还提供了更强大的功能。本章将介绍图层的创建、管理及新增的图层工具的使用。

本章知识重点

▶ 图层在建筑图纸中的应用　　　　▶ 使用图层工具

▶ 控制图层显示状态　　　　　　　▶ 管理图层状态

▶ 修改图层特性

学完本章后你会做什么

▶ 掌握控制图层显示状态的操作，如显示和隐藏图层等

▶ 掌握修改图层特性的操作，如修改图层颜色、线型样式等

▶ 掌握使用图层工具的操作，如转换图层、匹配图层、删除图层等

视频演示

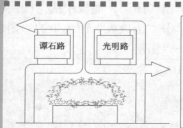

6.1 图层在建筑图中的应用

图层是用户组织和管理图形对象的一个有力工具，所有图形对象都具有图层、颜色、线型和线宽这四个基本属性。用户可以使用不同的图层、颜色、线型和线宽绘制出不同的图形对象，这样不仅可以方便地控制图形对象的显示和编辑，也可以提高绘图效率和准确性。

6.1.1 图层概述

为了根据图形的相关属性对图形进行分类，使具有相同属性的图形对象分在同一组，AutoCAD 引入了"图层"的概念，也就是把线型、线宽、颜色和状态等属性相同的图形对象放进同一个图层，这样方便用户对图形的管理。

引入"图层"概念之后，只要绘图前指定每一个图层的线型、线宽、颜色和状态等属性，使凡具有与之相同属性的图形对象都放到该图层上。在绘制图形时，只需要指定每个图形对象的几何数据和其所在的图层就可以了。这样既可以使绘图过程得到简化，又便于对图形的管理。

图层的应用使用户在组织图形时拥有极大的灵活性和可控性。组织图形时，最重要的一步就是要规划好图层结构。例如，图形的哪些部分放置在哪个图层，一共需要设置多少个图层，每个图层的命名、线型、线宽与颜色等属性如何设置。

在绘制复杂的二维图形时，有时需要创建数十种甚至几十种图层，这些图层将表现出图形各部分的特性。通过图层特性管理器，可以达到高效绘制或编辑图形的目的。因此，对图层特性进行管理是一项重要的工作。

在使用 AutoCAD 2013 进行绘图时，图层是最基本的操作，也是最有用的工具之一，对图形文件中各类实体的分类管理和综合控制具有重要的意义。总的来说，图层具有以下 3 方面的优点。

◆ 节省存储空间。

◆ 控制图形的颜色、线条的宽度及线型等属性。

◆ 统一控制同类图形实体的显示、冻结等特性。

6.1.2 创建图层

一般在绘制图形之前设置好图层，然后再进行绘图，也可以在绘图过程中随时根据需要添加新图层、保存已创建的图层或删除图层。

执行操作的四种方法	
按钮法 1	切换至"常用"选项卡，单击"图层"面板中的"图层特性"按钮🖿。
按钮法 2	切换至"视图"选项卡，单击"选项板"面板中的"图层特性"按钮🖿。
菜单栏	选择菜单栏中的"格式"→"图层"命令。
命令行	输入 LAYER（快捷命令：LA）命令。

	素材文件	无
	效果文件	光盘\效果\第 6 章\创建图层.dwg
	视频文件	光盘\视频\第 6 章\6.1.2　创建图层.mp4

实战演练 079——创建轮廓图层

步骤 01 单击快速访问工具栏中的"新建"按钮□，新建空白模型文件。

步骤 02 在命令行中输入 LA（图层）命令，按【Enter】键确认，弹出"图层特性管理器"面板，并单击"新建图层"按钮，如图 6-1 所示。

图 6-1　单击"新建图层"按钮

步骤 03 执行操作后即可新建一个图层，并在弹出的文本框中，输入图层名称为"轮廓"，按【Enter】键确认，即可创建图层对象，如图 6-2 所示。

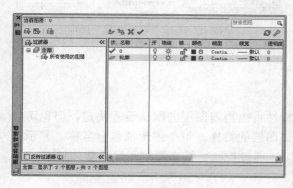

图 6-2　新建图层

专家提醒

开始创建图层时，AutoCAD 会自动创建一个名称为 0 的特殊图层。默认情况下，图层将被指定使用 7 号颜色、Continuous 线型、"默认"线宽及 Normal 打印样式。

在"图层特性管理器"面板中，各主要选项的含义如下。

◆ "新建特性过滤器"按钮：单击该按钮，可以显示"图层过滤器特性"对话框，从中可以根据图层的一个或多个特性创建图层过滤器。

◆ "新建组过滤器"按钮：单击该按钮，可以创建图层过滤器，其中包含选择并添加到该过滤器的图层。

◆ "图层特性管理器"按钮：单击该按钮，可以显示图层特性管理器，从中可以将图层的当前特性设置保存到一个命名图层状态中，以后可以再恢复这些设置。

◆ "新建图层"按钮：单击该按钮，可以创建新图层。

◆ "在所有的视口中都被冻结的新建图层视口"按钮：单击该按钮，可以创建新图层，然后在所有现有布局视口中将其冻结。

◆ "删除图层"按钮：单击该按钮，删除选定图层。只能删除未被参照的图层。

◆ "置为当前"按钮：单击该按钮，可以将选定图层设定为当前图层。

◆ "当前图层"显示区：显示当前图层的名称。

◆ "搜索图层"文本框：输入字符时，按名称快速过滤图层列表。

◆ "状态行"选项区：在该选项区中显示当前过滤器的名称、列表视图中显示的图层数和图形中的图层数。

◆ "反转过滤器"复选框：选中该复选框，可以显示出所有不满足选定图层特性过滤器中条件的图层。

6.1.3　置为当前层

在 AutoCAD 2013 中绘制图形对象时，需要将图形绘制在不同的图层上，此时就需要将相应的图层设置为当前图层。

执行操作的两种方法	
按钮法	在"图层特性管理器"面板中选择需要置为当前的图层,单击"置为当前"按钮✓。
快捷菜单	在"图层特性管理器"面板中选择需要置为当前的图层,单击鼠标右键,在弹出的快捷菜单中选择"置为当前"选项。

	素材文件	光盘\素材\第 6 章\台灯.dwg
	效果文件	光盘\效果\第 6 章\台灯.dwg
	视频文件	光盘\视频\第 6 章\6.1.3 置为当前层.mp4

实战演练 080——将台灯图形中的标注图层置为当前

步骤 01 单击快速访问工具栏中的"打开"按钮，打开素材图形，如图 6-3 所示。

图 6-3 素材图形

步骤 02 输入 LA（图层）命令，按【Enter】键确认，弹出"图层特性管理器"面板，选择"标注"图层，单击鼠标右键，在弹出的快捷菜单中选择"置为当前"选项，如图 6-4 所示，即可将"标注"图层置为当前层。

图 6-4 选择"置为当前"选项

6.2 控制图层显示状态

使用图层绘制图形时，新图形对象的各种特性将由当前图层的默认设置决定，但也可以单独设置其对象特性，新设置的特性将覆盖原来图层的特性。每个图形都包含名称、显示和隐藏、锁定和解锁、冻结和解冻等特性，用户可以通过控制特性来控制图层的整体状态。

6.2.1 关闭和显示图层

默认情况下，图层都处于显示状态，在该状态下图层中的所有图形对象将显示在绘图区中，用户可以对其进行编辑操作，若将其关闭后，该图层上的图形不再显示在绘图区中，也不能被编辑和打印输出。

执行操作的四种方法	
按钮法	在"常用"选项卡中单击"图层"面板中的"关闭"按钮，关闭图层；单击"图层"按钮 图层▼，在弹出的面板中单击"打开所有图层"按钮，显示所有图层。

菜单栏	选择菜单栏中的"格式"→"图层工具"→"图层关闭"命令。 选择菜单栏中的"格式"→"图层工具"→"打开所有图层"命令。
命令行	输入 LAYOFF 命令,隐藏指定图层。 输入 LAYON 命令,显示所有图层。
图标法	在"图层特性管理器"面板中单击需要显示图层上的"开"图标,其状态显示为"开" 🔆 时,显示图层,状态显示为"关" 🔆 时,隐藏图层。

素材文件	光盘\素材\第 6 章\小便器.dwg
效果文件	光盘\效果\第 6 章\小便器.dwg
视频文件	光盘\视频\第 6 章\6.2.1 关闭和显示图层.mp4

实战演练 081——关闭和显示小便器图形中的图层

步骤 01   单击快速访问工具栏中的"打开"按钮📂,打开素材图形,如图 6-5 所示。

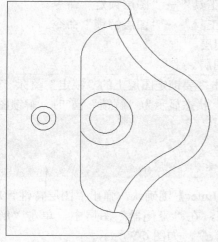

图 6-5 素材图形

步骤 02   在命令行中输入 LAYOFF(关闭)命令,并按【Enter】键确认,在命令行提示下,在绘图区中的圆对象上单击鼠标左键,并确认,即可关闭"标注"图层,效果如图 6-6所示。

步骤 03   在命令行中输入 LAYON(打开)命令,按【Enter】键确认,即可显示所有的图层,效果如图 6-7 所示。

专家提醒 ☞

关闭图层对象后,图层上的图形对象将不能显示,也不能打印输出。

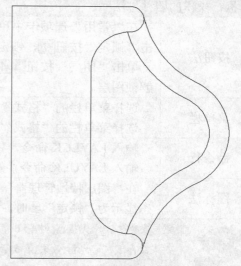

图 6-6 关闭"标注"图层

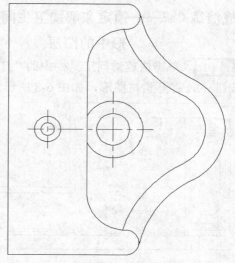

图 6-7 显示所有的图层

执行"关闭"命令后，命令行中的提示如下。

当前设置：视口=0ff，块嵌套级别=块

选择要关闭的图层上的对象或 [设置(S)/放弃(U)]：（在绘图区中选择需要进行关闭的图层对象）

命令行中各选项含义如下。

◆ 设置（S）：设置需要隐藏图层的类别。
◆ 放弃（U）：放弃当前所有操作。

6.2.2 锁定和解锁图层

图层被锁定后，该图层的图形仍显示在绘图区中，但不能对其进行编辑操作。锁定图层有利于对较复杂的图形进行编辑。

执行操作的四种方法		
按钮法	在"常用"选项卡中单击"图层"按钮 图层▼ ，在弹出的面板中，单击"锁定"按钮 ，锁定图层。	
	单击"图层"按钮 图层▼ ，在弹出的面板中，单击"解锁"按钮 ，解锁图层。	
菜单栏	选择菜单栏的"格式"→"图层工具"→"图层锁定"命令。	
	选择菜单栏的"格式"→"图层工具"→"图层解锁"命令。	
命令行	输入 LAYLCK 命令，锁定指定图层。	
	输入 LAYULK 命令，解锁所有图层。	
图标法	在"图层特性管理器"面板中单击需要锁定图层上的"锁定"图标，其状态显示为"锁定" 时，显示图层，状态显示为"解锁" 时，解锁图层。	
	素材文件	光盘\素材\第 6 章\卫生间.dwg
	效果文件	光盘\效果\第 6 章\卫生间.dwg
	视频文件	光盘\视频\第 6 章\6.2.2 锁定和解锁图层.mp4

实战演练 082——锁定和解锁卫生间图形中的图层

步骤 01 单击快速访问工具栏中的"打开"按钮 ，打开素材图形，如图 6-8 所示。

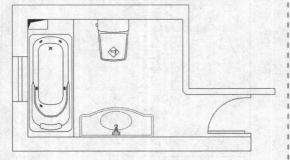

图 6-8 素材图形

步骤 02 在命令行中输入 LA（图层）命令，按【Enter】键确认，弹出"图层特性管理器"面板，在"坐便器"图层中，单击"解锁"图标 ，如图 6-9 所示。

图 6-9 单击"解锁"图标

步骤 03 执行操作后，即可锁定"坐便器"图层，效果如图 6-10 所示。

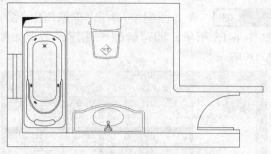

图 6-10　锁定"坐便器"图层

并关闭"图层特性管理器"面板，即可解锁"洗脸台"图层，如图 6-11 所示。

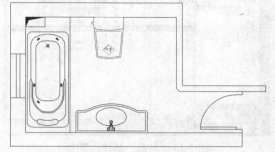

图 6-11　解锁"洗脸台"图层

步骤 04　在"图层特性管理器"面板中，在"洗脸台"图层中，单击"锁定"图标🔒，

6.2.3　冻结和解冻图层

冻结图层有利于减少系统重生成图形的时间，若用户绘制的图形较大且需要重生成图形时，即可使用图层的冻结功能将不需要重生成的图层进行冻结；完成重生后，可以使用解冻功能将其解冻，恢复为原来的状态。

执行操作的四种方法	
按钮法	在"常用"选项卡中单击"图层"面板中的"冻结"按钮🔲，冻结图层；单击"图层"面板中的"解冻所有图层"按钮🔲，解冻图层。
菜单栏	选择菜单栏中的"格式"→"图层工具"→"图层冻结"命令。 选择菜单栏中的"格式"→"图层工具"→"解冻所有图层"命令。
命令行	输入 LAYFRZ 命令，冻结图层。 输入 LAYTHW 命令，解冻图层。
图标法	在"图层特性管理器"面板中单击需要显示图层上的"冻结"图标，其状态显示为"冻结"❈时，冻结图层，状态显示为"解冻"☀时，解冻图层。

	素材文件	光盘\素材\第 6 章\壁画.dwg
	效果文件	光盘\效果\第 6 章\壁画.dwg
	视频文件	光盘\视频\第 6 章\6.2.3　冻结和解冻图层.mp4

实战演练 083——冻结和解冻壁画图形中的图层

步骤 01　单击快速访问工具栏中的"打开"按钮📂，打开素材图形，如图 6-12 所示。

步骤 02　输入 LA（图层）命令，按【Enter】键确认，弹出"图层特性管理器"面板，在 6 图层中单击"解冻"图标☀，如图 6-13 所示，即可冻结 6 图层，效果如图 6-14 所示。

图 6-12　素材图形

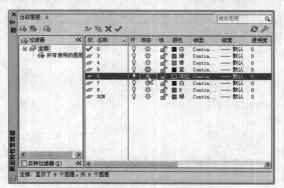

图 6-13 单击"解冻"图标

图 6-14 冻结 6 图层

专家提醒 ☞

已冻结图层上的对象不可见，并且不会遮盖其他对象。在大型图形中，冻结不需要的层将加快显示和重生成图形的操作速度。

步骤 03 在 5 图层中，单击"冻结"图标❀，如图 6-15 所示，即可解冻 5 图层，效果如图 6-16 所示。

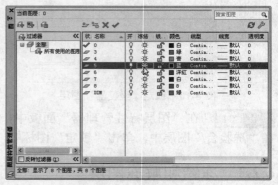

图 6-15 单击"冻结"图标

图 6-16 解冻 5 图层

6.3 修改图层特性

在 AutoCAD 中，不同颜色、线型和线宽代表着不同的意义，因此在创建完图层对象后，可以对图层的相关特性，如图层颜色、图层线型样式以及图层线宽等进行设置。

6.3.1 修改图层颜色

默认情况下，新图层与当前图层的状态、颜色、线型及线宽等设置相同，用户可以随意设置各图层的颜色。

素材文件	光盘\素材\第 6 章\电饭锅.dwg
效果文件	光盘\效果\第 6 章\电饭锅.dwg
视频文件	光盘\视频\第 6 章\6.3.1 修改图层颜色.mp4

实战演练 084——修改电饭锅图形中的图层颜色

步骤 01 单击快速访问工具栏中的"打开"按钮 📂，打开素材图形，如图 6-17 所示。

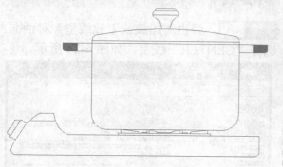

图 6-17　素材图形

步骤 02 输入 LA（图层）命令，按【Enter】键确认，弹出"图层特性管理器"面板，单击 0 图层中的"颜色"列，如图 6-18 所示。

图 6-18　单击"颜色"列

步骤 03 弹出"选择颜色"对话框，选择"颜色"为"白"，如图 6-19 所示。

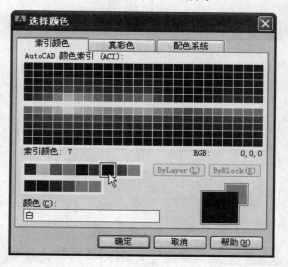

图 6-19　"选择颜色"对话框

步骤 04 单击"确定"按钮，即可修改图层颜色，如图 6-20 所示。

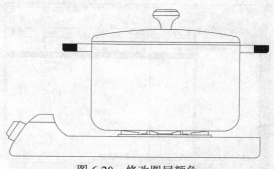

图 6-20　修改图层颜色

专家提醒 ☞

图层的颜色很重要，使用颜色能够直观地标识对象，这样便于区分图形的不同部分。在同一图形中，可以为不同的对象设置不同的颜色。

6.3.2　修改图层线型样式

线型是图形基本元素线条的组成和显示方式，例如，点画线、虚线、实线等。在 AutoCAD 2013 中，既有简单的线型又有复杂的线型，可以根据不同的需要来设置不同的线型。利用这些线型基本可以满足不同行业标准的绘图要求。

	素材文件	光盘\素材\第 6 章\道路.dwg
	效果文件	光盘\效果\第 6 章\道路.dwg
	视频文件	光盘\视频\第 6 章\6.3.2　修改图层线型样式.mp4

实战演练 085——修改道路图形中的图层线型

步骤 01 单击快速访问工具栏中的"打开"按钮，打开素材图形，如图 6-21 所示。

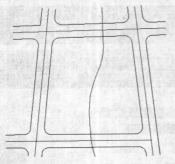

图 6-21 素材图形

步骤 02 在命令行中输入 LA（图层）命令，按【Enter】键确认，弹出"图层特性管理器"面板，单击"轴线"图层中的"线型"列，如图 6-22 所示。

图 6-22 单击"线型"列

步骤 03 弹出"选择线型"对话框，单击"加载"按钮，如图 6-23 所示。

图 6-23 "选择线型"对话框

专家提醒 ☞

在默认情况下，在"选择线型"对话框中的"已加载的线型"列表框中，只有 Continuous 线型。如果需要其他线型，必须将其添加到"已加载的线型"列表框中。

步骤 04 弹出"加载或重载线型"对话框，选择"CENTER"线型，如图 6-24 所示。

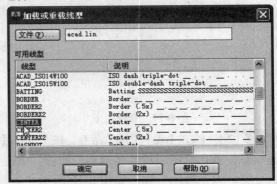

图 6-24 "加载或重载线型"对话框

步骤 05 单击"确定"按钮，返回"选择线型"对话框，选择"CENTER"线型，单击"确定"按钮，返回"图层特性管理器"面板，并关闭面板，即可修改图层线型样式，效果如图 6-25 所示。

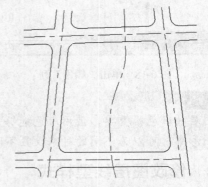

图 6-25 修改图层线型样式

在"加载或重载线型"对话框中，各选项的含义如下。

◆ "文件"按钮：单击该按钮，可以显示"选择线型文件"对话框，从中可以选择其他线型（LIN）文件。

◆ "文件名"列表框：该列表框中显示当前 LIN 文件名。可以输入另一个 LIN 文件名或单击"文件"按钮，从"选择线型文件"对话框中选择其他文件。

◆ "可用线型"列表框：显示可以加载的线型。

6.3.3　修改图层线宽

线宽设置即改变线条的宽度。在 AutoCAD 2013 中，不同的线条可以表现对象的大小或类型，也可以提高图形的表达能力和可读性。

执行操作的两种方法	
菜单栏	选择菜单栏中的"格式"→"线宽"命令。
命令行	输入 LWEIGHT（快捷命令：LW）命令。
	素材文件	光盘\素材\第 6 章\水壶.dwg
	效果文件	光盘\效果\第 6 章\水壶.dwg
	视频文件	光盘\视频\第 6 章\6.3.3　修改图层线宽.mp4

实战演练 086——修改水壶图形中的图层线宽

步骤 01　单击快速访问工具栏中的"打开"按钮，打开素材图形，如图 6-26 所示。

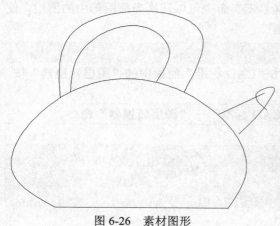

图 6-26　素材图形

步骤 02　在命令行中输入 LW（线宽）命令，按【Enter】键确认，弹出"线宽设置"对话框，单击"默认"右侧的下拉按钮，在弹出的下拉列表框中，选择"0.50mm"选项，如图 6-27 所示。

步骤 03　在"调整显示比例"选项区中，拖曳滑块至合适的位置，如图 6-28 所示。

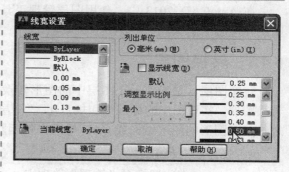

图 6-27　"线宽设置"对话框

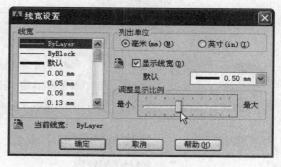

图 6-28　拖曳滑块

在"线宽设置"对话框中，各主要选项的含义如下。

◆ "线宽"列表框：显示可用线宽值。

◆ "当前线宽"显示区：显示当前线宽。

◆ "列出单位"选项区：指定线宽是以毫米显示或是英寸显示。

◆ "显示线宽"复选框：控制线宽是否

在图形中显示。

◆ "调整显示比例" 选项区：控制 "模型" 选项卡上线宽的显示比例。

步骤 04 　单击 "确定" 按钮，即可修改图层的线宽，单击状态栏中的 "显示/隐藏线宽" 按钮 ✛，即可显示线宽，效果如图 6-29 所示。

专家提醒 ☞

除了运用上述方法可以显示线宽外，用户还可以在状态栏中的 "显示/隐藏线宽" 按钮上单击鼠标右键，在弹出的快捷菜单中，选择 "启用" 选项即可。

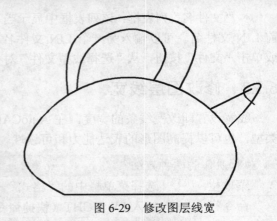

图 6-29　修改图层线宽

6.4　使用图层工具

在 AutoCAD 2013 中，使用图层管理工具可以更加方便地管理图层，如转换图层、匹配图层和漫游图层等。

6.4.1　转换图层

转换图层，是指将一个图层中的图形转换到另一个图层。使用 "图层转换器" 命令可以转换图层，实现图形的标准化和规范化。"图层转换器" 命令可以转换当前图形中的图层，使之与其他图形的图层结构或 CAD 标准文件相匹配。

执行操作的三种方法	
按钮法	切换至 "管理" 选项卡，单击 "CAD 标准" 面板中的 "图层转换器" 按钮 🖳 图层转换器 。
菜单栏	选择菜单栏的 "工具" → "CAD 标准" → "图层转换器" 命令。
命令行	输入 LAYTRANS 命令。

	素材文件	光盘\素材\第 6 章\植物.dwg
	效果文件	光盘\效果\第 6 章\植物.dwg
	视频文件	光盘\视频\第 6 章\6.4.1　转换图层.mp4

实战演练 087——转换植物图形中家具图块的图层

步骤 01 　单击快速访问工具栏中的 "打开" 按钮 🗁，打开素材图形，如图 6-30 所示。

步骤 02 　输入 LAYTRANS（图层转换器）命令，按【Enter】键确认，弹出 "图层转换器" 对话框，如图 6-31 所示。

图 6-30　素材图形

126

图 6-31　"图层转换器"对话框

步骤 03　单击"新建"按钮，弹出"新图层"对话框，设置"名称"为"植物"、"颜色"为"绿"，如图 6-32 所示。

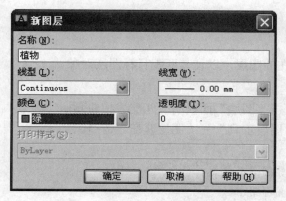

图 6-32　"新图层"对话框

步骤 04　单击"确定"按钮，返回"图层转换器"对话框，依次选择"家具图块"图层和"植物"图层，并单击"映射"按钮，如图 6-33 所示，即可将"家具图块"图层将映射到"植物"图层中。

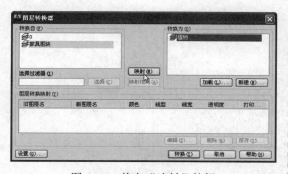

图 6-33　单击"映射"按钮

步骤 05　单击"保存"按钮，弹出"保存

图层映射"对话框，设置文件名和保存路径，单击"保存"按钮，如图 6-34 所示。

图 6-34　"保存图层映射"对话框

步骤 06　返回"图层转换器"对话框，单击"转换"按钮，即可转换图层，效果如图6-35 所示。

图 6-35　转换图层

在"图层转换器"对话框中，各选项含义如下。

◆ "转换自"列表框：在当前图形中指定要转换的图层对象。可以通过在"转换自"列表框中选择图层或通过提供选择过滤器指定图层。

◆ "映射"按钮：单击该按钮，可以将"转换自"中选定的图层映射到"转换为"中选定的图层。

◆ "映射相同"按钮：单击该按钮，可

以映射在两个列表框中具有相同名称的所有图层。

♦ "转换为"列表框：列出可以将当前图形的图层转换为哪些图层。

♦ "加载"按钮：单击该按钮，可以使用图形、图形样板或所指定的标准文件加载"转换为"列表框中的图层。

♦ "新建"按钮：单击该按钮，可以定义一个要在"转换为"列表框中显示并用于转换的新图层。

♦ "图层转换映射"选项区：列出要转换的所有图层以及图层转换后所有的特性。

♦ "编辑"按钮：单击该按钮，可以打开

"编辑图层"对话框，从中可以编辑选定的转换映射。

♦ "删除"按钮：单击该按钮，可以从"图层转换贴图"列表中删除选定的转换贴图。

♦ "保存"按钮：单击该按钮，可以将当前图层转换贴图保存为一个文件以便日后使用。

♦ "设置"按钮：单击该按钮，可以打开"设置"对话框，从中可以自定义图层转换的过程。

♦ "转换"按钮：开始对已映射图层进行图层转换。

6.4.2 匹配图层

使用"图层匹配"命令，可以更改对象所在的图层，以使其匹配目标图层对象。

执行操作的三种方法	
按钮法	切换至"常用"选项卡，单击"图层"面板的"匹配"按钮📳。
菜单栏	选择菜单栏的"格式"→"图层工具"→"图层匹配"命令。
命令行	输入 LAYMCH 命令。

	素材文件	光盘\素材\第 6 章\装修剖面图.dwg
	效果文件	光盘\效果\第 6 章\装修剖面图.dwg
	视频文件	光盘\视频\第 6 章\6.4.2　匹配图层.mp4

实战演练 088——匹配装修剖面图图层

步骤 **01** 单击快速访问工具栏中的"打开"按钮📂，打开素材图形，如图 6-36 所示。

步骤 **02** 在命令行中输入 LAYMCH（图层匹配）命令，按【Enter】键确认，在命令行提示下，在绘图区中，依次选择需要更改的图形对象，如图 6-37 所示。

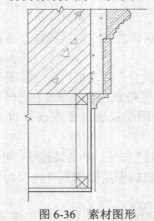

图 6-36　素材图形

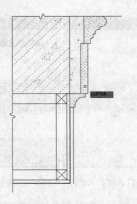

图 6-37　选择图形对象

步骤 03 按【Enter】键确认，在绘图区中的左侧的垂直直线对象上，单击鼠标左键，即可匹配图层，如图 6-38 所示。

执行"图层匹配"命令后，命令行中的提示如下。

选择要更改的对象：（选择要更改其所在图层的对象）

选择目标图层上的对象或 [名称(N)]：（选择对象，或输入 N 选项，以打开"更改到图层"对话框）

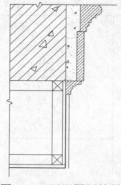

图 6-38　匹配图层效果

6.4.3　漫游图层

在 AutoCAD 2013 中，使用"图层漫游"命令，可以显示选定图层上的对象并隐藏所有其他图层上的对象。

执行操作的三种方法	
按钮法	切换至"常用"选项卡，单击"图层"面板的"图层漫游"按钮。
菜单栏	选择菜单栏的"格式"→"图层工具"→"图层漫游"命令。
命令行	输入 LAYWALK 命令。
素材文件	光盘\素材\第 6 章\床头柜.dwg
效果文件	光盘\效果\第 6 章\床头柜.dwg
视频文件	光盘\视频\第 6 章\6.4.3　漫游图层.mp4

实战演练 089——漫游床头柜图案图层

步骤 01 单击快速访问工具栏中的"打开"按钮，打开素材图形，如图 6-39 所示。

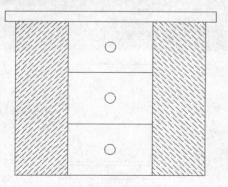

图 6-39　素材图形

步骤 02 在命令行中输入 LAYWALK（图层漫游）命令，按【Enter】键确认，弹出"图层漫游-图层数"对话框，选择 0 图层，并

取消选中"退出时恢复"复选框，如图 6-40 所示。

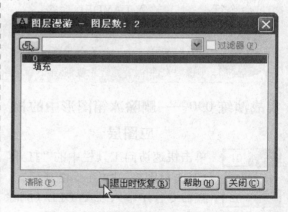

图 6-40　"图层漫游-图层数"对话框

步骤 03 单击"关闭"按钮，弹出"图层-图层状态更改"对话框，单击"继续"按钮，即可漫游图层，如图 6-41 所示。

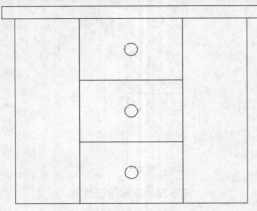

图 6-41　漫游图层

在"图层漫游-图层数"对话框中，各选项的含义如下。

◆ "过滤器"复选框：打开或关闭活动过滤器。

◆ "图层列表"列表框：如果过滤器处于活动状态，则将显示该过滤器中定义的图层列表。

◆ "选择对象"按钮：单击该按钮，可以选择对象及其图层。

◆ "过滤器列表"列表框：显示过滤图层列表。

◆ "清除"按钮：单击该按钮，可以当未参照选定的图层时，将其从图形中清理掉。

◆ "退出时恢复"复选框：退出该对话框时，将图层恢复为先前的状态。如果清除该复选框，则将保存所作的任何更改。

专家提醒

图层是计算机辅助制图快速发展的产物，在许多平面绘图软件及网页软件中都有运用。在 AutoCAD 2013 中，使用图层可以管理和控制复杂的图形。

6.4.4　删除图层

在绘图过程中，当图层状态中的图层过多时，且某个图层或者某些图层不再需要使用时，都可以对其进行删除操作。

执行操作的三种方法	
按钮法	切换至"常用"选项卡中，单击"图层"面板中的"删除"按钮。
菜单栏	选择菜单栏中的"格式"→"图层工具"→"图层删除"命令。
命令行	输入 LAYDEL 命令。
素材文件	光盘\素材\第 6 章\冰箱.dwg
效果文件	光盘\效果\第 6 章\冰箱.dwg
视频文件	光盘\视频\第 6 章\6.4.4　删除图层.mp4

实战演练 090——删除冰箱图形中的相应图层

步骤 01　单击快速访问工具栏中的"打开"按钮，打开素材图形，如图 6-42 所示。

步骤 02　在命令行中输入 LAYDEL（删除图层）命令，按【Enter】键确认，在命令行提示下，在绘图区中，单击小矩形图形对象，并确认，输入 Y（是）选项，并确认，即可删除图层，图形效果如图 6-43 所示。

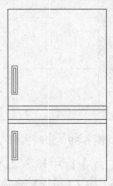

图 6-42　素材图形

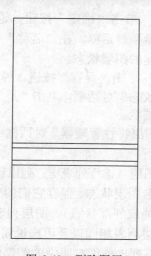

图 6-43 删除图层

执行"删除"命令后，命令行中的提示如下。

选择要删除的图层上的对象或 [名称(N)]：（在绘图区中选择要删除的图层对象，并按【Enter】键确认）

选定的图层：（显示选定的删除图层）

选择要删除的图层上的对象或 [名称(N)/放弃(U)]：（确认是进行删除还是放弃操作）

******** 警告 ********

将要从该图形中删除图层"填充"。

是否继续？ [是(Y)/否(N)] <否(N)>：（输入 Y 继续操作，输入 N 取消继续操作）

命令行中各主要选项含义如下。

◆ 名称（N）：输入该字母，将弹出"删除图层"对话框，如图 6-44 所示，在"要删除的图层"列表框中可以选择要删除的图层。

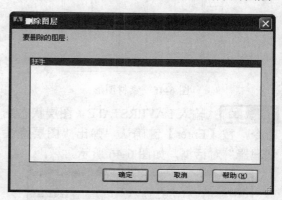

图 6-44 "删除图层"对话框

◆ 放弃（U）：放弃当前所有操作。

6.5 管理图层状态

在 AutoCAD 2013 中，可以将图层设置另存为命名图层状态，然后可以恢复、编辑这些图层设置，从其他图形和文件中输入这些图层设置，以及将其输出以便在其他图形中使用。

6.5.1 保存图层状态

使用保存图层状态功能，可以将当前图层设置保存到图层状态、更改图层状态，以后将它们恢复到图形。

执行操作的三种方法	
按钮法	切换至"常用"选项卡，单击"图层"面板的"管理图层状态"按钮。
菜单栏	选择菜单栏的"格式"→"图层特性管理器"命令。
命令行	输入 LAYERSTATE 命令。

	素材文件	光盘\素材\第 6 章\衣柜.dwg
	效果文件	光盘\效果\第 6 章\衣柜.dwg
	视频文件	光盘\视频\第 6 章\6.5.1　保存图层状态.mp4

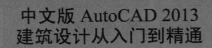
实战演练 091——保存衣柜图形中的图层状态

步骤 01 单击快速访问工具栏中的"打开"按钮，打开素材图形，如图 6-45 所示。

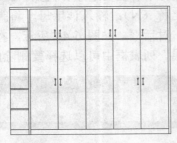

图 6-45 素材图形

步骤 02 输入 LAYERSTATE（图层状态）命令，按【Enter】键确认，弹出"图层特性管理器"对话框，如图 6-46 所示。

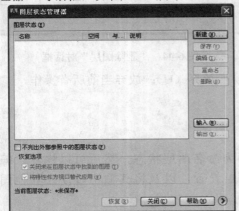

图 6-46 "图层特性管理器"对话框

步骤 03 单击"新建"按钮，弹出"要保存的新图层状态"对话框，在"新图层状态名"和"说明"文本框中，依次输入相应的文本，如图 6-47 所示。

图 6-47 "要保存的新图层状态"对话框

步骤 04 单击"确定"按钮，返回"图层特性管理器"对话框，在"名称"列表框中，将显示新建的图层状态。

步骤 05 单击"保存"按钮，弹出"图层-覆盖图层状态"对话框，单击"是"按钮，即可保存图层状态。

在"图层特性管理器"对话框中，各选项的含义如下：

◆ "图层状态"列表框：列出已保存在图形中的命名图层状态、保存它们的空间（模型空间、布局或外部参照）、图层列表是否与图形中的图层列表相同以及可选说明。

◆ "不列出外部参照中的图层状态"复选框：控制是否显示外部参照中的图层状态。

◆ "保存"按钮：保存选定的命名图层状态。

◆ "编辑"按钮：单击该按钮，可以显示"编辑图层状态"对话框，从中可以修改选定的命名图层状态。

◆ "重命名"按钮：允许在位编辑图层状态名。

◆ "删除"按钮：删除选定的图层状态。

◆ "关闭未在图层状态中找到的图层"复选框：恢复图层状态后，请关闭未保存设置的新图层，以使图形看起来与保存命名图层状态时一样。

◆ "将特性作为视口替代作用"复选框：将图层特性替代应用于当前视口。仅当布局视口处于活动状态并访问图层特性管理器时，此选项才可用。

◆ "输入"按钮：显示标准文件选择对话框，从中可以将之前输出的图层状态（LAS）文件加载到当前图形。

◆ "输出"按钮：显示标准文件选择对话框，从中可以将选定命名图层状态保存到图层状态（LAS）文件中。

◆ "恢复"按钮：将图形中所有图层的状态和特性设置恢复为之前保存的设置。

◆ "关闭"按钮：关闭图层特性管理器。

6.5.2 输出图层状态

保存完图层状态后，用户还可以将图层状态输出在本地磁盘上，供以后使用。

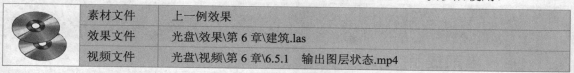

素材文件	上一例效果
效果文件	光盘\效果\第 6 章\建筑.las
视频文件	光盘\视频\第 6 章\6.5.1 输出图层状态.mp4

实战演练 092——输出图层状态

步骤 01 以上一小节的效果为例，输入 LAYERSTATE（图层状态）命令，按【Enter】键确认，弹出"图层特性管理器"对话框，如图 6-48 所示。

步骤 02 单击"输出"按钮，弹出"输出图层状态"对话框，选择合适的保存路径，如图 6-49 所示，单击"保存"按钮，即可输出图层状态。

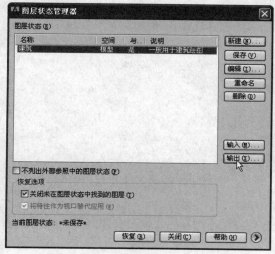

图 6-48 "图层特性管理器"对话框

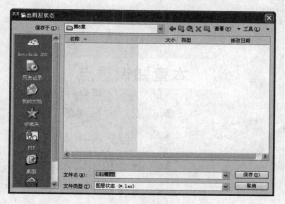

图 6-49 "输出图层状态"对话框

第 7 章　二维图形的高级应用

学前提示

在创建高级图形时，经常需要用到面域、图案填充、徒手绘图以及区域覆盖，它们对图形的表达和辅助绘图起着非常重要的作用。本章主要向用户介绍创建面域、创建图案填充以及创建区域覆盖的操作方法，使用户能够更快地掌握二维图形的一些高级应用。

本章知识重点

- ▶ 应用面域对象
- ▶ 创建图案填充
- ▶ 修改图案填充
- ▶ 建筑绘图中的其他对象

学完本章后你会做什么

- ▶ 掌握应用面域对象的操作，如创建面域、差集运算面域等
- ▶ 掌握创建图案填充的操作，如创建图案填充、创建渐变色填充等
- ▶ 掌握修改图案填充的操作，如编辑图案填充、设置图案填充比例等

视频演示

7.1　应用面域对象

在 AutoCAD 中，面域指的是具有边界的平面区域，它是一个面对象，内部可以包括孔。本节将向用户介绍应用面域对象的操作方法。

7.1.1　面域概述

面域是由封闭区域形成的二维实例对象，其边界可以由直线、多段线、圆、圆弧、椭圆等图形对象组成。面域与圆、椭圆、正多边形等图形虽然都是封闭的，但有本质的区别。因为圆、椭圆和正多边形只包含边的信息，没有面的信息，属于线框模式。而面域既包含了边信息又包含了面信息，属于实体模型。从外观来看，面域和一般的封闭线框没有区别，但实际面域就像是一张没有厚度的纸，除了包含边界外，还包括边界的平面。

7.1.2　创建面域

面域的边界是由端点相连的曲线组成，曲线上的每个端点仅为连接两条边。在默认状态下进行面域转换时，可以使用面域创建的对象取代原来的对象，并删除原来的边对象。

执行操作的三种方法	
按钮法	切换至"常用"选项卡，单击"绘图"面板中的"面域"按钮 ▣。
菜单栏	选择菜单栏中的"绘图"→"面域"命令。
命令行	输入 REGION（快捷命令：REG）命令。
素材文件	光盘\素材\第 7 章\坐便器.dwg
效果文件	光盘\效果\第 7 章\坐便器.dwg
视频文件	光盘\视频\第 7 章\7.1.2　创建面域.mp4

实战演练 093——在坐便器图形中创建面域

步骤 01　单击快速访问工具栏中的"打开"按钮 ▣，打开素材图形，如图 7-1 所示。

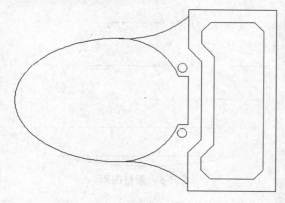

图 7-1　素材图形

步骤 02　在"功能区"选项板的"常用"选项卡中，单击"绘图"面板中间的下拉按钮，在展开的面板中单击"面域"按钮 ▣，如图 7-2 所示。

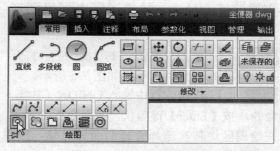

图 7-2　单击"面域"按钮

步骤 03　在命令行提示下，在绘图区中依次选择合适的圆弧和直线对象为创建面域对象，如图 7-3 所示。

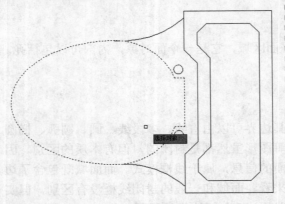

图 7-3 选择创建面域的对象

步骤 04 按【Enter】键确认，即可创建面域；在新创建的面域对象上单击鼠标左键，查看面域效果，效果如图 7-4 所示。

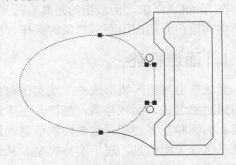

图 7-4 查看面域效果

专家提醒 ☞

在 AutoCAD 2013 中，面域可以用于以下 3 个方面。

➢ 应用于填充和着色。
➢ 使用"面域/质量特性"命令分析特性，如面积。
➢ 提取设计信息。

7.1.3 并集运算面域

在 AutoCAD 2013 中，并集运算是通过组合多个面域生成一个新的面域。

执行操作的两种方法	
菜单栏	选择菜单栏中的"修改"→"实体编辑"→"并集"命令。
命令行	输入 UNION（快捷命令：UNI）命令。

素材文件	光盘\素材\第 7 章\电视机.dwg
效果文件	光盘\效果\第 7 章\电视机.dwg
视频文件	光盘\视频\第 7 章\7.1.3 并集运算面域.mp4

实战演练 094——并集运算电视机图形中的面域

步骤 01 单击快速访问工具栏中的"打开"按钮，打开素材图形，如图 7-5 所示。

步骤 02 在命令行中输入 UNION（并集）命令，按【Enter】键确认，在命令行提示下，在绘图区中依次选择合适的面域对象，如图 7-6 所示。

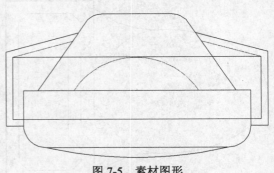

图 7-5 素材图形

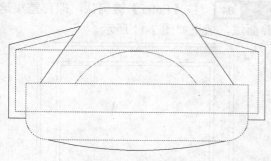

图 7-6 选择并集运算对象

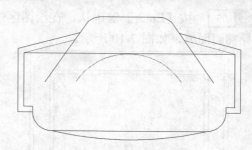

图 7-7 并集运算面域

7.1.4 差集运算面域

差集运算是将一些面域去掉一部分,从而得到新的面域。

执行操作的两种方法	
菜单栏	选择菜单栏中的"修改"→"实体编辑"→"差集"命令。
命令行	输入 SUBTRACT(快捷命令:SU)命令。

	素材文件	光盘\素材\第 7 章\显示器.dwg
	效果文件	光盘\效果\第 7 章\显示器.dwg
	视频文件	光盘\视频\第 7 章\7.1.4 差集运算面域.mp4

实战演练 095——差集运算显示器图形中的面域

步骤 01 单击快速访问工具栏中的"打开"按钮 📂,打开素材图形,如图 7-8 所示。

步骤 02 在命令行中输入 SU(差集)命令,按【Enter】键确认,在命令行提示下选择最下方的矩形面域,如图 7-9 所示。

图 7-8 素材图形

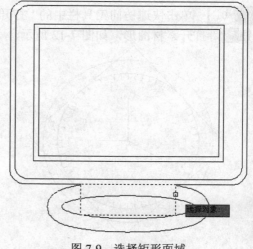

图 7-9 选择矩形面域

步骤 03 按【Enter】键确认,即可并集运算面域,如图 7-7 所示。

步骤 03 按【Enter】键确认，在绘图区中选择椭圆面域，如图 7-10 所示。

步骤 04 按【Enter】键确认，即可差集运算面域，效果如图 7-11 所示。

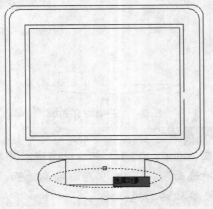

图 7-10 选择椭圆面域

图 7-11 差集运算面域

7.1.5 交集运算面域

交集运算是利用各面域的公共部分来创建新的面域。用户在交集运算面域时，需要选择相交的面域对象，若面域不相交，将删除选择的所有面域。

执行操作的两种方法	
菜单栏	选择菜单栏中的"修改"→"实体编辑"→"交集"命令。
命令行	输入 INTERSECT（快捷命令：IN）命令。

	素材文件	光盘\素材\第 7 章\时钟.dwg
	效果文件	光盘\效果\第 7 章\时钟.dwg
	视频文件	光盘\视频\第 7 章\7.1.5 交集运算面域.mp4

实战演练 096——交集运算时钟面域

步骤 01 单击快速访问工具栏中的"打开"按钮，打开素材图形，如图 7-12 所示。

步骤 02 在命令行中输入 IN（交集）命令，按【Enter】键确认，在命令行提示下，在绘图区中依次选择多边形和大圆为交集运算对象，如图 7-13 所示。

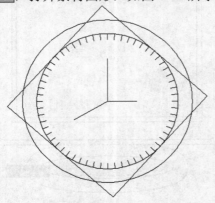

图 7-12 素材图形

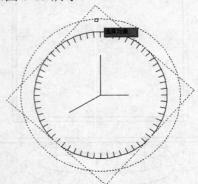

图 7-13 选择交集运算对象

步骤 **03** 按【Enter】键确认，即可交集运算面域，效果如图 7-14 所示。

专家提醒 ☞

　　如果在并不重叠的面域对象上执行了"交集"命令，则将删除面域并创建一个空面域，使用 UNDO（恢复）命令可以恢复图形中原来的面域。

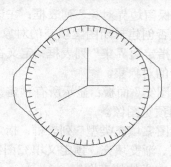

图 7-14　交集运算面域

7.2　创建图案填充

　　图案填充是一种用指定的线条图案来充满指定区域的图形对象，在建筑设计中，常常用于表现建筑表面的装饰纹理和颜色等，方便观察图形。本节将介绍创建图案填充的操作方法。

7.2.1　图案填充概述

　　重复绘制某些图案以填充图形中的一个区域，从而表达该区域的特征，这种填充操作称为图案填充。图案填充的应用非常广泛。在许多建筑施工图中，有一些区域必须用特定的图案来填充，如建筑装潢图形中的地面等。

7.2.2　认识"图案填充创建"选项卡

　　执行"图案填充"命令后，在"功能区"选项板中将弹出"图案填充创建"选项卡，该选项卡由"边界"面板、"图案"面板、"特性"面板、"原点"面板、"选项"面板和"关闭"面板组成，如图 7-15 所示。

图 7-15　"图案填充创建"选项卡

　　下面将介绍"图案填充创建"选项卡中的各主要选项的含义。

　　◆ "拾取点"按钮 ⊞：单击该按钮，可以根据围绕指定点构成封闭区域的现有对象来确定边界。指定内部点时，可以随时在绘图区中单击鼠标右键，以显示包含多个选项的快捷菜单。

　　◆ "选择边界对象"按钮 ▨：单击该按钮，可以根据构成封闭区域的选定对象确定边界。

　　◆ "删除边界对象"按钮 ▨：可以从边界定义中删除之前添加的任何对象。

　　◆ "重新创建边界"按钮 ▨：可以围绕选定的图案填充或填充对象创建多段线或面域，并使其与图案填充对象相关联。

　　◆ "显示边界对象"按钮 ▨ 显示边界对象：单击该按钮，可以选择构成选定关联图案填充对象的边界对象。使用显示的夹点可修改图案填充边界。

◆ "保留边界对象"列表框：在该列表框中指定是否创建封闭图案填充的对象。

◆ "指定边界集"列表框：定义在定义边界时分析的对象集。

◆ "图案"面板：显示所有预定义和自定义图案的预览图像。

◆ "图案填充类型"列表框：指定是创建实体填充、渐变填充、预定义填充图案，还是创建用户定义的填充图案。

◆ "图案填充颜色"列表框：替代实体填充和填充图案的当前颜色。

◆ "背景色"列表框：指定填充图案背景的颜色。

◆ "图案填充透明度"选项区：用于设定新图案填充或填充的透明度，替代当前对象的透明度。

◆ "图案填充角度"选项区：指定图案填充的角度。

◆ "图案填充比例"数值框：放大或缩小预定义或自定义填充图案。

◆ "设定原点"按钮圙：单击该按钮，可以直接指定新的图案填充原点。

◆ "左下"按钮圙：单击该按钮，可以将图案填充原点设定在图案填充边界矩形范围的左下角。

◆ "右下"按钮圙：单击该按钮，可以将图案填充原点设定在图案填充边界矩形范围的右下角。

◆ "左上"按钮圙：单击该按钮，可以将图案填充原点设定在图案填充边界矩形范围的左上角。

◆ "右上"按钮圙：单击该按钮，可以将图案填充原点设定在图案填充边界矩形范围的右上角。

◆ "中心"按钮圙：单击该按钮，可以将图案填充原点设定在图案填充边界矩形范围的中心。

◆ "使用当前原点"按钮圙：单击该按钮，可以将图案填充原点设定在 HPORIGIN 系统变量中存储的默认位置。

◆ "存储为默认原点"按钮存储为默认原点：单击该按钮，可以将新图案填充原点的值存储在 HPORIGIN 系统变量中。

◆ "注释性"按钮圙：单击该按钮，可以指定图案填充为注释性。此特性会自动完成缩放注释过程，从而使注释能够以正确的大小在图纸上打印或显示。

◆ "用源图案填充原点"按钮圙：单击该按钮，可以使用选定图案填充对象（包括图案填充原点）设定图案填充的特性。

◆ "允许的间隙"文本框：设定将对象用作图案填充边界时可以忽略的最大间隙。

◆ "普通孤岛检测"按钮圙普通孤岛检测：单击该按钮，可以从外部边界向内填充。

◆ "外部孤岛检测"按钮圙外部孤岛检测：单击该按钮，可以从外部边界向内填充。该按钮仅填充指定的区域，不会影响内部孤岛。

◆ "忽略孤岛检测"按钮圙忽略孤岛检测：单击该按钮，可以忽略所有内部的对象，填充图案时将通过这些对象。

7.2.3　创建图案填充

在 AutoCAD 2013 中，使用"图案填充"命令，可以对封闭区域进行图案填充。在指定图案填充边界时，可以在闭合区域中任选一点，由 AutoCAD 自动搜索闭合边界，或通过选择对象来定义边界。

执行操作的三种方法	
按钮法	切换至"常用"选项卡，单击"绘图"面板中的"图案填充"按钮圙。
菜单栏	选择菜单栏中的"绘图"→"图案填充"命令。
命令行	输入 HATCH（快捷命令：H）命令。

素材文件	光盘\素材\第 7 章\沙发平面图.dwg
效果文件	光盘\效果\第 7 章\沙发平面图.dwg
视频文件	光盘\视频\第 7 章\7.2.3　创建图案填充.mp4

实战演练 097——为沙发平面图填充图案

步骤 **01**　单击快速访问工具栏中的"打开"按钮，打开素材图形，如图 7-16 所示。

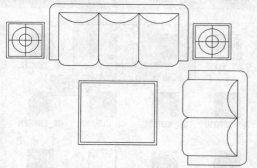

图 7-16　素材图形

步骤 **02**　在命令行中输入 H（图案填充）命令，按【Enter】键确认，弹出"图案填充创建"选项卡，单击"图案"面板中"图案填充图案"右侧的下拉按钮，在弹出的列表框中选择"ANSI32"选项，如图 7-17 所示。

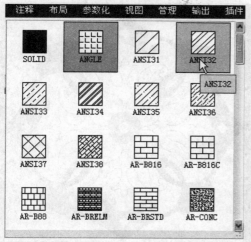

图 7-17　选择"ANSI32"选项

步骤 **03**　在"特性"面板中的"图案填充比例"右侧的数值框中，输入数值为 30，如图 7-18 所示。

图 7-18　输入参数

步骤 **04**　按【Enter】键确认，在"边界"面板中单击"拾取点"按钮，在绘图区中的合适区域上单击鼠标左键，并确认，即可创建图案填充，效果如图 7-19 所示。

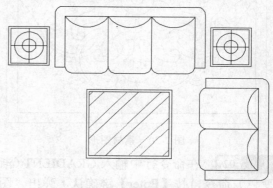

图 7-19　创建图案填充

专家提醒 ☞

　　图案填充可以生成大量的线和点对象。如果在填充区域时使用很小的比例因子，则要花费很长时间完成并且可能耗尽可用资源。通过限定"图案填充"命令创建的对象数，可以避免此问题的发生。

7.2.4　创建渐变色填充

　　渐变色填充是在一种颜色的不同灰度之间或两种颜色之间使用过渡，渐变填充提供的光源反射到对象的外观上，可以用于增强演示图形。

执行操作的三种方法	
按钮法	切换至"常用"选项卡,单击"绘图"面板中的"渐变色"按钮▦。
菜单栏	选择菜单栏中的"绘图"→"渐变色"命令。
命令行	输入 GRADIENT 命令。

	素材文件	光盘\素材\第 7 章\地铺.dwg
	效果文件	光盘\效果\第 7 章\地铺.dwg
	视频文件	光盘\视频\第 7 章\7.2.4 创建渐变色填充.mp4

实战演练 098——为地铺图形填充渐变色

 01 单击快速访问工具栏中的"打开"按钮☞,打开素材图形,如图 7-20 所示。

图 7-20 素材图形

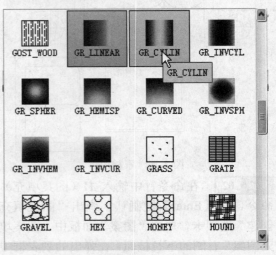

图 7-21 选择"GR_CYLIN"选项

 02 在命令行中输入 GRADIENT(渐变色)命令,按【Enter】键确认,弹出"图案填充创建"选项卡,单击"图案"面板中"图案填充图案"右侧的下拉按钮,在弹出的列表框中选择"GR_CYLIN"选项,如图 7-21 所示。

 03 在"边界"面板中单击"拾取点"按钮⊞,在绘图区中的合适区域上单击鼠标左键,按【Enter】键确认,即可创建渐变色填充,效果如图 7-22 所示。

图 7-22 创建渐变色填充效果

7.2.5 忽略孤岛检测填充图案

在进行图案填充时,通常将位于一个已定义好的填充区域内的封闭区域被称为孤岛。用户可以忽略孤岛检测，直接对图形进行填充。

	素材文件	光盘\素材\第 7 章\拼花.dwg
	效果文件	光盘\效果\第 7 章\拼花.dwg
	视频文件	光盘\视频\第 7 章\7.2.5　忽略孤岛检测填充图案.mp4

实战演练 099——忽略孤岛检测填充拼花图案

步骤 01 单击快速访问工具栏中的"打开"按钮，打开素材图形，如图 7-23 所示。

图 7-23　素材图形

步骤 02 在命令行中输入 H（图案填充）命令，按【Enter】键确认，弹出"图案填充创建"选项卡；设置"图案填充比例"为 0.5，在"图案"面板中单击"图案填充图案"右侧的下拉按钮，在弹出的列表框中选择"AR-SAND"选项，如图 7-24 所示。

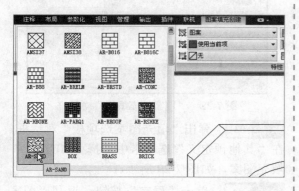

图 7-24　选择"AR-SAND"选项

步骤 03 单击"选项"面板中间的下拉按钮，在展开的面板中单击"外部孤岛检测"右侧的下拉按钮，在弹出的下拉列表中单击"忽略孤岛检测"按钮，如图 7-25 所示。

图 7-25　单击"忽略孤岛检测"按钮

步骤 04 在绘图区中的大圆区域内单击鼠标左键，并按【Enter】键确认，即可忽略孤岛检测填充图案，效果如图 7-26 所示。

图 7-26　忽略孤岛检测填充图案

7.3 修改图案填充

在 AutoCAD 2013 中，用户还可以对填充好的图案进行各种修改操作，如修改填充图案、设置图案填充比例和角度等。

7.3.1 编辑图案填充图案

图案填充可以使图形更加明了、生动，但如果在使用过程中发现填充的图案并非是所需的图案，则可以对图案进行修改。

执行操作的四种方法	
按钮法	切换至"常用"选项卡，单击"修改"面板中的"编辑图案填充"按钮。
菜单栏	选择菜单栏中的"修改"→"对象"→"图案填充"命令。
命令行	输入 HATCHEDIT（快捷命令：HE）命令。
鼠标法	在需要设置的图案填充对象上单击鼠标左键。

素材文件	光盘\素材\第 7 章\单人床.dwg
效果文件	光盘\效果\第 7 章\单人床.dwg
视频文件	光盘\视频\第 7 章\7.3.1 编辑图案填充图案.mp4

实战演练 100——编辑单人床填充图案

步骤 **01** 单击快速访问工具栏中的"打开"按钮，打开素材图形，如图 7-27 所示。

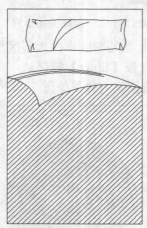

图 7-27 素材图形

步骤 **02** 在命令行中输入 HE（编辑图案填充）命令，按【Enter】键确认，在命令行提示下选择图案填充对象，弹出"图案填充编辑"对话框，单击"图案"右侧的按钮，如图 7-28 所示。

图 7-28 "图案填充编辑"对话框

步骤 **03** 弹出"填充图案选项板"对话框，在"其他预定义"选项卡中选择"MUDST"填充图案，如图 7-29 所示。

步骤 **04** 单击"确定"按钮，返回"图案填充编辑"对话框，单击"确定"按钮，即可编辑图案填充图案，效果如图 7-30 所示。

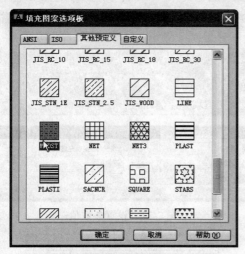

图 7-29　"填充图案选项板"对话框

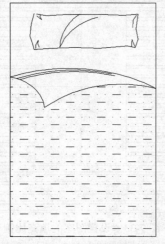

图 7-30　编辑图案填充图案

在"图案填充编辑"对话框中，各主要选项的含义如下。

◆ "类型"下拉列表框：用于设置填充的图案类型，包括"预定义"、"用户定义"和"自定义" 3 个选项。

◆ "图案"下拉列表框：用于设置填充的图案，当在"类型"下拉列表框中选择"预定义"选项时该选项可用。在该下拉列表框中，可以根据图案名称选择图案，也可以单击其后

的 ⋯ 按钮，在打开的"填充图案选项板"对话框中进行选择。

◆ "样例"预览窗口：用于显示当前选中的图案样例，单击所选的样例图案，也可打开"填充图案选项板"对话框选择图案。

◆ "自定义图案"下拉列表框：用于选择自定义图案，在"类型"下拉列表框中选择"自定义"选项时该选项可用。

◆ "角度"下拉列表框：用于设置填充图案的旋转角度，每种图案在定义时旋转角度都为零。

◆ "比例"下拉列表框：用于设置图案填充时的比例值。每种图案在定义时的初始比例为 1，可以根据需要放大或缩小。

◆ "双向"复选框：当在"图案填充"选项卡的"类型"下拉列表框中选择"用户定义"选项时，选中该复选框，可以使用相互垂直的两组平行线填充图形，否则为一组平行线。

◆ "相对图纸空间"复选框：用于设置比例因子是否为相对于图纸空间的比例。

◆ "间距"文本框：用于设置填充平线之间的距离，当在"类型"下拉列表框中选择"用户定义"选项时，该选项才可用。

◆ "ISO 笔宽"下拉列表框：用于设置笔的图案，当填充图案采用 ISO 图案时，该选项才可用。

◆ "使用当前原点"单选钮：使用当前UCS 的原点（0,0）作为图案填充原点。

◆ "指定的原点"单选钮：通过指定点作为图案填充原点。

◆ "添加：拾取点"按钮：以拾取点的形式来指定填充区域的边界。

◆ "添加：选择对象"按钮：单击该按钮将切换到绘图区，可以通过选择对象的方式来定义填充区域的边界。

7.3.2　设置图案填充比例

填充图案的比例因子是放大或缩小图案阴影线的间距、短划线及其间距的长度，由此控

制填充图案的疏密程度，使一种图案填充样式能够适用于不同的区域。因此，可以根据需要设置图案填充比例的参数。

素材文件	光盘\素材\第 7 章\相框.dwg	
效果文件	光盘\效果\第 7 章\相框.dwg	
视频文件	光盘\视频\第 7 章\7.3.2 设置图案填充比例.mp4	

实战演练 101——设置相框图案比例

步骤 01　　单击快速访问工具栏中的"打开"按钮，打开素材图形，如图 7-31 所示。

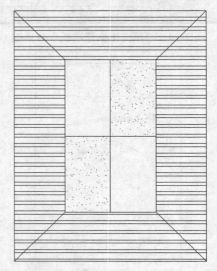

图 7-32　设置参数值

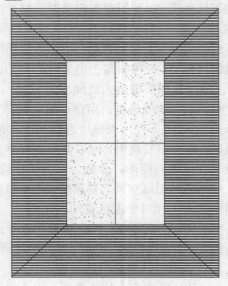

图 7-31　素材图形

步骤 02　　在绘图区中的图案填充上单击鼠标左键，弹出"图案填充编辑器"选项卡，在"特性"面板中设置"比例"为 2，如图 7-32 所示。

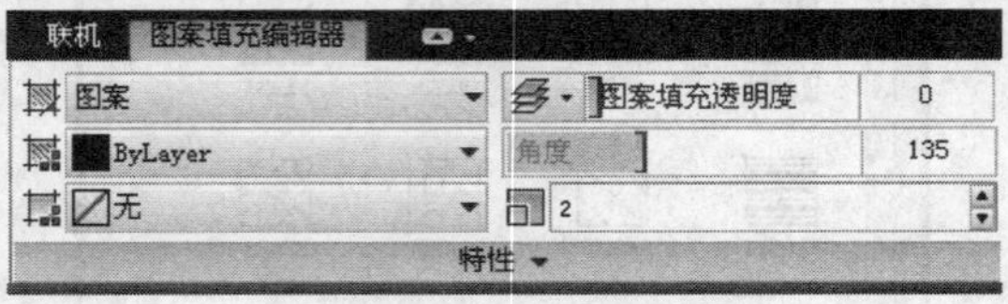

步骤 03　　执行操作后，即可设置图案的填充比例，效果如图 7-33 所示。

图 7-33　设置图案的填充比例

专家提醒

用户在设置"比例"参数值时，可以直接在"比例"右侧的文本框中输入参数值，也可以单击"比例"右侧的上下三角形按钮，调整比例的参数值。

7.3.3　设置图案填充角度

填充图案的旋转角度是指图案样式定义中的水平线在填充时的旋转角度。用户若对图案填充对象的角度不满意，可以重新设置图案填充的角度。

素材文件	光盘\素材\第 7 章\茶几.dwg	
效果文件	光盘\效果\第 7 章\茶几.dwg	
视频文件	光盘\视频\第 7 章\7.3.3 设置图案填充角度.mp4	

实战演练 102——设置茶几图案角度

步骤 **01** 单击快速访问工具栏中的"打开"按钮 📂，打开素材图形，如图 7-34 所示。

图 7-34　素材图形

步骤 **02** 在绘图区中的图案填充对象上单击鼠标左键，弹出"图案填充编辑器"选项卡，设置"图案填充角度"为 45，如图 7-35 所示。

步骤 **03** 按【Enter】键确认，并按【Esc】键退出，即可设置图案填充角度，效果如图 7-36 所示。

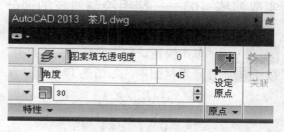

图 7-35　设置参数

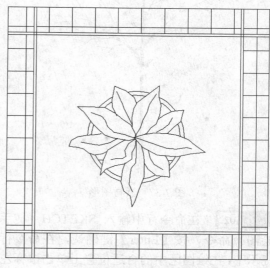

图 7-36　设置图案填充角度效果

7.4　建筑绘图中的其他对象

在建筑绘图中，还需要绘制一些不规则的图形，如植物、装饰物等，此时可以使用徒手绘制、擦除绘制以及创建区域覆盖等方法来实现。

7.4.1　徒手绘图

在实际绘图中，有时需要绘制一些不规则的图形，AutoCAD 提供了徒手绘图命令，该命令常用于绘制建筑施工图中的局部分界线，也可以用于绘制地图中的海岸线和国界线，以及绘制植物等装饰物等。

执行操作的方法	
命令行	输入 SKETCH 命令。
素材文件	光盘\素材\第 7 章\树枝.dwg
效果文件	光盘\效果\第 7 章\树枝.dwg
视频文件	光盘\视频\第 7 章\7.4.1　徒手绘图.mp4

实战演练 103——徒手绘制树枝的部分图形

步骤 01 单击快速访问工具栏中的"打开"按钮🖾，打开素材图形，如图 7-37 所示。

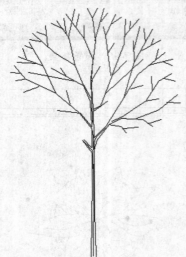

图 7-37 素材图形

步骤 02 在命令行中输入 SKETCH（徒手绘图）命令，按【Enter】键确认，在命令行提示下，在绘图区中的合适位置上单击鼠标左键，如图 7-38 所示。

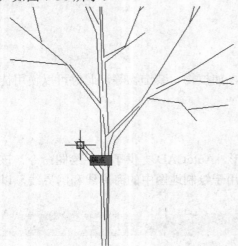

图 7-38 捕捉端点

步骤 03 向左上方引导光标，在合适位置单击鼠标，徒手绘制图形，如图 7-39 所示。

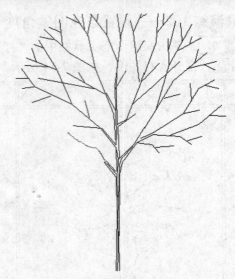

图 7-39 绘制图形

步骤 04 采用相同的方法，在绘图区中的其他端点上依次单击鼠标左键，绘制图形，并按【Enter】键确认，即可使用徒手绘制图形，效果如图 7-40 所示。

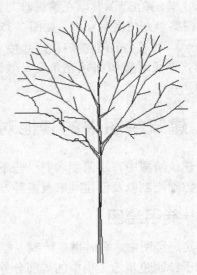

图 7-40 使用徒手绘制图形

执行"徒手绘图"命令后，命令行中的提示如下。

类型=直线 增量=1.0000 公差=0.5000
指定草图或［类型(T)/增量(I)/公差(L)］：
（创建草图对象）

命令行中各选项的含义如下。

◆ 类型（T）：指定手画线的对象类型。

◆ 增量（I）：定义每条手画直线段长度。定点设备所移动的距离必须大于增量值，才能生成一条直线。

◆ 公差（L）：对于样条曲线，指定样条曲线的曲线布满手画线草图的紧密程度。

7.4.2　创建区域覆盖

区域覆盖可以在现有对象上生成一个空白区域，用于添加注释或详细的屏蔽信息。该区域与区域覆盖边框进行绑定，可以打开此区域进行编辑，也可以关闭此区域进行打印。

执行操作的三种方法	
按钮法	切换至"常用"选项卡，单击"绘图"面板中的"区域覆盖"按钮。
菜单栏	选择菜单栏中的"绘图"→"区域覆盖"命令。
命令行	输入 WIPEOUT 命令。
素材文件	光盘\素材\第 7 章\办公室.dwg
效果文件	光盘\效果\第 7 章\办公室.dwg
视频文件	光盘\视频\第 7 章\7.4.2　创建区域覆盖.mp4

实战演练 104——对办公室图形创建区域覆盖

步骤 01　单击快速访问工具栏中的"打开"按钮，打开素材图形，如图 7-41 所示。

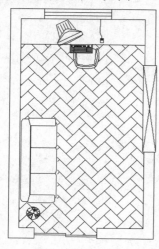

图 7-41　素材图形

步骤 02　在"功能区"选项板的"常用"

专家提醒：在进行徒手绘图前，要先设定记录增量。利用徒手画线功能绘制的图形都是由一个个小线段组成的，而记录增量就是这些小线段的单位长度，其默认值为 1。记录增量越大，徒手绘制的线越不平滑；记录增量越小，系统必须记录更多的小线段，这样使系统增加负担。

选项卡中，单击"绘图"面板中间的下拉按钮，在展开的面板中单击"区域覆盖"按钮，如图 7-42 所示。

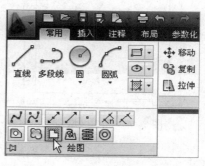

图 7-42　单击"区域覆盖"按钮

步骤 03　在命令行提示下，在绘图区中的合适的端点上单击鼠标左键，确定第一点，如图 7-43 所示。

步骤 04　在绘图区中依次捕捉其他三个端点，并按【Enter】键确认，即可创建区域覆盖，效果如图 7-44 所示。

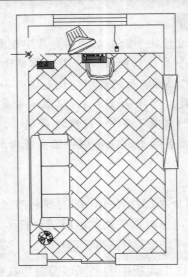

图 7-43 确定第一点

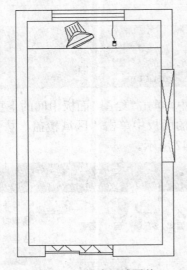

图 7-44 创建区域覆盖

执行"区域覆盖"命令后，命令行中的提示如下。

指定第一点或 [边框(F)/多段线(P)] <多段线>：（指定区域覆盖的第一个端点）

指定下一点：（指定区域覆盖的第二个端点）

指定下一点或 [放弃(U)]：（指定区域覆盖的第三个端点）

指定下一点或 [闭合(C)/放弃(U)]：（指定区域覆盖的第四个端点）

命令行中各主要选项的含义如下。

◆ 边框（F）：确定是否显示所有区域覆盖对象的边。

◆ 多段线（P）：根据选定的多段线确定区域覆盖对象的多边形边界。

专家提醒 ☞

新创建的区域覆盖对象只能覆盖当前图形中已经绘制的对象，如果希望能够覆盖以后又新创建的新图形对象，需要执行菜单栏中的"工具"→"显示次序"命令，将区域覆盖对象的显示位置调整至当前。

第 8 章　应用建筑制图图块

学前提示

　　在实际工程制图过程中，经常会反复地用到一些常用的图形，例如建筑施工图中常用的门、窗图块。若每次都反复绘制常用图块，将会影响工作效率。因此，AutoCAD 提供了图块的功能，使得用户可以将一些经常使用的图形对象定义为图块。以避免大量的重复性绘图工作，从而提高工作效率。

本章知识重点

▶ 建筑图块的应用　　　　▶ 创建和编辑属性块

▶ 编辑图块对象　　　　　▶ 应用动态图块

学完本章后你会做什么

▶ 掌握建筑图块的应用技巧，如创建内部块、创建外部块等

▶ 掌握编辑图块对象的操作，如插入图块、分解图块、重定义图块等

▶ 掌握创建和编辑属性块的操作，如创建属性块、插入和编辑属性块等

视频演示

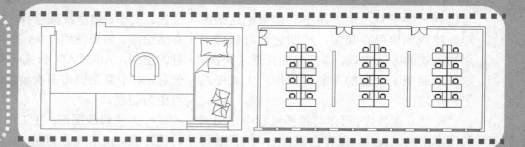

8.1 建筑图块的应用

图块是指由一个或多个图形对象组合而成的一个整体，简称为块。在绘图过程中，用户可以将定义的块插入到图纸中的指定位置，并且可以进行缩放、旋转等，而且对于组成块的各个对象而言，还可以有各自的图层属性，同时还可以对图块进行修改。

8.1.1 图块概述

在 AutoCAD 2013 中，每个图形对象都具有诸如颜色、线型、线宽和图层等特性，当生成图块时，可以把处于不同图层上的具有颜色、线型和线宽的对象定义为图块，使图块中的对象仍保持原来的图层和特性信息。如果该图块被插入到其他图形中，这些特性便会跟着图块。但是，根据图块中对象属性的不同，系统将进行不同的处理，其相关规则如下。

◆ 图块中对象的颜色和线型为"随层"：这里有两种情形，其一，如果被插入图块的图中有同名层，则图块中各对象的颜色和线型均被图中同名层的颜色和线型所代替；其二，如果被插入图块的图层中没有同名层，则不管当前图层设置如何，图块的颜色和线型总是保持原层的设置，并为当前图形新增相应的图层。

◆ 图块中对象的颜色和线型为"随块"：如果图块中对象颜色和线型特性被设置为"随块"，则这些对象在它们被插入前没有确定的颜色和线型；插入后，如果当前图层中没有同名图块，则图块中对象的颜色和线型均采用当前层的颜色和线型；如果当前图层中有同名层，则图块中对象的颜色和线型均采用相应层（即同名层）的颜色和线型。

◆ 图块中对象的颜色和线型为显式定义：如果图块中对象采用的是显式颜色、线型、线宽，则无论将图块插入何种图形中，图块中对象的颜色、线型、线宽将保持不变。

◆ 0 图层上图块的特性：具有"随层"和"随块"特性的 0 图层无论插入到哪一层，其颜色和线型特性都使用插入层的颜色和线型。如果 0 图层中图块的对象的颜色和线型是显式设置的，则这些设置均被保留。

8.1.2 图块的特点

在 AutoCAD 2013 中，使用图块可以帮助用户在同一图形或其他图形中重复使用，在绘图过程中，使用图块有以下 5 个特点。

◆ 提高绘图速度：在绘图过程中，往往要绘制一些重复出现在图形。如果把这些图形创建成图块保存起来，绘制它们时就可以用插入块的方法实现，即把绘图变成了拼图，这样就避免了大量的重复性工作，大大提高了绘图速度。

◆ 建立图块库：可以将绘图过程中常用到的图形定义成图块，保存在磁盘上，这样就形成了一个图块库。当用户需要插入某个图块时，可以将其调出插入到图形文件中，极大提高绘图效率。

◆ 节省存储空间：AutoCAD 要保存图中每个对象的相关信息，如对象的类型、名称、位置、大小、线型及颜色等，这些信息要占用存储空间。如果使用图块，则可以大大节省磁盘的空间，AutoCAD 仅需记住这个块对象的信息，对于复杂但需多次绘制的图形，这一特点更为明显。

◆ 方便修改图形：在工程设计中，特别是讨论方案、技术改造初期，常需要修改绘制的图形，如果图形是通过插入图块的方法绘制的，那么只要简单对图块对象重新定义一次，就可以对 AutoCAD 上所有插入的图块进行修改。

　◆ 赋予图块属性：很多块图要求有文字信息以进一步解释其用途。AutoCAD 允许用户用图块创建这些文件属性，并可在插入的图块中指定是否显示这些属性。属性值可以随插入图块的环境不同而改变。

8.1.3　创建图块的技巧

　　创建图块的技巧有以下 3 点。

　◆ 如果希望插入块时能够灵活的改变子对象的驻留"图层"、"颜色"、"线型"和"线宽"等特性，在创建图块前应将子对象驻留在 0 图层上，并将颜色、线型和线宽均设置为 ByBlock。

　◆ 如果希望子对象驻留在指定的图层上，并由该图层控制其特性，则在创建图块前应将子对象驻留在指定的图层上，并将"颜色"、"线型"和"线宽"均设置为 ByLayer。

　◆ 图块的插入基点位置应设置在具有一定特征的位置上，以便插入时的定位、缩放及旋转等。

8.1.4　创建内部块

　　内部块是跟随定义它的图形文件一起保存的，存储在图形文件的内部，因此只能在当前图形文件中调用，而不能在其他图形中调用。

执行操作的三种方法	
按钮法	切换至"插入"选项卡，单击"块定义"面板中的"创建块"按钮。
菜单栏	选择菜单栏中的"绘图"→"块"→"创建"命令。
命令行	输入 BLOCK（快捷命令：B）命令。
素材文件	光盘\素材\第 8 章\植物.dwg
效果文件	光盘\效果\第 8 章\植物.dwg
视频文件	光盘\视频\第 8 章\8.1.4　创建内部块.mp4

实战演练 105——在植物图形内部创建块

步骤 01 　单击快速访问工具栏中的"打开"按钮，打开素材图形，如图 8-1 所示。

步骤 02 　在命令行中输入 B（创建块）命令，按【Enter】键确认，弹出"块定义"对话框，设置"名称"为"植物"，然后单击"选择对象"按钮，如图 8-2 所示。

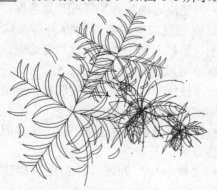

图 8-1　素材图形

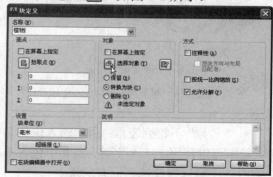

图 8-2　单击"选择对象"按钮

步骤 03 在命令行提示下，在绘图区中选择合适的图形对象为创建对象，如图8-3所示。

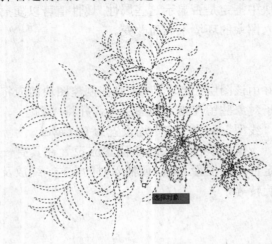

图8-3 选择创建对象

步骤 04 按【Enter】键确认，返回"块定义"对话框，单击"确定"按钮，即可创建图块，移动指针至图块上，查看图块信息，如图8-4所示。

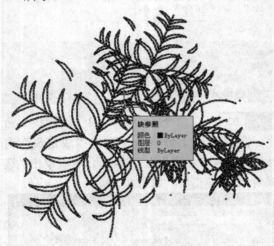

图8-4 查看图块信息

在"块定义"对话框中，各选项的含义如下。

◆ "名称"下拉列表框：用于输入块的名称，最多可以使用255个字符。当其中包含多个块时，还可以在此选择已有的块。

◆ "在屏幕上指定"复选框：选中该复选框，可以在关闭对话框时，将提示用户指定基点或指定对象。

◆ "拾取点"按钮：单击该按钮，可以暂时关闭对话框，以使用户能在当前图形中拾取插入基点。

◆ X/Y/Z 文本框：用于指定 X/Y/Z 的坐标值。

◆ "选择对象"按钮：单击该按钮，可以暂时关闭"块定义"对话框，允许用户选择块对象。选择完对象后，按【Enter】键确认可返回"块定义"对话框。

◆ "快速选择"按钮：单击该按钮，可以显示"快速选择"对话框，该对话框定义选择集。

◆ "保留"单选钮：选中该单选钮，可以在创建块以后，将选定对象保留在图形中作为区别对象。

◆ "转换为块"单选钮：选中该单选钮，可以在创建块以后，将选定对象转换成图形中的块实例。

◆ "删除"单选钮：选中该单选钮，则可以在创建块以后，从图形中删除选定对象。

◆ "未选定对象"显示区：显示选定对象的数目。

◆ "注释性"复选框：指定块为注释性。单击信息图标以了解有关注释性对象的详细信息。

◆ "使块方向与布局匹配"复选框：指定在图纸空间视口中块参照的方向与布局的方向匹配。如果未选中"注释性"复选框，则该复选框不可以用。

◆ "按统一比例缩放"复选框：指定是否阻止块参照不按统一比例缩放。

◆ "允许分解"复选框：指定块参照是否可以被分解。

◆ "块单位"列表框：指定块参照插入单位。

◆ "超链接"按钮：单击该按钮，可以打开"插入超链接"对话框，如图 8-5 所示，可以使用该对话框将某个超链接与块定义相关联。

◆ "在块编辑器中打开"复选框：选中该复选框，可以单击"确定"按钮后，在"块编辑器"对话框中打开当前的块定义。

◆ "说明"选项区：指定块的文字说明。

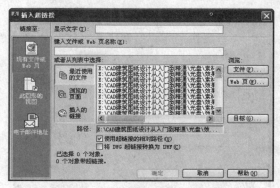

图 8-5　"插入超链接"对话框

8.1.5　创建外部块

外部图块是外部文件的形式存在的，它可以被任何文件引用。使用"写块"命令可以将选定的对象输出为外部图块，并保存到单独的图形文件中。

执行操作的两种方法	
按钮法	切换至"插入"选项卡，单击"块定义"面板中的"写块"按钮
命令行	输入 WBLOCK（快捷命令：W）命令。

	素材文件	光盘\素材\第 8 章\吊灯.dwg
	效果文件	光盘\效果\第 8 章\吊灯.dwg
	视频文件	光盘\视频\第 8 章\8.1.5　创建外部块.mp4

实战演练 106——在吊灯图形外部创建块

步骤 01　单击快速访问工具栏中的"打开"按钮，打开素材图形，如图 8-6 所示。

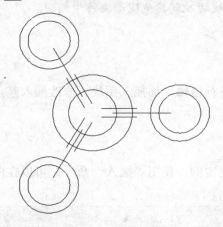

图 8-6　素材图形

步骤 02　在"功能区"选项板的"插入"选项卡中，单击"块定义"面板中的"创建块"下拉按钮，在弹出的下拉列表中单击"写块"按钮，如图 8-7 所示。

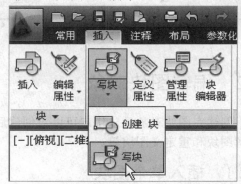

图 8-7　单击"写块"按钮

步骤 03　弹出"写块"对话框，单击"文件名和路径"选项区中相应的按钮，如图 8-8 所示。

步骤 04　弹出"浏览图形文件"对话框，设置文件名和保存路径，如图 8-9 所示。

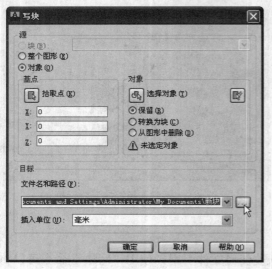

图 8-8　"写块"对话框

图 8-9　"浏览图形文件"对话框

步骤 05 单击"保存"按钮，返回"写块"对话框，单击"选择对象"按钮，在命令行提示下选择在命令行提示下选择所有圆对象。

步骤 06 按【Enter】键确认，返回"写块"对话框，单击"确定"按钮，即可创建外部块，并弹出"写块预览"对话框。

"写块"对话框中各主要选项含义如下。

◆ "源"选项区：指定块和对象，将其另存为文件并指定插入点。

◆ "基点"选项区：指定块的基点，其默认值为（0, 0, 0）。

◆ "对象"选项区：设置用于创建块的对象上的块创建效果。

◆ "目标"选项区：指定文件的新名称和新位置以及插入块时所用的测量单位。

专家提醒

图块是对图形中一个或几个实体的组合，可以被视为一个完整的实体，以便在图形中进行整体编辑和调用。图块分为内部图块和外部图块两类。在创建图块过程中，需指定图块名称和插入基点。内部图块与外部图块的主要区别在于：内部图块只能用于定义该图块的图形文件中，不能应用于其他图形文件，而外部图块则可以以文件的形式保存到电脑的磁盘中，可以被插入到其他图形文件中使用。

8.2　编辑图块对象

创建完图块对象后，用户可以对创建后的图块进行编辑，如插入图块、修改插入基点、分解图块和重定义图块等。

8.2.1　插入单个图块

块定义完成后，就可以插入与块定义相关联的块实例。使用"插入"命令，可以在图形中插入单个的图块对象。

执行操作的三种方法	
按钮法	切换至"插入"选项卡，单击"块"面板中的"插入"按钮。
菜单栏	选择菜单栏中的"插入"→"块"命令。
命令行	输入 INSERT（快捷命令：I）命令。

素材文件	光盘\素材\第 8 章\工人房.dwg
效果文件	光盘\效果\第 8 章\工人房.dwg
视频文件	光盘\视频\第 8 章\8.2.1　插入单个图块.mp4

实战演练 107——在工人房图形中插入椅子图块

步骤 01　单击快速访问工具栏中的"打开"按钮 📂，打开素材图形，如图 8-10 所示。

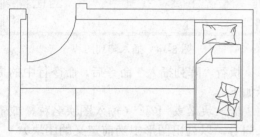

图 8-10　素材图形

步骤 02　在命令行中输入 I（插入）命令，按【Enter】键确认，弹出"插入"对话框，单击"名称"下拉列表框，在弹出的下拉列表中选择"椅子"选项，如图 8-11 所示。

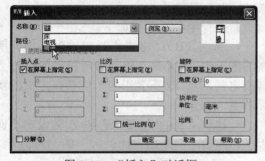

图 8-11　"插入"对话框

步骤 03　单击"确定"按钮，在绘图区中的合适位置上，单击鼠标左键，指定插入点，即可插入单个图块对象，效果如图 8-12 所示。

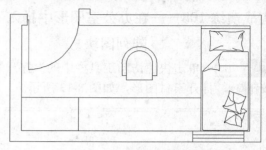

图 8-12　插入单个图块对象

在"块定义"对话框中各选项含义如下。

◆ "名称"下拉列表框：指定要插入块的名称，或指定要作为块插入的文件名称。

◆ "浏览"按钮：可以打开"选择图形文件"对话框，从中选择要插入的块或图形。

◆ "路径"选项区：指定块的路径。

◆ "使用地理数据进行定位"复选框：选中该复选框，可以插入将地理数据用作参照的图形。

◆ "插入点"选项区：指定块的插入点。

◆ "比例"选项区：指定插入块的缩放比例。如果指定的 X、Y 和 Z 缩放比例因子为负，则插入块的镜像图像。

◆ "旋转"选项区：在当前 UCS 中指定插入块的旋转角度。

◆ "块单位"选项区：显示有关块单位的信息。

◆ "分解"复选框：分解块并插入该块的各个部分。

8.2.2　插入阵列图块

使用"阵列插入块"命令，可以将图块以矩形阵列复制方式插入到当前图形中，并将插入的矩形阵列视为一个实体。在建筑中常用"阵列插入块"命令插入室内柱子和灯具等对象。

执行操作的方法	
命令行	输入 MINSERT 命令。

素材文件	光盘\素材\第 8 章\办公室.dwg
效果文件	光盘\效果\第 8 章\办公室.dwg
视频文件	光盘\视频\第 8 章\8.2.2　插入阵列图块.mp4

实战演练 108——在办公室图形中插入阵列图块

步骤 01 单击快速访问工具栏中的"打开"按钮，打开素材图形，如图 8-13 所示。

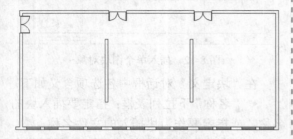

图 8-13　素材图形

步骤 02 在命令行中输入 MINSERT（阵列插入）命令，按【Enter】键确认，在命令行提示下，输入"块名"为"办公桌椅"按【Enter】键确认。

步骤 03 在绘图区中的适当位置上，单击鼠标左键，指定插入点，输入 X 轴比例因子为 1，按【Enter】键确认。

步骤 04 输入 Y 轴比例因子为 1，按【Enter】键确认；输入旋转角度为 0，按【Enter】键确认；输入行数为 2、列数为 3，输入行间距为 3100、列间距为 7000，每输入一次参数确认一次，即可插入阵列图块，效果如图 8-14 所示。

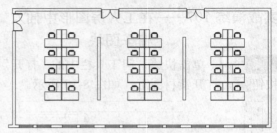

图 8-14　插入阵列图块

执行"阵列插入"命令后，命令行中的提示如下。

输入块名或 [?]：（输入图块名称，或输入问号，以列出图形中当前定义的图块）

单位：毫米　转换：　1.0000

指定插入点或[基点(B)/比例(S)/X/Y/Z/旋转(R)]：（指定插入点，或输入选项，按【Enter】键确认）

输入 X 比例因子，指定对角点，或 [角点(C)/XYZ(XYZ)] <1>：

命令行中各选项义如下。

◆ 基点（B）：将块临时放置到其当前所在的图形中，并允许在将块参考拖动到位时为其指定新基点。这不会影响为块参照定义的实际基点。

◆ 比例（S）：为 X、Y 和 Z 轴设定比例因子。Z 轴比例是指定比例因子的绝对值。

◆ X/Y/Z：设置 X/Y/Z 的比例因子。

◆ 旋转（R）：设置单独块和整个阵列的插入角度。

◆ 角点（C）：用块插入点和对角点设置比例因子。

8.2.3　分解图块

图块是一个整体，AutoCAD 不允许对图块进行局部修改。因此需要编辑图块，必须先用分解块命令将图块进行分解。图块被分解为彼此独立的普通图形对象后，每一个对象可以被单独选中，而且可以分别对这些对象进行编辑操作。

执行操作的三种方法	
命令行	输入 XPLODE（快捷命令：X）命令。
菜单栏	选择菜单栏中的"修改"→"分解"命令。
按钮法	切换至"常用"选项卡，单击"修改"面板中的"分解"按钮囧。

	素材文件	光盘\素材\第 8 章\花瓶.dwg
	效果文件	光盘\效果\第 8 章\花瓶.dwg
	视频文件	光盘\视频\第 8 章\8.2.3　分解图块.mp4

实战演练 109——分解花瓶图块

步骤 01　　单击快速访问工具栏中的"打开"按钮，打开素材图形，如图 8-15 所示。

图 8-15　素材图形

步骤 02　　在命令行中输入 X（分解）命令，按【Enter】键确认，在命令行提示下选择在命令行提示下选择图块对象并确认，即可分解图块，并任选一条直线，查看分解图块效果，如图 8-16 所示。

图 8-16　查看分解图块效果

8.2.4　重定义图块

如果在一个图形文件中多次重复插入一个图块，又需将所有相同的图块统一修改或改变成另一个标准，则可运用图块的重定义功能来实现。

执行操作的方法	
菜单栏	选择菜单栏中的"修改"→"对象"→"块说明"命令。

	素材文件	光盘\素材\第 8 章\餐桌.dwg
	效果文件	光盘\效果\第 8 章\餐桌.dwg
	视频文件	光盘\视频\第 8 章\8.2.4　重定义图块.mp4

实战演练 110——重定义餐桌图块

步骤 01　　单击快速访问工具栏中的"打开"按钮，打开素材图形，如图 8-17 所示。

步骤 02　　输入 BLOCK（块）命令，按【Enter】键确认，弹出"块定义"对话框，设置"名称"为"餐桌"，如图 8-18 所示。

图 8-17　素材图形

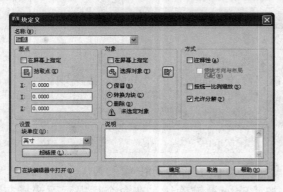

图 8-18　"块定义"对话框

图 8-19　弹出"块-重定义块"对话框

步骤 04　　　单击"重定义"按钮，即可重新定义图块，在绘图区中的重定义的图块上，单击鼠标左键，查看重定义图块效果，如图 8-20 所示。

步骤 03　　　单击"选择对象"按钮，在命令行提示下选择在命令行提示下选择所有的图形为重定义对象，按【Enter】键确认，返回"块定义"对话框，单击"确定"按钮，弹出"块-重定义块"对话框，如图 8-19 所示。

图 8-20　重定义图块效果

8.3　创建和编辑属性块

在 AutoCAD 2013 中，除了可以创建普通图块之外，还可以创建带有附加信息的块，这些附加信息被称为属性。可以利用属性来跟踪类似于零件数量和价格等信息的数据。属性值既是可变的，也可以是不变的。在插入一个带有属性的块时，AutoCAD 会把固定的属性值随块添加到图形中，并提示输入可变的属性值。

8.3.1　属性图块的特点

属性是属于图块的非图形信息，是图块的组成部分。属性具有以下 5 个特点。

◆ 属性由属性标记名和属性值两部分组成。例如，可以把 NAME 定义为属性标记名，而具体的名称如螺栓、螺母、轴承则是属性值，即其属性。

◆ 定义块前，应先定义该块的每个属性，即规定每个属性的标记名、属性提示、属性默认值、属性的显示格式（可见或不可见）、属性在图中的位置等。定义属性后，该属性以其标记名在图中显示出来，并保存有关的信息。

◆ 定义块前，用户可以修改属性定义。

◆ 插入块时，AutoCAD 通过提示要求用户输入属性值。插入块后，属性用它的值表示。因此同一个块在不同点插入时，可以有不同的属性值。如果属性值在属性定义时规定为常量，AutoCAD 则不询问它的属性值。

◆ 插入块后，用户可以改变属性的显示与可见性，对属性做修改；把属性单独提取出来写入文件，以供统计、制表时使用；还可以与其他高级语言（如 BASIC、FORTRAN、C 语言）或数据库（如 Dbase、FoxBASE、Foxpro等）进行数据通信。

8.3.2　创建与附着属性

属性是将数据附着到块上的标签或标记。在 AutoCAD 2013 中，使用"定义属性"命令，可以创建用于在块中存储数据的属性定义。

执行操作的三种方法	
按钮法	切换至"插入"选项卡，单击"块定义"面板中的"定义属性"按钮🏷。
菜单栏	选择菜单栏中的"绘图"→"块"→"定义属性"命令。
命令行	输入 ATTDEF（快捷命令：ATT）命令。

	素材文件	光盘\素材\第 8 章\建筑.dwg
	效果文件	光盘\效果\第 8 章\建筑.dwg
	视频文件	光盘\视频\第 8 章\8.3.2　创建与附着属性.mp4

实战演练 111——创建与附着建筑图形的属性

步骤 **01**　单击快速访问工具栏中的"打开"按钮📂，打开素材图形，如图 8-21 所示。

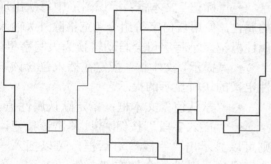

图 8-21　素材图形

步骤 **02**　在"功能区"选项板的"插入"选项卡中，单击"块定义"面板中的"定义属性"按钮🏷，如图 8-22 所示。

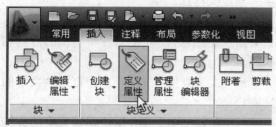

图 8-22　单击"定义属性"按钮

步骤 **03**　弹出"属性定义"对话框，设置"标记"为"建筑图块"、"高度"为 500，如图 8-23 所示，然后单击"确定"按钮。

步骤 **04**　在命令行提示下，在绘图区中的合适位置上，单击鼠标左键，指定属性的起点，即可附着属性，如图 8-24 所示。

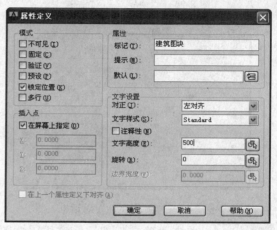

图 8-23　"属性定义"对话框

图 8-24　附着属性

步骤 **05**　在命令行输入 BLOCK（块）命令，按【Enter】键确认，弹出"块定义"对话框，选择附着属性的建筑图块，捕捉其左下角点为基点，并设置"名称"为"建筑图块"，此时"块定义"对话框如图 8-25 所示。

步骤 **06**　单击"确定"按钮，弹出"编辑属性"对话框，并在"类型"文本框中输入"建筑"，如图 8-26 所示。

图 8-25　"块定义"对话框

图 8-26　"编辑属性"对话框

步骤 07　单击"确定"按钮，完成属性图块的创建，在属性图块上，单击鼠标左键，查看效果，如图 8-27 所示。

建筑

图 8-27　创建属性图块

在"属性定义"对话框中，各选项的含义如下。

◆ "不可见"复选框：指定插入块时不显示或打印属性值。

◆ "固定"复选框：在插入块时赋予属性固定值。

◆ "验证"复选框：插入块时提示验证属性值是否正确。

◆ "预设"复选框：插入包含预设属性值的块时，将属性设定为默认值。

◆ "锁定位置"复选框：锁定块参照中属性的位置。解锁后，属性可以相对于使用夹点编辑的块的其他部分移动，并且可以调整多行文字属性的大小。

◆ "多行"复选框：指定属性值可以包含多行文字。选中该复选框后，可以指定属性的边界宽度。

◆ "插入点"选项区：指定属性位置。输入坐标值或者选中"在屏幕上指定"复选框，并使用定点设备根据与属性关联的对象指定属性的位置。

◆ "标记"文本框：标识图形中每次出现的属性。使用任何字符组合（空格除外）输入属性标记。小写字母会自动转换为大写字母。

◆ "提示"文本框：指定在插入包含该属性定义的块时显示的提示。

◆ "默认值"文本框：指定默认属性值。

◆ "插入字段"按钮　：单击该按钮，则可以显示出"字段"对话框，可以插入一个字段作为属性的全部或部分值。

◆ "对正"下拉列表框：指定属性文字对正方式。

◆ "文字样式"下拉列表框：指定属性文字的预定义样式。

◆ "注释性"复选框：指定属性为注释性。如果图块是注释性的，则属性将与块的方向相匹配。

◆ "文字高度"文本框：指定属性文字的高度。

◆ "旋转"文本框：指定属性文字的旋转角度。

◆ "边界宽度"文本框：在属性文字换行至下一行前，指定多行文字属性中一行文字的最大长度。

◆ "在上一个属性定义下对齐"复选框：选中该复选框，可以将属性标记直接置于之前定义的属性的下面。

8.3.3　插入属性块

在创建完带有附加属性的图块后，用户可以使用"插入"命令，可以将属性图块插入到图形对象中。

素材文件	光盘\素材\第 8 章\会议桌.dwg
效果文件	光盘\效果\第 8 章\会议桌.dwg
视频文件	光盘\视频\第 8 章\8.3.3　插入属性块.mp4

实战演练 112——插入会议桌图形的属性块

步骤 01　单击快速访问工具栏中的"打开"按钮 ，打开素材图形，如图 8-28 所示。

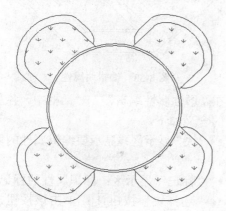

图 8-28　素材图形

步骤 02　在命令行中输入 I（插入）命令，按【Enter】键确认，弹出"插入"对话框，单击"名称"下拉按钮，在弹出的下拉列表中选择"会议桌"选项，如图 8-29 所示。

步骤 03　单击"确定"按钮，在命令行提示下捕捉圆心点，确定块的插入基点，此时，将显示属性输入提示信息，输入"4 人会议桌"，

按【Enter】键确认，即可插入属性块，效果如图 8-30 所示。

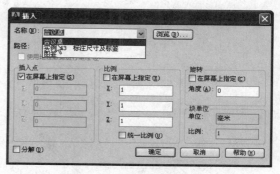

图 8-29　选择"会议桌"选项

图 8-30　插入属性块

8.3.4　编辑块属性

块属性就像其他对象一样，用户可以对其进行编辑。

执行操作的三种方法	
按钮法	切换至"插入"选项卡，单击"块"面板中的"编辑属性"按钮 。
菜单栏	选择菜单栏中的"修改"→"对象"→"属性"→"单个"命令。
命令行	输入 EATTEDIT 命令。

素材文件	光盘\素材\第 8 章\镜子.dwg
效果文件	光盘\效果\第 8 章\镜子.dwg
视频文件	光盘\视频\第 8 章\8.3.4 编辑块属性.mp4

实战演练 113——编辑镜子图形的块属性

步骤 01 单击快速访问工具栏中的"打开"按钮 📂，打开素材图形，如图 8-31 所示。

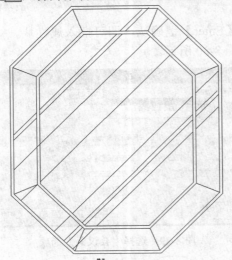

图 8-31 素材图形

步骤 02 在命令行中输入 EATTEDIT（编辑属性）命令，按【Enter】键确认，在命令行提示下选择在命令行提示下选择属性块对象，弹出"增强属性编辑器"对话框，切换至"文字选项"选项卡，设置"高度"为 25，如图 8-32 所示。

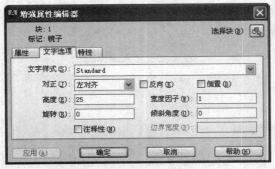

图 8-32 "增强属性编辑器"对话框

步骤 03 单击"确定"按钮，即可编辑块属性，效果如图 8-33 所示。

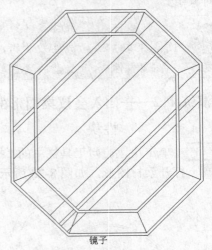

图 8-33 编辑块属性

在"增强属性编辑器"对话框中，各主要选项的含义如下。

◆ "块"显示区：显示要编辑属性的块的名称。

◆ "标记"显示区：标识属性的标记。

◆ "选择块"按钮 🔩：单击该按钮，可以在使用定点设备选择块时，临时关闭"增强属性编辑器"对话框。

◆ "应用"按钮：单击该按钮，可以更新已更改属性的图形，并保持增强属性编辑器打开。

◆ "属性"选项卡：显示指定给每个属性的标记、提示和值。只能更改属性值。

◆ "文字样式"下拉列表框：用于指定属性文字的文字样式。将文字样式的默认值指定给在此对话框中显示的文字特性。

◆ "对正"下拉列表框：用于指定属性文字的对正方式（左对正、居中对正或右对正）。

◆ "反向"复选框：指定属性文字是否反向显示。对多行文字属性不可用。

◆ "颠倒"复选框：指定属性文字是否倒置显示。对多行文字属性不可用。

◆ "宽度因子"文本框：设置属性文字的字符间距。输入小于 1 的值将压缩文字；输入大于 1 的值则扩大文字。

◆ "倾斜角度"文本框：指定属性文字自其垂直轴线倾斜的角度。

◆ "特性"选项卡：定义属性所在的图层以及属性文字的线宽、线型和颜色。如果图形使用打印样式，可以使用"特性"选项卡为属性指定打印样式。

8.3.5　提取块属性

在块及其属性中有大量数据，如块名、块的插入点坐标、各个属性值等。当需要使用这些数据时，逐个进行提取显然是繁琐费时的。通过属性提取可以将这些数据提取出来，作为数据文件保存在磁盘中。

执行操作的方法		
命令行	输入 ATTEXT 命令。	
	素材文件	光盘\素材\第 8 章\电视组合.dwg
	效果文件	光盘\效果\第 8 章\电视组合.dwg
	视频文件	光盘\视频\第 8 章\8.3.5　提取块属性.mp4

实战演练 114——提取电视组合图形的块属性

步骤 01　单击快速访问工具栏中的"新建"按钮，新建一个空白图形文件；输入 I（插入）命令，按【Enter】键确认，弹出"插入"对话框，单击"浏览"按钮，弹出"选择图形文件"对话框，选择"电视组合.dwg"文件，如图 8-34 所示。

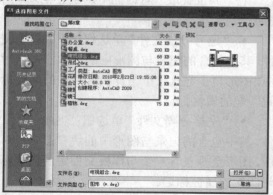

图 8-34　"选择图形文件"对话框

步骤 02　单击"打开"按钮，返回"插入"对话框，单击"确定"按钮；在绘图区中合适的端点上，单击鼠标左键，输入其型号为 001，按【Enter】键确认，插入图块，如图 8-35 所示。

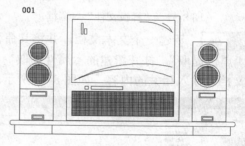

图 8-35　插入图块

步骤 03　在命令行中输入 ATTEXT（提取属性）命令，按【Enter】键确认，弹出"属性提取"对话框，单击"选择对象"按钮，如图 8-36 所示。

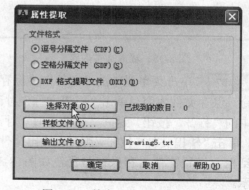

图 8-36　单击"选择对象"按钮

步骤 04 在命令行提示下，在绘图区中选择所有图形，按【Enter】键确认，返回"属性提取"对话框，然后单击"样板文件"按钮。

步骤 05 在弹出的"样板文件"对话框中设置文件保存路径，并在"名称"列表框中单击鼠标右键，弹出快捷菜单，选择"新建"|"文本文档"选项，如图 8-37 所示。

图 8-37 "样板文件"对话框

步骤 06 新建一个文本文档，并将其命名为"属性提取"，打开新建的"属性提取"文本文档，输入相关的内容，如图 8-38 所示。

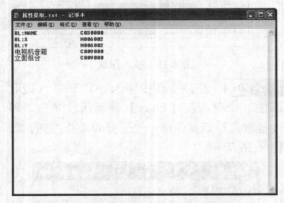

图 8-38 输入文本内容

步骤 07 单击菜单栏中的"文件"|"保存"命令，保存文件内容，单击"样板文件"对话框中的"打开"按钮，返回"属性提取"对话框，单击"输出文件"按钮，弹出"输出文件"对话框，设置文件名和保存路径，如图 8-39 所示。

图 8-39 "输出文件"对话框

步骤 08 单击"保存"按钮，返回"属性提取"对话框，单击"确定"按钮，即可保存属性数据，打开输出的文件，即可查看属性提取记录，如图 8-40 所示。

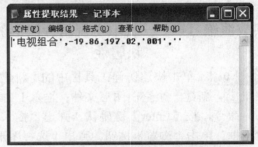

图 8-40 查看提取的属性记录

在"属性提取"对话框中，各主要选项的含义如下。

◆ "逗号分隔文件"单选钮：生成一个文件，其中包含的记录与图形中的块参照一一对应，图形至少包含一个与样板文件中的属性标记匹配的属性标记。

◆ "空格分隔文件"单选钮：生成一个文件，其中包含的记录与图形中的块参照一一对应，图形至少包含一个与样板文件中的属性标记匹配的属性标记。

◆ "DXF 格式提取文件"单选钮：生成 AutoCAD 图形交换文件格式的子集，其中只包括块参照、属性和序列结束对象。

◆ "选择对象"按钮：关闭对话框，以便使用定点设备选择带属性的块。

◆ "已找到的数目"显示区：指明使用"选择对象"按钮选定的对象数目。

◆ "样板文件"按钮：指定 CDF 和 SDF

格式的样板提取文件。

◆ "输出文件"按钮：指定要保存提取的属性数据的文件名和位置。

8.4　应用动态图块

在 AutoCAD 2013 中，动态块中定义了一些自定义特性，可用于在位调整块，而无需重新定义该块或插入另一个块。本节将介绍应用动态图块的操作方法。

8.4.1　动态图块的特点

动态块具有灵活性和智能性。在 AutoCAD 2013 中，可以轻松地更改图形中的动态块参照，还可以通过自定义夹点或自定义特性来操作动态块参照中的几何图形，根据需要在位调整块，而不用搜索另一个块来插入或重定义现有图块，如图 8-41 所示。

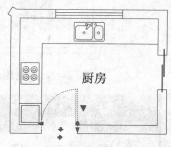

图 8-41　插入动态块

8.4.2　动态块包含元素

在 AutoCAD 2013 中，可以在块编辑器中向块添加动态元素。除几何图形外，动态块中通常包含以下两种元素。

◆ 动作参数：包含动作参数的动态块会显示与块定义中的点、对象或面域相关联的夹点。编辑夹点时，将触发相关联的动作，从而更改块参照的显示方式。

◆ 约束参数：约束参数使用可影响块参照的几何图形的数学表达式编写而成。这些参数可显示可在块编辑器外进行操作的动态、可编辑的自定义特性，这与动作参数相似。

8.4.3　创建动态图块

块编辑器是专门用于创建块定义并添加动态行为的编写区域。因此，在 AutoCAD 2013 中，可以使用"块编辑器"命令创建建筑动态图块。

执行操作的三种方法	
按钮法	切换至"插入"选项卡，单击"块定义"面板中的"块编辑器"按钮。
菜单栏	选择菜单栏中的"工具"→"块编辑器"命令。
命令行	输入 BEDIT 命令。

	素材文件	光盘\素材\第 8 章\沙发.dwg
	效果文件	光盘\效果\第 8 章\沙发.dwg
	视频文件	光盘\视频\第 8 章\8.4.3　创建动态图块.mp4

实战演练 115——创建沙发图形的动态图块

步骤 01　单击快速访问工具栏中的"打开"按钮，打开素材图形，如图 8-42 所示。

步骤 02　在"功能区"选项板的"插入"选项卡中单击"块定义"面板中的"块编辑器"按钮，如图 8-43 所示。

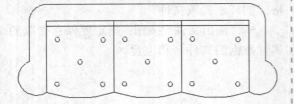

图 8-42　素材图形

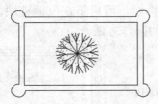

图 8-43　单击"块编辑器"按钮

步骤 03　弹出"编辑块定义"对话框，在相应的列表框中，选择"当前图形"选项，如图 8-44 所示。

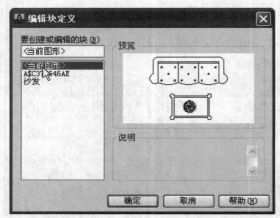

图 8-44　"编辑块定义"对话框

步骤 04　单击"确定"按钮，弹出"块编写选项板"面板和"块编辑器"选项卡，并进入"块编辑器"窗口，如图 8-45 所示。

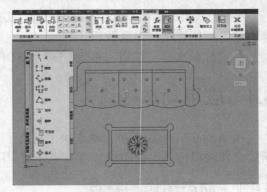

图 8-45　"块编辑器"窗口

步骤 05　在"块编写选项板"面板中的"参数"选项卡中，单击"旋转"按钮，如图 8-46 所示。

图 8-46　单击"旋转"按钮

步骤 06　在命令行提示下捕捉绘图区中植物的端点，输入参数半径为 30，如图 8-47 所示。

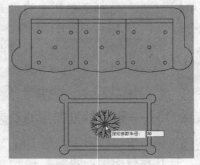

图 8-47　输入参数

步骤 07 按【Enter】键确认，输入旋转角度为 30 并确认，在合适位置处单击鼠标左键，即可创建旋转动作，如图 8-48 所示。

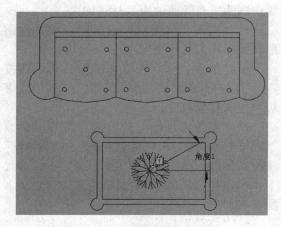

图 8-48　创建旋转动作

步骤 08 在"块编写选项板"面板中切换至"动作"选项卡，单击该选项卡中的"旋转"按钮 。

步骤 09 在命令行提示下选择在命令行提示下选择"角度"参数，并选择沙发图块，按【Enter】键确认，即可设置动作参数，如图 8-49 所示。

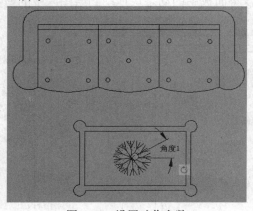

图 8-49　设置动作参数

步骤 10 在"块编辑器"选项卡中单击"关闭"面板中的"关闭块编辑器"按钮 ，稍后将弹出"块-未保存更改"对话框，单击"将更改保存到（当前图形）"按钮，如图 8-50 所示，即可创建动态图块。

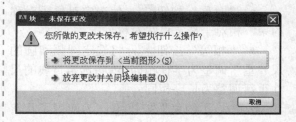

图 8-50　"块-未保存更改"对话框

在"块编辑器"选项板中，各主要选项的含义如下。

◆ "编辑块"按钮 ：在块编辑器中打开块定义。

◆ "保存块"按钮 ：保存当前块定义。

◆ "测试块"按钮 ：在块编辑器内显示一个窗口，以测试动态块。

◆ "自动约束"按钮 ：单击该按钮，可以根据对象相对于彼此的方向将几何约束应用于对象的选择集。

◆ "重合"按钮 ：约束两个点使其重合，或者约束一个点使其位于曲线（或曲线的延长线）上。

◆ "共线"按钮 ：使两条或多条直线段沿同一直线方向。

◆ "同心"按钮 ：将两个圆弧、圆或椭圆约束到同一个中心点。

◆ "固定"按钮 ：单击该按钮，可以将点和曲线锁定在位。

◆ "平行"按钮 ：单击该按钮，可以使选定的直线彼此平行。

◆ "垂直"按钮 ：使选定的直线位于彼此垂直的位置。

◆ "水平"按钮 ：使直线或点位于与当前坐标系 X 轴平行的位置。

◆ "竖直"按钮 ：使直线或点位于与当前坐标系 Y 轴平行的位置。

◆ "相切"按钮 ：将两条曲线约束为保持彼此相切或其延长线保持彼此相切。

◆ "平滑"按钮 ：将样条曲线约束为连续，并与其他样条曲线、直线、圆弧或多段线保持 G2 连续性。

◆ "对称"按钮 : 使选定对象受对称约束,相对于选定直线对称。

◆ "相等"按钮 : 将选定圆弧和圆的尺寸重新调整为半径相同,或将选定直线的尺寸重新调整为长度相同。

◆ "显示约束"按钮 : 为应用了几何约束的选定对象显示约束栏。

◆ "线性"按钮 : 根据尺寸界线原点的位置以及尺寸线的位置创建水平或竖直约束参数。

◆ "对齐"按钮 : 约束一条直线的长度或两条直线之间、一个对象上的一点与一条直线之间以及不同对象上两点之间的距离。

◆ "半径"按钮 : 为圆、圆弧或多段线圆弧创建半径约束参数。

◆ "直径"按钮 : 为圆、圆弧或多段线圆弧创建直径约束参数。

◆ "角度"按钮 : 约束两条直线或多段线线段之间的角度。

◆ "转换"按钮 : 将标注约束转换为约束参数。

◆ "删除约束"按钮 : 从对象的选择集中删除所有几何约束和标注约束。

◆ "构造几何图形"按钮 : 将几何图形转换为构造几何图形。

◆ "约束显示状态"按钮 : 单击该按钮,可以打开或关闭约束显示状态,基于约束级别控制对象着色。

◆ "参数管理器"按钮 fx: 打开"参数管理器"选项板,它包括当前图形中的所有标注约束参数、参照参数和用户变量。

◆ "点"按钮 : 定义块参照的自定义 X 和 Y 特性。

◆ "移动"按钮 : 指定在动态块参照中触发该动作时,对象的选择集将进行移动。移动动作可以与点参数、线性参数、极轴参数或 XY 参数相关联。

8.4.4 应用建筑动态图块

在 AutoCAD 2013 中单击菜单栏中的"工具"→"选项板"→"工具选项板"命令,弹出"工具选项板"面板,如图 8-51 所示,用户可以将面板中的动态块拖动到绘图区中的适当位置,如图 8-52 所示。即可应用建筑动态图块。

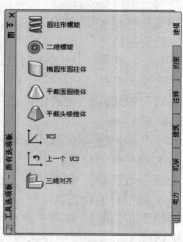

图 8-51 "工具选项板"面板

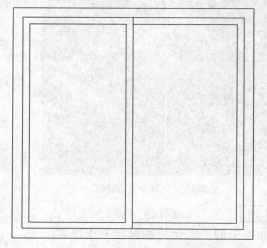

图 8-52 应用动态图块

在使用动态图块时,每种参数类型仅支持特定类型的动作,如下表所示为参数、夹点和动作之间的关系。

参数、夹点和动作之间的关系

参数类型	夹点类型		可与参数关联的动作
点	■	标准	移动、拉伸
线性	▶	线性	移动、缩放、拉伸、阵列
极轴	■	标准	移动、缩放、拉伸、极轴拉伸、阵列
XY	■	标准	移动、缩放、拉伸、阵列
旋转	●	旋转	旋转
翻转	➡	翻转	翻转
对齐	▶	对齐	无（此动作隐含在参数中）
可见性	▼	查寻	无（此动作是隐含的，并且受可见性状态的控制）
查寻	▼	查寻	查寻
基点	■	标准	无

专家提醒 ☞

　　动态块是指使用块编辑器添加参数（长度、角度等）和动作（移动、拉伸等），向新的或现有的块定义中添加动态行为。要使块成为动态块，至少要添加一个参数，然后添加一个动作并将该动作与参数相关联。添加到块定义中的参数和动作类型定义了动态块参照在图形中的作用方式。

第 3 篇　工程核心篇

本篇专业讲解了应用外部参照、管理外部参照、使用CAD标准、建筑设计中文字的应用、建筑制图表格应用、创建并管理标注样式、创建和编辑常用尺寸标注、输入和发布建筑图纸等内容。

◇　第 9 章　外部参照和设计中心
◇　第 10 章　文本说明和表格数据
◇　第 11 章　建筑制图尺寸标注
◇　第 12 章　建筑图纸发布与打印

第 9 章　外部参照和设计中心

学前提示

外部参照和 AutoCAD 设计中心都可以将已有的图形文件以图块的形式插入到需要的图形文件中，从而减小图形文件容量，以节省磁盘的存储空间，从而提高绘图的效率。

本章知识重点

- ▶ 应用外部参照
- ▶ 管理外部参照
- ▶ 应用 AutoCAD 设计中心

- ▶ 使用 CAD 标准
- ▶ 在建筑绘图中使用图纸集

学完本章后你会做什么

- ▶ 掌握应用外部参照的操作，如附着图形参照、附着图像参照等
- ▶ 掌握管理外部参照的操作，如拆离外部参照、重载外部参照等
- ▶ 掌握应用 AutoCAD 设计中心的操作，如打开设计中心、搜索文件等

视频演示

卧室效果图

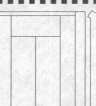

厨房

9.1　应用外部参照

外部参照是指一幅图形对另一幅图形的引用。外部参照就是把已有的图形文件插入到当前图形中。当打开有外部参照的图形文件时，系统会询问是否把各外部参照图形重新调入并在当前图形中显示出来。外部参照功能不但使用户可以利用一组子图形构造复杂的主图形，而且还允许单独对这些子图形进行各种修改。作为外部参照的子图形发生变化时，重新打开主图形之后，主图形内的子图形也随之发生相应的变化。本节将向用户介绍应用外部参照的操作方法。

9.1.1　外部参照的特点

外部参照有以下两个特点。

◆ 存储空间小：插入的外部参照对象只是在当前图形对象中建立并保存所插入的外部参照图形名和保存路径，并不存储其图形数据。

◆ 实时更新：外部参照图形的数据只有在编辑当前图形时才临时调用，因此，调入的总是最新版本的外部参照图形，在外部参照图形中所做的任何更改都能在当前图形中得到及时反映。

9.1.2　外部参照与块的区别

如果把图形作为块插入到另一个图形文件中，则块定义和所有相关联的几何图形都将存储在当前图形数据库中。修改原图形后，块不会随之更新。插入的块如果被分解，则同其他图形没有本质区别，相当于将一个图形文件中的图形对象复制和粘贴到另一个图形文件中。外部参照（External Reference，Xref）提供了另一种更为灵活的图形引用方法。使用外部参照可以将多个图形链接到当前图形中，并且作为外部参照的图形会随原图形的修改而更新。

当一个图形文件被作为外部参照插入到当前图形文件时，外部参照中每个图形的数据仍然分别保存在各自的源图形文件中，当前图形中所保存的只是外部参照的名称和路径。因此，外部参照不会明显地增加当前图形的文件大小，从而可以节省磁盘空间，也利于保持系统的性能。无论一个外部参照文件多么复杂，AutoCAD 都会把它作为一个单一对象来处理，而不允许进行分解。用户可对外部参照进行比例缩放、移动、复制、镜像或旋转等操作，还可以控制外部参照的显示状态，但这些操作都不会影响到源图形文件对象。

9.1.3　附着外部参照

在 AutoCAD 2013 中，将图形对象作为外部参照附着时，会将该参照图形对象链接到当前图形对象中，用户在打开或重载外部参照时，对参照图形所做的任何修改都会显示在当前图形中。

执行操作的三种方法	
按钮法	切换至"插入"选项卡，单击"参照"面板中的"附着"按钮🖼。
菜单栏	选择菜单栏中的"插入"→"DWG 参照"命令。
命令行	输入 XATTACH（快捷命令：XA）命令。

	素材文件	光盘\素材\第 9 章\钢琴.dwg、凳子.dwg
	效果文件	光盘\效果\第 9 章\钢琴.dwg
	视频文件	光盘\视频\第 9 章\9.1.3　附着外部参照.mp4

实战演练 116——附着钢琴的凳子参照

步骤 01　单击快速访问工具栏中的"打开"按钮🖿，打开素材图形"钢琴.dwg"，如图 9-1 所示。

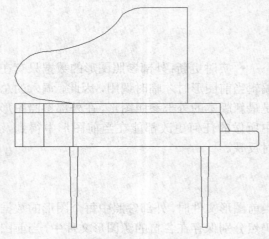

图 9-1　素材图形

步骤 02　在"功能区"选项板的"插入"选项卡中，单击"参照"面板中的"附着"按钮🖿，如图 9-2 所示。

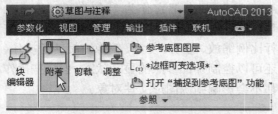

图 9-2　单击"附着"按钮

步骤 03　弹出"选择参照文件"对话框，选择参照文件"凳子.dwg"，并单击"打开"按钮，如图 9-3 所示。

步骤 04　弹出"附着外部参照"对话框，保持默认选项，如图 9-4 所示。

步骤 05　单击"确定"按钮，在绘图区合适位置处单击鼠标左键，即可附着外部参照，效果如图 9-5 所示。

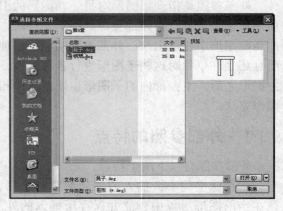

图 9-3　"选择参照文件"对话框

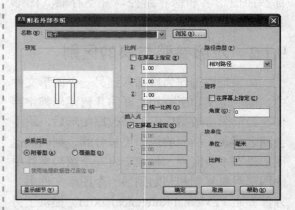

图 9-4　"附着外部参照"对话框

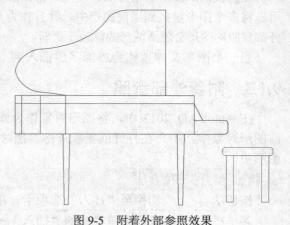

图 9-5　附着外部参照效果

在"附着外部参照"对话框中，各主要选

项的含义如下。

◆ "名称"下拉列表框：标识已选定要进行附着的 DWG。

◆ "浏览"按钮：单击该按钮，显示"选择参照文件"对话框，从中可以为当前图形选择新的外部参照。

◆ "预览"显示区：显示已选定要进行附着的 DWG。

◆ "参照类型"选项区：指定外部参照为附着型还是覆盖型。

◆ "使用地理定位数据"复选框：选中该复选框，可以将使用地理数据的图形附着为参照。

◆ "显示细节"按钮：单击该按钮，可以显示外部参照文件路径。

◆ "路径类型"下拉列表框：用于选择完整（绝对）路径、外部参照文件的相对路径或"无路径"、外部参照的名称。

◆ "在屏幕上指定"复选框：选该中复选框，将允许用户在命令行的提示下或通过定点设备输入。

◆ "角度"文本框：如果在"旋转"选项区中，未选中"在屏幕上指定"复选框，则可以在该文本框中输入旋转角度值。

◆ "块单位"选项区：显示有关块单位的信息。

9.1.4　附着图像参照

在 AutoCAD 中，附着图像参照与外部参照一样，其图像由一些称为像素的小方块或点的矩形栅格组成，附着后的图像将可以作为一个整体，用户可以对其进行多次重新附着。

执行操作的两种方法	
菜单栏	选择菜单栏中的"插入"→"光栅图像参照"命令。
命令行	输入 IMAGEATTACH 命令。

	素材文件	光盘\素材\第 9 章\卧室效果图.dwg、卧室.bmp
	效果文件	光盘\效果\第 9 章\卧室效果图.dwg
	视频文件	光盘\视频\第 9 章\9.1.4　附着图像参照.mp4

实战演练 117——附着卧室效果图的图像参照

步骤 01 　单击快速访问工具栏中的"打开"按钮，打开素材图形，如图 9-6 所示。

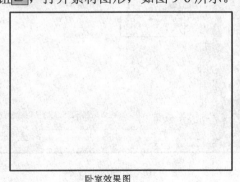

卧室效果图

图 9-6　素材图形

步骤 02 　输入 IMAGEATTACH（光栅图像参照）命令，按【Enter】键确认，弹出"选择参照文件"对话框，选择参照文件"卧室.bmp"，如图 9-7 所示。

图 9-7　"选择参照文件"对话框

步骤 03 　单击"打开"按钮，弹出"附着图像"对话框，保持默认选项，单击"确定"按钮，如图 9-8 所示。

图 9-8　"附着图像"对话框

专家提醒 ☞

　　每个插入的图像参照都可以剪裁边界，也可以对亮度、对比度、褪色度和透明度等进行设置。

步骤 04 　在命令行提示下，在命令行中输入点坐标为（0,0），连续按两次【Enter】键确认，即可附着图像参照，效果如图 9-9 所示。

卧室效果图

图 9-9　附着图像参照效果

9.1.5　附着 PDF 参考底图

　　将 PDF 文件附着为参考底图时，可将该参照文件链接到当前图形。打开或重新加载参照文件时，当前图形中将显示对该文件所做的所有更改。

执行操作的两种方法	
菜单栏	选择菜单栏中的"插入"→"PDF 参考底图"命令。
命令行	输入 PDFATTACH 命令。
	素材文件　光盘\素材\第 9 章\抱枕.pdf
	效果文件　光盘\效果\第 9 章\抱枕.dwg
	视频文件　光盘\视频\第 9 章\9.1.5　附着 PDF 参考底图.mp4

实战演练 118——附着抱枕图形的 PDF 参考底图

步骤 01 　单击快速访问工具栏中的"新建"按钮 ，新建空白文件。

步骤 02 　输入 PDFATTACH（PDF 参考底图）命令，按【Enter】键确认，弹出"选择参照文件"对话框，选择参照文件"抱枕.pdf"，如图 9-10 所示。

专家提醒 ☞

　　在附着 PDF 参考底图时，多页的 PDF 文件一次可附着一页。

图 9-10　选择参照文件

步骤 03　单击"打开"按钮,弹出"附着 PDF 参考底图"对话框,保持默认选项,如图 9-11 所示。

图 9-11　"附着 PDF 参考底图"对话框

步骤 04　单击"确定"按钮,在命令行提示下,输入(0,0),按两次【Enter】键确认,即可附着 PDF 参考底图,效果如图 9-12 所示。

图 9-12　附着 PDF 参考底图效果

9.2　管理外部参照

在 AutoCAD 2013 中插入外部参照图形后,有时需要对外部参照图形进行管理,如拆离、重载、卸载和绑定等。

9.2.1　拆离外部参照

当插入一个外部参照后,如果需要删除该外部参照,可以将其拆离。

执行操作的三种方法	
按钮法	切换至"插入"选项卡,单击"参照"面板中的"外部参照"按钮。
菜单栏	选择菜单栏中的"插入"→"外部参照"命令。
命令行	输入 XREF(快捷命令:XR)命令。

	素材文件	光盘\素材\第 9 章\玻璃酒柜.dwg、玻璃隔断.dwg
	效果文件	光盘\效果\第 9 章\玻璃酒柜.dwg
	视频文件	光盘\视频\第 9 章\9.2.1　拆离外部参照.mp4

实战演练 119——拆离玻璃隔断参照

步骤 01　单击快速访问工具栏中的"打开"按钮,打开素材图形"玻璃酒柜.dwg",如图 9-13 所示。

步骤 02　在"功能区"选项板的"插入"选项卡中,单击"参照"面板中的"外部参照"按钮,如图 9-14 所示。

步骤 03　弹出"外部参照"面板,选择"玻璃隔断"参照文件并右击,在弹出的快捷菜单中选择"拆离"选项,如图 9-15 所示。

步骤 04　执行上述操作后,即可拆离外部参照对象,效果如图 9-16 所示。

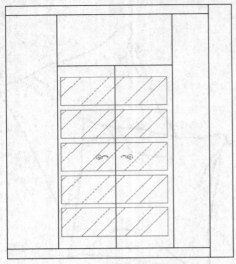

图 9-13　素材图形

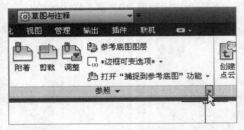

图 9-14　单击"外部参照"按钮

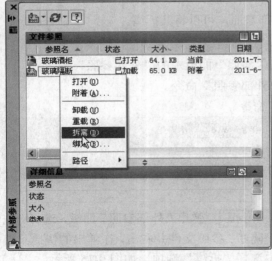

图 9-15　选择"拆离"选项

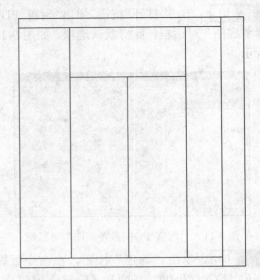

图 9-16　拆离外部参照效果

在"外部参照"面板中，各主要选项的含义如下。

◆ "附着 DWG"按钮 ：单击该按钮右侧的下拉按钮，用户可以从弹出的下拉列表中选择附着图像的类型，有 DWG、DWF、DGN、PDF 四种。

◆ "刷新"按钮 ：单击该按钮右侧的下拉按钮，用户可以从弹出的下拉列表中选择"刷新"或"重载所有参照"选项。

◆ "文件参照"列表框：在该列表框中，显示了当前图形文件中的各个外部参照的名称，可以将显示设置为以列表图或树状图结构显示模式。

◆ "详细信息"显示区：显示详细信息模式时，将报告选定文件参照的特性。每个文件参照都有一组核心特性，且某些文件参照（如参照图像）可以显示文件类型特有的特性。详细信息的核心特性包括参照名、状态、文件大小、文件类型、创建日期、保存路径、找到位置路径和文件版本（如果已安装 Vault 客户端）。

9.2.2　重载外部参照

在"外部参照"面板中，使用"重载"选项，可以对指定的外部参照更新。

素材文件	光盘\素材\第 9 章\沙发组合.dwg、茶几.dwg
效果文件	光盘\效果\第 9 章\沙发组合.dwg
视频文件	光盘\视频\第 9 章\9.2.2　重载外部参照.mp4

实战演练 120——重载茶几图形的外部参照

步骤 01　单击快速访问工具栏中的"打开"按钮，打开素材图形"沙发组合.dwg"，如图 9-17 所示。

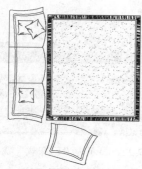

图 9-17　素材图形

步骤 02　输入 XREF（外部参照）命令，按【Enter】键确认，弹出"外部参照"面板，选择"茶几"文件，单击鼠标右键，弹出快捷菜单，选择"重载"选项，如图 9-18 所示。

步骤 03　执行操作后，即可重载外部参照图形，效果如图 9-19 所示。

专家提醒

　　在打开一个附着有外部参照的图形文件时，将自动重载所有附着的外部参照，但是在编辑过程中，则不能实时地反映原图形文件的改变。因此，利用重载功能可以在任何时候都从外部参照进行重载。同样可以一次选择多个外部参照文件，同时进行重载。

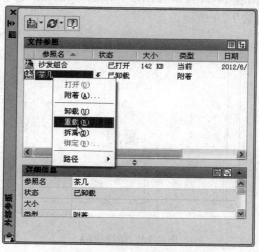

图 9-18　选择"重载"选项

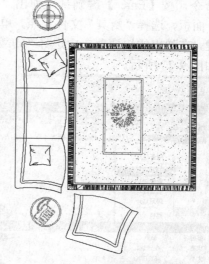

图 9-19　重载外部参照图形效果

9.2.3　卸载外部参照

　　在"外部参照"面板中使用"卸载"选项，可以对指定的外部参照进行卸载。

素材文件	光盘\素材\第 9 章\厨房平面图.dwg、厨具.dwg
效果文件	光盘\效果\第 9 章\厨房平面图.dwg
视频文件	光盘\视频\第 9 章\9.2.3　卸载外部参照.mp4

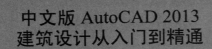
实战演练 121——卸载厨具图形的外部参照

步骤 01 单击快速访问工具栏中的"打开"按钮，打开素材图形"厨房平面图.dwg"，如图 9-20 所示。

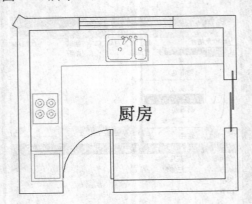

图 9-20 素材图形

步骤 02 在命令行中输入 XREF（外部参照）命令，按【Enter】键确认，弹出"外部参照"面板，选择"厨具"文件参照，单击鼠标右键，在弹出的快捷菜单中选择"卸载"选项，如图 9-21 所示。

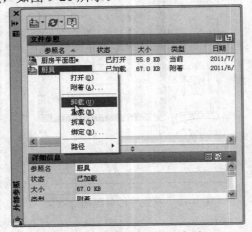

图 9-21 选择"卸载"选项

步骤 03 执行操作后，即可卸载外部参照，则在"外部参照"面板中，"厨具"显示为"已卸载"状态，如图 9-22 所示。

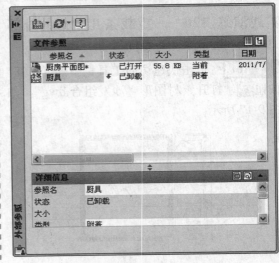

图 9-22 显示为"已卸载"状态

步骤 04 在"外部参照"面板中，单击"关闭"按钮，查看卸载外部参照后的图形效果，如图 9-23 所示。

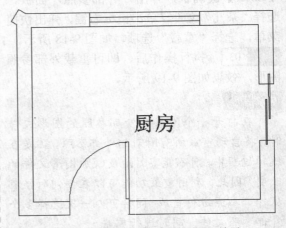

图 9-23 卸载外部参照后的图形效果

专家提醒 ☞

卸载外部参照与拆离外部参照不同，该操作并不删除外部参照的定义，而仅仅取消外部参照的图形显示（包括其所有副本）。

9.2.4 绑定外部参照

绑定外部参照可以断开指定的外部参照与源图形的链接，并转换为块对象，成为当前图形的永久组成部分。

执行操作的两种方法	
菜单栏	选择菜单栏中的"修改"→"对象"→"外部参照"→"绑定"命令。
命令行	输入 XBIND（快捷命令：XB）命令。

	素材文件	光盘\素材\第 9 章\雕塑立面图.dwg、雕塑.dwg
	效果文件	光盘\效果\第 9 章\雕塑立面图.dwg
	视频文件	光盘\视频\第 9 章\9.2.4　绑定外部参照.mp4

实战演练 122——绑定雕塑立面图参照

步骤 **01**　单击快速访问工具栏中的"打开"按钮，打开素材图形"雕塑立面图.dwg"，如图 9-24 所示。

图 9-24　素材图形

步骤 **02**　在命令行中输入 XB（绑定）命令，按【Enter】键确认，弹出"外部参照绑定"对话框，在"外部参照"列表框中，依次选择合适的选项，如图 9-25 所示。

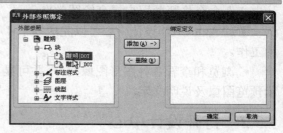

图 9-25　"外部参照绑定"对话框

步骤 **03**　单击"添加"按钮，在"绑定定义"列表框中，将显示添加的块，单击"确定"按钮，即可绑定外部参照。

在"外部参照绑定"对话框中，各选项的含义如下。

◆ "外部参照"列表框：在该列表框中列出当前附着在图形中的外部参照。

◆ "绑定定义"列表框：在该列表框中列出依赖外部参照的命名对象定义以绑定到宿主图形。

◆ "添加"按钮：单击该按钮，可以将"外部参照"列表中选定的命名对象定义移动到"绑定定义"列表中。

◆ "删除"按钮：单击该按钮，可以将"绑定定义"列表中选定的依赖外部参照的命名对象定义移回到它的依赖外部参照的定义表中。

9.3　应用 AutoCAD 设计中心

AutoCAD 设计中心提供了一个直观高效的工具，它同 Windows 资源管理器相似，是 AutoCAD 为了在多个用户或不同的图形之间实现图像信息的共享、重复利用图形中已创建的各种命名对象而提供的工具。AutoCAD 设计中心的功能十分强大，特别是对于需要同时编辑多个文件的用户，设计中心可发挥巨大作用。

9.3.1 设计中心概述

AutoCAD 设计中心是 AutoCAD 中一个非常有用的工具。在进行建筑设计时，特别是需要编辑多个图形对象，调用不同驱动器甚至不同计算机内的文件，在引用已创建的图层、图块、样式等时，使用 AutoCAD 2013 中的"设计中心"命令将帮助用户提高绘图效率。

通过 AutoCAD 设计中心可以完成以下 4 种工作。

◆ 浏览和查看各种图形图像文件，并可显示预览图像及说明文字。

◆ 查看图形文件中命名对象的定义，将其插入、附着、复制和粘贴到当前图形中。

◆ 将图形文件（.DWG）从控制板中拖放到绘图区中，即可打开图形；而将光栅文件从控制板拖放到绘图区中，则可查看附着光栅图像。

◆ 在本地和网络驱动器上查找图形文件，并可创建指向常用图形、文件夹和 Internet 地址的快捷方式。

9.3.2 打开设计中心

利用设计中心，不仅可以浏览、查找、预览和管理 AutoCAD 图形、图块、外部参照及光栅图形等不同的资源文件，还可以通过简单的拖放操作，将位于本地计算机、局域网或 Internet 上的图块、图层、外部参照等内容插入到当前图形中。

执行操作的三种方法	
按钮法	切换至"视图"选项卡，单击"选项板"面板中的"设计中心"按钮🖼。
菜单栏	选择菜单栏中的"工具"→"选项板"→"设计中心"命令。
命令行	输入 ADCENTER 命令。

	素材文件	无
	效果文件	无
	视频文件	光盘\视频\第 9 章\9.3.1　打开设计中心.mp4

实战演练 123——打开设计中心

步骤 01 　在"功能区"选项板的"视图"选项卡中单击"选项板"面板中的"设计中心"按钮🖼，如图 9-26 所示。

步骤 02 　执行操作后，将弹出"设计中心"窗口，即可打开设计中心，如图 9-27 所示。

图 9-26 　单击"设计中心"按钮

图 9-27 　"设计中心"窗口

9.3.3　观察图形信息

使用"设计中心"窗口中的工具栏和选项卡，可以观察图形信息。

1．使用工具栏观察图形信息

"设计中心"工具栏位于"设计中心"窗口的最上方，其中有 11 个按钮供用户使用，各按钮的含义如下。

◆ "加载"按钮：单击该按钮，弹出"加载"对话框，在该对话框中可以查找要加载到设计中心的图形文件。

◆ "上一页"按钮：单击该按钮，可以后退到前一次操作所在的文件夹。

◆ "下一页"按钮：单击该按钮，可以前进到下一次操作所在的文件夹。

◆ "上一级"按钮：单击该按钮，将转换到当前选择内容所隶属的文件夹或文件。

◆ "搜索"按钮：单击该按钮，弹出"搜索"对话框，在该对话框中，可以查找图像文件、图案定义文件、图形文件或图形中的对象类别。

◆ "收藏夹"按钮：单击该按钮，系统将自动定位在 Autodesk 文件夹，在文件夹中显示了当前收藏的文件。

◆ "主页"按钮：单击该按钮，即可定位于系统设置的主页，如图 9-28 所示。

图 9-28　主页

◆ "树状图切换"按钮：单击该按钮，即可打开或关闭文件夹列表，如图 9-29 所示为关闭"文件夹列表"。

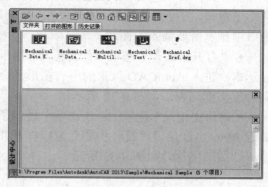

图 9-29　关闭"文件夹列表"

◆ "预览"按钮：单击该按钮，可以打开或关闭预览窗口。

◆ "说明"按钮：单击该按钮，可以打开或关闭说明窗口，如图 9-30 所示为关闭"说明"窗口。

图 9-30　关闭"说明"窗口

◆ "视图"按钮：单击该按钮，可以在其下拉列表框中，设置内容显示的类型，如图 9-31 所示。

图 9-31　"视图"下拉列表

2. 使用选项卡观察图形信息

在"设计中心"窗口中包含以下 3 个选项卡。

◆ "文件夹"选项卡：该选项卡分为左右两个子窗口，方便查找图形，还可以在"预览"窗口中预览所要插入的图块。

◆ "打开的图形"选项卡：该选项卡用于显示本次进入 AutoCAD 以来的所有图形及命名对象类别列表，如图 9-32 所示。

◆ "历史记录"选项卡：该选项卡显示了最近 AutoCAD 使用"设计中心"窗口打开并使用的图形文件，如图 9-33 所示。

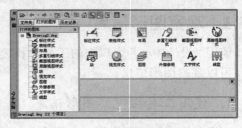

图 9-32　"打开的图形"选项卡

图 9-33　"历史记录"选项卡

9.3.4　利用设计中心内容

利用 AutoCAD 设计中心，可以方便地在当前图形中插入图块、引用光栅图像和外部参照，在图形之间复制图块、图层、线型和文字样式等。

1. 插入图块

在 AutoCAD 2013 中，系统提供了以下两种插入块的方法。

◆ 直接插入：当从"设计中心"窗口中选择要插入的块，并拖到绘图区中适当位置，释放鼠标时，命令将提示指定插入点、输入比例因子、旋转角度，用户可以根据需要进行设置。

◆ 插入时确定插入点、插入比例和旋转角度：从"设计中心"窗口中选择要插入的块，单击鼠标右键将该图块拖到绘图区后释放鼠标，此时将弹出一个快捷菜单，选择"插入为块"选项，弹出"插入"对话框，在该对话框中可以确定插入点、插入比例及旋转角度。

专家提醒 ☞

由于利用自动换算比例方式插入块容易造成块内尺寸错误，因此可以采用指定插入点、插入比例和旋转角度的方式插入块。另外，一次只能插入一个块，插入块后，块定义的说明部分也插入到图形中，并复制到图形库。

2. 引用外部参照

外部参照在图形文件中也可以作为单一对象，在引用时需要确定插入点、缩放比例和旋转角度等。从"设计中心"面板中选择要引用外部参照的块，单击鼠标右键可以将该图块拖曳到绘图区中释放鼠标，并在弹出的快捷菜单中选择"附着为外部参照"选项，弹出"外部参照"对话框，在该对话框中可以设置参照类型、比例及旋转角度等。

3. 在图形中复制图层和其他对象

在 AutoCAD 2013 中，为了绘制方便，可以复制图层及其他对象，如通过拖放可以将图层从一个图形复制到另一个图形，即从"设计中心"窗口中选择一个或多个图层并将其拖到已打开的图形中，然后释放鼠标，即可完成图层的复制。

专家提醒 ☞

复制图层前，应首先保证要复制图层的图形文件是当前打开的图形，并且还需要解决图层的命名问题。可以按照复制图层的方法用 AutoCAD 设计中心复制线型、文字样式、尺寸样式、布局及块等内容。

9.3.5　搜索文件

单击"设计中心"窗口中的"搜索"按钮，在弹出的"搜索"对话框中可以搜索需要查找的文件。

素材文件	无
效果文件	无
视频文件	光盘\视频\第9章\9.3.5　搜索文件.mp4

实战演练 124——搜索文件

步骤 01 在命令行中输入 ADCENTER（设计中心）命令，按【Enter】键确认，弹出"设计中心"窗口，单击"搜索"按钮🔍，如图 9-34 所示。

图 9-34　单击"搜索"按钮

步骤 02 弹出"搜索"对话框，在"搜索文字"文本框中，输入"厨具"，单击"于"下拉列表框，在弹出的下拉列表中，选择"本地磁盘（E）"选项，如图 9-35 所示。

步骤 03 单击"立即搜索"按钮，开始搜索图形，并显示搜索进度，搜索完成后，在"名称"列表框中，将显示出搜索结果，如图 9-36 所示。

专家提醒 ☞

除了可以在"搜索"对话框中搜索图形外，还可以通过"搜索"对话框中的"修改日期"和"高级"两个选项卡进行设置。

图 9-35　"搜索"对话框

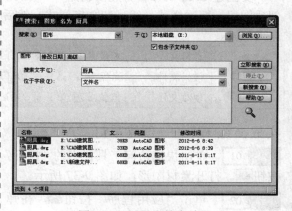

图 9-36　显示出搜索结果

在"搜索"对话框中，各主要选项的含义如下。

◆ "搜索"下拉列表框：指定搜索路径名。要输入多个路径，请用分号隔开。

◆ "浏览"按钮：单击该按钮，在"浏览文件夹"对话框中显示树状图，从中可以指定要搜索的驱动器和文件夹。

◆ "包含子文件夹"复选框：选中该复选框后，搜索范围将包括搜索路径中的子文件夹。

◆ "立即搜索"按钮：单击该按钮，可以按照指定条件开始搜索。

◆ "停止"按钮：单击该按钮，可以停止搜索并在"搜索"对话框中显示搜索结果。

◆ "新搜索"按钮：单击该按钮，清除"搜索文字"文本框并将光标放在文本框中。

◆ "搜索文字"下拉列表框：用于指定要在指定字段中搜索的文本字符串。

◆ "位于字段"下拉列表框：用于指定要搜索的特性字段。

◆ "搜索结果"列表框：显示搜索结果。

◆ "修改日期"选项卡：用于查找在一段特定时间内创建或修改的内容。

◆ "高级"选项卡：查找图形中的内容；只有选定图形名称后，该选项卡才可用。

9.4 使用 CAD 标准

所谓 CAD 标准，其实就是为命名对象定义一个公共特性集。用户可以根据图形中使用的命名对象创建 CAD 标准，例如图层、文本样式、线型和标注样式等。为它定义一个标准之后，可以使用样板式文件的形式来存储这个标准，并且能够将一个标准文件和多个图形文件相关联，从而检查 CAD 图形文件是否与标准文件一致。

当用户使用 CAD 标准文件来检查图形文件是否标准时，图形中前面提到的所有命名对象都将被检查到。如果用户在确定一个对象时，使用了非标准文件中的名称，那么这个非标准文件将会被清除。任何一个非标准对象都会被转换为标准对象。

9.4.1 创建 CAD 标准

要创建 CAD 标准，首先要新建一个图形文件或直接打开一个图形文件，按照约定的标准创建图层、标注样式、线型和文字样式，然后以样板的形式保存起来。CAD 标准文件的扩展名为*.dws。

素材文件	光盘\素材\第 9 章\吊灯.dwg	
效果文件	光盘\效果\第 9 章\吊灯.dws	
视频文件	光盘\视频\第 9 章\9.4.1　创建 CAD 标准.mp4	

实战演练 125——创建吊灯 CAD 标准

步骤 01 　单击快速访问工具栏中的"打开"按钮，打开素材图形，如图 9-37 所示。

步骤 02 　单击"应用程序"按钮，在弹出的"应用程序"菜单中，依次单击"另存为"→"图形标准"命令，如图 9-38 所示。

步骤 03 　弹出"图形另存为"对话框，设置文件名和保存路径，如图 9-39 所示，单击"保存"按钮，即可生成一个与当前文件同名且扩展名为.dws 的标准文件。

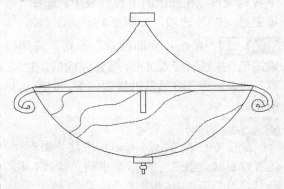

图 9-37　素材图形

图 9-38　单击相应的命令

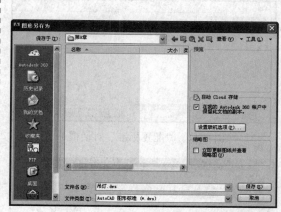

图 9-39　"图形另存为"对话框

9.4.2　配置 CAD 标准

在 AutoCAD 2013 中，在使用 CAD 标准文件进行检查图形文件之前，需要将要检查的图形文件设置为当前图形文件。

执行操作的三种方法	
按钮法	切换至"管理"选项卡，单击"CAD 标准"面板中的"配置"按钮 配置。
菜单栏	选择菜单栏中的"工具"→"CAD 标准"→"配置"命令。
命令行	输入 STANDARDS 命令。
素材文件	光盘\素材\第 9 章\卫生间大样图、吊灯.dws
效果文件	光盘\效果\第 9 章\卫生间大样图.dwg
视频文件	光盘\视频\第 9 章\9.4.2　配置 CAD 标准.mp4

实战演练 126——配置卫生间大样图的 CAD 标准

步骤 01　单击快速访问工具栏中的"打开"按钮，打开素材图形"卫生间大样图.dwg"，如图 9-40 所示。

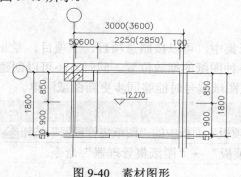

图 9-40　素材图形

步骤 02　在"功能区"选项板的"管理"选项卡中，单击"CAD 标准"面板中的"配置"按钮 配置，如图 9-41 所示。

图 9-41　单击"配置"按钮

步骤 03　弹出"配置标准"对话框，单击"添加标准文件"按钮，如图 9-42 所示。

步骤 04　弹出"选择标准文件"对话框，选择"吊灯.dws"文件，单击"打开"按钮，如图 9-43 所示。

图 9-42 "配置标准"对话框 1

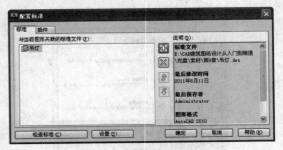

图 9-44 "配置标准"对话框 2

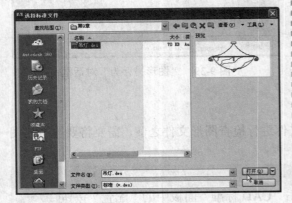

图 9-43 单击"打开"按钮

步骤 05 返回"配置标准"对话框，在"与当前图形关联的标准文件"列表框中将显示配置的标准文件，如图 9-44 所示。

步骤 06 单击"确定"按钮，即可配置 CAD 标准文件。

在"配置标准"对话框中，各主要选项的含义如下。

◆ "与当前图形关联的标准文件"列表框：该列表框中列出了与当前图形相关联的所有标准（DWS）文件。如果此列表中的多个标准之间发生冲突（例如，如果两个标准指定了名称相同但特性不同的图层），则该列表中首先显示的标准文件优先。

◆ "添加标准文件"按钮 ⊞：单击该按钮，可以使标准（DWS）文件与当前图形相关联。

◆ "删除标准文件"按钮 ⊠：单击该按钮，可以从列表中删除某个标准文件。

◆ "插件"选项卡：在该选项卡中，将为每一个命名对象安装标准插件，可为这些命名对象定义标准（图层、标注样式、线型和文字样式）。

9.5 在建筑绘图中使用图纸集

图纸集是由多个图形文件的图纸组成的图纸集合，每个图纸引用到一个图形文件的布局，可以从任意图形中将一种布局导入到一个图纸集中，作为一个编号的图纸。

9.5.1 "图纸集管理器"面板

图纸集是一系列图纸的有序命名集合。在图纸集中，可以按照总项目、子项目、专业图纸和文档等逻辑关系分级设置图纸子集，以安排各种图纸的摆放位置。同时，还可以创建包含图纸清单的标题图纸，以便在添加、删除或修改图纸编号时能够同步更新图纸清单。

执行操作的三种方法	
按钮法	切换至"视图"选项卡，单击"选项板"面板中的"图纸集管理器"按钮 。
菜单栏	选择菜单栏中的"工具"→"选项板"→"图纸集管理器"命令。
命令行	输入 SHEETSET 命令。

采用以上任意一种操作方式执行命令后，都将弹出"图纸集管理器"面板，如图 9-45 所示。

图 9-45　"图纸集管理器"面板

9.5.2　图纸管理集的 5 种方式

在 AutoCAD 2013 中，可以对图纸集进行管理，如组织、锁定、归档和创建图纸集等。

1. 组织图纸

使用"图纸集管理器"面板中的"图纸列表"选项卡，可以将图纸层次分明地组织在"组"和"子集"集合中；使用"视图列表"选项卡，将视图组织在"类别"集合中。

2. 图纸集特性

在"图纸集管理器"面板"图纸列表"中的图纸集上单击鼠标右键，在弹出的快捷菜单中选择"特性"选项，将弹出"图纸集特性-建筑图纸集"对话框，如图 9-46 所示。在该对话框中，用户可以查看并修改图纸集的详细信息，包括图纸集数据（DST）文件的路径和文件名，以及与图纸集相关联的所有自定义特性等信息。

在"图纸集管理器"面板中，各主要选项的含义如下。

◆ "打开…"选项：显示"打开图纸集"对话框。

◆ "最近使用的文件"选项：显示近期打开的图纸集列表。

◆ "图纸列表"选项卡：显示按顺序排列的图纸列表。可以将这些图纸组织到用户创建的名为"子集"的标题下。

◆ "图纸视图"选项卡：显示了当前图纸集使用的、按顺序排列的视图列表。可以将这些视图组织到用户创建的名为"类别"的标题下方。

◆ "模型视图"选项卡：显示可用于当前图纸集的文件夹、图形文件以及模型空间视图的列表。可以添加和删除文件夹位置，以控制哪些图形文件与当前图纸集相关联。

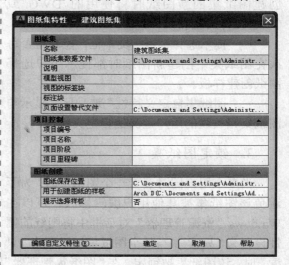

图 9-46　"图纸集特性-建筑图纸集"对话框

在"图纸集特性-建筑图纸集"对话框中，各主要选项的含义如下。

◆ "名称"文本框：显示图纸集的名称。

◆ "图纸集数据文件"文本框：显示图纸集数据（DST）文件的路径和文件名。

◆ "说明"文本框：显示图纸集的说明。

◆ "模型视图"文本框：显示包含图纸集使用的图形的文件夹路径和名称。

◆ "视图的标签块"文本框：显示包含图纸集标签块的 DWT 或 DWG 文件路径和文件名。

◆ "标注块"文本框：显示包含图纸集标注块的 DWT 或 DWG 文件路径和文件名。

◆ "页面设置替代文件"文本框：显示包含图纸集页面设置替代的图形样板（DWT）文件路径和文件名。

◆ "项目控制"选项区：显示项目中常用的几个字段，包括"项目编号"、"项目名称"、"项目阶段"和"项目里程碑"。

◆ "图纸保存位置"文本框：显示从中创建新图纸的文件夹路径和名称。

◆ "用于创建图纸的样板"文本框：显示创建图纸集的新图纸时将使用的 DWG 或 DWT 文件路径和名称。

◆ "提示选择样板"文本框：控制是否每次在图纸集中创建新图纸时都提示用户选择图纸创建样板。

◆ "图纸集自定义特性"选项区：显示与图纸集相关联的用户定义的自定义特性。

3. 锁定图纸集

当多个用户同时查看一个图纸集时，为了避免该图纸集被其他用户编辑修改，可以在Windows "资源管理器"对话框中将图纸的属性设置为"只读"。当某个图纸集被设置为"只读"时，该图纸集被锁定，在"图纸集管理器"面板中将显示一个锁定标记🔒。

4. 归档图纸集

在"图纸集管理器"面板"图纸列表"中的图纸集上单击鼠标右键，在弹出的快捷菜单中选择"归档"选项，弹出"归档图纸集"对话框，如图 9-47 所示，在该对话框中，可以选择希望归档的文件。

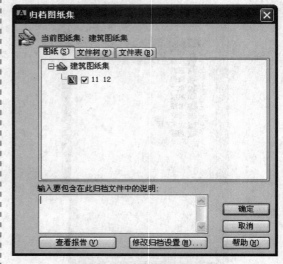

图 9-47 "归档图纸集"对话框

在"归档图纸集"对话框中，各主要选项的含义如下。

◆ "图纸"选项卡：按照图纸顺序和子集组织列出要包含在归档文件包中的图纸。必须在图纸集管理器中打开图纸集。

◆ "文件树"选项卡：以层次结构树的形式列出要包含在归档文件包中的文件。默认情况下，将列出与当前图形相关的所有文件（例如，相关的外部参照、打印样式和字体）。用户可以向归档文件包中添加文件或删除现有的文件。归档文件包不包含由 URL 引用的相关文件。

◆ "文件表"选项卡：以表格的形式显示要包含在归档文件包中的文件。默认情况下，将列出与当前图形相关的所有文件（例如，相关的外部参照、打印样式和字体）。用户可以向归档文件包中添加文件或删除现有的文件。归档文件包不包含由 URL 引用的相关文件。

◆ "输入要包含在此归档文件中的说明"文本框：用户可以在此处输入与归档文件包相关的说明。这些说明包含在归档报告中。

◆　"查看报告"按钮：单击该按钮，将弹出"查看归档报告"对话框，如图 9-48 所示，该对话框中显示了包含在归档文件包中的报告信息，包括用户输入的归档说明。如果创建了默认说明的文本文件，则说明也将包含在报告中。

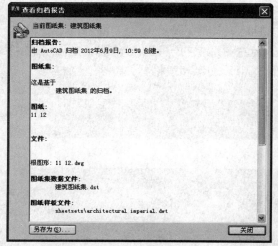

图 9-48　"查看归档报告"对话框

5.　创建图纸集

单击菜单栏中的"文件"→"新建图纸集"命令，或输入 NEWSHEETSET（新建图纸集）命令，按【Enter】键确认，都将弹出"创建图纸集-开始"对话框，如图 9-49 所示。"创建图纸集-开始"对话框包含了一系列页面，这些页面可以一步步地引导用户完成创建新图纸集的过程。可以选择从现有图形创建新的图纸集，或者使用现有的图纸集作为样板，并基于该图纸集创建自己的新图纸集。

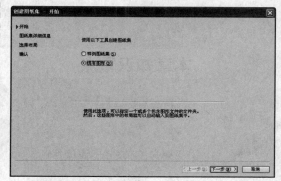

图 9-49　"创建图纸集-开始"对话框

第 10 章 文本说明和表格数据

学前提示

　　一般情况下，在使用 AutoCAD 进行设计时，不仅要绘制图形，而且还要添加文本注释与表格。它们常用于标注图形中的一些图形信息，是图形的固有组成部分。本章将介绍在建筑制图中，文字和表格标注的操作方法。

本章知识重点

▶ 建筑设计中的文字样式

▶ 建筑设计中文字的应用

▶ 文本的其他应用

▶ 建筑制图中表格的应用

学完本章后你会做什么

▶ 掌握建筑设计中关于文字样式的操作，如创建和设置文字样式等

▶ 掌握建筑设计中关于文字应用的操作，如创建单行文字和多行文字等

▶ 掌握建筑制图中表格的应用，如创建建筑表格样式、创建表格等

视频演示

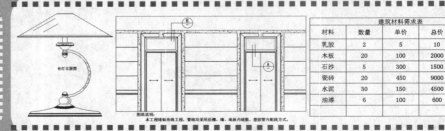

建筑材料需求表			
材料	数量	单价	总价
乳胶	2	5	10
木板	20	100	2000
石沙	5	300	1500
瓷砖	20	450	9000
水泥	30	150	4500
油漆	6	100	600

10.1　建筑设计中的文字样式

在进行文字标注前，应该先对文字样式（如样式名、字体、字体的高度、效果等）进行设置，从而方便、快捷地对图形对象进行标注，得到统一、标准、美观的标注文字。

10.1.1　创建建筑文字样式

在 AutoCAD 2013 中，所有的文字都有与其相关的文字样式。因此在创建文字标注时，AutoCAD 通常使用当前的文字样式，当然用户还可以根据具体要求重新创建文字样式。文字样式是字符格式定义的组合，它作为与文字对象相关的一种属性，决定了单行文字的字体、高度、倾斜角度、宽度比例和书写方向，并作为多行文字的默认特征。

执行操作的四种方法	
按钮法 1	切换至"常用"选项卡，单击"注释"面板中的"文字样式"按钮 。
按钮法 2	切换至"注释"选项卡，单击"文字"面板中的"文字样式"按钮 。
菜单栏	选择菜单栏中的"格式"→"文字样式"命令。
命令行	输入 STYLE（快捷命令：ST）命令。

	素材文件	光盘\素材\第 10 章\流程图.dwg
	效果文件	光盘\效果\第 10 章\流程图.dwg
	视频文件	光盘\视频\第 10 章\10.1.1　创建建筑文字样式.mp4

实战演练 127——创建流程图文字样式

步骤 **01**　单击快速访问工具栏中的"打开"按钮 ，打开素材图形，如图 10-1 所示。

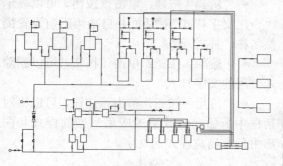

图 10-1　素材图形

步骤 **02**　在"功能区"选项板的"注释"选项卡中，单击"文字"面板中的"文字样式"按钮 ，如图 10-2 所示。

步骤 **03**　弹出"文字样式"对话框，在对话框的右侧单击"新建"按钮，如图 10-3 所示。

图 10-2　单击"文字样式"按钮

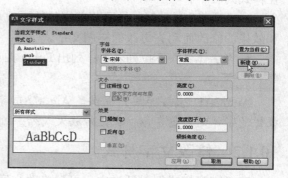

图 10-3　"文字样式"对话框

件夹中所有注册的 TrueType 字体和所有编译的形（SHX）字体的字体族名。

步骤 **04** 弹出"新建文字样式"对话框，输入"建筑样式"，如图 10-4 所示。

图 10-4 "新建文字样式"对话框

步骤 **05** 单击"确定"按钮，即可新建文字样式，并在"样式"列表框中显示新建的文字样式，如图 10-5 所示。

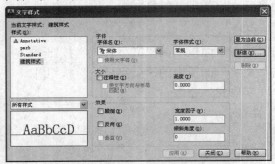

图 10-5 显示新建的文字样式

在"文字样式"对话框中，各选项的含义如下。

◆ "当前文字样式"显示区：列出当前文字样式。

◆ "样式"列表框：列出所有已设定的文字样式名或对已有样式名进行相关操作。

◆ "样式列表过滤器"列表框：用于指定将"所有样式"还是"正在使用的样式"显示在样式列表中。

◆ "预览"显示区：显示随着字体的更改和效果的修改而动态更改的样例文字。

◆ "字体名"下拉列表框：列出 Fonts 文

◆ "字体样式"下拉列表框：用于指定字体格式，如斜体、粗体或者常规字体。

◆ "使用大字体"复选框：指定亚洲语言的大字体文件。只有 SHX 文件可以创建"大字体"。

◆ "注释性"复选框：选中该复选框，可以指定文字为注释性。

◆ "使文字方向与布局匹配"复选框：指定图纸空间视口中的文字方向与布局方向匹配。

◆ "高度"文本框：根据输入的值设置文字高度。

◆ "颠倒"复选框：选中该复选框，将文本文字倒置。

◆ "反向"复选框：选中该复选框，将文本反向标注。

◆ "宽度因子"文本框：设置宽度系数，确定文本字符的宽高比。

◆ "倾斜角度"文本框：确定文字倾斜角度。

◆ "置为当前"按钮：单击该按钮，可以将在"样式"列表框中选定的样式设定为当前。

◆ "新建"按钮：单击该按钮，可以显示"新建文字样式"对话框并自动为当前设置提供名称"样式 n"。

◆ "删除"按钮：单击该按钮，可以删除未使用的文字样式。

◆ "应用"按钮：单击该按钮，可以将对话框中所做的样式更改应用到当前样式和图形中具有当前样式的文字。

专家提醒 ☞

AutoCAD 2013 为用户提供了 AutoCAD 字体和 Windows 字体两种字体。其中，AutoCAD 提供的字体是矢量字体，在进行放大或缩小时不发生改变。

10.1.2 修改文字样式

在"文字样式"对话框中，可以修改文字样式，如修改文字的字体、高度、宽度比例和效果等。

素材文件	光盘\素材\第 10 章\浴霸.dwg
效果文件	光盘\效果\第 10 章\浴霸.dwg
视频文件	光盘\视频\第 10 章\10.1.2　修改文字样式.mp4

实战演练 128——修改浴霸图形中的文字样式

步骤 01　单击快速访问工具栏中的"打开"按钮，打开素材图形，如图 10-6 所示。

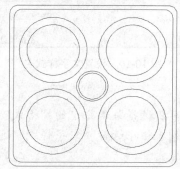

图 10-6　素材图形

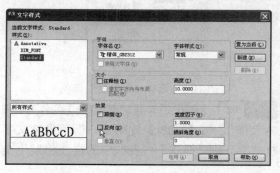

图 10-7　"文字样式"对话框

步骤 02　在"功能区"选项板的"注释"选项卡中，单击"文字"面板中的"文字样式"按钮，将弹出"文字样式"对话框，单击"字体名"下拉列表框，在弹出的下拉列表框中选择"楷体_GB2312"选项；在"文字样式"对话框的"效果"选项区中，取消选中"颠倒"和"反向"复选框，如图 10-7 所示。

步骤 03　依次单击"应用"和"关闭"按钮，即可修改文字样式，效果如图 10-8 所示。

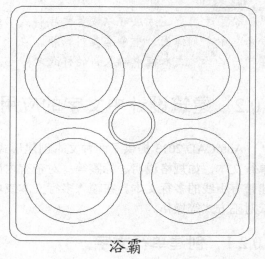

图 10-8　修改文字样式效果

10.1.3　设置文字样式名

在"文字样式"对话框中，还可以对已有的文字样式进行重命名操作。

素材文件	上一个实例的素材
效果文件	光盘\效果\第 10 章\设置文字样式名.dwg
视频文件	光盘\视频\第 10 章\10.1.3　设置文字样式名.mp4

实战演练 129——设置文字样式名

步骤 01　以上一小节的素材为例，在命令行中输入 ST（文字样式）命令，按【Enter】键确认，弹出"文字样式"对话框，在"样式"列表框中选择第一个文字样式，单击鼠标右键，在弹出的快捷菜单中选择"重命名"选项，如图 10-9 所示。

图 10-9 选择"重命名"选项

步骤 02 弹出文本框，输入新样式名为"室内装潢"，按【Enter】键确认，即可设置文字样式名，则"样式"列表框中的样式将发生变

化，如图 10-10 所示，单击"关闭"按钮，关闭对话框。

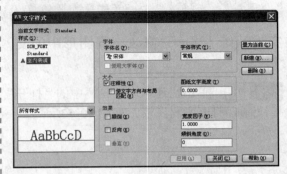

图 10-10 设置文字样式名

专家提醒

除了运用上述方法可以设置文字样式名外，用户还可以选择菜单栏中的"格式"→"重命名"命令，弹出"重命名"对话框，在"命名对象"列表框中选择"文字样式"选项，并在"旧名称"文本框中输入新的样式名即可。

10.2 建筑设计中文字的应用

AutoCAD 2013 提供了两种文本创建形式，即单行文本和多行文本。对简短的输入项使用单行文本，如规格说明、标签等；对带有内部格式及复杂的输入项使用多行文本，也可以创建带有引线的多行文本。在输入多行文本或单行文本时，用户可以对所输入的文本进行缩放或对正方式等操作。

10.2.1 创建单行文字

单行文本每次只能输入一行文本，它的每一行都是独立的文字对象，可以重新定位、调整格式或进行其他修改。

执行操作的四种方法	
按钮法 1	切换至"常用"选项卡，单击"注释"面板中的"单行文字"按钮 **A**。
按钮法 2	切换至"注释"选项卡，单击"文字"面板中的"单行文字"按钮 **A**。
菜单栏	选择菜单栏中的"绘图"→"文字"→"单行文字"命令。
命令行	输入 TEXT 命令。
素材文件	光盘\素材\第 10 章\台灯.dwg
效果文件	光盘\效果\第 10 章\台灯.dwg
视频文件	光盘\视频\第 10 章\10.2.1 创建单行文字.mp4

实战演练 130——创建台灯图形中的单行文字

步骤 `01`　单击快速访问工具栏中的"打开"按钮，打开素材图形，如图 10-11 所示。

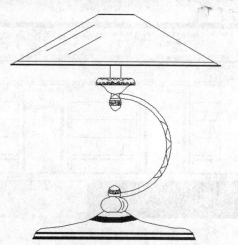

图 10-11　素材图形

步骤 `02`　在命令行中输入 TEXT（单行文字）命令，按【Enter】键确认，在命令行提示下，输入文字的起点坐标为（2512, 1099），按【Enter】键确认，设置文字高度为 10。

步骤 `03`　连续按两次【Enter】键确认，弹出文本框，输入"台灯立面图"并确认，并按【Esc】键退出，即可创建单行文字，效果如图 10-12 所示。

专家提醒 ☞

单行文字常用于不需要使用多种字体的简短内容中，用户可以为其中的不同文字设置不同的字体和大小。

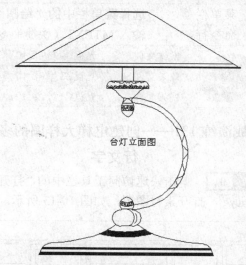

台灯立面图

图 10-12　创建单行文字效果

执行"单行文字"命令后，命令行中的提示如下。

当前文字样式："Standard" 文字高度：2.5000 注释性：否（系统显示当前文字样式及文字高度）

指定文字的起点或 [对正 (J) / 样式 (S)]：（在绘图区中拾取一点作为文字起点）

指定高度 <2.5000>：（输入单行文字的高度）

指定文字的旋转角度 <0>：（直接按【Enter】键确认，以默认文字旋转角度为 0）

命令行中各选项的含义如下。

◆ 对正（J）：用于指定单行文字标注的对齐方式。

◆ 样式（S）：用于指定当前创建的文字标注所采用的文字样式。

10.2.2　创建多行文字

对于较长、较为复杂的内容，可以使用多行文字的方式创建。多行文字的特点是所有标注文字是一个整体，用户可以对其进行整体缩放等编辑操作。另外，多行文字可以分别对各个文字的格式进行设置，而不受文字样式的影响。

执行操作的四种方法	
按钮法 1	切换至"常用"选项卡，单击"注释"面板中的"多行文字"按钮 **A**。
按钮法 2	切换至"注释"选项卡，单击"文字"面板中的"多行文字"按钮 **A**。

菜单栏	选择菜单栏中的"绘图"→"文字"→"多行文字"命令。
命令行	输入 MTEXT（快捷命令：MT）命令。

	素材文件	光盘\素材\第 10 章\电梯大样图.dwg
	效果文件	光盘\效果\第 10 章\电梯大样图.dwg
	视频文件	光盘\视频\第 10 章\10.2.2　创建多行文字.mp4

实战演练 131——创建电梯大样图的多行文字

步骤 **01**　单击快速访问工具栏中的"打开"按钮📂，打开素材图形，如图 10-13 所示。

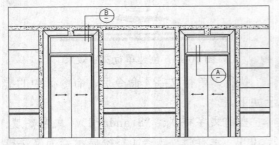

图 10-13　素材图形

步骤 **02**　在命令行中输入 MT（多行文字）命令，按【Enter】键确认，在命令行提示下，依次捕捉合适的角点和对角点，弹出文本框和"文字编辑器"选项卡，如图 10-14 所示。

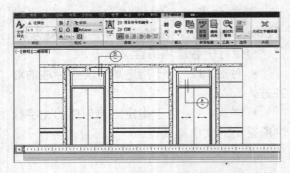

图 10-14　弹出文本框和"文字编辑器"选项卡

步骤 **03**　在文本框中输入相应的文字，并输入"文字高度"为 100，如图 10-15 所示。

步骤 **04**　在绘图区中的空白位置处单击鼠标左键，即可创建多行文字，效果如图 10-16 所示。

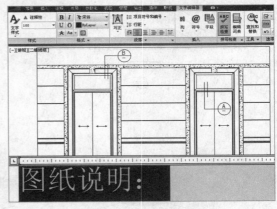

图 10-15　设置文字高度

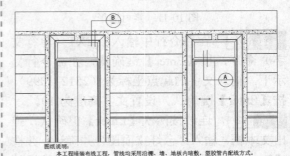

图 10-16　创建多行文字

在"文字编辑器"选项卡中，各主要选项的含义如下。

◆ "注释性"按钮 △ 注释性：可以打开或关闭当前多行文字对象的"注释性"。

◆ "文字高度"文本框：在该文本框中，可以使用图形单位设定新文字的字符高度或更改选定文字的高度。

◆ "粗体"按钮 **B**：单击该按钮，可以打开和关闭新文字或选定文字的粗体格式。

◆ "斜体"按钮 *I*：单击该按钮，可以打开和关闭新文字或选定文字的斜体格式。

◆ "下划线"按钮 U：单击该按钮，可

以打开和关闭新文字或选定文字的下划线。

◆ "上划线"按钮 **O**：单击该按钮，可以为新建的文字或选定的文字打开和关闭上划线。

◆ "字体"按钮 **宋体**：单击该按钮，可以为新输入的文字指定字体或更改选定文字的字体。

◆ "颜色"按钮 **ByLayer**：单击该按钮，可以指定新文字的颜色或更改选定文字的颜色。

◆ "对正"按钮 **A**：显示"多行文字对正"菜单，并且有 9 个对齐选项可用。

◆ "行距"按钮 **行距**：显示建议的行距选项或"段落"对话框。

◆ "符号"按钮 **@**：在光标位置插入符号或不间断空格。

◆ "字段"按钮 **字**：显示"字段"对话框，从中可以选择要插入到文字中的字段。

◆ "拼写检查"按钮 **ABC**：确定键入时拼写检查处于打开还是关闭状态。

◆ "查找和替换"按钮 **ABC**：单击该按钮，可以显示"查找和替换"对话框。

◆ "标尺"按钮 **标尺**：单击该按钮，在编辑器顶部显示标尺。

> **专家提醒**
>
> 多行文字又称段落文本，是一种方便管理的文本对象，它可以由两行以上的文本组成，而且各行文本都是作为一个整体来处理。

10.2.3　输入特殊字符

在实际绘图中，往往需要标注一些特殊的字符，如指数、在文字上方或下方添加划线、标注度（°）、正负公差（±）等特殊符号。这些特殊符号不能从键盘上直接输入，因此 AutoCAD 提供了相应的命令操作，以实现这些标注要求。

1. 使用文字控制符

AutoCAD 的控制符由两个百分号（%%）及一个字符构成，常用特殊符号的控制符如下。

◆ %%C：表示直径符号（ϕ）。

◆ %%D：表示角度符号。

◆ %%O：表示上划线符号。

◆ %%P：表示正负公差符号（±）。

◆ %%U：表示下划线符号。

◆ %%%：表示百分号%。

◆ %%nnn：表示 ASCII 码字符。

在 AutoCAD 2013 的控制符中，%%O 和 %%U 分别是上划线与下划线的开关。第一次出现此符号时，可以打开上划线或下划线，第二次出现此符号时，则会关掉上划线或下划线。

> **专家提醒**
>
> 在"输入文字"的提示下，输入控制符时，这些控制符也临时显示在屏幕上，当结束文本创建命令时，这些控制符将从屏幕上消失，转换成相应的特殊符号。

2. 使用快捷菜单

在创建多行文字时，可以在"文字编辑器"选项卡下方的文本框中单击鼠标右键，在弹出的快捷菜单中可以选择相应的选项，以输入相应的特殊字符，如图 10-17 所示。

在弹出的快捷菜单中选择"符号"→"其他"选项，将弹出"字符映射表"对话框，如图 10-18 所示，在该对话框中，还有许多常用的符号可供选择。

图 10-17 快捷菜单

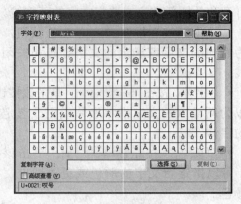

图 10-18 "字符映射表"对话框

10.2.4 修改文字内容

若在要创建完成后再次对文字进行编辑，只要在已存在的文字对象上，双击鼠标左键或输入"编辑文字内容"的相关命令，可以重新编辑文字对象。

执行操作的四种方法	
鼠标法	在绘图中需要编辑的文字对象上双击鼠标左键
菜单栏	选择菜单栏中的"修改"→"对象"→"文字"→"编辑"命令。
命令行	输入 DDEDIT 命令。
快捷菜单	选择文字并单击鼠标右键，在弹出的快捷菜单中选择"编辑"选项。

素材文件	光盘\素材\第 10 章\平面布置图.dwg
效果文件	光盘\效果\第 10 章\平面布置图.dwg
视频文件	光盘\视频\第 10 章\10.2.4 修改文字内容.mp4

实战演练 132——修改平面布置图的文字内容

步骤 01 单击快速访问工具栏中的"打开"按钮📂，打开素材图形，如图 10-19 所示。

步骤 02 在命令行中输入 DDEDIT（编辑）命令，按【Enter】键确认，在命令行提示下选择文字对象，弹出文本框，输入"室内户型布置图"，连续按两次【Enter】键确认，即可修改文字的内容，如图 10-20 所示。

两居室平面布置图

图 10-19 素材图形

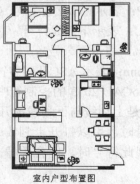

室内户型布置图

图 10-20 修改文字内容

10.2.5　设置文字缩放比例

在 AutoCAD 2013 中创建文字时，可以使用"缩放"命令对各文字进行缩放。

执行操作的三种方法	
按钮法	切换至"注释"选项卡，单击"文字"面板中的"缩放"按钮 📄 。
菜单栏	选择菜单栏中的"修改"→"对象"→"文字"→"比例"命令。
命令行	输入 SCALETEXT 命令。

	素材文件	光盘\素材\第 10 章\建筑剖面图.dwg
	效果文件	光盘\效果\第 10 章\建筑剖面图.dwg
	视频文件	光盘\视频\第 10 章\10.2.5　设置文字缩放比例.mp4

实战演练 133——设置建筑剖面图的文字比例

步骤 01　单击快速访问工具栏中的"打开"按钮 📂 ，打开素材图形，如图 10-21 所示。

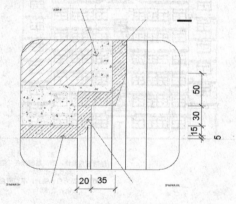

图 10-21　素材图形

步骤 02　在"功能区"选项板的"注释"选项卡中，单击"文字"面板中的"缩放"按钮 📄 ，如图 10-22 所示。

图 10-22　单击"缩放"按钮

步骤 03　在命令行提示下，依次选择绘图区中的所有文字对象，连续按两次【Enter】键确认，输入 S（比例因子）选项。

步骤 04　按【Enter】键确认，输入缩放比例为 5，按【Enter】键确认，即可设置文字缩放比例，效果如图 10-23 所示。

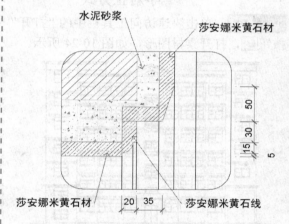

图 10-23　设置文字缩放比例

执行"缩放"命令后，命令行中的提示如下。

选择对象：（选择要调整比例的文字）

输入缩放的基点选项[现有 (E) / 左对齐 (L) / 居中 (C) / 中间 (M) / 右对齐 (R) / 左上 (TL) / 中上 (TC) / 右上 (TR) / 左中 (ML) / 正中 (MC) / 右中 (MR) / 左下 (BL) / 中下 (BC) / 右下 (BR)] <现有>：（选择相应的选项，可以指定文字对象的缩放基点）

指定新模型高度或 [图纸高度(P)/匹配对象(M)/比例因子(S)] <3.0000>: s(选择"缩放比例"选项)

指定缩放比例或 [参照(R)] <3.0000>:（指定缩放文字的比例因子）

10.2.6 设置文字对正方式

在 AutoCAD 2013 中编辑多行文字时，常常需要设置其对正方式，多行文字对象的对正同时控制文字对齐和文字的走向。

执行操作的三种方法	
按钮法	切换至"注释"选项卡，单击"文字"面板中的"对正"按钮 A_l 。
菜单栏	选择菜单栏中的"修改"→"对象"→"文字"→"对正"命令。
命令行	输入 JUSTIFYTEXT 命令。

	素材文件	光盘\素材\第 10 章\建筑立面图.dwg
	效果文件	光盘\效果\第 10 章\建筑立面图.dwg
	视频文件	光盘\视频\第 10 章\10.2.6　设置文字对正方式.mp4

实战演练 134——设置建筑立面图的文字对正方式

步骤 01 单击快速访问工具栏中的"打开"按钮，打开素材图形，如图 10-24 所示。

注：
屋顶三角装饰，墙面细部线条，装饰见各详图。
大面积墙面为白色瓷片，沿口刷白色外墙涂料。

图 10-24　素材图形

步骤 02 在命令行中输入 JUSTIFYTEXT（对正）命令，按【Enter】键确认，在命令行提示下选择多行文字对象。

步骤 03 按【Enter】键确认，在弹出的快捷菜单中选择"中间（M）"选项，即可设置文字的对正方式，效果如图 10-25 所示。

注：
屋顶三角装饰，墙面细部线条，装饰见各详图。
大面积墙面为白色瓷片，沿口刷白色外墙涂料。

图 10-25　设置文字的对正方式效果

执行"对正"命令后，命令行中的提示如下。

选择对象:（选择需要设置对正方式的文字对象）

输入对正选项[左对齐(L)/对齐(A)/布满(F)/居中(C)/中间(M)/右对齐(R)/左上(TL)/中上(TC)/右上(TR)/左中(ML)/正中(MC)/右中(MR)/左下(BL)/中下(BC)/右下(BR)] <左对齐>:（选择相应的选项，可以指定文字对象的对正选项）

命令行中各选项的含义如下。

◆ 左对齐（L）：将所选文字全部左端对齐。

◆ 对齐（A）：指定文本行基线的两个端点确定文字的高度和方向。

◆ 布满（F）：指定文本行基线的两个端点确定文字的方向。系统将调整字符的宽高比例，以使文字在两端点之间均匀分布，而文字高度不变。

◆ 居中（C）：将所选文字全部居中对齐。

◆ 中间（M）：将所选文字全部以文本行基线的中间对齐。

◆ 右对齐（R）：将所选的文字全部右端对齐。

◆ 左上（TL）：将文字对齐在第一个文字单元的左上角。

◆ 中上（TC）：将文字对齐在文本最后一个文字单元的中上角。

◆ 右上（TR）：将文字对齐在文本最后一个文字单元的右上角。

◆ 左中（ML）：将文字对齐在第一个文字单元左侧的垂直中点。

◆ 正中（MC）：将文字对齐在文本的垂直中点和水平中点。

◆ 右中（MR）：将文字对齐在文本最后一个文字单元右侧的垂直中点。

◆ 左下（BL）：将文字对齐在第一个文字单元的左下角。

◆ 中下（BC）：将文字对齐在基线中点。

◆ 右下（BR）：将文字对齐在基线的最右侧。

10.3　文本的其他应用

在 AutoCAD 2013 中，除了可以创建单行文字、多行文字、修改文字内容以及设置文字缩放比例等，还可以控制文本显示、查找和替换文字以及插入字段等。

10.3.1　控制文本显示

为了加快图形在重生成过程中的速度，可以使用 QTEXT 命令控制文本的显示模式。

执行操作方法	
命令行	输入 QTEXT 命令。
素材文件	光盘\素材\第 10 章\小景平面图.dwg
效果文件	光盘\效果\第 10 章\小景平面图.dwg
视频文件	光盘\视频\第 10 章\10.3.1　控制文本显示.mp4

实战演练 135——控制小景平面图的文本显示

步骤 01　单击快速访问工具栏中的"打开"按钮，打开素材图形，如图 10-26 所示。

步骤 02　在命令行中输入 QTEXT（快速文字）命令，并按【Enter】键确认，在命令行提示下，输入 ON（开）选项，按【Enter】键确认；在命令行输入 REGEN（重生成）命令，按【Enter】键确认，即可控制文本显示，效果如图 10-27 所示。

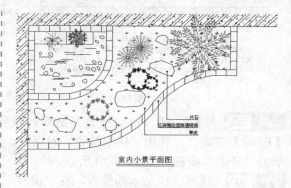

图 10-26　素材图形

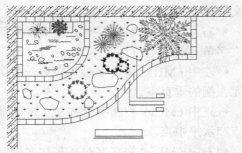

图 10-27　控制文本显示

专家提醒

QTEXT 命令不是一个绘制和编辑对象的命令，该命令只能控制文本的显示。通过该命令可以将显示模式设置为“开”状态。在图形重新生成时，AutoCAD 将不必对文本的笔划进行具体计算与绘图操作，因而可以节省系统资源，提高计算机的效率。

10.3.2　拼写检查文本

AutoCAD 对照一个主词典和一个用户自定义词典对当前选择集中的文字进行检查。

执行操作的两种方法	
菜单栏	选择菜单栏中的“工具”→“拼写检查”命令。
命令行	输入 SPELL（快捷命令：SP）命令。

素材文件	光盘\素材\第 10 章\道路平面图.dwg
效果文件	光盘\效果\第 10 章\道路平面图.dwg
视频文件	光盘\视频\第 10 章\10.3.2　拼写检查文本.mp4

实战演练 136——拼写检查道路平面图的文本

步骤 01　单击快速访问工具栏中的“打开”按钮，打开素材图形，如图 10-28 所示。

丰花月季
桧柏球
非机动车道
发祥东路
同　心　南　路
蜀桧造型
电线杆
国槐
说明：
ArtoCAD中绘制的同心南路全长1410米，分车带全长1095米，分车带外宽2米，内宽1.8米。面积3942平米。分车带植物配置以60米为一个单元段，前30米种植丰花月季，后30米种植丰花月季和桧柏球，两个单元之间种植10米长带状蜀桧，全线两个单元交替种植。

图 10-28　素材图形

步骤 02　输入 SP（拼写检查）命令，按【Enter】键确认，弹出“拼写检查”对话框，单击“开始”按钮，如图 10-29 所示。

步骤 03　稍后完成文本的检查，在“拼写检查”对话框中的“建议”选项区中将显示出检查结果，并弹出文本框，在文本框中选择错误的文字，如图 10-30 所示。

拼写检查
要进行检查的位置(W):
整个图形
开始(S)
不在词典中(N):
添加到词典(D)
忽略(I)
全部忽略(A)
建议(G):
修改(C)
全部修改(L)
主词典(M):
美国英语
词典(T)...
设置(E)...
放弃(U)
关闭
帮助

图 10-29　“拼写检查”对话框

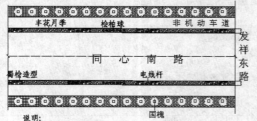

说明:
ArtoCAD中绘制的同心南路全长1410米，
分车带外宽2米，内宽1.8米。面积3942
置以60米为一个单元段，前30米种植丰
丰花月季和桧柏球，两个单元之间种植
线两个单元交替种植。

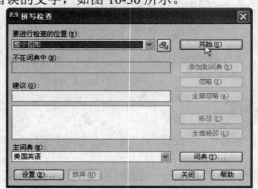

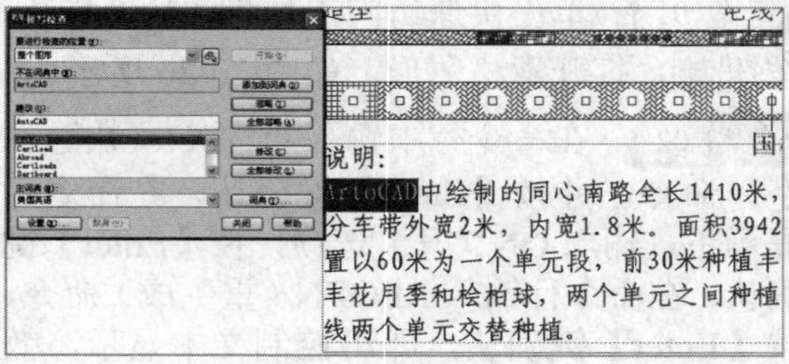

图 10-30　选择错误的文字

 步骤　04　单击"修改"按钮，弹出信息提示框，如图 10-31 所示。

图 10-31　信息提示框

步骤　05　单击"确定"按钮，返回"拼写检查"对话框，单击"关闭"按钮，即可完成文字拼写检查，效果如图 10-32 所示。

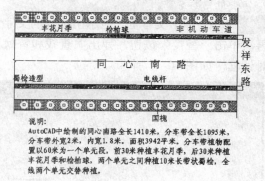

图 10-32　完成文字拼写检查

在"拼写检查"对话框中，各选项的含义如下。

◆ "要进行检查的位置"下拉列表框：选择要检查拼写的区域。

◆ "选择对象"按钮：单击该按钮，将拼写检查限制在选定的单行文字、多行文字、标注文字、多重引线文字、块属性内的文字和外部参照内的文字范围内。

◆ "不在词典中"文本框：显示标识为拼错的词语。

◆ "建议"文本框：显示当前词典中建议的替换词列表。

◆ "主词典"下拉列表框：列出主词典选项。默认词典将取决于语言设置。

◆ "开始"按钮：单击该按钮，可以开始检查文字的拼写错误。

◆ "忽略"按钮：单击该按钮，将不做任何修改。

◆ "全部忽略"按钮：单击该按钮，可以跳过对所有与当前词语相同的词语的检查。

◆ "添加到当前词典"按钮：单击该按钮，将当前词语添加到当前自定义词典中。

◆ "修改"按钮：单击该按钮，可以用"建议"文本框中的词语替换当前词语。

◆ "全部修改"按钮，单击该按钮，可以替换拼写检查区域中所有选定文字对象中的当前词语。

◆ "词典"按钮：单击该按钮，可以显示"词典"对话框，如图 10-33 所示。

图 10-33　"词典"对话框

◆ "设置"按钮：单击该按钮，显示"拼写检查设置"对话框，如图 10-34 所示。

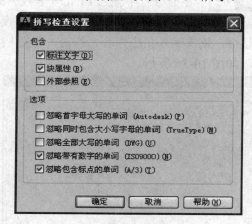

图 10-34　"拼写检查设置"对话框

10.3.3 查找和替换文本

使用"查找"命令，可以查找单行文字和多行文字的指定字符，并可对其进行替换操作。

执行操作的三种方法	
按钮法	切换至"注释"选项卡，单击"文字"面板中的"查找文字"按钮。
菜单栏	选择菜单栏中的"编辑"→"查找"命令。
命令行	输入 FIND 命令。
	素材文件	光盘\素材\第 10 章\陈列柜.dwg
	效果文件	光盘\效果\第 10 章\陈列柜.dwg
	视频文件	光盘\视频\第 10 章\10.3.3 查找和替换文本.mp4

实战演练 137——查找和替换陈列柜图形中的文字

步骤 **01** 单击快速访问工具栏中的"打开"按钮，打开素材图形，如图 10-35 所示。

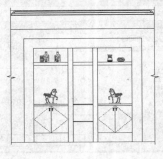

陈列柜

图 10-35 素材图形

步骤 **02** 在命令行中输入 FIND（查找）命令，按【Enter】键确认，弹出"查找和替换"对话框，依次输入相应内容，单击"查找"按钮，如图 10-36 所示。

图 10-36 "查找和替换"对话框 1

步骤 **03** 弹出文本框，显示出选择的文字，再次单击"替换"按钮，弹出"查找和替换"对话框，如图 10-37 所示。

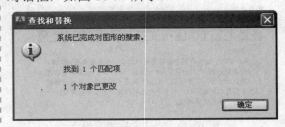

图 10-37 "查找和替换"对话框 2

步骤 **04** 单击"确定"按钮，返回"查找和替换"对话框，单击"完成"按钮，即可完成文字的查找和替换，如图 10-38 所示。

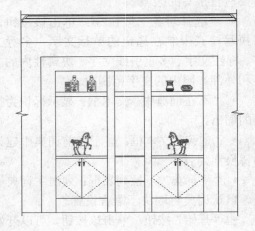

陈列柜立面图

图 10-38 查找和替换文本

在"查找和替换"对话框中，各选项的含义如下。

◆ "查找内容"下拉列表框：指定要查找的字符串。

◆ "替换为"下拉列表框：指定用于替换找到文字的字符串。

◆ "查找位置"下拉列表框：指定是搜索整个图形、当前布局还是搜索当前选定的对象。

◆ "列出结果"复选框：在显示位置（模型或图纸空间）、对象类型和文字表格中列出结果。

◆ "查找"按钮：查找在"查找内容"下拉列表框中输入的文字。

◆ "全部替换"按钮：查找在"查找内容"下拉列表框中选择的文字的所有实例，并用"替换为"下拉列表框中输入的文字来替代。

◆ "区分大小写"复选框：可以将"查找内容"下拉列表框中文字的大小写作为搜索条件的一部分。

◆ "全字匹配"复选框：仅查找与"查找内容"下拉列表框中文字完全匹配的文字。

◆ "使用通配符"复选框：可以在搜索中使用通配符。

◆ "搜索外部参照"复选框：在搜索结果中包括外部参照文件中的文字。

◆ "搜索块"复选框：在搜索结果中包括块中的文字。

◆ "忽略隐藏项"复选框：在搜索结果中忽略隐藏项。隐藏项包括已冻结或关闭图层上的文字、以不可见模式创建的块属性的文字以及动态块内处于可见性状态的文字。

◆ "区分变音符号"复选框：在搜索结果中区分变音符号标记或重音。

◆ "区分半/全角"复选框：在搜索结果中区分半角和全角字符。

◆ "块属性值"复选框：在搜索结果中包括块属性文字值。

◆ "标注/引线文字"复选框：在搜索结果中包括标注和引线对象文字。

◆ "单行/多行文字"复选框：在搜索结果中包括文字对象。

◆ "表格文字"复选框：在搜索结果中包括在 AutoCAD 表格单元中找到的文字。

◆ "超链接说明"复选框：在搜索结果中包括在超链接说明中找到的文字。

◆ "超链接"复选框：在搜索结果中包括超链接 URL。

10.3.4　插入字段

字段是与特定数据相关的说明文字，如文件名和日期等。在建筑制图中常使用字段来说明图纸的标题、尺寸或图形中的命名对象等。字段可以插入到任意种类的文字中，也可单独插入。

执行操作的三种方法	
按钮法	切换至"插入"选项卡，单击"数据"面板中的"字段"按钮 。
菜单栏	选择菜单栏中的"插入"→"字段"命令。
命令行	输入 FIELD 命令。

	素材文件	光盘\素材\第 10 章\休息亭立面图.dwg
	效果文件	光盘\效果\第 10 章\休息亭立面图.dwg
	视频文件	光盘\视频\第 10 章\10.3.4　插入字段.mp4

实战演练 138——在休息亭立面图中插入字段

步骤 01　单击快速访问工具栏中的"打开"按钮 ，打开素材图形，如图 10-39 所示。

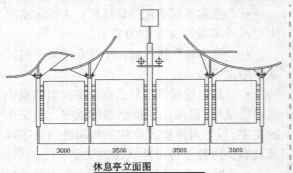

图 10-39　素材图形

步骤 **02**　在"功能区"选项板的"插入"选项卡中，单击"数据"面板中的"字段"按钮，如图 10-40 所示。

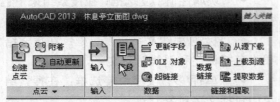

图 10-40　单击"字段"按钮

步骤 **03**　弹出"字段"对话框，在"字段名称"下拉列表框中选择"打印方向"选项，在"格式"列表框中选择"大写"选项，如图 10-41 所示。

步骤 **04**　单击"确定"按钮，在命令行提示下，输入 H（高度）选项，按【Enter】键确认，输入文字高度为 400，按【Enter】键确认。

步骤 **05**　在绘图区中的合适位置上单击鼠标左键，即可插入字段对象，效果如图 10-42 所示。

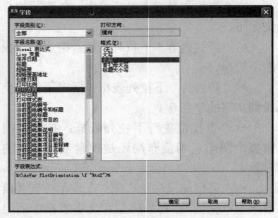

图 10-41　"字段"对话框

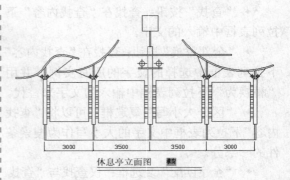

图 10-42　插入字段

在"字段"对话框中，各主要选项的含义如下。

◆ "字段类别"下拉列表框：用于设置字段类型，包括打印、对象和图纸集等选项，用户可以根据需要选择某一个类别。

◆ "字段名称"下拉列表框：在该下拉列表框中，列出了某个类别中可用的字段对象。选择一个字段名称以显示可用于该字段的选项。

10.3.5　修改文字特性

使用"特性"命令，在"特性"面板中，可以查看并修改单行文字对象的对象特性，其中仅适用于文字的特性。

执行操作的四种方法	
按钮法 1	在"功能区"选项板的"常用"选项卡中，单击"特性"面板中的"特性"按钮。

按钮法 2	在"功能区"选项板的"视图"选项卡中，单击"选项板"面板中的"特性选项板"按钮▤。
菜单栏	选择菜单栏中的"工具"→"选项板"→"特性"命令。
命令行	输入 PROPERTIES（快捷命令：PR）命令。

	素材文件	光盘\素材\第 10 章\洗菜池.dwg
	效果文件	光盘\效果\第 10 章\洗菜池.dwg
	视频文件	光盘\视频\第 10 章\10.3.5　修改文字特性.mp4

实战演练 139——修改洗菜池文字特性

步骤 01　单击快速访问工具栏中的"打开"按钮▱，打开素材图形，如图 10-43 所示。

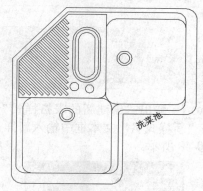

图 10-43　素材图形

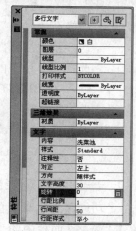

图 10-44　设置参数值

步骤 02　在命令行中输入 PR（特性）命令，按【Enter】键确认，弹出"特性"面板，单击"选择对象"按钮，在命令行提示下选择绘图区中的文字对象，在"特性"面板中设置"旋转"为 0，如图 10-44 所示。

步骤 03　关闭"特性"面板，按【Esc】键退出，即可修改文字特性，如图 10-45 所示。

在"特性"面板中，两个主要卷展栏的含义如下。

◆ "常规"卷展栏：用于修改文字的图层、颜色、线型、线型比例和线宽等对象特性。

◆ "文字"卷展栏：用于修改文字的内容、样式、对正方式和文字高度等特性。

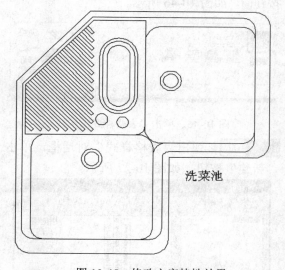

图 10-45　修改文字特性效果

10.4　建筑制图中表格的应用

表格使用行和列以一种简洁清晰的格式提供信息。在 AutoCAD 2013 中，可以创建表格，也可以调用外部表格，为用户绘图提供了方便。在创建表格前，应该先创建表格样式，并通过管理样式使表格更符合行业的需要。本节将介绍创建表格样式、创建和编辑表格以及调用外部数据的操作方法。

10.4.1 创建建筑表格样式

在 AutoCAD 2013 中，可以通过指定行和列的数目以及大小来设置表格的样式，也可以定义新的表格样式，保存这些设置以供将来使用。

执行操作的四种方法	
按钮法 1	切换至"常用"选项卡，单击"注释"面板中的"表格样式"按钮。
按钮法 2	切换至"注释"选项卡，单击"表格"面板中的"表格样式"按钮。
菜单栏	选择菜单栏中的"格式"→"表格样式"命令。
命令行	输入 TABLESTYLE 命令。
素材文件	无
效果文件	光盘\效果\第 10 章\创建建筑表格样式.dwg
视频文件	光盘\视频\第 10 章\10.4.1　创建建筑表格样式.mp4

实战演练 140——创建建筑表格样式

步骤 01　在"功能区"选项板的"注释"选项卡中，单击"表格"面板中的"表格样式"按钮，如图 10-46 所示。

图 10-46　单击"表格样式"按钮

步骤 02　弹出"表格样式"对话框，单击"新建"按钮，如图 10-47 所示。

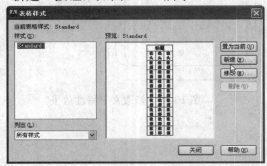

图 10-47　单击"新建"按钮

步骤 03　弹出"创建新的表格样式"对话框，在"新样式名"文本框中输入新样式名，如图 10-48 所示。

图 10-48　"创建新的表格样式"对话框

步骤 04　单击"继续"按钮，弹出"新建表格样式：材料统计表"对话框，设置"填充颜色"为"洋红"、"对齐"为"左上"、"水平"和"垂直"均为 2，如图 10-49 所示。

图 10-49　"新建表格样式：材料统计表"对话框

步骤 05　单击"确定"按钮，返回"表格样式"对话框，在"样式"列表框中将显示出新建的表格样式，如图 10-50 所示，单击"关闭"按钮，即可创建表格样式。

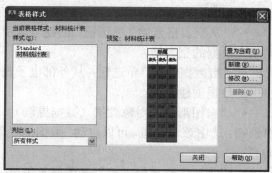

图 10-50　"表格样式"对话框

在"表格样式"对话框中，各选项的含义如下。

◆ "当前表格样式"显示区：用于显示应用于所创建表格的表格样式的名称。

◆ "样式"列表框：用于显示表格样式列表。当前样式被亮显。

◆ "列出"下拉列表框：用于控制"样式"列表的内容。

◆ "预览"显示区：显示出"样式"列表框中选定样式的预览图像。

◆ "置为当前"按钮：单击该按钮，可以将"样式"列表框中选定的表格样式设定为当前样式，所有新表格都将使用此表格样式创建。

◆ "新建"按钮：单击该按钮，将弹出"创建新的表格样式"对话框，从中可以定义新的表格样式。

◆ "修改"按钮：单击该按钮，将弹出"修改表格样式"对话框，从中可以修改表格样式。

◆ "删除"按钮：单击该按钮，可以删除"样式"列表框中选定的表格样式，不能删除图形中正在使用的样式。

专家提醒

表格的外观是由表格样式控制的，使用表格样式，可以保证表格具有标准的字体、颜色、文本、高度和行距。

10.4.2　创建表格

表格是由单元格构成的矩形阵列。用户在创建表格时，可以直接插入表格对象而不需要用单独的直线绘制组成的表格。

执行操作的四种方法	
按钮法 1	切换至"常用"选项卡，单击"注释"面板中的"表格"按钮▦。
按钮法 2	切换至"注释"选项卡，单击"表格"面板中的"表格"按钮▦。
菜单栏	选择菜单栏中的"绘图"→"表格"命令。
命令行	输入 TABLE 命令。
	素材文件	光盘\素材\第 10 章\指示路牌立面图.dwg
	效果文件	光盘\效果\第 10 章\指示路牌立面图.dwg
	视频文件	光盘\视频\第 10 章\10.4.2　创建表格.mp4

实战演练 141——创建指示路牌立面图表格

步骤 01　单击快速访问工具栏中的"打开"按钮▱，打开素材图形，如图 10-51 所示。

步骤 02　输入 TABLE（表格）命令，按【Enter】键确认，弹出"插入表格"对话框，设置"列数"为 5、"列宽"为 500、"数据行数"为 4、"行高"为 300，如图 10-52 所示。

图 10-51　素材图形

图 10-52　"插入表格"对话框

步骤 03　单击"确定"按钮，在绘图区中任意捕捉一点，按两次【Esc】键退出，即可创建表格，如图 10-53 所示。

图 10-53　创建表格

10.4.3　添加表格行和列

在使用表格时，有时会发现原来的表格不够用了，需要添加行或列。

执行操作的两种方法	
按钮法	在"表格单元"选项卡中，单击"行"面板中的"从下方插入"按钮或"从上方插入"按钮，插入行；在"表格单元"选项卡中，单击"列"面板中的"从左侧插入"按钮或"从右侧插入"按钮，插入列。

在"插入表格"对话框中，各选项的含义如下。

◆ "表格样式"下拉列表框：在要从中创建表格的当前图形中选择表格样式。单击其右侧的按钮，可以创建新的表格样式。

◆ "从空表格开始"单选钮：创建可以手动填充数据的空表格。

◆ "自数据链接"单选钮：从外部电子表格中的数据创建表格。

◆ "自图形中的对象数据（数据提取）"单选钮：选中该单选钮，可以启动"数据提取"向导。

◆ "预览"复选框：控制是否显示预览。

◆ "指定插入点"单选钮：指定表格左上角的位置。

◆ "指定窗口"单选钮：指定表格的大小和位置。

◆ "列和行设置"选项区：设置列和行的数目和大小。

◆ "设置单元样式"选项区：对于那些不包含起始表格的表格样式，需指定新表格中行的单元格式。

> **专家提醒** ☞
> AutoCAD 还可以从 Microsoft 的 Excel 中直接复制表格，并将其作为 AutoCAD 表格对象粘贴到图形中，也可以从外部直接导入表格对象。此外，还可以输出来自 AutoCAD 的表格数据，以供在 Word 和 Excel 或其他应用程序中使用。

快捷菜单	在选择的单元格上右击，在弹出的快捷菜单中选择“在下方插入”选项；在选择的单元格上右击，在弹出的快捷菜单中选择“从右侧插入”选项。

素材文件	光盘\素材\第 10 章\建筑材料表.dwg
效果文件	光盘\效果\第 10 章\建筑材料表.dwg
视频文件	光盘\视频\第 10 章\10.4.3　添加表格行和列.mp4

实战演练 142——在建筑材料表中添加行和列

步骤 01　单击快速访问工具栏中的“打开”按钮，打开素材图形，如图 10-54 所示。

建筑材料需求表			
材料	数量	单价	总价
乳胶	2	5	10
木板	20	100	2000
石沙	5	300	1500
瓷砖	20	450	9000
水泥	30	150	4500
油漆	6	100	600

图 10-54　素材图形

步骤 02　选择最下方的单元格对象，在左下方位置单击鼠标左键，弹出“表格单元”选项卡，单击鼠标右键，在弹出的快捷菜单中选择“在下方插入行”选项，如图 10-55 所示。

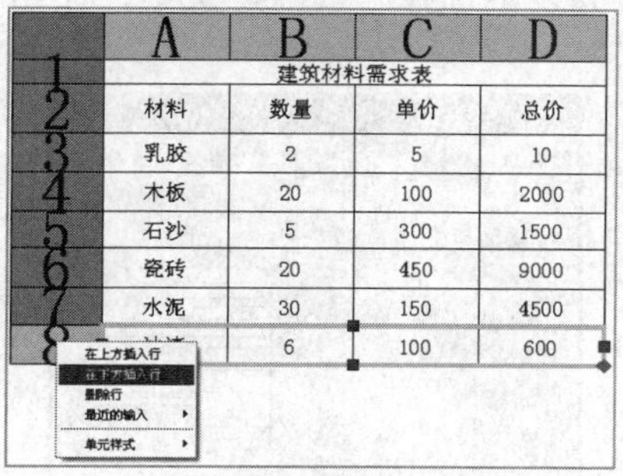

图 10-55　选择“在下方插入”选项

步骤 03　执行操作后，即可添加行，效果如图 10-56 所示。

步骤 04　选择最右侧的单元格，单击鼠标右键，在弹出的快捷菜单中选择“从右侧插入列”选项，如图 10-57 所示。

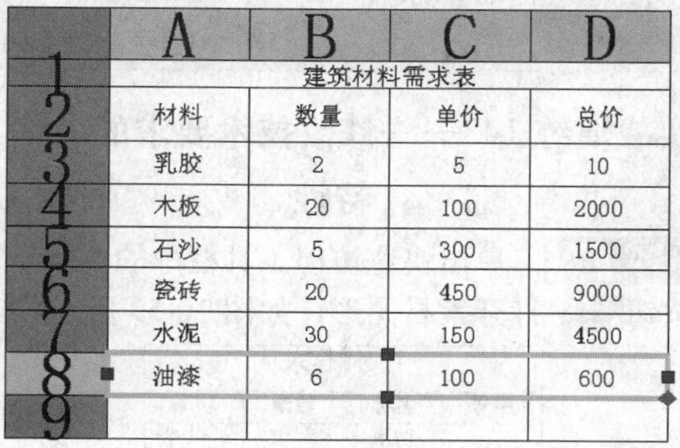

图 10-56　添加行

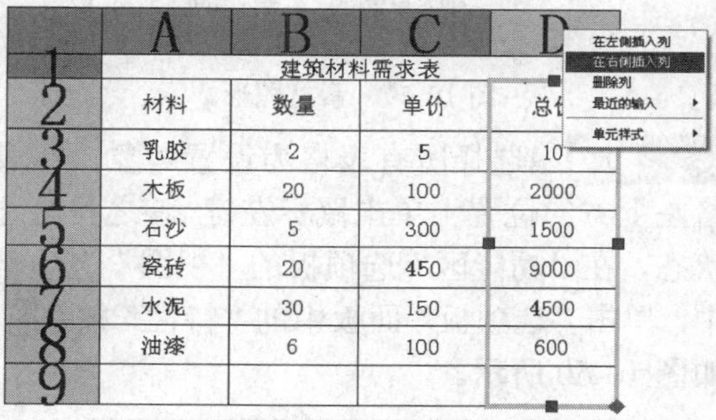

图 10-57　选择“从右侧插入”选项

步骤 05　执行操作后，即可添加列，并按【Esc】键退出，效果如图 10-58 所示。

建筑材料需求表				
材料	数量	单价	总价	
乳胶	2	5	10	
木板	20	100	2000	
石沙	5	300	1500	
瓷砖	20	450	9000	
水泥	30	150	4500	
油漆	6	100	600	

图 10-58　添加列

10.4.4 修改表格特性

在 AutoCAD 2013 中创建好表格对象后，用户可以根据需要编辑表格对象的底纹、线型、颜色和线宽等。

素材文件	光盘\效果\第 10 章\技术要求.dwg
效果文件	光盘\效果\第 10 章\技术要求.dwg
视频文件	光盘\视频\第 10 章\10.4.4 修改表格特性.mp4

实战演练 143——修改技术要求的表格特性

步骤 01 单击快速访问工具栏中的“打开”按钮，打开素材图形，如图 10-59 所示。

技术要求			
序号	名称	数量	功率
1	功率		36Hz
2	振动频率		420V
3	额定电压		4:00:00
4	额定电流		1KW
5			

图 10-59 素材图形

步骤 02 选择所有表格为设置对象，在表格左上方的位置上单击鼠标左键，使之呈全选状态，在“功能区”选项板的“视图”选项卡中，单击“选项板”面板中的“特性”按钮，如图 10-60 所示。

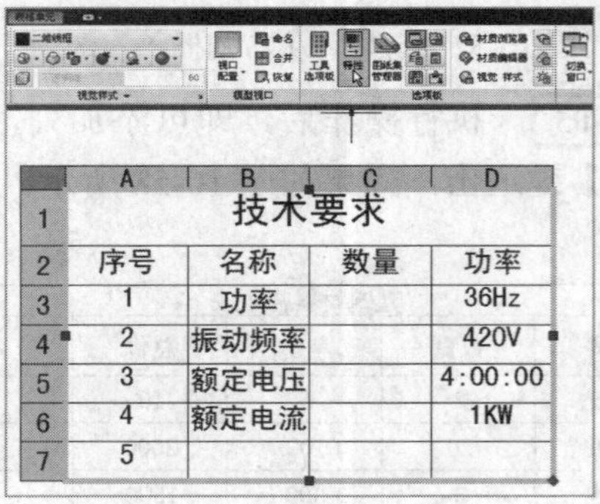

图 10-60 单击“特性”按钮

步骤 03 弹出“特性”面板，单击“单元”选项区中的“背景填充”下拉列表框，在弹出的下拉列表中选择“青”选项，如图 10-61 所示。

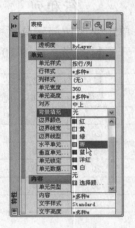

图 10-61 “特性”面板

步骤 04 单击“边界颜色”右侧的按钮，弹出“单元边框特性”对话框，在“边框特性”选项区中，单击“线型”下拉列表框，在弹出的下拉列表中选择“其他”选项，如图 10-62 所示。

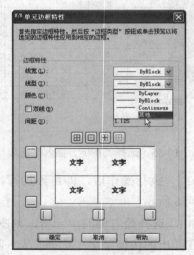

图 10-62 “单元边框特性”对话框

步骤 **05**　弹出"选择线型"对话框，如图 10-63 所示，单击"加载"按钮。

图 10-63　"选择线型"对话框

步骤 **06**　弹出"加载或重载线型"对话框，选择"DASHED"线型，如图 10-64 所示。

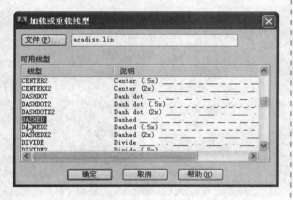

图 10-64　"加载或重载线型"对话框

步骤 **07**　单击"确定"按钮，返回"选择线型"对话框，选择"DASHED"线型，单击"确定"按钮，返回"单元边框特性"对话框。

步骤 **08**　单击"颜色"下拉列表框，在弹出的下拉列表中选择"红"选项，再单击"所有边框"按钮田，并单击"确定"按钮，即可修改表格的特性，关闭"特性"面板，按【Esc】键退出，修改表格特性后的效果如图 10-65 所示。

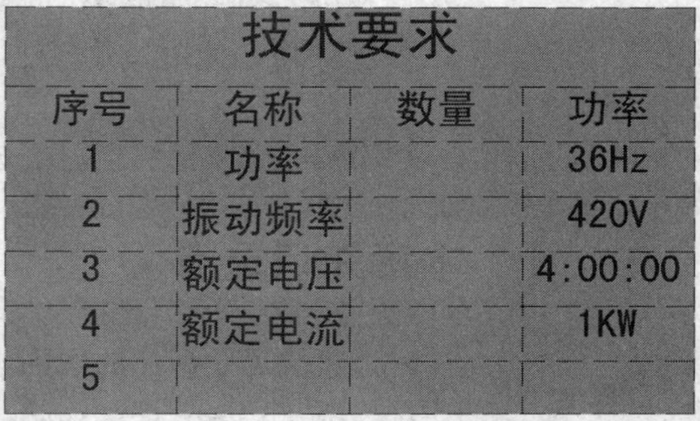

技术要求			
序号	名称	数量	功率
1	功率		36Hz
2	振动频率		420V
3	额定电压		4:00:00
4	额定电流		1KW
5			

图 10-65　修改表格特性效果

第 11 章　建筑制图尺寸标注

学前提示

尺寸用于描述对象各组成部分的大小及相对位置关系，是实际生产中的重要依据。而尺寸标注在建筑绘图中也是不可缺少的一个重要环节。图形主要用于反映各对象的形状，尺寸标注则反映了图形对象的真实大小和相互之间的位置关系。使用尺寸标注，可以清晰地查看图形的真实尺寸。

本章知识重点

▶　建筑尺寸标注的规则

▶　创建并管理标注样式

▶　创建常用尺寸标注

▶　编辑尺寸标注

学完本章后你会做什么

▶　掌握创建并管理标注样式的操作，如创建标注样式、设置标注样式等

▶　掌握创建常用尺寸标注的操作，如创建线性标注、创建对齐标注等

▶　掌握编辑尺寸标注的操作，如编辑文字角度、关联尺寸标注等

视频演示

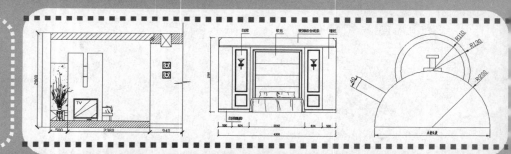

11.1 建筑尺寸标注的规则

尺寸标注对表达有关设计元素的尺寸、材料等信息有着非常重要的作用。在对图形进行尺寸标注之前，需要对标注的规则有一个初步的了解与认识。

11.1.1 建筑尺寸标注基本规则

在对建筑图形进行尺寸标注时，应遵循如下 5 点基本规则。

◆ 图样上所标注的尺寸为建筑图形缩放后的大小。

◆ 图形中的尺寸以系统默认值 mm（毫米）为单位时，不需要标注计量单位代号或名称。如果采用其他单位，必须注明相应计量单位代号或名称。

◆ 图样上所标注的尺寸应为建筑施工完工后的尺寸，否则需另加说明。

◆ 建筑图形对象每个尺寸一般只标注一次，并标注在能清晰反映该图形结构特征的视图上。

◆ 尺寸的配置要合理，功能尺寸应该直接标注；同一要素的尺寸应该尽可能集中标注；并尽量避免在不可见的轮廓上标注尺寸对象；数字之间不允许有任何图线穿过，必要时可以将图线断开。

11.1.2 建筑尺寸标注基本要素

在对建筑图形进行标注时，完整的尺寸标注应该具有以下 5 个单独元素。

◆ 尺寸界线：也称投影线，表示标注尺寸的起止范围，用细实线绘制，并用图形的轮廓线、轴线或对称中心线引出，或用这些线代替。如图 11-1 所示为标注尺寸中的尺寸界线。

如建筑标记。尺寸线不能用其他图线代替，也不得与其他图形重合。如图 11-2 所示为标注尺寸中的尺寸线。

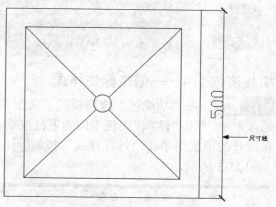

图 11-2 标注尺寸中的尺寸线

◆ 尺寸标注：用于指示测量值的字符串。在建筑绘图中，一般只反映基本尺寸，标注在该尺寸线上方，也可以标注在尺寸线的中断处。尺寸数字不可被任何图线所通过，否则必须将图线断开。

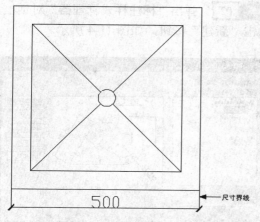

图 11-1 标注尺寸中的尺寸界线

◆ 尺寸线：用于指示标注的方向和范围，也用细实线绘制，一端或两端带有终端符号，

◆ 尺寸线的端点符号：尺寸线的端点符号即箭头，箭头显示在尺寸线的末端，用于指定测量的开始和结束位置。

◆ 起点：尺寸标注的起点是尺寸标注对象标注的定义点，系统测量的数据均以起点为计算端点。

专家提醒 ☞

尺寸在图纸上占有重要地位。建筑工程施工是根据图纸上的尺寸进行的。因此，在绘图时必须保证所标注的尺寸完整、清晰和准确。

11.2 创建并管理标注样式

标注样式用来控制标注的外观，如箭头样式、文字位置、尺寸公差等。在同一个 AutoCAD 文件中，可以同时定义多个不同的命名样式。

11.2.1 创建标注样式

在 AutoCAD 2013 中，建筑标注样式可以控制标注的格式和外观，建立强制执行的绘图标准，这样做便于对标注格式和用途进行修改。

执行操作的四种方法	
按钮法 1	切换至"常用"选项卡，单击"注释"面板中的"标注样式"按钮。
按钮法 2	切换至"注释"选项卡，单击"标注"面板中的"标注样式"按钮。
菜单栏	选择菜单栏中的"插入"→"标注样式"命令。
命令行	输入 DIMSTYLE 命令。

	素材文件	无
	效果文件	光盘\效果\第 11 章\创建标注样式.dwg
	视频文件	光盘\视频\第 11 章\11.2.1　创建标注样式.mp4

实战演练 144——创建标注样式

步骤 01 在"功能区"选项板的"常用"选项卡中，单击"注释"面板中间的下拉按钮，在展开的面板中单击"标注样式"按钮，如图 11-3 所示。

步骤 02 弹出"标注样式管理器"对话框，单击"新建"按钮，如图 11-4 所示。

图 11-3　单击"标注样式"按钮

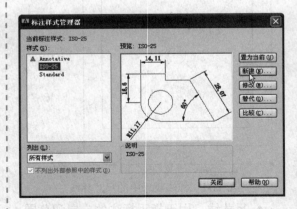

图 11-4　"标注样式管理器"对话框

步骤 03　弹出"创建新标注样式"对话框，设置"新样式名"为"园林标注"，如图 11-5 所示。

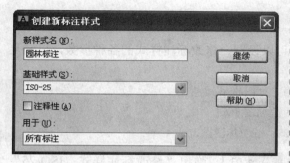

图 11-5　"创建新标注样式"对话框

步骤 04　单击"继续"按钮，弹出"新建标注样式：园林标注"对话框，设置"尺寸线"和"尺寸界线"的"颜色"均为"红"，如图 11-6 所示。

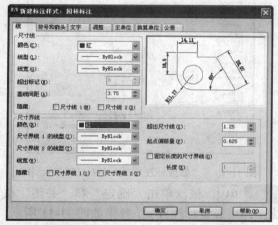

图 11-6　"新建标注样式：园林标注"对话框

步骤 05　单击"确定"按钮，返回"标注样式管理器"对话框，即可创建标注样式，并在"样式"列表框中显示新建的标注样式，如图 11-7 所示。

专家提醒

标注样式是决定尺寸标注形成的尺寸变量设置的集合。通过创建标注样式，可以设置尺寸标注的系统变量，并控制任何类型的尺寸标注的布局及形成。

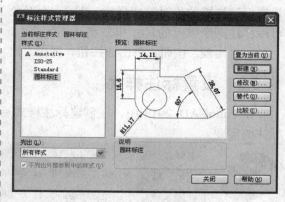

图 11-7　显示新创建的样式

在"标注样式管理器"对话框中，各选项的含义如下。

◆ "当前标注样式"显示区：显示出当前的标注样式名称。

◆ "样式"列表框：在该列表框中，列出了图形中所包含的所有标注样式，当前样式被亮显。选择某一个样式名并单击鼠标右键，在弹出的快捷菜单中可以设置当前标注样式、重命名样式和删除样式。

◆ "列出"下拉列表框：用于选择列出标注样式的形式。一般有两种选项，即"所有样式"和"正在使用的样式"。

◆ "预览"选项区：该区域用于显示"样式"列表框中选择的标注样式。

◆ "说明"显示区：用于说明"样式"列表中与当前样式相关的选定样式。

◆ "置为当前"按钮：单击该按钮，可以将在"样式"列表框中选定的标注样式设置为当前标注样式。

◆ "新建"按钮：单击该按钮，弹出"创建新标注样式"对话框，在该对话框中可以创建新标注样式。

◆ "修改"按钮：弹出"修改标注样式：ISO-25"对话框，在该对话框中可以修改标注样式。

◆ "替代"按钮：单击该按钮，弹出"替代当前样式"对话框，在该对话框中，可以设置标注样式的临时替代样式，对同一个对象可以标注两个以上的尺寸和公差。

◆ "比较"按钮：单击该按钮，弹出"比较标注样式"对话框，在该对话框中，可以比较两个标注样式或列出一个标注样式的所有特性。

11.2.2　设置标注样式

在 AutoCAD 2013 中，在创建标注样式后可以设置、修改标注样式的各种参数，以满足标注的需要。

素材文件	光盘\素材\第 11 章\客厅立面图.dwg
效果文件	光盘\效果\第 11 章\客厅立面图.dwg
视频文件	光盘\视频\第 11 章\11.2.2　设置标注样式.mp4

实战演练 145——设置客厅立面图的标注样式

步骤　01　按【Ctrl+O】组合键，打开一幅素材图形，如图 11-8 所示。

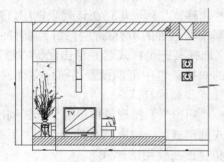

图 11-8　素材图形

步骤　02　在命令行中输入 D（标注样式）命令，按【Enter】键确认，弹出"标注样式管理器"对话框，选择相应的标注样式，单击"修改"按钮，如图 11-9 所示。

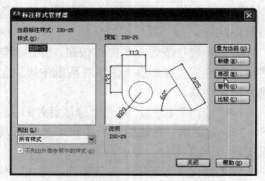

图 11-9　"标注样式管理器"对话框

步骤　03　弹出"修改标注样式：ISO-25"对话框，切换至"文字"选项卡，设置"文字高度"为 80；切换至"符号和箭头"选项卡，设置"箭头大小"为 100，如图 11-10 所示。

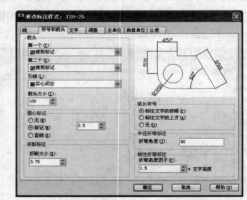

图 11-10　"修改标注样式：ISO-25"对话框

步骤　04　依次单击"确定"和"关闭"按钮，即可设置标注样式，效果如图 11-11 所示。

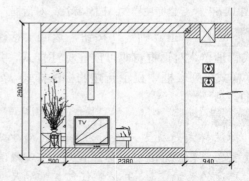

图 11-11　设置标注样式效果

在"修改标注样式"对话框中，各选项卡的含义如下。

◆ "线"选项卡：用于设定尺寸线、尺寸界线、箭头和圆心标记的格式以及特性等。

◆ "符号和箭头"选项卡：用于设定箭头、圆心标记、弧长符号和折弯半径标注的格式和位置。

◆ "文字"选项卡：用于设定标注文字的外观、位置和对齐方式。

◆ "调整"选项卡：用于控制标注文字、箭头、引线和尺寸线的位置。

◆ "主单位"选项卡：用于设定主标注单位的格式和精度，并设定标注文字的前缀和后缀。

◆ "换算单位"选项卡：用于设置标注测量值中换算单位的显示，并设定其格式和精度。

◆ "公差"选项卡：用于指定标注文字中公差的显示及格式。

11.2.3　替代标注样式

在 AutoCAD 2013 中，可以对尺寸标注进行修改，并可以按修改后的设置替代尺寸标注。该操作只可对指定的尺寸对象进行修改，修改后并不影响原系统变量的设置。

素材文件	光盘\素材\第 11 章\卧室.dwg
效果文件	光盘\效果\第 11 章\卧室.dwg
视频文件	光盘\视频\第 11 章\11.2.3　替代标注样式.mp4

实战演练 146——替代卧室图形中的标注样式

步骤 01　按【Ctrl＋O】组合键，打开一幅素材图形，如图 11-12 所示。

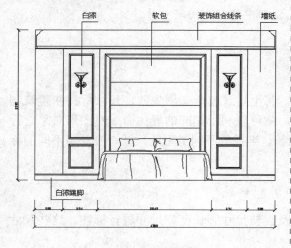

图 11-12　素材图形

步骤 02　在命令行中输入 D（标注样式）命令，按【Enter】键确认，弹出"标注样式管理器"对话框，选择相应的标注样式，单击"替代"按钮，如图 11-13 所示。

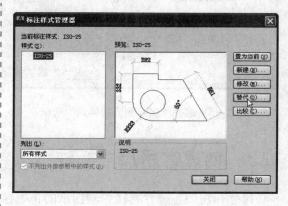

图 11-13　"标注样式管理器"对话框

步骤 03　弹出"替代标注样式：ISO-25"对话框，在"线"选项卡中，设置"尺寸线"和"尺寸界线"的"颜色"均为"黑"；在"文字"选项卡中，设置"文字高度"为 80、"从尺寸线偏移"为 20，如图 11-14 所示。

步骤 04　单击"确定"按钮，返回"标注样式管理器"对话框，选择"样式替代"选项，单击鼠标右键，在弹出的快捷菜单中选择"保存到当前样式"选项，如图 11-15 所示。

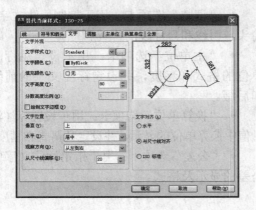

图 11-14　"替代标注样式：ISO-25"对话框

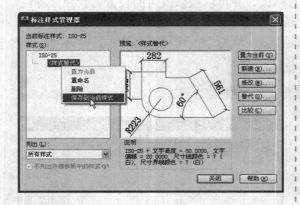

图 11-15　选择"保存到当前样式"选项

步骤 05　执行操作后，即可替代标注样式，并关闭"标注样式管理器"对话框，查看替代标注样式的效果，如图 11-16 所示。

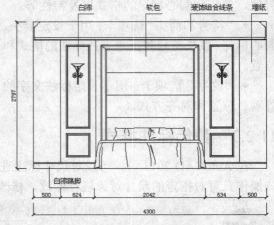

图 11-16　替代标注样式效果

专家提醒

使用替代标注样式，可以为单独的标注或当前的标注样式定义替代标注样式。对于个别尺寸标注，可能需要在不创建其他标注样式的情况下创建替代样式，以便不显示标注的尺寸界线，或者修改文字和箭头的位置使它们不与图形中的几何图形重叠。

11.3　创建常用尺寸标注

尺寸标注的正确性直接影响图纸的正确性，甚至导致整个工程失败，尺寸标注在建筑制图中十分有用。因此在设置好尺寸标注样式后，就可以利用相应的标注命令对图形对象进行尺寸标注了。在 AutoCAD 中，要标注长度、弧长、半径等不同类型的尺寸，应使用不同的标注命令。

11.3.1　创建线性标注

线性尺寸标注用于对水平尺寸、垂直尺寸及旋转尺寸等长度型尺寸进行标注，这些尺寸标注的方法基本类似。

执行操作的四种方法	
按钮法 1	切换至"常用"选项卡，单击"注释"面板中的"线性"按钮□。
按钮法 2	切换至"注释"选项卡，单击"标注"面板中的"线性"按钮□。
菜单栏	选择菜单栏中的"标注"→"线性"命令。

命令行	输入 DIMLINEAR（快捷命令：DLI）命令。
素材文件	光盘\效果\第 11 章\显示器.dwg
效果文件	光盘\效果\第 11 章\显示器.dwg
视频文件	光盘\视频\第 11 章\11.3.1　创建线性标注.mp4

实战演练 147——在显示器图形中创建线性标注

步骤 01　按【Ctrl＋O】组合键，打开素材图形，如图 11-17 所示。

图 11-17　素材图形

步骤 02　在命令行中输入 DLI（线性标注）命令，按【Enter】键确认，在命令行提示下捕捉左上方端点，确定线性标注第一尺寸点，如图 11-18 所示。

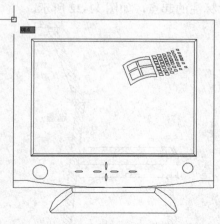

图 11-18　确定线性标注第一尺寸点

步骤 03　向下引导光标，捕捉左下方端点，向左引导光标，输入尺寸线位置为 30，如图 11-19 所示。

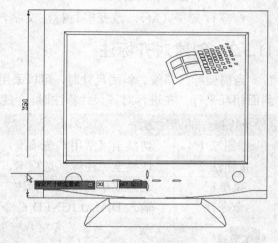

图 11-19　输入参数

步骤 04　按【Enter】键确认，即可创建线性标注，效果如图 11-20 所示。

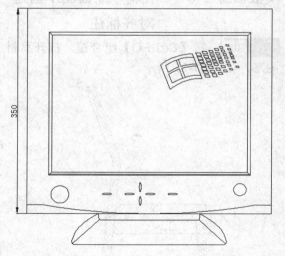

图 11-20　创建线性标注

执行"线性标注"命令后，命令行中的提示如下。

指定第一个尺寸界线原点或 <选择对象>:（捕捉标注对象的起点）

指定第二条尺寸界线原点:（捕捉标注对象的终点）

指定尺寸线位置或 [多行文字(M)/文字(T)/角度(A)/水平(H)/垂直(V)/旋转(R)]:（指定尺寸线位置）

命令行中各选项的含义如下。

◆ 多行文字（M）：改变多行标注文字，或者给多行标注文字添加前缀、后缀。

◆ 文字（T）：改变当前标注文字，或者给标注文字添加前缀、后缀。

◆ 角度（A）：指定文字的倾斜角度，使尺寸文字倾斜标注。

◆ 水平（H）：创建水平线性标注。

◆ 垂直（V）：创建垂直线性标注。

◆ 旋转（R）：创建具有倾斜角度的线性尺寸标注。

11.3.2　创建对齐标注

当需要标注斜线、斜面尺寸时，可以采用对齐尺寸标注，此时标注出来的尺寸线与斜线、斜面相互平行。在进行对齐尺寸标注时，可以指定实体两个端点，也可以直接选取实体。

执行操作的四种方法	
按钮法 1	切换至"常用"选项卡，单击"注释"面板中的"对齐"按钮。
按钮法 2	切换至"注释"选项卡，单击"标注"面板中的"对齐"按钮。
菜单栏	选择菜单栏中的"标注"→"对齐"命令。
命令行	输入 DIMALIGNED 命令。
素材文件	光盘\效果\第 11 章\椅子立面图.dwg
效果文件	光盘\效果\第 11 章\椅子立面图.dwg
视频文件	光盘\视频\第 11 章\11.3.2　创建对齐标注.mp4

实战演练 148——在椅子立面图中创建对齐标注

步骤 01　按【Ctrl＋O】组合键，打开素材图形，如图 11-21 所示。

步骤 02　在命令行中输入 DIMALIGNED（对齐标注）命令，按【Enter】键确认，在命令行提示下捕捉右侧合适的端点，确定对齐尺寸标注的起点，如图 11-22 所示。

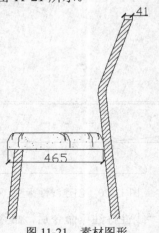

图 11-21　素材图形

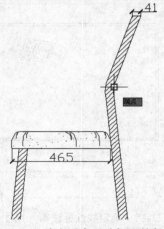

图 11-22　确定对齐尺寸标注的起点

步骤 03　捕捉右下方的端点，向右上方引导光标，输入尺寸线位置为 70，如图 11-23 所示。

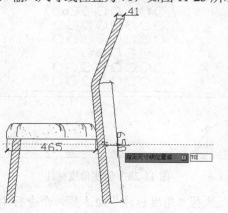

图 11-23　输入参数值

步骤 04　按【Enter】键确认，即可创建对齐标注，效果如图 11-24 所示。

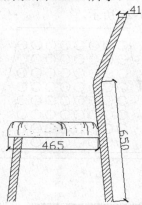

图 11-24　创建对齐标注

11.3.3　创建角度标注

使用"角度"命令，可以测量两条直线或三个点之间的角度。

执行操作的四种方法	
按钮法 1	切换至"常用"选项卡，单击"注释"面板中的"角度"按钮△。
按钮法 2	切换至"注释"选项卡，单击"标注"面板中的"角度"按钮△。
菜单栏	选择菜单栏中的"标注"→"角度"命令。
命令行	输入 DIMANGULAR 命令。

素材文件	光盘\效果\第 11 章\电脑.dwg
效果文件	光盘\效果\第 11 章\电脑.dwg
视频文件	光盘\视频\第 11 章\11.3.3　创建角度标注.mp4

实战演练 149——在电脑图形中创建角度标注

步骤 01　按【Ctrl＋O】组合键，打开素材图形，如图 11-25 所示。

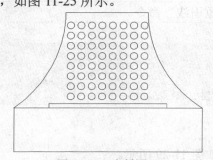

图 11-25　素材图形

步骤 02　输入 DIMANGULAR（角度）命令，按【Enter】键确认，在命令行提示下选择在命令行提示下选择最下方水平直线，如图 11-26 所示。

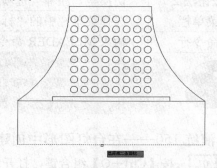

图 11-26　选择最下方水平直线

步骤 03 在上一步中选择的直线的左侧垂直直线上单击鼠标左键，并向右上方引导光标，如图 11-27 所示。

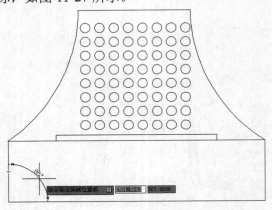

图 11-27 向右上方引导光标

步骤 04 在绘图区中合适的位置上单击鼠标左键，即可创建角度标注，效果如图 11-28 所示。

专家提醒 ☞

角度尺寸标注主要用于标注圆弧对应的中心角、相交直线形成的夹角或者三点形成的夹角。

11.3.4 创建引线标注

在 AutoCAD 2013 中，使用"多重引线"命令可以为建筑设施做说明性标注，如标注设施名称、用途等。在创建引线标注之前，应先设置好引线标注的箭头形式。

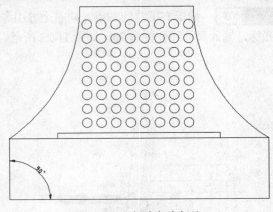

图 11-28 创建角度标注

执行"角度标注"命令后，命令行中的提示如下。

选择圆弧、圆、直线或 <指定顶点>:（选择要标注角度的圆弧、圆、直线对象或直接按【Enter】键确认，通过指定三个点创建角度标注）

选择第二条直线:（选择角度标注的第二条直线对象）

指定标注弧线位置或 [多行文字 (M) /文字 (T) /角度 (A) /象限点 (Q)]:（捕捉点来定位尺寸线并确定绘制尺寸线的方向）

执行操作的四种方法	
按钮法 1	切换至"常用"选项卡，单击"注释"面板中的"多重引线"按钮。
按钮法 2	切换至"注释"选项卡，单击"引线"面板中的"多重引线"按钮。
菜单栏	选择菜单栏中的"标注"→"多重引线"命令。
命令行	输入 MLEADER 命令。
	素材文件	光盘\效果\第 11 章\台灯.dwg
	效果文件	光盘\效果\第 11 章\台灯.dwg
	视频文件	光盘\视频\第 11 章\11.3.4 创建引线标注.mp4

实战演练 150——在台灯图形中创建引线标注

步骤 01 按【Ctrl＋O】组合键，打开素材图形，如图 11-29 所示。

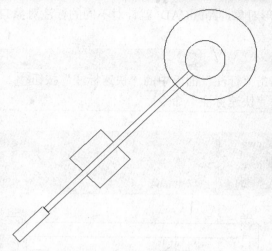

图 11-29　素材图形

步骤 02　在命令行中输入 MLEADER（多重引线）命令，按【Enter】键确认，在命令行提示下捕捉圆心点，向下引导光标，如图 11-30 所示。

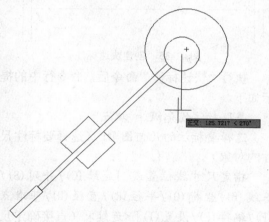

图 11-30　向下引导光标

步骤 03　在合适的位置上单击鼠标左键，弹出文本框和"文字编辑器"选项卡，输入"台灯平面图"文字，如图 11-31 所示。

步骤 04　设置"文字高度"为 10，在绘图区中的空白处单击鼠标左键，即可创建引线标注，效果如图 11-32 所示。

11.3.5　创建快速标注

在 AutoCAD 2013 中，将一些常用标注综合成了一个方便的快速标注命令，即"快速标

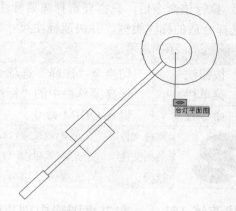

图 11-31　输入文字

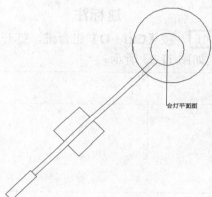

图 11-32　创建引线标注

执行"多重引线"命令后，命令行中的提示如下。

指定引线箭头的位置或 [引线基线优先(L)/内容优先(C)/选项(0)]<选项>：（确定箭头的位置）

指定引线基线的位置：（确定基线位置）

命令行中各选项的含义如下。

◆ 引线基线优先（L）：用于指定多重引线对象的基线的位置。

◆ 内容优先（C）：用于指定与多重引线对象相关联的文字或块的位置。

◆ 选项（O）：用于指定放置多重引线对象的选项。

注"。执行该命令后，只需要选择需要标注的图形对象，AutoCAD 就针对不同的标注对象自动选择合适的标注类型，并快速标注尺寸。

执行操作的三种方法	
按钮法	切换至"注释"选项卡，单击"标注"面板中的"快速标注"按钮 [图]。
菜单栏	选择菜单栏中的"标注"→"快速标注"命令。
命令行	输入 QDIM 命令。

	素材文件	光盘\效果\第 11 章\书桌.dwg
	效果文件	光盘\效果\第 11 章\书桌.dwg
	视频文件	光盘\视频\第 11 章\11.3.5　创建快速标注.mp4

实战演练 151——在书桌图形中创建快速标注

步骤 01　按【Ctrl＋O】组合键，打开素材图形，如图 11-33 所示。

图 11-33　素材图形

步骤 02　在命令行中输入 QDIM（快速标注）命令，按【Enter】键确认，在命令行提示下，选择最上方直线，如图 11-34 所示。

图 11-34　选择最上方直线

步骤 03　按【Enter】键确认，向上引导光标，在绘图区中合适的位置上单击鼠标左键，即可创建快速标注，如图 11-35 所示。

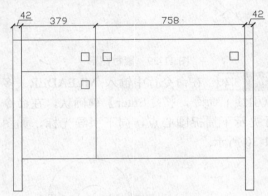

图 11-35　创建快速标注

执行"快速标注"命令后，命令行中的提示如下。

关联标注优先级 = 端点

选择要标注的几何图形：（选择要标注尺寸的对象）

指定尺寸线位置或 [连续 (C) /并列 (S) /基线 (B) /坐标 (O) /半径 (R) /直径 (D) /基准点 (P) /编辑 (E) /设置 (T)] ＜连续＞：（直接确定尺寸线的位置）

命令行中各选项的含义如下。

◆ 连续（C）：用于创建一系列连续标注。
◆ 并列（S）：用于创建一系列并列标注。
◆ 基线（B）：用于创建一系列基线标注。
◆ 坐标（O）：用于创建一系列坐标标注。
◆ 半径（R）：用于创建一系列半径标注。
◆ 直径（D）：用于创建一系列直径标注。
◆ 基准点（P）：为基线标注和坐标标注设定新的基准点。

◆ 编辑（E）：编辑一系列标注。将提示用户在现有标注中添加或删除点。

◆ 设置（T）：为指定尺寸界线原点设置默认对象捕捉。

11.3.6　创建连续标注

连续标注是首尾相连的多个标注，又称为链式标注或尺寸链，是多个线性尺寸的组合。在创建连续标注前，必须已有线性、对齐或角度标注，只有在它们的基础上才能进行此标注。

执行操作的三种方法	
按钮法	切换至"注释"选项卡，单击"标注"面板中的"连续"按钮 ⊞。
菜单栏	选择菜单栏中的"标注"→"连续"命令。
命令行	输入 DIMCONTINUE（快捷命令：DCO）命令。

	素材文件	光盘\效果\第 11 章\浴室立面图.dwg
	效果文件	光盘\效果\第 11 章\浴室立面图.dwg
	视频文件	光盘\视频\第 11 章\11.3.6　创建连续标注.mp4

实战演练 152——在浴室立面图中创建连续标注

步骤 **01**　按【Ctrl＋O】组合键，打开素材图形，如图 11-36 所示。

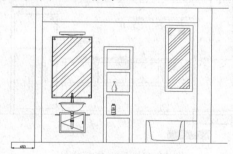

图 11-36　素材图形

步骤 **02**　在命令行中输入 DCO（连续标注）命令，按【Enter】键确认，在命令行提示下选择在命令行提示下选择绘图区中的尺寸标注，并向右引导光标，如图 11-37 所示。

步骤 **03**　在图形最下方合适的端点上依次单击鼠标左键，按【Enter】键确认，即可创建连续标注，效果如图 11-38 所示。

专家提醒 ☞

在标注连续标注对象时，如果当前任务中未创建任何标注，将提示用户选择线性标注、坐标标注或角度标注，以作为连续标注基准。

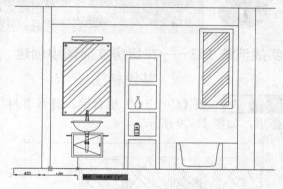

图 11-37　向右引导光标

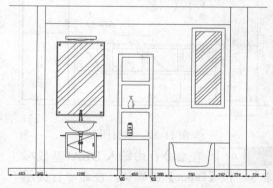

图 11-38　创建连续标注

执行"连续标注"命令后，命令行中的提示如下。

选择连续标注：（选择绘图区中已有的尺寸标注）

指定第二条尺寸界线原点或［放弃(U)/选择(S)]<选择>:（指定下一条尺寸界线的原点对象）

命令行中各选项的含义如下。

◆ 放弃（U）：取消上一次操作。

◆ 选择（S）：调用命令后，系统会以最后一次标注为基准标注。若要选择另外的标注为基准标注，则按【Enter】键确认。

11.3.7 创建基线标注

使用"基线标注"命令可以创建自相同基线测量的一系列相关标注。AutoCAD 使用基线增量值偏移每一条新的尺寸线并避免覆盖上一条尺寸线。

执行操作的三种方法	
按钮法	切换至"注释"选项卡，单击"标注"面板中的"基线"按钮。
菜单栏	选择菜单栏中的"标注"→"基线"命令。
命令行	输入 DIMBASELINE（快捷命令：DBA）命令。
素材文件	光盘\效果\第 11 章\厨房立面图.dwg
效果文件	光盘\效果\第 11 章\厨房立面图.dwg
视频文件	光盘\视频\第 11 章\11.3.7 创建基线标注.mp4

实战演练 153——在厨房立面图中创建基线标注

步骤 01 按【Ctrl＋O】组合键，打开素材图形，如图 11-39 所示。

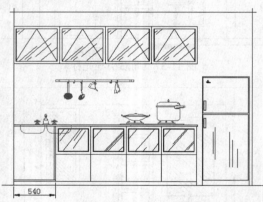

图 11-39 素材图形

步骤 02 在命令行中输入 DBA（基线标注）命令，按【Enter】键确认，在命令行提示下，将鼠标移至最下方的尺寸标注对象上，如图 11-40 所示。

步骤 03 在最下方的尺寸标注上单击鼠标左键，向右引导光标，捕捉下方合适的端点，标注基线尺寸，如图 11-41 所示。

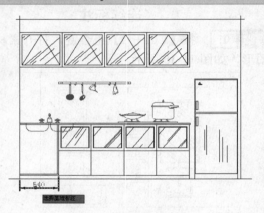

图 11-40 移动鼠标指针

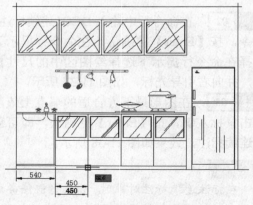

图 11-41 标注基线尺寸

步骤 04　再次在下方合适的端点上依次单击鼠标左键，并按【Enter】键确认，即可创建基线标注，效果如图 11-42 所示。

执行"基线标注"命令后，命令行提示如下。

选择基准标注：（选择线性标注、坐标标注或角度标注）

否则，程序将跳过该提示，并使用上次在当前任务中创建的标注对象。如果基准标注是线性标注或角度标注，提示如下。

指定第二个尺寸界线原点或［放弃(U)/选择(S)]＜选择＞：

如果基准标注是坐标标注，则提示如下。

指定点坐标或[放弃(U)/选择(S)]＜选择＞：

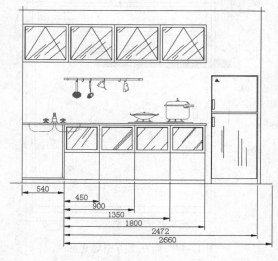

图 11-42　创建基线标注

11.3.8　创建半径标注

半径标注是由一条具有指向圆或圆弧的箭头的半径尺寸线组成。

执行操作的四种方法	
按钮法 1	切换至"常用"选项卡，单击"注释"面板中的"半径"按钮 ⊙。
按钮法 2	切换至"注释"选项卡，单击"标注"面板中的"半径"按钮 ⊙。
菜单栏	选择菜单栏中的"标注"→"半径"命令。
命令行	输入 DIMRADIUS 命令。

	素材文件	光盘\效果\第 11 章\洗衣机.dwg
	效果文件	光盘\效果\第 11 章\洗衣机.dwg
	视频文件	光盘\视频\第 11 章\11.3.8　创建半径标注.mp4

实战演练 154——在洗衣机图形中创建半径标注

步骤 01　按【Ctrl＋O】组合键，打开素材图形，如图 11-43 所示。

图 11-43　素材图形

步骤 02　在命令行中输入 DIMRADIUS（半径标注）命令，按【Enter】键确认，在命令行提示下选择在命令行提示下选择最大的圆对象，向左上方引导光标，如图 11-44 所示。

步骤 03　按【Enter】键确认，即可创建半径标注，效果如图 11-45 所示。

执行"半径标注"命令后，命令行中的提示如下。

选择圆或圆弧：（选择需要标注半径尺寸的圆弧部分）

标注文字=120

指定尺寸线位置或［多行文字(M)/文字(T)/角度(A)]：（指定尺寸线的位置）

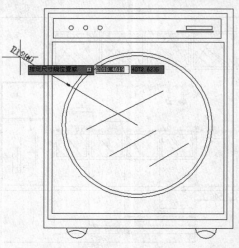

图 11-44　向左上方引导光标

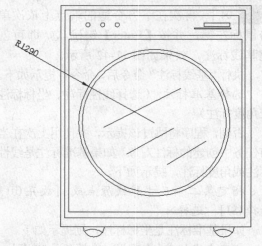

图 11-45　创建半径标注

11.3.9　创建直径标注

直径标注的尺寸线将通过圆心和尺寸线位置的指定点。

执行操作的四种方法	
按钮法 1	切换至"常用"选项卡,单击"注释"面板中的"直径"按钮◎。
按钮法 2	切换至"注释"选项卡,单击"标注"面板中的"直径"按钮◎。
菜单栏	选择菜单栏中的"标注"→"直径"命令。
命令行	输入 DIMDIAMETER 命令。

	素材文件	光盘\效果\第 11 章\煤气灶.dwg
	效果文件	光盘\效果\第 11 章\煤气灶.dwg
	视频文件	光盘\视频\第 11 章\11.3.9　创建直径标注.mp4

实战演练 155——在煤气灶图形中创建直径标注

步骤 **01** 　按【Ctrl+O】组合键,打开素材图形,如图 11-46 所示。

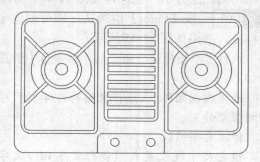

图 11-46　素材图形

步骤 **02** 　输入 DIMDIAMETER(直径标注)命令,按【Enter】键确认,在命令行提示下选择在命令行提示下选择绘图区中左侧的大圆对象,向左上方引导光标,如图 11-47 所示。

步骤 **03** 　按【Enter】键确认,即可创建直径标注,效果如图 11-48 所示。

专家提醒 ☞

对圆弧进行标注时,半径或直径标注不需要直接沿圆弧进行放置。如果标注位于圆弧末尾之后,则将沿进行标注的圆弧路径绘制尺寸界线,或者不绘制尺寸界线。

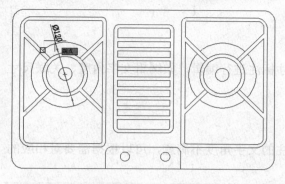

图 11-47　向左上方引导光标

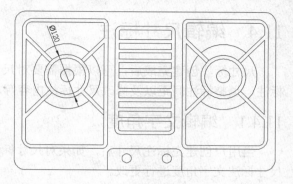

图 11-48　创建直径标注

11.3.10　创建弧长标注

弧长标注是用来标注圆弧或多段线圆弧段部分的弧长。当指定了尺寸线的位置后，系统将按实际测量值标注出圆弧的长度。也可以根据命令行提示先确定尺寸文字或文字旋转角度。

执行操作的四种方法	
按钮法 1	切换至"常用"选项卡，单击"注释"面板中的"弧长"按钮🕑。
按钮法 2	切换至"注释"选项卡，单击"标注"面板中的"弧长"按钮🕑。
菜单栏	选择菜单栏中的"标注"→"弧长"命令。
命令行	输入 DIMARC 命令。

	素材文件	光盘\效果\第 11 章\餐桌立面图.dwg
	效果文件	光盘\效果\第 11 章\餐桌立面图.dwg
	视频文件	光盘\视频\第 11 章\11.3.10　创建弧长标注.mp4

实战演练 156——在餐桌立面图中创建弧长标注

步骤 01　按【Ctrl＋O】组合键，打开素材图形，如图 11-49 所示。

步骤 02　输入 DIMARC（弧长）命令，按【Enter】键确认，在命令行提示下选择在命令行提示下选择左侧圆弧，向左引导光标，在合适位置上单击鼠标左键，即可创建弧长标注，如图 11-50 所示。

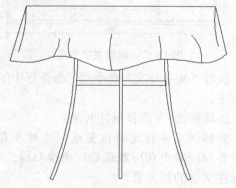

图 11-49　素材图形

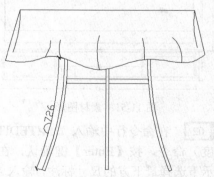

图 11-50　创建弧长标注

11.4　编辑尺寸标注

尺寸标注创建完成后，可以根据需要对尺寸标注进行编辑，如编辑文字角度、关联尺寸标注、调整标注间距以及修改尺寸标注内容等。

11.4.1　编辑文字角度

当用户创建完标注尺寸后，如果对尺寸标注的文字角度不满意，可以根据需要对相应的尺寸标注文字角度进行更改。

执行操作的三种方法	
按钮法	切换至"注释"选项卡，单击"标注"面板中的"文字角度"按钮。
菜单栏	选择菜单栏中的"标注"→"对齐文字"→"角度"命令。
命令行	输入 DIMTEDIT 命令。
素材文件	光盘\效果\第 11 章\电视机.dwg
效果文件	光盘\效果\第 11 章\电视机.dwg
视频文件	光盘\视频\第 11 章\11.4.1　编辑文字角度.mp4

实战演练 157——编辑电视机图形中的文字角度

步骤 **01** 按【Ctrl＋O】组合键，打开素材图形，如图 11-51 所示。

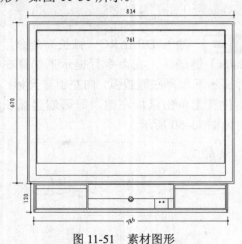

图 11-51　素材图形

步骤 **02** 在命令行中输入 DIMTEDIT（文字角度）命令，按【Enter】键确认，在命令行提示下选择最下方的尺寸标注，输入 A（角度）选项，按【Enter】键确认，输入旋转角度为 0 并确认，即可编辑

文字角度，效果如图 11-52 所示。

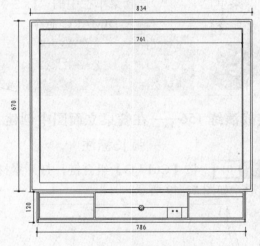

图 11-52　编辑文字角度

执行"文字角度"命令后，命令行中的提示如下。

选择标注：（选择标注对象）

为标注文字指定新位置或［左对齐（L）/右对齐（R）/居中（C）/默认（H）/角度（A）］：（指定标注文字的新位置）

命令行中各选项的含义如下。

◆ 左对齐（L）：沿尺寸线左侧对正标注

文字。

◆ 右对齐（R）：沿尺寸线右侧对正标注文字。

◆ 居中（C）：将标注文字对象放在尺寸线中间。

◆ 默认（H）：将标注文字移回默认位置。

◆ 角度（A）：修改标注文字的角度。

11.4.2　关联尺寸标注

关联尺寸是指标注的尺寸与被标注对象有链接关系，当被标注的对象发生改变时，与之关联的尺寸也随之改变。

执行操作的三种方法	
按钮法	切换至"注释"选项卡，单击"标注"面板中的"重新关联"按钮 ⧉。
菜单栏	选择菜单栏中的"标注"→"重新关联标注"命令。
命令行	输入 DIMREASSOCIATE 命令。

	素材文件	光盘\效果\第 11 章\衣柜立面图.dwg
	效果文件	光盘\效果\第 11 章\衣柜立面图.dwg
	视频文件	光盘\视频\第 11 章\11.4.2　关联尺寸标注.mp4

实战演练 158——关联衣柜立面图中的
尺寸标注

步骤 **01**　按【Ctrl＋O】组合键，打开素材图形，如图 11-53 所示。

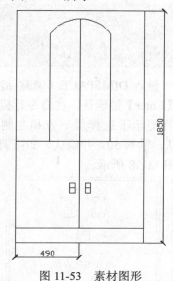

图 11-53　素材图形

步骤 **02**　输入 DIMREASSOCIATE（重新关联标注）命令，按【Enter】键确认，在命令行提示下，在绘图区中选择最下方的尺寸标注，如图 11-54 所示。

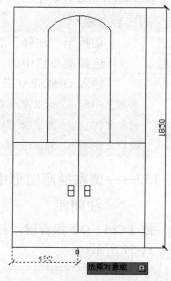

图 11-54　选择最下方的尺寸标注

步骤 **03**　按【Enter】键确认，捕捉绘图区中左下方的端点，向右引导光标，如图 11-55 所示。

步骤 **04**　捕捉右下方端点，即可关联尺寸标注，效果如图 11-56 所示。

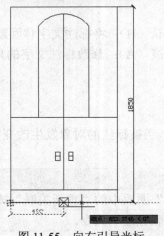

图 11-55　向右引导光标

图 11-56　关联尺寸标注

11.4.3　调整标注间距

使用"调整间距"命令可以自动调整图形中现有的平行线性标注和角度标注，以使其间距相等或尺寸线处相互对齐。

执行操作的三种方法	
按钮法	切换至"注释"选项卡，单击"标注"面板中的"调整间距"按钮▥。
菜单栏	选择菜单栏中的"标注"→"标注间距"命令。
命令行	输入 DIMSPACE 命令。

	素材文件	光盘\效果\第 11 章\插座.dwg
	效果文件	光盘\效果\第 11 章\插座.dwg
	视频文件	光盘\视频\第 11 章\11.4.3　调整标注间距.mp4

实战演练 159——调整插座图形中的标注间距

步骤 `01`　按【Ctrl＋O】组合键，打开素材图形，如图 11-57 所示。

步骤 `02`　输入 DIMSPACE（调整标注间距）命令，按【Enter】键确认，在命令行提示下选择在命令行提示下选择最下方和左侧尺寸标注，并确认，输入 50，并确认，即可调整标注间距，如图 11-58 所示。

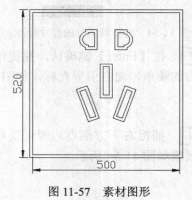

图 11-57　素材图形

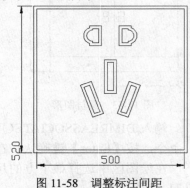

图 11-58　调整标注间距

执行"调整间距"命令后，命令行中的提示如下。

选择基准标注：（选择尺寸标注对象）

选择要产生间距的标注：（选择尺寸标注以从基准标注均匀隔开）

输入值或［自动(A)］<自动>：（将间距值应用于从基准标注中选择的标注，或输入 A 选项，则将基于在选定基准标注的标注样式中指定文字高度自动计算间距）

11.4.4　编辑标注文字

创建完尺寸标注后，用户还可以对尺寸标注上的文字进行编辑。

素材文件	光盘\效果\第 11 章\水壶立面图.dwg	
效果文件	光盘\效果\第 11 章\水壶立面图.dwg	
视频文件	光盘\视频\第 11 章\11.4.4　编辑标注文字.mp4	

实战演练 160——编辑水壶立面图中的标注文字

步骤 01　按【Ctrl＋O】组合键，打开素材图形，如图 11-59 所示。

步骤 02　选择下方长度为"400"的尺寸标注，双击鼠标左键，弹出"文字编辑器"选项卡和文本框，输入"水壶长度"，在绘图区空白处单击鼠标左键，即可编辑标注文字，效果如图 11-60 所示。

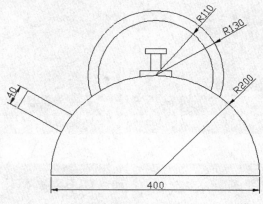

图 11-59　素材图形

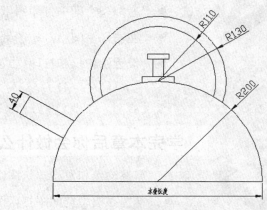

图 11-60　编辑标注文字

第 12 章　建筑图纸发布与打印

学前提示

图形绘制完成后，需要通过打印机或绘图仪在模型空间或布局空间将图形输出到图纸上。模型空间是用户绘制于编辑图形的工作空间，而布局空间是模拟图纸页面，是创建图纸最终打印输出布局的一种工具。使用布局功能可以快捷地构造设计并输出完美的图纸。

本章知识重点

▶ 输入和发布建筑图纸

▶ 在模型空间中打印图纸

▶ 在布局空间中打印图纸

▶ 设置绘图仪和打印样式

学完本章后你会做什么

▶ 掌握输入和发布建筑图纸操作，如输入建筑图纸、插入 OLE 对象等

▶ 掌握在模型空间中打印图纸操作，如设置打印参数、预览打印效果等

▶ 掌握设置绘图仪和打印样式操作，如使用绘图仪、创建打印样式表等

视频演示

12.1　输入和发布建筑图

在完成图纸绘制之后，有时还需要输入其他格式的建筑图纸，在完成图纸的设计之后，为了将图纸完整、清晰地表达出来，可以以电子格式输出图形文件、进行电子传递，还可以将设计好的作品发布到 Web 上供用户浏览等。

12.1.1　输入建筑图

在 AutoCAD 2013 中，用户可以根据需要输入"图元文件"、ACIS、V8DGN 及 3D Studio 等格式的图纸文件。

执行操作的两种方法	
按钮法	切换至"插入"选项卡，单击"输入"面板中的"输入"按钮。
命令行	输入 IMPORT 命令。
素材文件	光盘\素材\第 12 章\厨房立面.wmf
效果文件	光盘\效果\第 12 章\厨房立面.dwg
视频文件	光盘\视频\第 12 章\12.1.1　输入建筑图纸.mp4

实战演练 161——输入厨房立面图纸

步骤 01　按【Ctrl＋N】组合键，新建图形文件，在"功能区"选项板的"插入"选项卡中，单击"输入"面板中的"输入"按钮，如图 12-1 所示。

图 12-2　"输入文件"对话框

图 12-1　单击"输入"按钮

步骤 02　弹出"输入文件"对话框，选择合适的图元文件，如图 12-2 所示。

步骤 03　单击"打开"按钮，即可输入图纸文件，效果如图 12-3 所示。

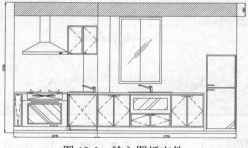

图 12-3　输入图纸文件

12.1.2　插入 OLE 对象

默认情况下，未打印的 OLE 对象显示有边框。OLE 对象都是不透明的，打印的结果也是不透明的，它们覆盖了其背景中的对象。

执行操作的三种方法	
按钮法	切换至"插入"选项卡，单击"数据"面板中的"OLE 对象"按钮 OLE 对象。
菜单栏	选择菜单栏中的"插入"→"OLE 对象"命令。
命令行	输入 INSERTOBJ 命令。
素材文件	光盘\素材\第 12 章\小区建筑图.bmp
效果文件	光盘\效果\第 12 章\小区建筑图.dwg
视频文件	光盘\视频\第 12 章\12.1.2　插入 OLE 对象.mp4

实战演练 162——在小区建筑图中插入 OLE 对象

步骤 01 按【Ctrl+N】组合键，新建图形文件，在"功能区"选项板的"插入"选项卡中，单击"数据"面板中的"OLE 对象"按钮 OLE 对象，如图 12-4 所示。

图 12-4　单击"OLE 对象"按钮

步骤 02 弹出"插入对象"对话框，在"对象类型"下拉列表框中选择"Microsoft Word 图片"选项，如图 12-5 所示。

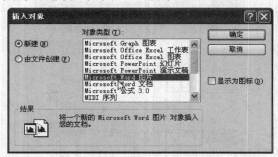

图 12-5　"插入对象"对话框

步骤 03 单击"确定"按钮，打开 Word 文档，单击菜单栏中的"插入"|"图片"|"来自文件"命令，如图 12-6 所示。

步骤 04 弹出"插入图片"对话框，选择合适的图片文件，单击"插入"按钮，如图 12-7 所示。

图 12-6　单击"来自文件"命令

图 12-7　"插入图片"对话框

步骤 05 稍后即可在文档中插入图片，单击"关闭图片"按钮，如图 12-8 所示。

图 12-8　单击"关闭图片"按钮

步骤 06　返回 AutoCAD 2013 的绘图区，即可插入 OLE 对象，如图 12-9 所示。

图 12-9　插入 OLE 对象

在"插入对象"对话框中，各选项的含义如下。

◆ "对象类型"下拉列表框：该列表框中列出支持链接和嵌入的可用应用程序。

◆ "显示为图标"复选框：在图形中显示源应用程序的图标。

◆ "新建"单选钮：打开"对象类型"下拉列表框中亮显的应用程序以创建新的插入对象。

◆ "由文件创建"单选钮：指定要链接或嵌入的文件。

12.1.3　电子发布

使用 AutoCAD 2013 中的 ePlot 驱动程序，可以发布电子图形到 Internet 上，所创建的文件以 Web 图形格式保存。

素材文件	光盘\素材\第 12 章\室内景观图.dwg
效果文件	光盘\效果\第 12 章\室内景观图.dwf
视频文件	光盘\视频\第 12 章\12.1.3　电子发布.mp4

实战演练 163——电子发布室内景观图

步骤 01　按【Ctrl＋O】组合键，打开素材图形，如图 12-10 所示。

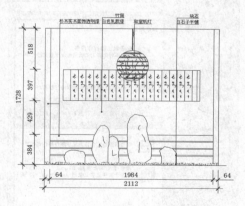

图 12-10　素材图形

步骤 02　在命令行中输入 PLOT（打印）命令，按【Enter】键确认，弹出"打印-模型"对话框，在"名称"下拉列表框中选择"DWF6 eplot.pc3"选项，如图 12-11 所示。

图 12-11　"打印-模型"对话框

步骤 03　单击"确定"按钮，弹出"浏览打印文件"对话框，设置文件名和保存路径，如图 12-12 所示。

图 12-12　"浏览打印文件"对话框

步骤 04　单击"保存"按钮，弹出"打印作业进度"对话框，如图 12-13 所示，即可打印图形。

图 12-13　"打印作业进度"对话框

专家提醒 ☞

DWF 文件高度压缩，文件较小，传递速度快，用它可以交流丰富的设计数据，而又可节省大型 CAD 图形的相关开销。

12.1.4　电子传递图形

使用"电子传递"命令，可以打包一组文件以用于 Internet 传递。传递包中的图形文件会自动包含所有相关从属文件。

执行操作的两种方法	
命令行	输入 ETRANSMIT 命令。
程序菜单	单击"应用程序"→"发送"→"电子传递"命令。
素材文件	光盘\素材\第 12 章\厨房透视图.dwg
效果文件	光盘\效果\第 12 章\厨房透视图.dwg
视频文件	光盘\视频\第 12 章\12.1.4　电子传递图形.mp4

实战演练 164——电子传递厨房透视图

步骤 01　按【Ctrl＋O】组合键，打开素材图形，如图 12-14 所示。

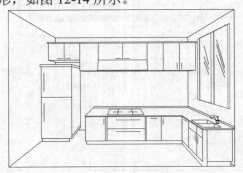

图 12-14　素材图形

步骤 02　单击"应用程序"按钮，在弹出的程序菜单中，单击"发布"|"电子传递"命令，如图 12-15 所示。

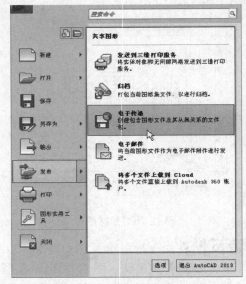

图 12-15　单击"电子传递"命令

步骤 03 弹出"创建传递"对话框，如图 12-16 所示，单击"确定"按钮。

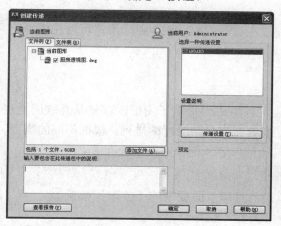

图 12-16　"创建传递"对话框

步骤 04 弹出"指定 Zip 文件"对话框，设置文件名和保存路径，如图 12-17 所示。

图 12-17　"指定 Zip 文件"对话框

步骤 05 单击"保存"按钮，将弹出"正在创建归档文件包"对话框，即可电子传递图形。

在"创建传递"对话框中，各选项的含义如下。

◆ "文件表"选项卡：以树形结构的形式显示要包含在传递包中的文件。

◆ "文件表"选项卡：以列表的形式显示要包含在传递包中的文件。

◆ "添加文件"按钮：单击该按钮，可以打开"添加要传递的文件"对话框，从中可以选择要包括在传递包中的其他文件。

◆ "输入要包含在此传递包中的说明"文本框：用户可在此文本框中输入与传递包相关的说明。

◆ "选择一种传递设置"列表框：列出之前保存的传递设置。

◆ "传递设置"按钮：单击该按钮，可以显示"传递设置"对话框，如图 12-18 所示，从中可以创建、修改和删除传递设置。

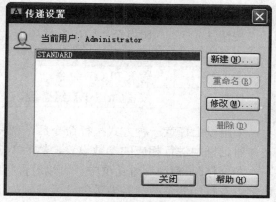

图 12-18　"传递设置"对话框

◆ "查看报告"按钮：单击该按钮，弹出"查看传递报告"对话框，如图 12-19 所示，可以显示包含在传递包中的报告信息。

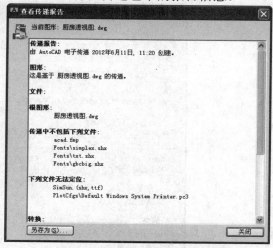

图 12-19　"查看传递报告"对话框

12.2 在模型空间中打印图纸

模型空间是用户绘制与编辑图形的工作空间。在 AutoCAD 2013 中，用户可以在模型空间中打印或输出建筑图纸。

12.2.1 设置打印输出的参数

创建完图形之后，通常要打印到图纸上，也可以生成一份电子图纸，以便从互联网上进行访问。打印的图形可以包含图形的单一视图，或者更为复杂的视图排列。根据不同的需要，可以打印一个或多个视口，或设置选项来决定打印的内容和图像在图纸上布置。

执行操作的四种方法	
按钮法	切换至"输出"选项卡，单击"打印"面板中的"打印"按钮🖶。
菜单栏	选择菜单栏中的"文件"→"打印"命令。
命令行	输入 PLOT 命令。
快捷键	按【Ctrl＋P】组合键。

采用以上任意一种方式执行命令后，都将弹出"打印-模型"对话框，如图 12-20 所示，在该对话框中进行相应的参数设置，然后单击"确定"按钮，即可开始打印。

在"打印-模型"对话框中，可以设置打印设备、图纸尺寸、打印方向、打印区域、打印比例以及打印等参数。各参数的含义分别如下。

◆ "图纸尺寸"下拉列表框：列出了该打印设备支持和用户使用"绘图仪配置编辑器"自定义的图纸尺寸。如图 12-21 所示为单击该下拉列表框后弹出的下拉列表。

◆ "打印范围"下拉列表框：用于设置打印的范围，在该下拉列表中包括"窗口"、"范围"、"图形界限"和"显示"4 个选项，如图 12-22 所示。

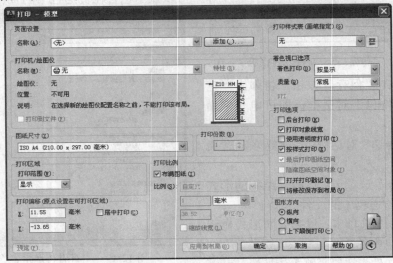

图 12-20 "打印-模型"对话框

图 12-21　"图纸尺寸"下拉列表

图 12-22　"打印范围"下拉列表

◆ "打印比例"选项区：用于设置图形的打印比例。用户在绘制图形时一般按 1∶1 的比例绘制，打印输出图形时则需要根据图纸尺寸确定打印比例。系统默认的选项是"布满图纸"，即系统自动调整缩放比例，使所绘图形充满图纸。用户可以直接在"比例"下拉列表框中选择标准缩放比例值。如果需要自己指定打印比例，可选择"自定义"选项，此时用户可在其下面的两个文本框中设置打印比例。其中，第一个文本框表示图纸尺寸单位，第二个文本框表示图形单位。例如，如果设置打印比例为 2∶1，即可在第一个文本框内输入 2，在第二个文本框内输入 1，表示图形中 1 个单位在打印输出后变为 2 个单位。如图 12-23 所示为"打印比例"选项区。

图 12-23　"打印比例"选项区

◆ "打印偏移"选项区：在该选项区中，可以确定打印区域相对于图纸左下角点的偏移量。系统默认从图纸左下角打印图纸。打印原点位于图纸左下角，坐标是（0，0），如图 12-24 所示为"打印偏移"选项区。

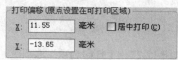

图 12-24　"打印偏移"选项区

◆ "打印样式表"下拉列表框：在该下拉列表框中显示有可供当前布局，或"模型"选项卡能够使用的各种打印样式表，选择其中一种打印样式表，打印出的图形外观将由该样式表控制，如图 12-25 所示为单击该下拉列表框后弹出的"打印样式表"下拉列表。

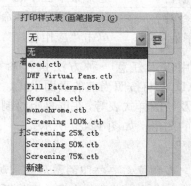

图 12-25　"打印样式表"下拉列表

◆ "着色视口选项"选项区：用于选择着色打印模式，如按显示、线框和真实等，如图 12-26 所示。

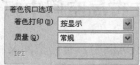

图 12-26　"着色视口选项"选项区

◆ "打印选项"选项区：列出了控制影响对象打印方式的选项，如图 12-27 所示，包括后台打印、打印选项和按样式打印等。

◆ "图形方向"选项区：用于设置图形的方向，包括纵向、横向和上下颠倒打印，如图 12-28 所示。

图 12-27　"打印选项"选项区　　　　　　　图 12-28　"图形方向"选项区

12.2.2　预览打印效果

在 AutoCAD 中完成页面设置之后，发送到打印机之前，可以对要打印的图形进行预览，以便发现和调整错误。

执行操作的四种方法	
按钮法	切换至"输出"选项卡，单击"打印"面板中的"预览"按钮。
菜单栏	选择菜单栏中的"文件"→"打印预览"命令。
命令行	输入 PREVIEW 命令。
程序菜单	单击"应用程序"→"打印"→"打印预览"命令。

采用以上任意一种方法执行命令后，AutoCAD 都将按照当前的页面设置、绘图设备设置及绘图样式表等，在屏幕上绘制出最终要输出的图形，如图 12-29 所示。

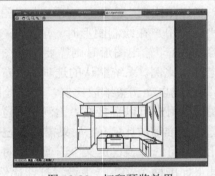

图 12-29　打印预览效果

专家提醒

用户在预览需要打印的图形效果时，需要为图形添加打印机，否则将不能直接预览需要打印的图形对象。

12.3　在布局空间中打印图纸

在 AutoCAD 中，布局空间又称为图样空间，主要用于出图。模型建立后，需要将模型打印到纸面上形成图样。使用布局空间可以方便地设置打印设备、纸张、比例尺、图样布局，并预览出实际出图效果。

在布局中可以创建并放置视口对象，还可以添加标题栏或其他对象。可以在图纸中创建多个布局以显示不同的视图，每个布局可以包含不同的打印比例和图纸尺寸。

12.3.1　切换至布局空间

在 AutoCAD 2013 中，用户可以在"布局"中进行"模型空间"和"图纸空间"的切换。

执行操作的两种方法	
按钮法	单击状态栏中的"模型"按钮 模型 或"图纸"按钮 图纸 。
命令行	输入 MSPACE 命令，将"图纸空间"切换到"模型空间"；输入 PSPACE 命令，将"模型空间"切换到"图纸空间"。

素材文件	光盘\效果\第 12 章\户型结构图.dwg
效果文件	光盘\效果\第 12 章\户型结构图.dwg
视频文件	光盘\视频\第 12 章\12.3.1　切换至布局空间.mp4

实战演练 165——切换户型结构图布局空间

步骤 01　按【Ctrl＋O】组合键，打开素材图形，如图 12-30 所示。

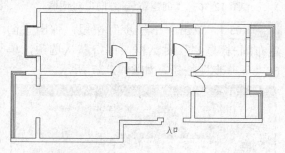

图 12-30　素材图形

步骤 02　在状态栏中，单击"模型"按钮 模型 ，即可切换至"图纸空间"布局中，如图 12-31 所示。

步骤 03　在命令行中输入 MSPACE（模型空间）命令，按【Enter】键确认，即可切换至"模型空间"布局中，如图 12-32 所示。

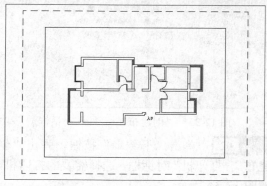

图 12-31　切换至"图纸空间"布局

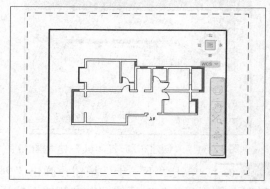

图 12-32　切换至"模型空间"布局

12.3.2　创建打印布局

当默认的布局选项不能满足绘图需要时，可以创建新的布局空间。如可以通过"布局向导"功能设置和创建布局。

执行操作的两种方法	
菜单栏	选择菜单栏中的"插入"→"布局"→"创建布局向导"命令。
命令行	输入 LAYOUTWIZARD 命令。

素材文件	无
效果文件	光盘\效果\第 12 章\创建打印布局.dwg
视频文件	光盘\视频\第 12 章\12.3.2　创建打印布局.mp4

实战演练 166——创建打印布局

步骤 01 输入 LAYOUTWIZARD（创建布局向导）命令，按【Enter】键确认，稍后将弹出"创建布局-开始"对话框，设置名称为"建筑布局"，如图 12-33 所示。

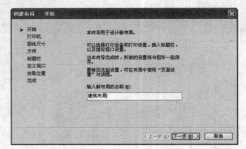

图 12-33 "创建布局-开始"对话框

步骤 02 单击"下一步"按钮，弹出"创建布局-打印机"对话框，选择需要的打印机，如图 12-34 所示。

图 12-34 "创建布局-打印机"对话框

步骤 03 单击"下一步"按钮，弹出"创建布局-图形尺寸"对话框，在右侧的下拉列表框中选择"A4"选项，如图 12-35 所示。

图 12-35 "创建布局-图形尺寸"对话框

步骤 04 单击"下一步"按钮，弹出"创建布局-方向"对话框，选中"纵向"单选钮，如图 12-36 所示。

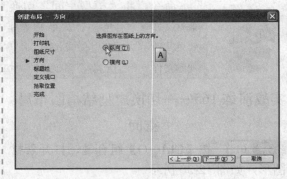

图 12-36 "创建布局-方向"对话框

步骤 05 单击"下一步"按钮，弹出"创建布局-标题栏"对话框，保持默认选项，单击"下一步"按钮，如图 12-37 所示。

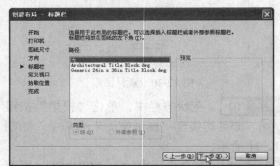

图 12-37 "创建布局-标题栏"对话框

步骤 06 弹出"创建布局-定义视口"对话框，选中"标准三维工程视图"单选钮，如图 12-38 所示。

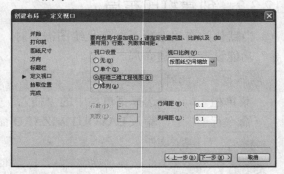

图 12-38 "创建布局-定义视口"对话框

步骤　07　单击"下一步"按钮，弹出"创建布局-拾取位置"对话框，保持默认选项，如图 12-39 所示。

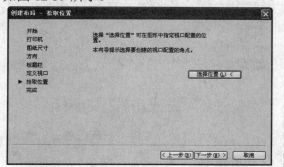

图 12-39　"创建布局-拾取位置"对话框

步骤　08　单击"下一步"按钮，弹出"创建布局-完成"对话框，提示新布局已经创建完成，单击"完成"按钮，如图 12-40 所示。

步骤　09　关闭对话框并返回操作界面中，即可查看到新建名称为"建筑布局"的布局空间，如图 12-41 所示。

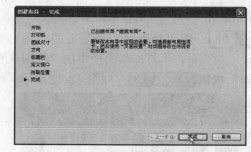

图 12-40　"创建布局-完成"对话框

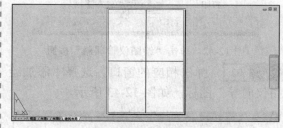

图 12-41　查看新建的布局向导

专家提醒 ☞

除了使用"布局向导"创建布局外，还可以使用"来自样板布局"命令创建布局。

12.4　设置绘图仪和打印样式

在 AutoCAD 2013 中，可以创建绘图仪，也可以创建并管理打印样式表。本节将介绍设置绘图仪和打印样式的方法。

12.4.1　创建绘图仪

在 AutoCAD 2013 中，使用"绘图仪管理器"命令，可以显示绘图仪管理器，从中可以添加或编辑绘图仪配置。

执行操作的四种方法		
按钮法	切换至"输出"选项卡，单击"打印"面板中的"绘图仪管理器"按钮 绘图仪管理器 。	
菜单栏 1	选择菜单栏中的"文件"→"绘图仪管理器"命令。	
菜单栏 2	选择菜单栏中的"工具"→"选项"命令，在弹出的"选项"对话框的"打印和发布"选项卡中单击"添加或配置绘图仪"按钮。	
命令行	输入 PLOTTERMANAGER 命令。	
	素材文件	无
	效果文件	无
	视频文件	光盘\视频\第 12 章\12.4.1　创建绘图仪.mp4

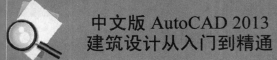
实战演练 167——创建绘图仪

步骤 01 在"功能区"选项板的"输出"选项卡中，单击"打印"面板中的"绘图仪管理器"按钮 绘图仪管理器，如图 12-42 所示。

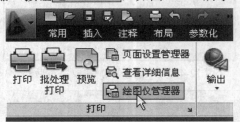

图 12-42 单击"绘图仪管理器"按钮

步骤 02 弹出相应的窗口，选择"添加绘图仪向导"图标，如图 12-43 所示。

图 12-43 选择"添加绘图仪向导"图标

步骤 03 在选择的图标上，双击鼠标左键，弹出"添加绘图仪-简介"对话框，单击"下一步"按钮，如图 12-44 所示。

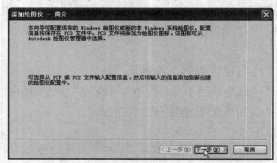

图 12-44 "添加绘图仪-简介"对话框

步骤 04 弹出"添加绘图仪-开始"对话框，选中"系统打印机"单选钮，如图 12-45 所示。

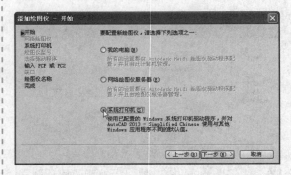

图 12-45 "添加绘图仪-开始"对话框

步骤 05 单击"下一步"按钮，弹出"添加绘图仪-系统打印机"对话框，选择合适的打印机，如图 12-46 所示。

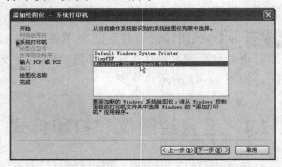

图 12-46 "添加绘图仪-系统打印机"对话框

步骤 06 单击"下一步"按钮，弹出"添加打印机-输入 PCP 或 PC2"对话框，再次单击"下一步"按钮，如图 12-47 所示。

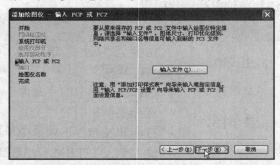

图 12-47 "添加打印机-输入 PCP 或 PC2"对话框

步骤 `07`　弹出"添加绘图仪-绘图仪名称"对话框，保持默认的绘图仪名称，单击"下一步"按钮，如图 12-48 所示。

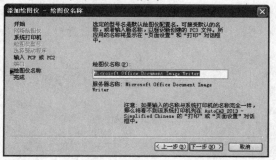

图 12-48　"添加绘图仪-绘图仪名称"对话框

步骤 `08`　弹出"添加绘图仪-完成"对话框，单击"完成"按钮，如图 12-49 所示，即可创建绘图仪。

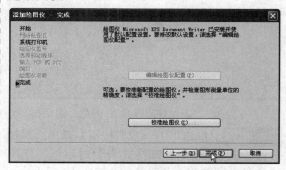

图 12-49　"添加绘图仪-完成"对话框

12.4.2　创建打印样式表

打印样式表的作用就是在打印时修改图形的外观。每种打印样式都有其样式特性，包括端点、连接、填充图案以及抖动、灰度、笔指定和淡显等打印效果。

执行操作的两种方法		
菜单栏	选择菜单栏中的"工具"→"向导"→"添加打印样式表"命令。	
命令行	输入 STYLESMANAGER 命令。	
	素材文件	无
	效果文件	无
	视频文件	光盘\视频\第 12 章\12.4.2　创建打印样式表.mp4

实战演练 168——创建打印样式表

步骤 `01`　输入 STYLESMANAGER（打印样式表）命令，按【Enter】键确认，弹出相应的窗口，选择"添加打印样式表向导"图标，如图 12-50 所示。

图 12-50　选择"添加打印样式表向导"图标

步骤 `02`　在选择的图标上，双击鼠标左键，弹出"添加打印样式表"对话框，单击"下一步"按钮，如图 12-51 所示。

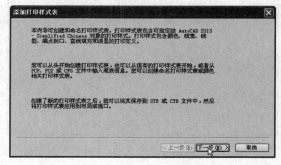

图 12-51　"添加打印样式表"对话框

步骤 `03`　弹出"添加打印样式表-开始"对话框，选中"创建新打印样式表"单选钮，如图 12-52 所示。

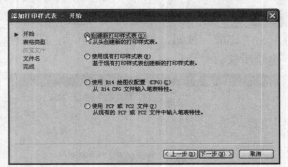

图 12-52　"添加打印样式表-开始"对话框

步骤 04　单击"下一步"按钮，弹出"添加打印样式表-选择打印样式表"对话框，选中"命名打印样式表"单选钮，如图 12-53 所示。

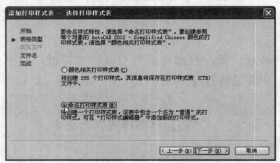

图 12-53　"添加打印样式表-选择打印样式表"对话框

步骤 05　单击"下一步"按钮，弹出"添加打印样式表-文件名"对话框，设置"文件名"为"建筑样式表"，如图 12-54 所示。

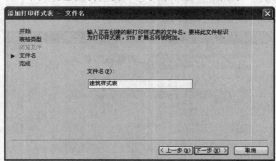

图 12-54　"添加打印样式表-文件名"对话框

12.4.3　管理打印样式表

在 AutoCAD 2013 中，使用"打印样式表管理器"命令可以添加、删除、重命名、复制和编辑打印样式表。

步骤 06　单击"下一步"按钮，弹出"添加打印样式表-完成"对话框，单击"完成"按钮，如图 12-55 所示，创建打印样式表。

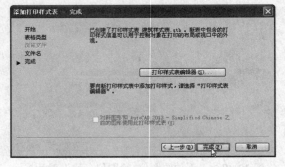

图 12-55　"添加打印样式表-完成"对话框

步骤 07　在弹出的窗口中，即可查看新创建的样式表，如图 12-56 所示。

图 12-56　查看新创建样式表

专家提醒

打印样式表是一个存放一个或多个打印样式的文件，它有以下两种类型。

➤　颜色打印相关样式表：该表中定义有255 个打印样式，每一种屏幕显示的索引颜色对应一个打印样式，根据对象的显示颜色设置打印特征。

➤　命名打印样式表：该表中的样式数目不定，除了系统提供一个名为"普通"打印样式外，其余均是用户创建的命名打印样式。

执行操作的两种方法	
菜单栏	选择菜单栏中的"文件"→"打印样式管理器"命令。
程序菜单	单击"应用程序"→"打印"→"管理打印样式"命令。

采用以上任意一种方式执行命令后，都将弹出 Plot Styles 窗口，在该窗口中，可以管理打印样式表，如创建和修改打印表等。选择需要管理的打印样式表图标，双击鼠标左键，将弹出"打印样式表管理器"对话框，如图 12-57 所示。

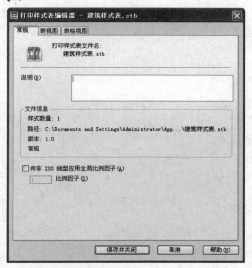

图 12-57　"打印样式表管理器"对话框

在"打印样式表管理器"对话框中，各选项的含义如下。

◆ "打印样式表文件名"显示区：显示正在编辑的打印样式表文件的名称。

◆ "说明"文本框区：为打印样式表提供说明区域。

◆ "文件信息"显示区：显示有关的打印样式表信息，如打印样式编号、路径和"打印样式表编辑器"的版本号。

◆ "向非 ISO 线型应用全局比例因子"复选框：选中该复选框，可以缩放由该打印样式表控制的对象打印样式中的所有非 ISO 线型和填充图案。

◆ "比例因子"文本框：指定要缩放的非 ISO 线型和填充图案的数量。

◆ "表视图"选项卡：该选项卡以列表的形式列出了打印样式表中全部打印样式的设置参数。

◆ "格式视图"选项卡：该选项卡是对打印样式表中的打印样式进行管理的另一种界面。

第4篇 案例实战篇

本篇从不同的领域或行业出发，精选与精做了一些实战效果，从建筑设计的各个方面进行案例实战，既融会贯通、巩固前面所学知识，又帮助读者在实战中将设计水平更上一个台阶，快速精通并应用。

第 13 章　户型平面图

学前提示

　　平面图是室内装饰设计图中一个很重要的工作内容，也是设计师与客户沟通的桥梁。平面图能让客户直观地了解设计师的设计理念和设计意图，它不但反映了居室和各房间的功能、面积，同时还决定了门、窗的位置。

本章知识重点

- ▶　绘制户型结构图
- ▶　布置户型平面图
- ▶　完善户型平面图

学完本章后你会做什么

- ▶　掌握绘制户型结构图的操作，如绘制户型图墙体、绘制户型图窗户等
- ▶　掌握布置户型平面图的操作，如绘制客厅沙发、绘制主卧室床等
- ▶　掌握完善户型平面图的操作，如标注文字、标注尺寸等

视频演示

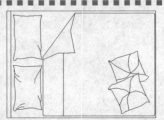
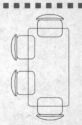

13.1　效果欣赏

本实例主要以室内平面图中的户型平面图为例，以简约、现代的设计风格打动人心，力求将人们的心情带入一个温和、平静的世界中。景观窗的设计，保证了室内光线充足，加大了生活空间尺度；独立厨卫，给时尚青年提供了舒适的生活、休闲空间，效果如图 13-1 所示。

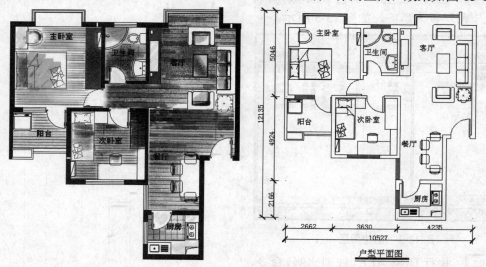

图 13-1　户型平面图

素材文件	光盘\素材\第 13 章\双人床枕头.dwg、植物.dwg、家具图块.dwg
效果文件	光盘\效果\第 13 章\户型平面图.dwg
视频文件	光盘\视频\第 13 章\

13.2　绘制户型结构图

本实例介绍户型结构图的绘制，效果如图 13-2 所示。

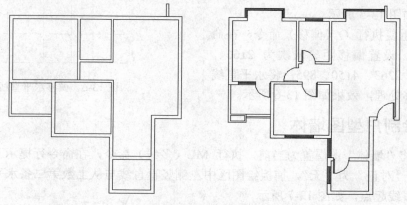

图 13-2　户型结构图

13.2.1 绘制户型图轴线

步骤 01 新建一个 CAD 文件，执行 LA（图层）命令，弹出"图层特性管理器"面板，依次创建"轴线"图层（红色、CENTER）、"墙体"图层、"家具"图层、"标注"图层，并将"轴线"图层置为当前，如图 13-3 所示。

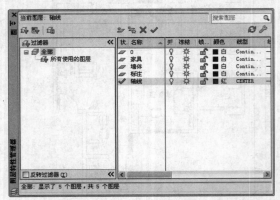

图 13-3 创建图层

步骤 02 执行 LTSCALE（线型比例）命令，在命令行提示下，设置"全局比例因子"为 50；执行 L（直线）命令，在命令行提示下，以（0,0）为起点，依次创建一条长度为 10527 的水平直线和一条长度为 12136 的竖直直线，如图 13-4 所示。

步骤 03 执行 O（偏移）命令，在命令行提示下，设置偏移距离依次为 2662、1573、2057、2602、1633，将竖直直线向右进行偏移处理，效果如图 13-5 所示。

步骤 04 重复执行 O（偏移）命令，在命令行提示下，设置偏移距离依次为 2166、1451、1210、2263、4150、895，将水平直线向上进行偏移处理，效果如图 13-6 所示。

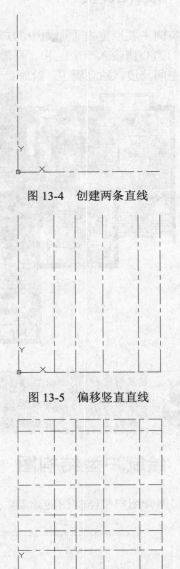

图 13-4 创建两条直线

图 13-5 偏移竖直直线

图 13-6 偏移水平直线

13.2.2 绘制户型图墙体

步骤 01 将"墙体"图层置为当前，执行 ML（多线）命令，在命令行提示下，设置"比例"为 218、"对正"为"无"，捕捉绘图区中左侧竖直直线与从上数第二条水平直线的左端点，以确定多线起点，如图 13-7 所示。

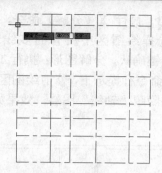

图 13-7　确定多线起点

步骤 **02**　在绘图区中，依次捕捉合适的端点（可参考图 13-8 中的效果来捕捉），最后输入 C（闭合）选项，按【Enter】键确认，绘制的多线如图 13-8 所示。

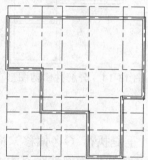

图 13-8　绘制多线 1

步骤 **03**　重复执行 ML（多线）命令，在命令行提示下，设置"比例"为 145、"对正"为"无"，输入 FROM（捕捉自）命令，按【Enter】键确认，捕捉绘图区中多线的右上方端点，依次输入（@-901, 0）和（0, 787），绘制多线，并连接新绘制多线的最上方端点，效果如图 13-9 所示。

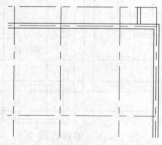

图 13-9　绘制多线和直线

步骤 **04**　执行 O（偏移）命令，在命令行提示下，设置距离为 2783，将从上数第二条水平直线向下进行偏移处理，偏移效果如图 13-10 所示。

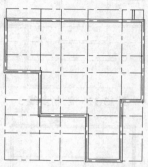

图 13-10　偏移直线

步骤 **05**　执行 ML（多线）命令，在命令行提示下，设置"比例"为 145、"对正"为"无"，在绘图区中依次捕捉合适的端点，绘制多线，效果如图 13-11 所示。

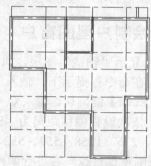

图 13-11　绘制多线 2

步骤 **06**　重复执行 ML（多线）命令，在命令行提示下，设置"比例"为 145、"对正"为"下"，在绘图区中依次捕捉合适的端点，绘制多线；设置"比例"为 145、"对正"为"上"，依次捕捉合适的端点，绘制多线，效果如图 13-12 所示。

步骤 **07**　重复执行 ML（多线）命令，在命令行提示下，设置"比例"为 218、"对正"为"无"，在绘图区中依次捕捉合适的端点，绘制多线，效果如图 13-13 所示。

图 13-12 绘制多线 3

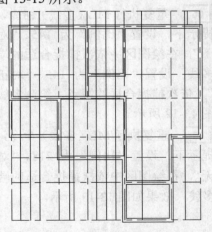

图 13-13 绘制多线 4

13.2.3 绘制户型图窗户

步骤 **01** 显示"轴线"图层，执行 O（偏移）命令，在命令行提示下，输入 L（图层）选项，按【Enter】键确认，输入 C（当前）选项并确认，依次设置偏移距离为 496、551、538、1640、236、1258、557、532、1458 和 2396，将左侧竖直直线向右进行偏移处理，效果如图 13-15 所示。

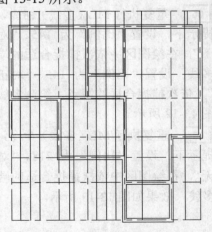

图 13-15 偏移直线 1

步骤 **08** 执行 X（分解）命令，在命令行提示下选择绘图区中所有的多线对象，按【Enter】键确认，分解图形；执行 TR（修剪）命令，在命令行提示下，修剪绘图区中多余的直线，并隐藏"轴线"图层，效果如图 13-14 所示。

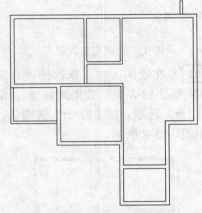

图 13-14 分解并修剪图形

步骤 **02** 重复执行 O（偏移）命令，在命令行提示下，依次设置偏移距离为 586、1089、599 和 1234，将最下方水平直线向上进行偏移处理，并隐藏"轴线"图层，效果如图 13-16 所示。

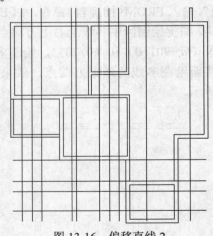

图 13-16 偏移直线 2

步骤 **03** 执行 TR（修剪）命令，在命令行提示下，修剪多余的直线；执行 E（删除）命令，在命令行提示下，删除多余的直线，效果如图 13-17 所示。

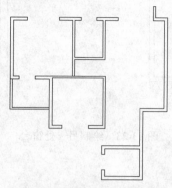

图 13-17　修剪并删除直线

步骤 04　执行 L（直线）命令，在命令行提示下，输入 FROM（捕捉自）命令，按【Enter】键确认，捕捉绘图区中最下方直线的左端点，依次输入（@0,695）和（0,1089），绘制直线，效果如图 13-18 所示。

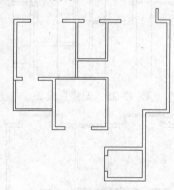

图 13-18　绘制直线

步骤 05　执行 O（偏移）命令，在命令行提示下，设置偏移距离均为 54.5，将新绘制的直线向右偏移 4 次，效果如图 13-19 所示。

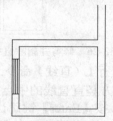

图 13-19　偏移直线 3

步骤 06　重复执行 L（直线）和 O（偏移）命令，在命令行提示下，绘制其他窗户，效果如图 13-20 所示。

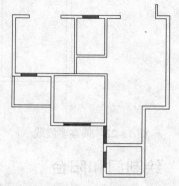

图 13-20　绘制其他窗户

步骤 07　执行 PL（多段线）命令，在命令行提示下，输入 FROM（捕捉自）命令，按【Enter】键确认，捕捉左上方端点，输入（@1156,0）、（@0,460）、（@2178,0）和（@0,-460），绘制多段线，效果如图 13-21 所示。

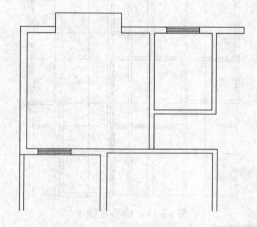

图 13-21　绘制多段线

步骤 08　执行 O（偏移）命令，在命令行提示下，设置偏移距离为 36、73、36，将新绘制的多段线向上偏移，得到窗台效果，如图 13-22 所示。

步骤 09　重复执行 PL（多段线）和 O（偏移）命令，在命令行提示下，绘制另一处窗台，效果如图 13-23 所示。

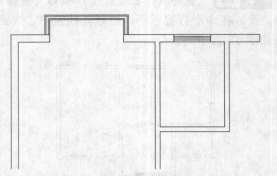

图 13-22 偏移多段线

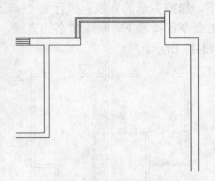

图 13-23 绘制另一处窗台

13.2.4 绘制门和阳台

步骤 01 显示"轴线"图层，执行 O（偏移）命令，在命令行提示下，设置偏移距离依次为 1585、968、1948、24、817、145、1065、968、1718 和 1089，将左侧的竖直轴线向右进行偏移处理，效果如图 13-24 所示。

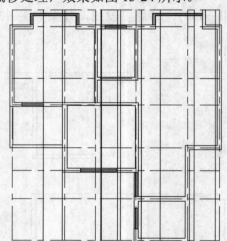

图 13-24 偏移直线 1

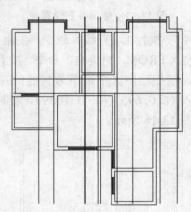

图 13-25 偏移直线 2

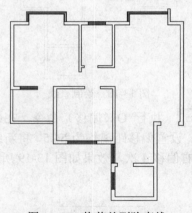

图 13-26 修剪并删除直线

步骤 02 重复执行 O（偏移）命令，在命令行提示下，依次设置偏移距离为 7199 和 922，将下方水平直线向上进行偏移处理，隐藏"轴线"图层，效果如图 13-25 所示。

步骤 03 执行 TR（修剪）命令，在命令行提示下，修剪多余的直线；执行 E（删除）命令，在命令行提示下，删除多余的直线，效果如图 13-26 所示。

步骤 04 执行 L（直线）命令，在命令行提示下捕捉右下方竖直直线的中点，向左引导光标，输入 60，按【Enter】键确认，向上引导光标，输入 1029 并确认，向右引导光标，输入 60 并确认，向下引导光标，输入 920 并确认，绘制的直线如图 13-27 所示。

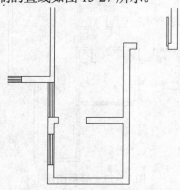

图 13-27　绘制直线

步骤 05　执行 C（圆）命令，在命令行提示下捕捉新绘制直线的左下方端点，输入半径值为 1029，按【Enter】键确认，绘制的圆如图 13-28 所示。

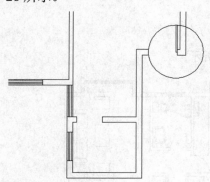

图 13-28　绘制圆

步骤 06　执行 TR（修剪）命令，在命令行提示下，修剪上一步中绘制的圆，得到的门对象如图 13-29 所示。

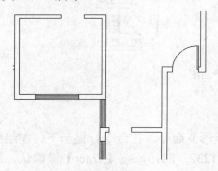

图 13-29　修剪圆

步骤 07　参考上两步中的操作，执行 L（直线）命令、C（圆）命令和 TR（修剪）命令，绘制其他的门对象，效果如图 13-30 所示。

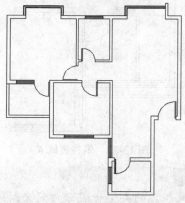

图 13-30　绘制其他的门

步骤 08　执行 O（偏移）命令，在命令行提示下，设置偏移距离依次为 895、73，将从左数第 2 条竖直直线向右进行偏移处理，效果如图 13-31 所示。

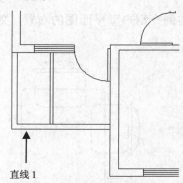

直线 1

图 13-31　偏移直线 3

步骤 09　重复执行 O（偏移）命令，在命令行提示下，将左下角最下方水平直线 1（如图 13-31 中所示）向下偏移 218 和 73；向上偏移 73 和 145，偏移效果如图 13-32 所示。

步骤 10　执行 EX（延伸）命令，在命令行提示下，延伸相应的直线；执行 TR（修剪）命令，在命令行提示下，修剪绘图区中多余的直线；执行 E（删除）命令，在命令行提示下，删除绘图区中多余的直线，效果如图 13-33 所示。

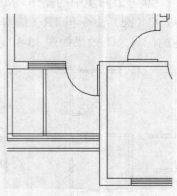

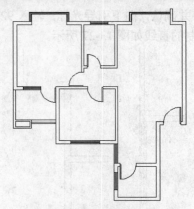

图 13-32　偏移直线 4　　　　　　　　　图 13-33　修剪图形

专家提醒 ☞

　　家庭阳台的类型一般分为完全封闭式、封闭式、半封闭式和开放式 4 种类型。总的来讲，家庭阳台的结构是多种多样的，既可以用于夏季纳凉、冬日沐浴阳光，又可以作为晾晒衣物、被褥的场所。

13.3　布置户型平面图

　　本实例介绍户型平面图的布置，效果如图 13-34 所示。

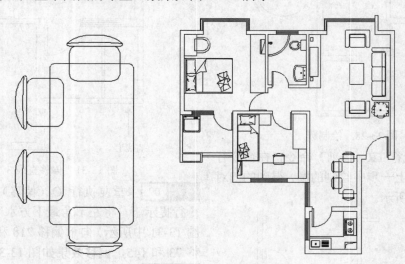

图 13-34　布置户型平面图

13.3.1　绘制客厅沙发

步骤 01　　将"家具"图层置为当前，执行 REC（矩形）命令，在命令行提示下，在绘图区中任意捕捉一点为起点，再输入第二角点的坐标（@1232，-881），按【Enter】键确认，绘制矩形，如图 13-35 所示。

图 13-35　绘制矩形 1

步骤 02　执行 X（分解）命令，在命令行提示下，分解新绘制的矩形；执行 O（偏移）命令，在命令行提示下，设置偏移距离依次为197、44、750、44，将矩形左侧的竖直直线向右偏移，效果如图 13-36 所示。

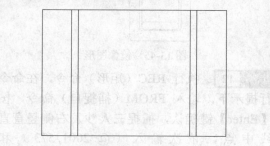

图 13-36　偏移直线

步骤 03　执行 O（偏移）命令，在命令行提示下，设置偏移距离依次为 221、20，将矩形上方的水平直线向下偏移，效果如图 13-37 所示。

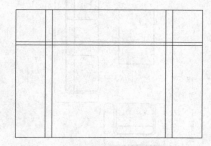

图 13-37　偏移直线效果

步骤 04　执行 TR（修剪）命令，在命令行提示下，修剪多余直线，如图 13-38 所示。

步骤 05　执行 F（圆角）命令，在命令行提示下，设置圆角半径为 61，对图形进行倒圆角操作，效果如图 13-39 所示。

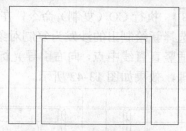

图 13-38　修剪多余直线

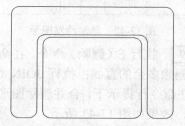

图 13-39　倒圆角

步骤 06　执行 REC（矩形）命令，在命令行提示下，输入 FROM（捕捉自）命令，按【Enter】键确认，捕捉最上方水平直线的左端点，输入（@180，-243）和（@750，-145），绘制矩形，如图 13-40 所示。

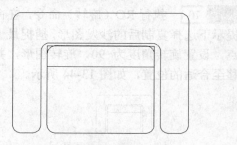

图 13-40　绘制矩形 2

步骤 07　执行 X（分解）命令，在命令行提示下，分解新绘制的矩形；执行 F（圆角）命令，在命令行提示下，设置圆角半径为 61，对分解后的矩形倒圆角，如图 13-41 所示。

图 13-41　分解矩形并倒圆角

步骤 **08** 执行 CO（复制）命令，在命令行提示下选择新绘制出的沙发为复制对象，捕捉左侧合适竖直直线中点，向右引导光标，进行复制处理，效果如图 13-42 所示。

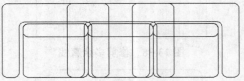

图 13-42 复制沙发图形

步骤 **09** 执行 E（删除）命令，在命令行提示下，删除多余的直线；执行 JOIN（合并）命令，在命令行提示下，合并删除图形后的直线对象，效果如图 13-43 所示。

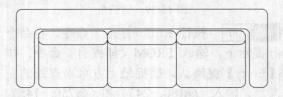

图 13-43 删除并合并图形

步骤 **10** 执行 RO（旋转）命令，在命令行提示下选择复制后的沙发图形，捕捉最上方中点，设置旋转角度为-90，旋转图形，并将其移至合适的位置，如图 13-44 所示。

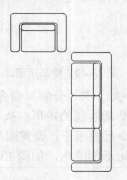

图 13-44 旋转并移动图形

步骤 **11** 执行 MI（镜像）命令，在命令行提示下选择上方的单人沙发为镜像对象，以左侧的三人沙发中间的水平线为镜像线，镜像图形，效果如图 13-45 所示。

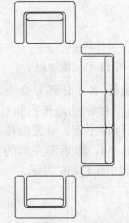

图 13-45 镜像图形

步骤 **12** 执行 REC（矩形）命令，在命令行提示下，输入 FROM（捕捉自）命令，按【Enter】键确认，捕捉三人沙发右侧竖直直线中点，依次输入（@-2001, 573）和（@709, -1128），绘制矩形，如图 13-46 所示。

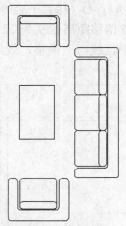

图 13-46 绘制矩形 3

13.3.2 绘制主卧室床

步骤 **01** 执行 REC（矩形）命令，在命令行提示下，在绘图区中任意捕捉一点为起点，并输入（@2420, 1815），按【Enter】键确认，绘制矩形，如图 13-47 所示。

图 13-47 绘制矩形

步骤 02 执行 X（分解）命令，在命令行提示下，分解新绘制的矩形；执行 O（偏移）命令，在命令行提示下，设置偏移距离依次为63、528、330、1484，将矩形左侧的竖直直线向右偏移；设置偏移距离依次为 31 和 1749，将矩形下方的水平直线向上偏移，效果如图 13-48 所示。

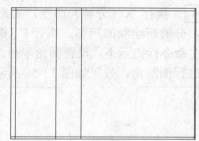

图 13-48 偏移直线

步骤 03 执行 TR（修剪）命令，在命令行提示下，修剪绘图区中多余的直线；执行 F（圆角）命令，在命令行提示下，设置圆角半径为24，对绘图区中相应的直线进行倒圆角处理，效果如图 13-49 所示。

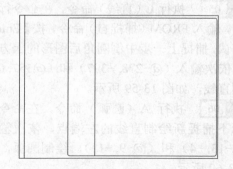

图 13-49 修剪并倒圆角

步骤 04 执行 PL（多段线）命令，在命令行提示下，输入 FROM（捕捉自）命令，按【Enter】键确认，捕捉左下方端点，输入（@591, 1033）、（@517, 748）、（@-69, -292）、（@0, -27）、（@65, -360）、（@-157, -2）、（@-115, 17）、（@-54, 1）和（@-241, -116），绘制多段线，效果如图 13-50 所示。

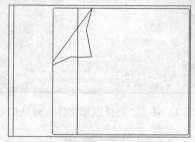

图 13-50 绘制多段线

步骤 05 执行 TR（修剪）命令，在命令行提示下，修剪多余的直线；执行 E（删除）命令，在命令行提示下，删除多余的直线，如图13-51 所示。

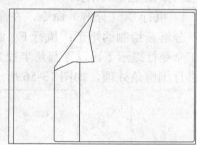

图 13-51 修剪并删除直线

步骤 06 执行 I（插入）命令，弹出"插入"对话框，单击"浏览"按钮，如图 13-52 所示。

图 13-52 "插入"对话框

步骤 **07** 弹出"选择图形文件"对话框，选择"双人床枕头.dwg"文件，单击"打开"按钮，如图 13-53 所示。

图 13-53 "选择图形文件"对话框

步骤 **08** 返回"插入"对话框，单击"确定"按钮，插入"双人床枕头"图块，并调整其位置，效果如图 13-54 所示。

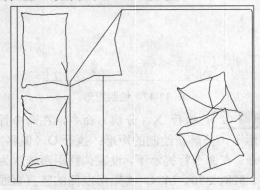

图 13-54 插入"双人床枕头"图块

13.3.3 绘制餐厅餐桌

步骤 **01** 执行 REC（矩形）命令，在命令行提示下，在绘图区中任意捕捉一点为起点，并输入（@908，-1815），按【Enter】键确认，绘制矩形，如图 13-55 所示。

步骤 **02** 执行 X（分解）命令，在命令行提示下，分解新绘制的矩形；执行 F（圆角）命令，在命令行提示下，设置圆角半径为 61，对矩形进行倒圆角处理，如图 13-56 所示。

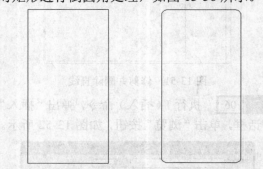

图 13-55 绘制矩形 1　图 13-56 矩形倒圆角 1

步骤 **03** 执行 REC（矩形）命令，在命令行提示下，输入 FROM（捕捉自）命令，按【Enter】键确认，捕捉矩形左侧竖直直线的中点，输入（@212，-709）和（@545，-397），绘制矩形，效果如图 13-57 所示。

步骤 **04** 执行 X（分解）命令，在命令行提示下，分解新绘制的矩形；执行 F（圆角）命令，在命令行提示下，设置圆角半径为 82，对矩形进行倒圆角，效果如图 13-58 所示。

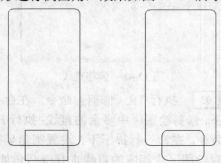

图 13-57 绘制矩形 2　图 13-58 矩形倒圆角 2

步骤 **05** 执行 L（直线）命令，在命令行提示下，输入 FROM（捕捉自）命令，按【Enter】键确认，捕捉上一步中倒圆角后图形的上方中点，依次输入（@-278，-397）和（@557，0），绘制直线，如图 13-59 所示。

步骤 **06** 执行 A（圆弧）命令，在命令行提示下捕捉新绘制直线的左端点，依次输入（@-13，-4）和（@-9，-11），绘制圆弧，如图 13-60 所示。

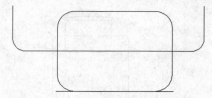

图 13-59　绘制直线 1

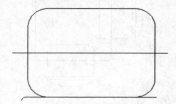

图 13-60　绘制圆弧 1

步骤 07　重复执行 A（圆弧）命令，在命令行提示下捕捉新绘制圆弧的下方端点，依次输入（@-1，-5）和（@4，-8），绘制圆弧，如图 13-61 所示。

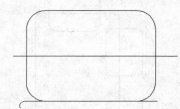

图 13-61　绘制圆弧 2

步骤 08　执行 MI（镜像）命令，在命令行提示下选择新绘制的两个圆弧为镜像对象，以步骤 5 中新绘制的直线的中垂直线作为镜像线，镜像图形，效果如图 13-62 所示。

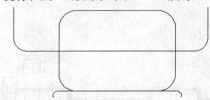

图 13-62　镜像图形 1

步骤 09　执行 A（圆弧）命令，在命令行提示下捕捉左下方圆弧的下端点，依次输入（@297，-13）和（@297，13），绘制圆弧，如图 13-63 所示。

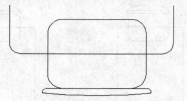

图 13-63　绘制圆弧 3

步骤 10　重复执行 A（圆弧）命令，在命令行提示下捕捉新绘制圆弧的左端点，依次输入（@111，-67）和（@127，-26），绘制圆弧；执行 MI（镜像）命令，在命令行提示下，对新绘制的圆弧进行镜像处理，效果如图 13-64 所示。

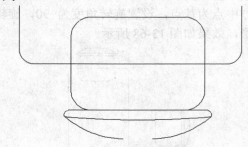

图 13-64　绘制圆弧并镜像

步骤 11　执行 L（直线）命令，在命令行提示下，依次捕捉最下方两个圆弧下方的左右端点，绘制直线，如图 13-65 所示。

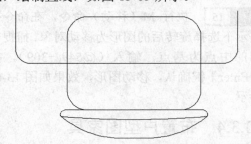

图 13-65　绘制直线 2

步骤 12　执行 MI（镜像）命令，在命令行提示下选择绘制完成的椅子图形为镜像对象，以大矩形的水平轴线为镜像线，进行镜像处理，效果如图 13-66 所示。

步骤 13　执行 CO（复制）命令，在命令行提示下选择下方的椅子对象，对其进行复制处理，如图 13-67 所示。

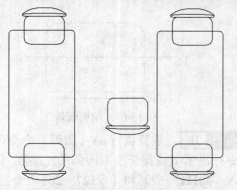

图 13-66 镜像图形 2 图 13-67 复制椅子图形

步骤 14 执行 RO（旋转）命令，在命令行提示下选择复制的椅子对象为旋转对象，捕捉上方中点为基点，设置旋转角度为-90，旋转图形，效果如图 13-68 所示。

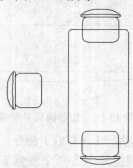

图 13-68 旋转图形

步骤 15 执行 M（移动）命令，在命令行提示下选择旋转后的图形为移动对象，捕捉右侧的中点为基点，输入（@549,-309），按【Enter】键确认，移动图形，效果如图 13-69 所示。

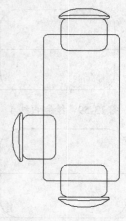

图 13-69 移动图形 1

步骤 16 执行 CO（复制）命令，在命令行提示下选择移动后的图形为复制对象，捕捉右侧的中点为基点，输入（@0,831），按【Enter】键确认，移动图形，效果如图 13-70 所示。

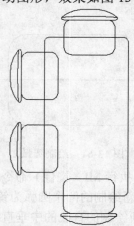

图 13-70 移动图形 2

13.3.4 布置户型图家具

步骤 01 执行 M（移动）命令，在命令行提示下选择新绘制的沙发图形，捕捉右侧中点，将其移至右上方端点处，效果如图 13-71 所示。

步骤 02 重复执行 M（移动）命令，在命令行提示下选择移动后的沙发图形，捕捉右侧中点，输入（@-218,-2244），按【Enter】键确认，移动图形，效果如图 13-72 所示。

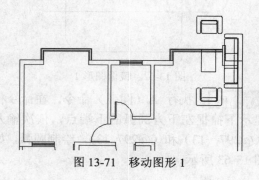

图 13-71 移动图形 1

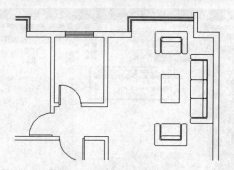

图 13-72 移动图形 2

步骤 03 重复执行 M（移动）命令，在命令行提示下选择 13.3.3 节中绘制完成的主卧室床图形，捕捉左侧中点，将其移至左上方端点处，效果如图 13-73 所示。

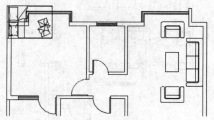

图 13-73 移动图形 3

步骤 04 重复执行 M（移动）命令，在命令行提示下选择移动后的主卧室床图形，捕捉左侧中点，输入（@218,–2335），按【Enter】键确认，移动图形，效果如图 13-74 所示。

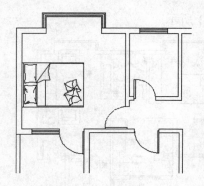

图 13-74 移动图形 4

步骤 05 重复执行 M（移动）命令，在命令行提示下选择新绘制的餐桌图形，捕捉右侧中点，将其移至右下方合适的端点处，如图 13-75 所示。

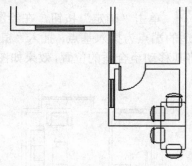

图 13-75 移动图形 5

步骤 06 重复执行 M（移动）命令，在命令行提示下选择新绘制的餐桌图形，捕捉右侧中点，输入（@–218,3964），按【Enter】键确认，移动图形，效果如图 13-76 所示。

图 13-76 移动图形 6

步骤 07 执行 I（插入）命令，弹出"插入"对话框，单击"浏览"按钮，弹出"选择图形文件"对话框，选择"植物.dwg"图形文件，如图 13-77 所示，单击"打开"按钮，返回"插入"对话框。

图 13-77 "选择图形文件"对话框

步骤 08 单击"确定"按钮，在绘图区中指定合适的端点为插入基点，插入"植物"图块，并将其移动至合适的位置，效果如图 13-78 所示。

图 13-79 选择"家具图块.dwg"图形文件

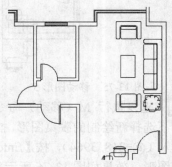

图 13-78 插入"植物"图块

步骤 09 重复执行 I（插入）命令，弹出"插入"对话框，单击"浏览"按钮，弹出"选择图形文件"对话框，选择"家具图块.dwg"图形文件，如图 13-79 所示，单击"打开"按钮，返回"插入"对话框。

步骤 10 单击"确定"按钮，在绘图区中，指定合适的端点为插入基点，插入其他图块，将其移至合适的位置，效果如图 13-80 所示。

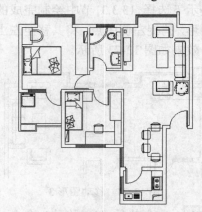

图 13-80 插入其他图块

13.4 完善户型平面图

本实例介绍如何完善户型平面图，效果如图 13-81 所示。

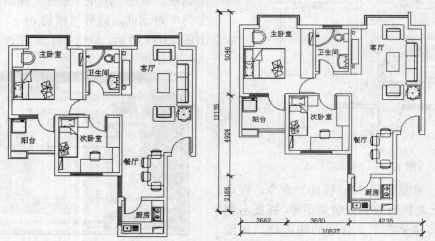

图 13-81 完善后的户型结构图

13.4.1　标注文字

步骤 `01`　将"标注"图层置为当前，执行 ST（文字样式）命令，弹出"文字样式"对话框，在"样式"列表框中，选择默认的文字样式，设置"字体"为"宋体"、"高度"为 300，如图 13-82 所示，依次单击"应用"和"关闭"按钮，设置文字样式。

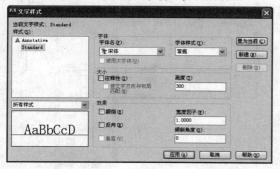

图 13-82　"文字样式"对话框

步骤 `02`　执行 TEXT（单行文字）命令，在命令行提示下，依次捕捉合适角点和对角点，弹出文本框，输入文字"主卧室"，如图 13-83 所示。

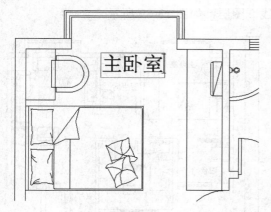

图 13-83　输入文字

步骤 `03`　连续按两次【Enter】键确认，即可创建文字，效果如图 13-84 所示。

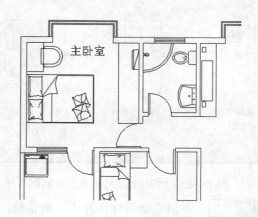

图 13-84　创建文字

步骤 `04`　重复执行 TEXT（单行文字）命令，在命令行提示下，在绘图区中其他区域中依次创建相应的文字标注，效果如图 13-85 所示。

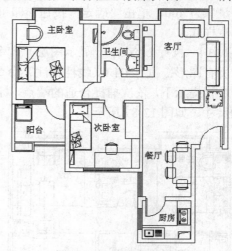

图 13-85　创建其他文字

专家提醒 🔊

在标注文字时，可以先为所有需要标注的房间都复制好文字，然后再利用"特性"面板中的"内容"选项，依次对文字进行编辑，这样可以提高绘图效率。

13.4.2　标注尺寸

步骤 `01`　执行 D（标注样式）命令，弹出"标注样式管理器"对话框，选择默认标注样式，单击"修改"按钮，如图 13-86 所示。

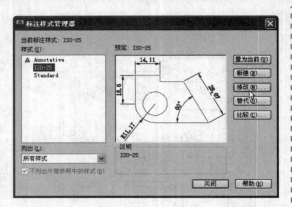

图 13-86　"标注样式管理器"对话框

步骤 02　弹出"修改标注样式"对话框，在"主单位"选项卡中设置"精度"为0；在"符号和箭头"选项卡中设置"第一个"箭头为"建筑标记"、"箭头大小"为280；在"线"选项卡中设置"超出尺寸线"为200、"起点偏移量"为400，单击"确定"按钮，即可设置标注样式。

步骤 03　执行 LAYON（显示图层）命令，显示所有图形；执行 DLI（线性标注）命令，在命令行提示下，依次捕捉合适的端点，标注线性尺寸，如图 13-87 所示。

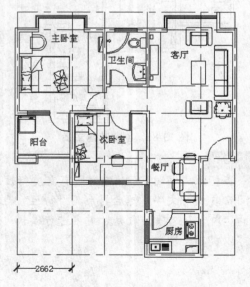

图 13-87　标注线性尺寸

步骤 04　执行 DCO（连续标注）命令，在命令行提示下，依次捕捉关键点进行尺寸标注，如图 13-88 所示。

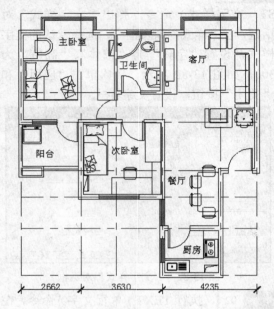

图 13-88　标注连续尺寸

步骤 05　重复执行 DLI（线性标注）和 DCO（连续标注）命令，标注其他尺寸，并隐藏"轴线"图层，如图 13-89 所示。

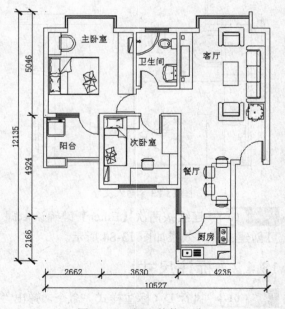

图 13-89　标注其他尺寸

步骤 **06**　执行 MT（多行文字）命令，在命令行提示下，设置"文字高度"为 350，在绘图区下方的合适位置处，创建相应的文字，并调整其位置，如图 13-90 所示。

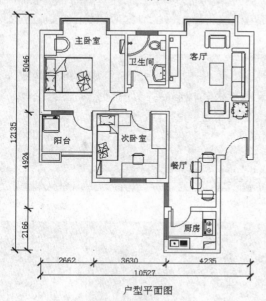

图 13-90　创建文字

步骤 **07**　执行 PL（多段线）命令，在命令行提示下，在文字下方，绘制一条宽度为 80、长度为 3000 的多段线，如图 13-91 所示。

步骤 **08**　执行 L（直线）命令，在命令行提示下，在多段线下方，绘制一条直线，效果如图 13-92 所示。

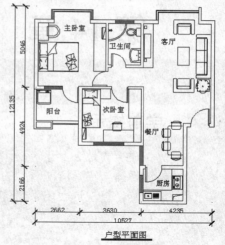

图 13-91　绘制多段线

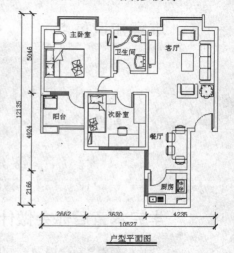

图 13-92　绘制直线

第 14 章　接待室透视图

学前提示

　　建筑物是进行建筑设计的主体对象，透视图所表示的建筑物内部空间或外部形体与实际所能看到的住宅建筑本身极其相似，并具有强烈的三维空间透视感，直观地表现了建筑的造型、空间布置、色彩或外部环境。

本章知识重点

- ▶　绘制透视图结构
- ▶　绘制透视图家具
- ▶　完善接待室透视图

学完本章后你会做什么

- ▶　掌握绘制透视图结构的操作，如绘制墙线、绘制天棚等
- ▶　掌握绘制透视图家具的操作，如绘制沙发、绘制茶几等
- ▶　掌握完善接待室透视图的操作，如绘制沙发背景墙、绘制窗台等

视频演示

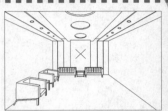

接待室透视图

14.1　效果欣赏

　　接待室是人员聚集及接待宾客的场所，是享受温情、传递真情的最佳空间。现代接待室的布置，除了空间的合理规划外，更注重的是情调以及品位的营造。接待室设计以"安全、健康、舒适、美观"为基础，以"符合生活需要，提高生活质量，充分展示个性"为标准。在设计接待室时，首先需要对风格进行定位，不要将各种风格混为一谈，以免显得不伦不类。

　　本实例主要以接待室透视图为例，采用了明快、简洁、大气的设计风格，并结合透视原理，设计出了最佳的透视图效果，如图 14-1 所示。

图 14-1（a）　接待室透视图 3D 效果图

接待室透视图

图 14-1（b）　接待室透视图 CAD 效果图

素材文件	无
效果文件	光盘\效果\第 14 章\接待室透视图.dwg
视频文件	光盘\视频\第 14 章\

14.2 绘制透视图结构

本实例介绍透视图结构的绘制，效果如图 14-2 所示。

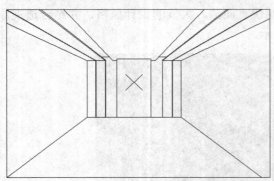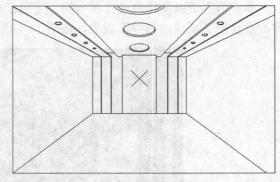

图 14-2 透视图结构

14.2.1 绘制墙线

步骤 **01** 新建一个 CAD 文件，执行 LA（图层）命令，弹出"图层特性管理器"面板，依次创建"墙线"图层、"家具"图层、"地板"图层（红色）、"门窗"图层（绿色，其颜色值为 94），并将"墙线"图层置为当前，如图 14-3 所示。

样式，在"点大小"文本框中输入 200，选中"相对于屏幕设置大小"单选钮，如图 14-4 所示，单击"确定"按钮，设置点样式。

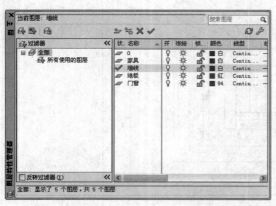

图 14-3 创建图层

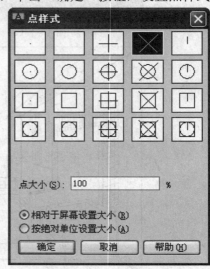

图 14-4 "点样式"对话框

步骤 **02** 执行 DDPTYPE（点样式）命令，弹出"点样式"对话框，选择第 1 行第 4 个点

步骤 **03** 执行 REC（矩形）命令，在命令行的提示下，在绘图区中任意指定一点作为

矩形的第一角点，输入第二角点的坐标为（@4550, 3000），按【Enter】键确认，绘制矩形，效果如图 14-5 所示。

图 14-5　绘制矩形

步骤 04　执行 PO（单点）命令，在命令行提示下，输入 FROM（捕捉自）命令，按【Enter】键确认，捕捉矩形的左下方端点为基点，输入（@2200, 1700），绘制透视点，效果如图 14-6 所示。

图 14-6　绘制透视点

步骤 05　执行 L（直线）命令，在命令行提示下，分别捕捉矩形的 4 个端点和透视点，绘制 4 条透视线，效果如图 14-7 所示。

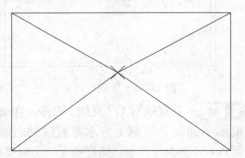

图 14-7　绘制透视线

步骤 06　重复执行 L（直线）命令，在命令行提示下，依次捕捉绘制直线的中点，绘制其他的直线，效果如图 14-8 所示。

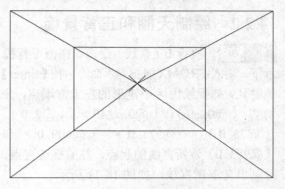

图 14-8　绘制直线

步骤 07　执行 SC（缩放）命令，在命令行提示下选择新绘制的 4 条直线为缩放对象，捕捉透视点为基点，设置"比例因子"为 0.7，缩放图形，效果如图 14-9 所示。

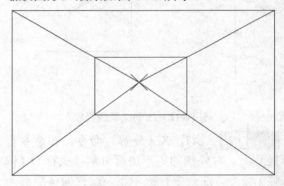

图 14-9　缩放图形

步骤 08　执行 TR（修剪）命令，在命令行提示下，修剪多余直线，如图 14-10 所示。

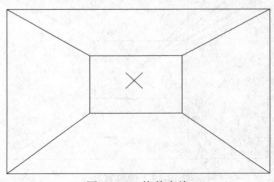

图 14-10　修剪直线

一点透视的特点：平稳、有较强的纵深感，能较为全面地反映室内五个面的状况。因此，能充分地反映室内空间效果。

14.2.2　绘制天棚和正背景墙

步骤 01　执行 L（直线）命令，在命令行提示下，输入 FROM（捕捉自）命令，按【Enter】键确认，捕捉绘图区中矩形的左上方端点，分别以 （@0，-9）、（@0，-240）、（@2，0）、（@73，0）、（@573，0）、（@609，0） 和（@983，0）为新直线的起点，并捕捉透视点，绘制出 7 条透视线，如图 14-11 所示。

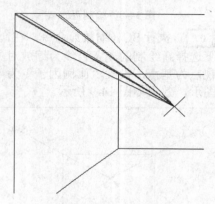

图 14-11　绘制 7 条透视线

步骤 02　执行 X（分解）命令，在命令行提示下，对外侧的矩形进行分解；执行 O（偏移）命令，在命令行提示下，设置偏移距离为1389，将左侧的竖直直线向右进行偏移处理，如图 14-12 所示。

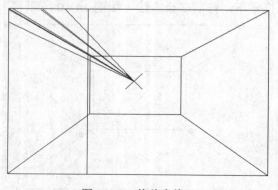

图 14-12　偏移直线 1

步骤 03　执行 E（删除）命令，在命令行提示下，删除多余的直线；执行 TR（修剪）命令，在命令行提示下，修剪多余的直线，效果如图 14-13 所示。

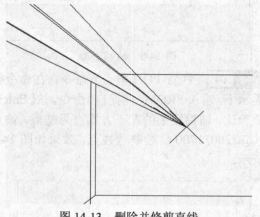

图 14-13　删除并修剪直线

步骤 04　执行 L（直线）命令，在命令行提示下，依次捕捉修剪后的直线的上端点和修剪后直线与透视线的交点为直线起点，绘制两条水平直线，如图 14-14 所示。

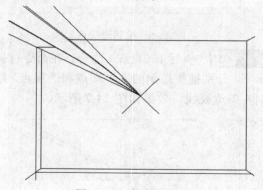

图 14-14　绘制直线 1

步骤 05　重复执行 L（直线）命令，在命令行提示下捕捉新绘制上方水平直线的右端点为起点，向下引导光标，捕捉垂足，绘制直线，效果如图 14-15 所示。

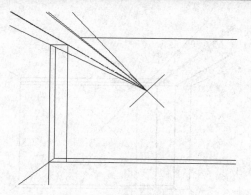

图 14-15　绘制直线 2

步骤 06 执行 TR（修剪）命令，在命令行提示下，修剪多余的直线；执行 E（删除）命令，在命令行提示下，删除多余的直线，效果如图 14-16 所示。

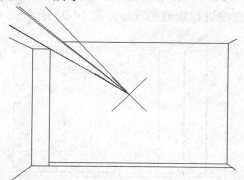

图 14-16　修剪并删除直线 1

步骤 07 执行 O（偏移）命令，在命令行提示下，设置偏移距离依次为 2 和 5，将从左数第 3 条竖直直线向右进行偏移处理，效果如图 14-17 所示。

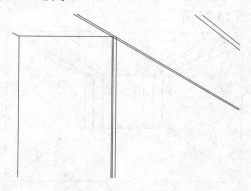

图 14-17　偏移直线 2

步骤 08 执行 F（圆角）命令，在命令行提示下，设置圆角半径为 0，分别对偏移的直线与上方透视线进行圆角处理，效果如图 14-18 所示。

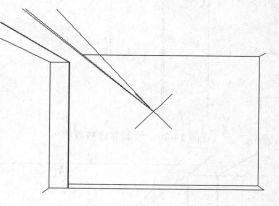

图 14-18　直线倒圆角 1

步骤 09 执行 L（直线）命令，在命令行提示下捕捉倒圆角后图形的右上方端点，向右引导光标，在合适位置上单击鼠标左键，绘制直线，效果如图 14-19 所示。

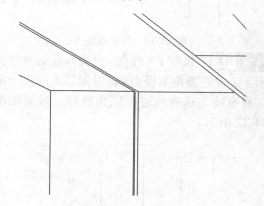

图 14-19　绘制直线 3

步骤 10 重复执行 L（直线）命令，在命令行提示下捕捉新绘制直线的右端点，向下引导光标，绘制垂直直线；执行 TR（修剪）命令，在命令行提示下，修剪多余的直线，效果如图 14-20 所示。

步骤 11 执行 O（偏移）命令，在命令行提示下，设置偏移距离依次为 5 和 193，将新绘制的竖直直线向右偏移，如图 14-21 所示。

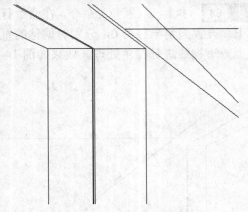

图 14-20 绘制并修剪直线

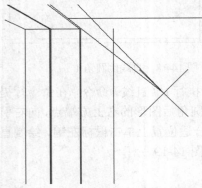

图 14-21 偏移直线 3

步骤 12 执行 F（圆角）命令，在命令行提示下，设置圆角半径为 0，对偏移后的第一条竖直直线与透视线进行圆角处理，效果如图 14-22 所示。

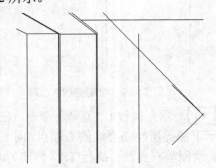

图 14-22 直线倒圆角 2

步骤 13 执行 O（偏移）命令，在命令行提示下，设置偏移距离依次为 37 和 30，将从上数第 2 条水平直线向下进行偏移处理，效果如图 14-23 所示。

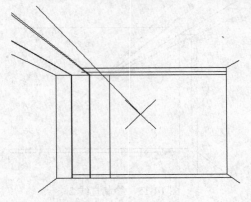

图 14-23 偏移直线 4

步骤 14 执行 EX（延伸）命令，在命令行提示下，对相应的直线进行延伸处理；执行 TR（修剪）命令，在命令行提示下，对多余的直线进行修剪处理，如图 14-24 所示。

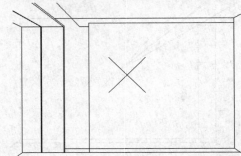

图 14-24 延伸并修剪直线

步骤 15 执行 MI（镜像）命令，在命令行提示下选择左侧新绘制的图形为镜像对象，捕捉透视点和该点垂直线上的另一点作为镜像线上的第一点和第二点，进行镜像处理，效果如图 14-25 所示。

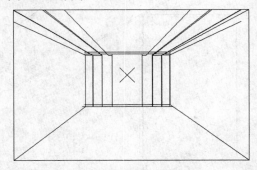

图 14-25 镜像图形

步骤 16　执行 EX（延伸）命令，在命令行提示下，对相应的直线进行延伸处理；执行 TR（修剪）命令，在命令行提示下，对多余的直线进行修剪处理；执行 E（删除）命令，在命令行提示下，删除多余的直线，效果如图 14-26 所示。

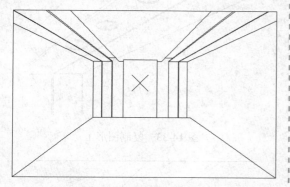

图 14-26　修剪并删除直线 2

步骤 17　执行 XL（构造线）命令，在命令行提示下捕捉透视点为起点，捕捉合适端点为终点，绘制构造线，如图 14-27 所示。

步骤 18　执行 TR（修剪）命令，在命令行提示下，修剪多余的直线；执行 E（删除）命令，在命令行提示下，删除多余的直线，效果如图 14-28 所示。

14.2.3　绘制灯具

步骤 01　执行 O（偏移）命令，在命令行提示下，设置偏移距离依次为 745、50、50，将左侧竖直直线向右偏移，如图 14-29 所示。

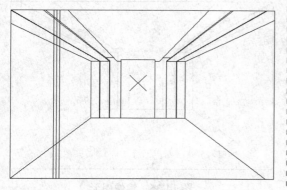

图 14-29　偏移直线 1

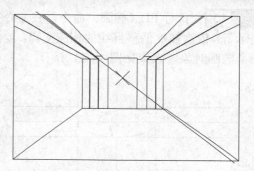

图 14-27　绘制构造线

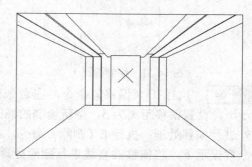

图 14-28　修剪并删除直线 3

专家提醒

　　在室内装修中，电视柜、沙发、餐桌、床的沿墙部位都适合布置装饰背景。装饰背景墙面的材质多种多样，如文化石、木材或竹子、挂毯、布饰等。

步骤 02　重复执行 O（偏移）命令，在命令行提示下，设置偏移距离为 295、20、20，将上方水平直线向下偏移，如图 14-30 所示。

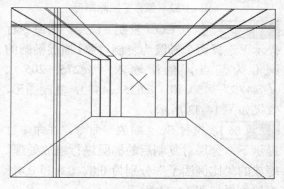

图 14-30　偏移直线 2

步骤 **03** 执行 EL（椭圆）命令，在命令行提示下，依次捕捉偏移直线的相应交点，绘制一个椭圆对象，效果如图 14-31 所示。

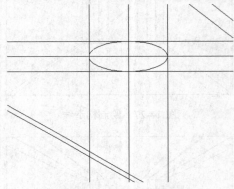

图 14-31 绘制椭圆 1

步骤 **04** 执行 O（偏移）命令，在命令行提示下，设置偏移距离为 5，将新绘制的椭圆向外进行偏移处理；执行 E（删除）命令，在命令行提示下，将偏移的直线进行删除处理，效果如图 14-32 所示。

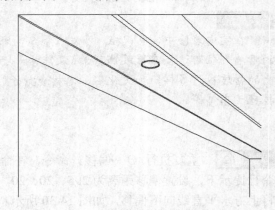

图 14-32 偏移并删除图形

步骤 **05** 执行 CO（复制）命令，在命令行提示下选择两个椭圆为复制对象，捕捉椭圆的圆心为基点，依次输入（@275,-205）、（@475,-345）和（@625,-445），复制图形，效果如图 14-33 所示。

步骤 **06** 执行 SC（缩放）命令，在命令行提示下，分别对复制后的椭圆进行缩放处理，缩放的"比例因子"分别为 0.8、0.6 和 0.4，缩放效果如图 14-34 所示。

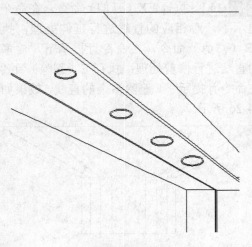

图 14-33 复制图形 1

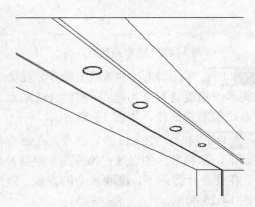

图 14-34 缩放椭圆 1

步骤 **07** 执行 MI（镜像）命令，在命令行提示下选择左侧的椭圆对象，以透视点所在的竖直极轴线为镜像线，镜像图形，如图 14-35 所示。

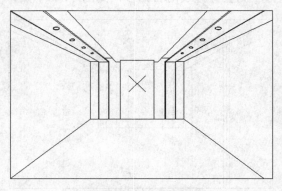

图 14-35 镜像图形

步骤 08　执行 O（偏移）命令，在命令行提示下，设置偏移距离为 1920、280、280，将左侧竖直直线向右偏移，如图 14-36 所示。

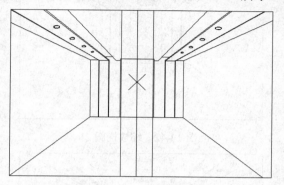

图 14-36　偏移直线 3

步骤 09　重复执行 O（偏移）命令，在命令行提示下，设置偏移距离为 309、120、120，将上方水平直线向下偏移，如图 14-37 所示。

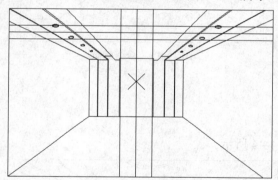

图 14-37　偏移直线 4

步骤 10　执行 EL（椭圆）命令，在命令行提示下，依次捕捉偏移直线的相应交点，绘制一个椭圆对象，效果如图 14-38 所示。

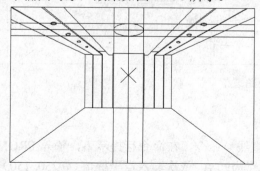

图 14-38　绘制椭圆 2

步骤 11　执行 SC（缩放）命令，在命令行提示下选择新绘制的椭圆为缩放对象，捕捉椭圆圆心为基点，输入 C（复制）选项，按【Enter】键确认，输入比例因子为 0.95，缩放图形；执行 E（删除）命令，在命令行提示下，删除偏移后的直线，效果如图 14-39 所示。

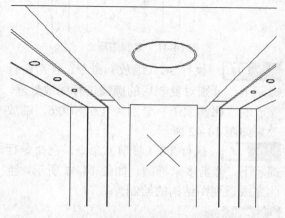

图 14-39　缩放并删除图形

步骤 12　执行 M（移动）命令，在命令行提示下选择缩放后的椭圆为移动对象，捕捉圆心点，输入（@0, 18），按【Enter】键确认，移动图形，效果如图 14-40 所示。

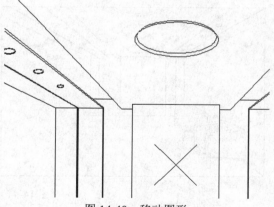

图 14-40　移动图形

步骤 13　执行 CO（复制）命令，在命令行提示下选择两个椭圆为复制对象，捕捉椭圆的圆心为基点，依次输入（@0, 480）和（@0, -328），复制图形，如图 14-41 所示。

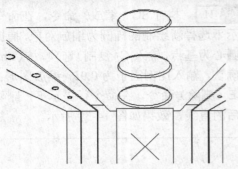

图 14-41　复制图形 2

步骤 14　执行 SC（缩放）命令，在命令行提示下，分别对复制后的椭圆进行缩放处理，缩放的"比例因子"分别为 1.6 和 0.6，缩放效果如图 14-42 所示。

步骤 15　执行 TR（修剪）命令，在命令行提示下，修剪多余椭圆，如图 14-43 所示，至此完成透视图结构的绘制。

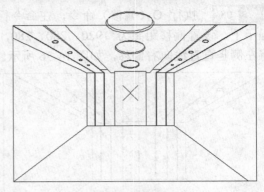

图 14-42　缩放椭圆 2

专家提醒 ☞

　　绘制透视图常用方法有：视线法、网格法、重点法等。

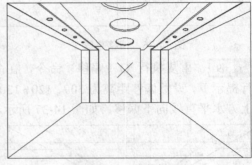

图 14-43　修剪椭圆

14.3　绘制透视图家具

　　本实例介绍透视图家具的绘制，效果如图 14-44 所示。

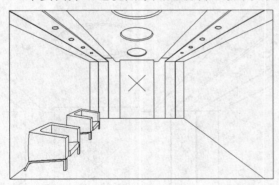

图 14-44　透视图家具

14.3.1　绘制单人沙发

步骤 01　将"家具"图层置为当前，执行 L（直线）命令，在命令行提示下，输入 FROM（捕捉自）命令，按【Enter】键确认，捕捉左下方端点为起点，依次输入点坐标值（@250, 150）、（@80, 160）、（@639, 35）和（@0, −195），绘制直线，效果如图 14-45 所示。

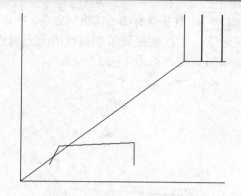

图 14-45　绘制直线 1

步骤 **02**　执行 O（偏移）命令，在命令行提示下，将左侧倾斜直线向右偏移 24；将上方倾斜直线向上偏移 8、向下偏移 24；将右侧垂直直线向左偏移 36、向右偏移 18，如图 14-46 所示。

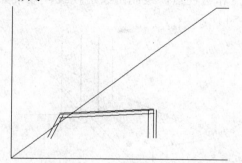

图 14-46　偏移直线 1

步骤 **03**　执行 F（圆角）命令，在命令行提示下，设置圆角半径为 0，对直线之间的夹角进行圆角处理，效果如图 14-47 所示。

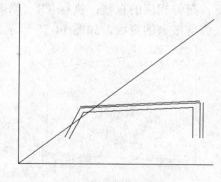

图 14-47　直线倒圆角

步骤 **04**　执行 L（直线）命令，在命令行提示下，依次捕捉倒圆角后图形下方合适的端点，绘制直线，效果如图 14-48 所示。

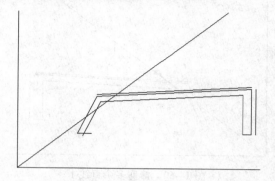

图 14-48　绘制直线 2

步骤 **05**　执行 O（偏移）命令，在命令行提示下，输入 L（图层）选项，按【Enter】键确认，输入 C（当前）选项并确认，设置偏移距离依次为 530、24、168 和 24，将左侧竖直直线向右偏移，效果如图 14-49 所示。

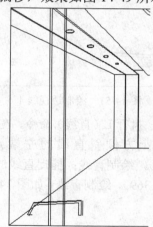

图 14-49　偏移直线 2

步骤 **06**　执行 TR（修剪）命令，在命令行提示下，对偏移的直线进行修剪处理，效果如图 14-50 所示。

步骤 **07**　执行 L（直线）命令，在命令行提示下，依次捕捉右侧合适的竖直直线上的端点和交点为起点，并捕捉透视点，绘制 3 条透视线，如图 14-51 所示。

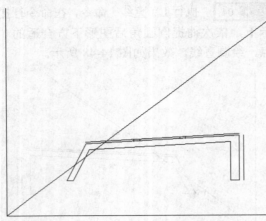

图 14-50　修剪多余直线 1

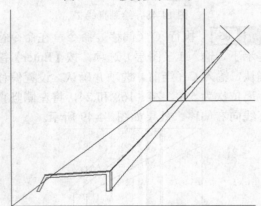

图 14-51　绘制透视线 1

步骤 08　执行 L（直线）命令，在命令行提示下捕捉上方倾斜直线的左端点，输入（@0, 511），绘制直线；捕捉直线的右端点，输入（@0, 369），绘制直线，如图 14-52 所示。

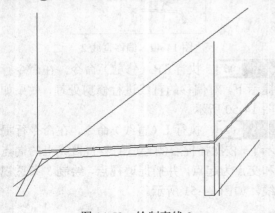

图 14-52　绘制直线 3

步骤 09　重复执行 L（直线）命令，在命令行提示下，依次捕捉新绘制直线的上方端点，绘制倾斜直线，如图 14-53 所示。

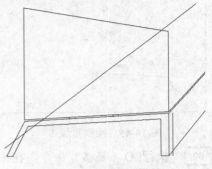

图 14-53　绘制直线 4

步骤 10　重复执行 L（直线）命令，在命令行提示下，依次捕捉新绘制的倾斜直线的左右端点和透视点，绘制两条透视线，效果如图 14-54 所示。

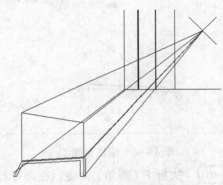

图 14-54　绘制透视线 2

步骤 11　执行 EX（延伸）命令，在命令行提示下，延伸相应的直线；执行 TR（修剪）命令，修剪多余的直线，如图 14-55 所示。

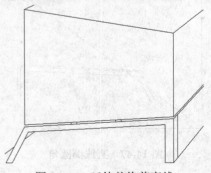

图 14-55　延伸并修剪直线

步骤 12 执行 SC（缩放）命令，在命令行提示下选择绘图区中相应的倾斜直线和与之相交的竖直直线对象为缩放对象，捕捉透视点为基点，输入 C（复制）选项，按【Enter】键确认，设置"比例因子"为 0.96，缩放图形，效果如图 14-56 所示。

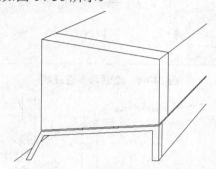

图 14-56　缩放图形 1

步骤 13 执行 O（偏移）命令，在命令行提示下，设置偏移距离为 602，将下方的水平直线向上偏移，效果如图 14-57 所示。

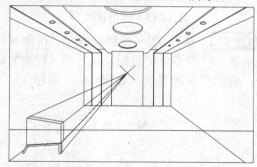

图 14-57　偏移直线 3

步骤 14 执行 L（直线）命令，在命令行提示下捕捉偏移的直线与左边墙线的交点为起点，捕捉透视点为终点，绘制透视线，并将偏移的直线删除，如图 14-58 所示。

步骤 15 执行 SC（缩放）命令，在命令行提示下，依次选择左下方合适的图形为缩放对象，捕捉透视点为基点，输入 C（复制）选项，按【Enter】键确认，设置"比例因子"为 0.835，缩放图形，如图 14-59 所示。

步骤 16 执行 TR（修剪）命令，在命令行提示下，修剪多余直线，如图 14-60 所示。

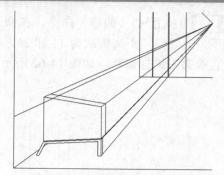

图 14-58　绘制透视线 3

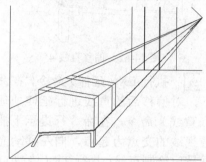

图 14-59　缩放图形 2

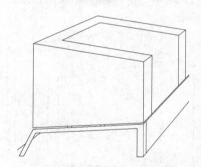

图 14-60　修剪多余直线 2

步骤 17 执行 EX（延伸）命令，在命令行提示下，延伸修剪后右侧竖直直线，如图 14-61 所示。

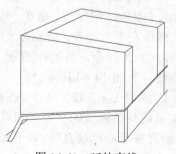

图 14-61　延伸直线

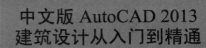

步骤 18 执行 O（偏移）命令，在命令行提示下，设置偏移距离依次为 13 和 26，将延伸后直线向左进行偏移，如图 14-62 所示。

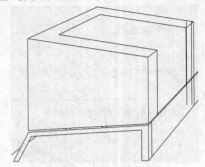

图 14-62　偏移直线 4

步骤 19 执行 EX（延伸）命令，在命令行提示下，对偏移后的直线进行延伸处理；执行 L（直线）命令，在命令行提示下捕捉直线与透视线的交点为起点，向左移动光标，捕捉垂足后绘制直线；执行 TR（修剪）命令，在命令行提示下，修剪多余的直线，如图 14-63 所示。

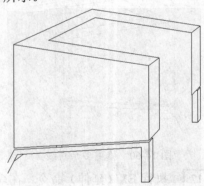

图 14-63　修剪多余直线 3

步骤 20 执行 L（直线）命令，在命令行提示下，输入 FROM（捕捉自）命令，按【Enter】键确认，捕捉左下方端点，分别以（@563,0）和（@683,0）为起点，并捕捉透视点，绘制两条透视线，如图 14-64 所示。

步骤 21 执行 L（直线）命令，在命令行提示下捕捉直线与透视线的交点为起点，向左移动光标，捕捉垂足后绘制直线，效果如图 14-65 所示。

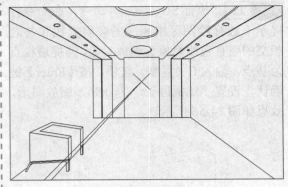

图 14-64　绘制两条透视线

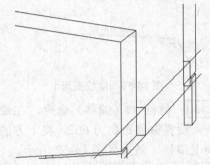

图 14-65　绘制直线 5

步骤 22 执行 TR（修剪）命令，在命令行提示下，修剪多余的直线；执行 E（删除）命令，删除多余的直线，如图 14-66 所示。

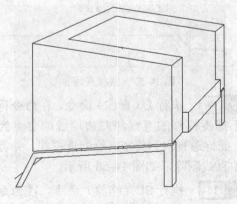

图 14-66　修剪并删除直线 1

步骤 23 执行 L（直线）命令，在命令行提示下捕捉沙发图形左上方的第二个端点，向下引导光标，至合适位置后单击鼠标左键，绘制直线，效果如图 14-67 所示。

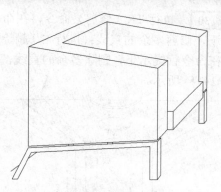

图 14-67 绘制直线 6

步骤 24 重复执行 L（直线）命令，在命令行提示下捕捉沙发垫左上方合适的端点对象，输入（@-154,-8），按【Enter】键确认，绘制直线，并修剪多余的线条，效果如图 14-68 所示。

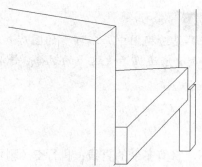

图 14-68 绘制直线并修剪

步骤 25 执行 F（圆角）命令，在命令行提示下，设置圆角半径为 5，对沙发图形左下方合适的端点进行倒圆角处理，效果如图 14-69 所示。

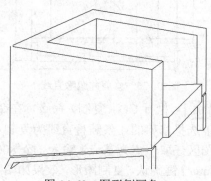

图 14-69 图形倒圆角 1

步骤 26 重复执行 F（圆角）命令，在命令行提示下，设置圆角半径为 20，对沙发图形左下方内侧的上方端点进行倒圆角处理，效果如图 14-70 所示。

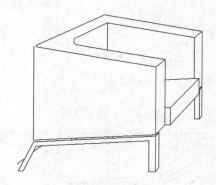

图 14-70 图形倒圆角 2

步骤 27 重复执行 F（圆角）命令，在命令行提示下，设置圆角半径为 50，对沙发图形左上方合适的两个端点依次进行倒圆角处理，并修剪多余直线，效果如图 14-71 所示。

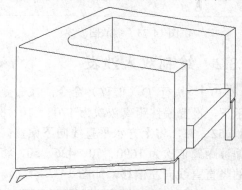

图 14-71 图形倒圆角 3

步骤 28 执行 A（圆弧）命令，在命令行提示下捕捉左上方的象限点和左侧竖直线的下端点，绘制沙发靠背；执行 E（删除）命令，在命令行提示下，删除原来的沙发靠背图形，效果如图 14-72 所示。

步骤 29 执行 SC（缩放）命令，在命令行提示下选择单人沙发为缩放对象，捕捉透视点为基点，输入 C（复制）选项，按【Enter】键确认，设置"比例因子"为 0.65，缩放图形，效果如图 14-73 所示。

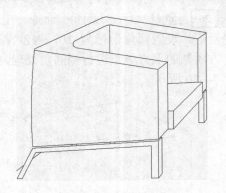

图 14-72　绘制圆弧

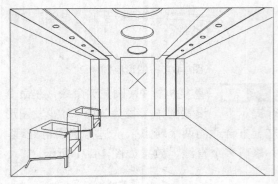

图 14-73　缩放图形 3

14.3.2　绘制双人沙发

步骤 01　执行 O（偏移）命令，在命令行提示下，设置偏移距离依次为 1708、10、37、128、52、73，将上方水平直线向下偏移；设置偏移距离依次为 1690、50、426、50，将右侧的竖直直线向左偏移，如图 14-75 所示。

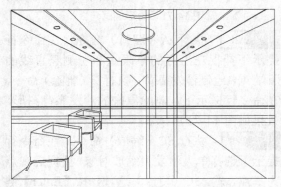

图 14-75　偏移直线 1

步骤 02　执行 TR（修剪）命令，在命令行

步骤 30　执行 TR（修剪）命令，在命令行提示下，修剪多余的直线；执行 E（删除）命令，在命令行提示下，删除多余的直线，效果如图 14-74 所示。

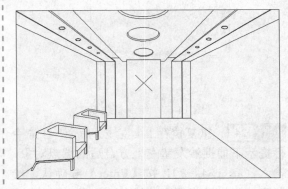

图 14-74　修剪并删除图形 2

专家提醒　☞

　　家具是透视图中必不可少的图形表现。绘制家具时，应遵循近大远小的规律，并消失于透视点。

提示下，修剪多余的直线；执行 E（删除）命令，在命令行提示下，删除多余的直线，如图 14-76 所示。

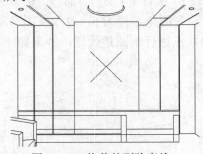

图 14-76　修剪并删除直线 1

步骤 03　执行 CO（复制）命令，在命令行提示下选择修剪的 4 条竖直直线为复制对象，在绘图区任取一点为基点，输入（@-800, 0），按【Enter】键确认，复制图形，效果如图 14-77 所示。

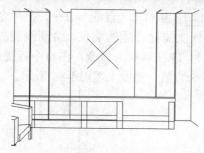

图 14-77　复制图形 1

步骤 04　执行 TR（修剪）命令，在命令行提示下，修剪多余的直线；执行 E（删除）命令，在命令行提示下，删除多余的直线，如图 14-78 所示。

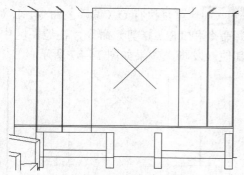

图 14-78　修剪并删除直线 2

步骤 05　执行 L（直线）命令，在命令行提示下，输入 FROM（捕捉自）命令，按【Enter】键确认，捕捉左下方端点，分别以（@0, 132）、（@0, 250）、（@1463, 0）、（@1656, 0）、（@2716, 0）、（@2910, 0）、（@4550, 5）和（@4550, 133）为起点，捕捉透视点为终点，分别绘制 8 条透视线，如图 14-79 所示。

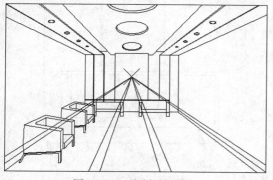

图 14-79　绘制透视线 1

步骤 06　执行 TR（修剪）命令，在命令行提示下，修剪多余的直线；执行 E（删除）命令，在命令行提示下，删除多余的直线，如图 14-80 所示。

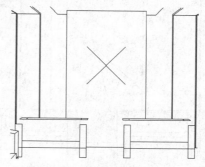

图 14-80　修剪并删除直线 3

步骤 07　执行 L（直线）命令，在命令行提示下，依次捕捉合适的端点，绘制沙发扶手，如图 14-81 所示。

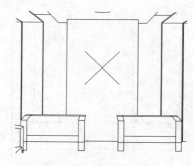

图 14-81　绘制沙发扶手

步骤 08　重复执行 L（直线）命令，在命令行提示下捕捉透视点为起点，分别以（@-616, -583）、（@-140, -635）、（@134, -635）和（@610, -583）为终点，绘制 4 条透视线，效果如图 14-82 所示。

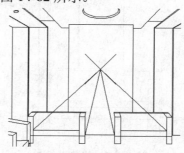

图 14-82　绘制透视线 2

步骤 09 执行 L（直线）命令，在命令行提示下，依次捕捉合适的端点，绘制相应的沙发角线，效果如图 14-83 所示。

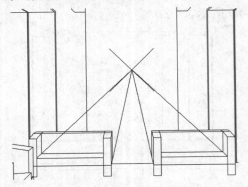

图 14-83 绘制沙发角线

步骤 10 执行 TR（修剪）命令，在命令行提示下，修剪多余的直线；执行 E（删除）命令，在命令行提示下，删除多余的直线，如图 14-84 所示。

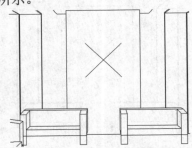

图 14-84 修剪并删除直线 4

步骤 11 执行 O（偏移）命令，在命令行提示下，设置偏移距离依次为 18、18、8，将沙发图形最右侧的竖直直线向左偏移，效果如图 14-85 所示。

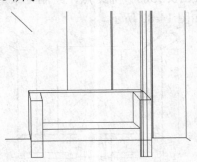

图 14-85 偏移直线 2

步骤 12 执行 L（直线）命令，在命令行提示下，依次捕捉合适的端点，绘制沙发脚透视线；执行 TR（修剪）命令，在命令行提示下，修剪多余直线，效果如图 14-86 所示。

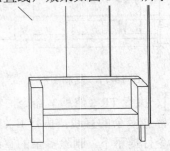

图 14-86 绘制直线并修剪

步骤 13 重复执行 O（偏移）命令、L（直线）命令和 TR（修剪）命令，在绘图区中绘制其他沙发脚，效果如图 14-87 所示。

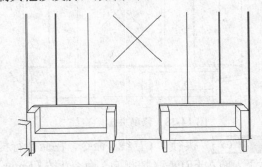

图 14-87 绘制其他沙发脚

步骤 14 执行 O（偏移）命令，在命令行提示下，设置偏移距离依次为 66、66、66、5、66、66，将右侧沙发图形中的从右数第 3 条竖直直线向左偏移，效果如图 14-88 所示。

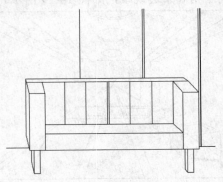

图 14-88 偏移直线 3

步骤 15 重复执行 O（偏移）命令，在命令行提示下，设置偏移距离依次为 45、45，将右侧沙发图形中的从上数第 2 条水平直线向下偏移；执行 TR（修剪）命令，对偏移的直线进行修剪处理，效果如图 14-89 所示。

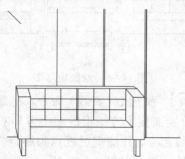

图 14-89　偏移并修剪直线

14.3.3　绘制茶几

步骤 01 执行 L（直线）命令，在命令行提示下，输入 FROM（捕捉自）命令，按【Enter】键确认，捕捉左下方端点为基点，分别以（@287,0）、（@356,0）和（@783,0）为起点，捕捉透视点，绘制 3 条透视线，效果如图 14-91 所示。

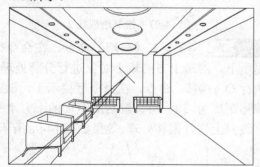

图 14-91　绘制透视线 1

步骤 02 执行 O（偏移）命令，在命令行提示下，设置偏移距离依次为 1270、20 和 10，将左侧的竖直直线向右偏移，将偏移的直线移至"家具"图层中，如图 14-92 所示。

步骤 03 执行 L（直线）命令，在命令行提示下，利用对象捕捉功能，依次捕捉透视线与偏移后的直线之间的交点，绘制直线，如图

步骤 16 执行 CO（复制）命令，在命令行提示下选择修剪后的图形对象，捕捉透视点为基点，向左引导光标，在合适位置上，单击鼠标左键，复制图形，如图 14-90 所示。

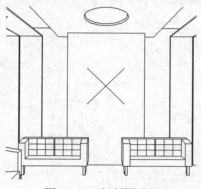

图 14-90　复制图形 2

14-93 所示。

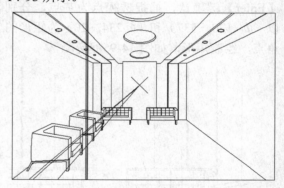

图 14-92　偏移直线 1

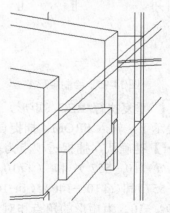

图 14-93　绘制直线

步骤 04　执行 TR（修剪）命令，在命令行提示下，修剪多余的直线；执行 E（删除）命令，在命令行提示下，删除多余的直线，如图 14-94 所示。

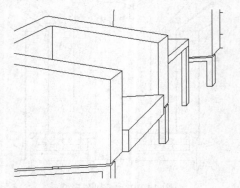

图 14-94　修剪并删除直线

步骤 05　执行 REC（矩形）命令，在命令行提示下，输入 FROM（捕捉自）命令，按【Enter】键确认，捕捉透视点为基点，分别以（@-120,-537）和（@234,-20）为矩形的角点，绘制矩形，如图 14-95 所示。

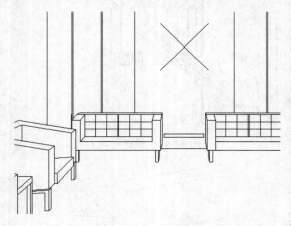

图 14-95　绘制矩形 1

步骤 06　重复执行 REC（矩形）命令，在命令行提示下，输入 FROM（捕捉自）命令，按【Enter】键确认，捕捉透视点为基点，分别以（@-110,-557）和（@10,-140）、（@94,-557）和（@10,-140）、（@-100,-672）和（@194,-10）为矩形的角点和对角点，绘制 3 个矩形，如图 14-96 所示。

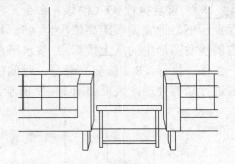

图 14-96　绘制矩形 2

步骤 07　执行 L（直线）命令，在命令行提示下，分别捕捉上方矩形的左上方和右上方端点为直线起点，并捕捉透视点为终点，绘制两条透视线，效果如图 14-97 所示。

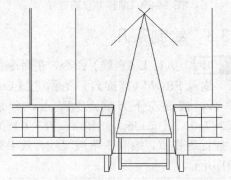

图 14-97　绘制透视线 2

步骤 08　执行 X（分解）命令，在命令行提示下，对最上方的矩形对象进行分解处理；执行 O（偏移）命令，在命令行提示下，设置偏移距离为 30，将分解后的矩形的上方水平直线向上进行偏移处理，效果如图 14-98 所示。

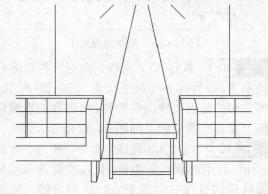

图 14-98　偏移直线 2

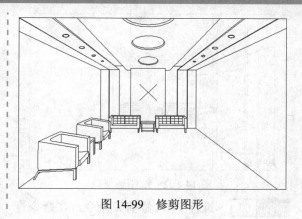

步骤 09　执行 TR（修剪）命令，在命令行提示下，对绘图区中多余的直线进行修剪处理，效果如图 14-99 所示。

图 14-99　修剪图形

14.4　完善接待室透视图

本实例介绍如何完善接待室透视图，效果如图 14-100 所示。

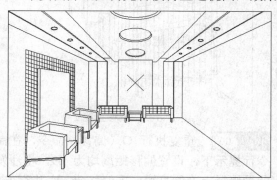

图 14-100　完善后的接待室透视图

14.4.1　绘制沙发背景墙

步骤 01　执行 O（偏移）命令，在命令行提示下，依次设置偏移距离为 300、212、38、520、80，将左侧的竖直直线向右进行偏移处理，效果如图 14-101 所示。

步骤 02　执行 L（直线）命令，在命令行提示下，输入 FROM（捕捉自）命令，按【Enter】键确认，捕捉左下方端点为基点，分别以（@0, 2047）和（@0, 2400）为起点，捕捉透视点为直线终点，绘制两条透视线，如图 14-102 所示。

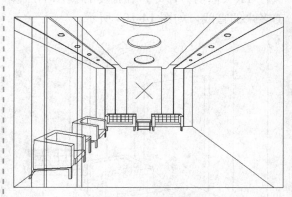

图 14-101　偏移直线 1

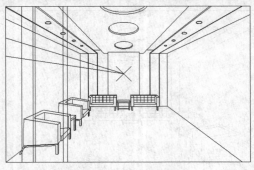

图 14-102　绘制透视线

步骤 03　执行 TR（修剪）命令，在命令行提示下，修剪多余直线，如图 14-103 所示。

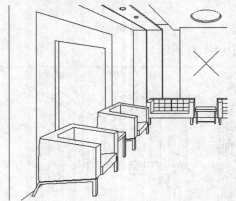

图 14-103　修剪多余直线

步骤 04　执行 L（直线）命令，在命令行提示下捕捉修剪后图形的第 3 条竖直直线的上方端点，向左引导光标，捕捉垂足并绘制直线；执行 TR（修剪）命令，在命令行提示下，修剪多余的直线，如图 14-104 所示。

图 14-104　绘制并修剪直线

步骤 05　执行 O（偏移）命令，在命令行提示下，依次设置偏移距离为 50、49、48、47、46、45、44、43、42、41、40、39、38、37、36、35、34、33、32、31 和 30，将沙发背景墙左侧的竖直直线向右进行偏移处理，效果如图 14-105 所示。

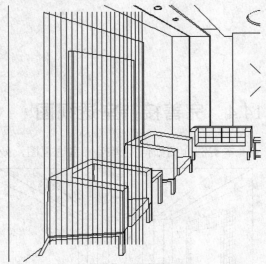

图 14-105　偏移直线 2

步骤 06　重复执行 O（偏移）命令，在命令行提示下，设置偏移距离均为 69，将沙发背景墙最上方的直线向下偏移 28 次；执行 EX（延伸）命令，在命令行提示下，延伸相应的直线；执行 TR（修剪）命令，在命令行提示下，修剪多余的直线；执行 E（删除）命令，删除多余的直线，如图 14-106 所示。

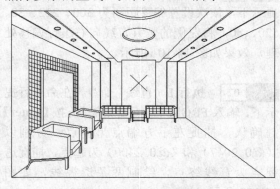

图 14-106　修剪并删除直线

14.4.2　绘制窗台

步骤 01　将"门窗"图层置为当前，执行 L（直线）命令，在命令行提示下，输入 FROM（捕捉自）命令，按【Enter】键确认；捕捉左下方端点为基点，分别以（@0, 1047）和（@0, 1071）为起点，捕捉透视点为直线终点，绘制两条透视线，如图 14-107 所示。

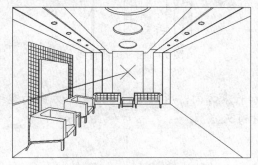

图 14-107　绘制透视线

步骤 02　执行 O（偏移）命令，在命令行提示下，输入 L（图层）选项，按【Enter】键确认，输入 C（当前）选项并确认，设置偏移距离为 1189，将左侧竖直直线向右进行偏移处理，如图 14-108 所示。

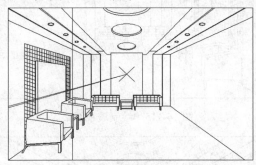

图 14-108　偏移直线 1

步骤 03　执行 TR（修剪）命令，在命令行提示下，修剪多余直线，如图 14-109 所示。

步骤 04　执行 L（直线）命令，在命令行提示下捕捉修剪后的图形的右下方端点为起点，向左引导光标，捕捉垂足绘制直线；捕捉新绘制直线的左端点为起点，向上引导光标，捕捉垂足绘制直线，如图 14-110 所示。

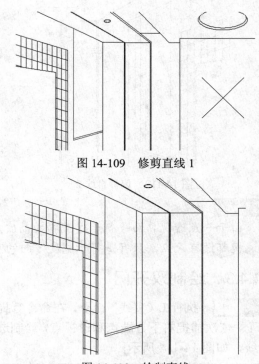

图 14-109　修剪直线 1

图 14-110　绘制直线

步骤 05　执行 TR（修剪）命令，在命令行提示下，修剪多余直线，如图 14-111 所示。

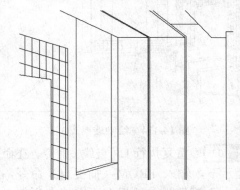

图 14-111　修剪直线 2

步骤 06　执行 O（偏移）命令，在命令行提示下，设置偏移距离为 25，将新绘制的竖直直线向左偏移 3 次，如图 14-112 所示。

步骤 07　执行 EX（延伸）命令，在命令行提示下，延伸偏移直线，如图 14-113 所示。

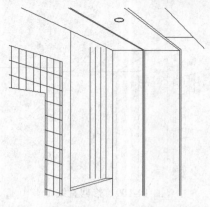

图 14-112 偏移直线 2

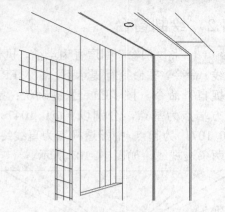

图 14-113 延伸直线

专家提醒 ☞

　　由于一点透视画面平行于建筑物的高度方向和长度方向，所以平行于这两个方向的直线的透视都没有灭点，只有平行于宽度方向的直线才有灭点。

14.4.3 绘制双开门

步骤 01 执行 L（直线）命令，在命令行提示下，依次捕捉右下方端点和透视点，绘制透视线，如图 14-114 所示。

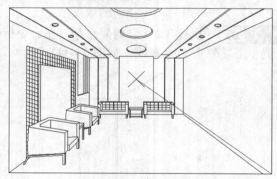

图 14-114 绘制透视线 1

步骤 02 重复执行 L（直线）命令，在命令行提示下，输入 FROM（捕捉自）命令，按【Enter】键确认，捕捉右下方端点为基点，分别以（@0, 2511）和（@0, 2566）为起点，捕捉透视点为直线终点，绘制两条透视线，如图 14-115 所示。

步骤 03 执行 O（偏移）命令，在命令行提示下，输入 L（图层）选项，按【Enter】键确认，输入 C（复制）选项并且确认，设置偏移距离为 350 和 989，将右侧竖直直线向左偏移，如图 14-116 所示。

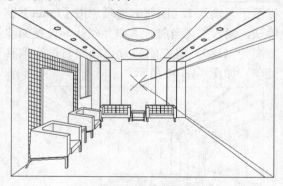

图 14-115 绘制透视线 2

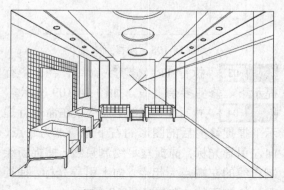

图 14-116 偏移直线 1

步骤 04　执行 TR（修剪）命令，在命令行提示下，修剪绘图区中多余的直线，效果如图 14-117 所示。

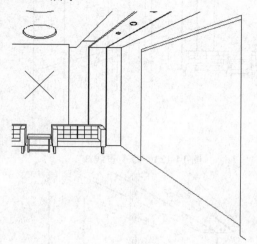

图 14-117　修剪直线 1

步骤 05　执行 L（直线）命令，在命令行提示下捕捉修剪后图形的左侧竖直直线的下端点，向右引导光标，捕捉垂足绘制直线，如图 14-118 所示。

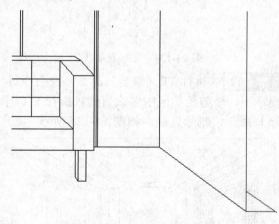

图 14-118　绘制直线 1

步骤 06　重复执行 L（直线）命令，在命令行提示下捕捉新绘制直线的右端点，向上引导光标，捕捉垂足绘制直线；捕捉新绘制直线的上端点，向左引导光标，捕捉垂足绘制直线，效果如图 14-119 所示。

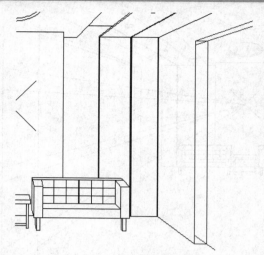

图 14-119　绘制直线 2

步骤 07　执行 TR（修剪）命令，在命令行提示下，修剪多余直线，如图 14-120 所示。

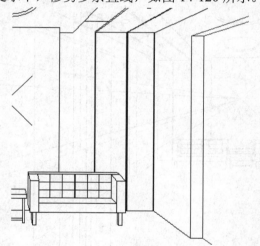

图 14-120　修剪直线 2

步骤 08　执行 L（直线）命令，在命令行提示下，输入 FROM（捕捉自）命令，按【Enter】键确认，捕捉右下方端点为基点，分别以（@0,223）、（@0,905）、（@0,1049）、（@0,1834）和（@0,2053）为起点，捕捉透视点，绘制 5 条透视线，如图 14-121 所示。

步骤 09　执行 O（偏移）命令，在命令行提示下，依次设置偏移距离为 600、125、65、60、50、55 和 135，将右侧的竖直直线向左进行偏移处理，如图 14-122 所示。

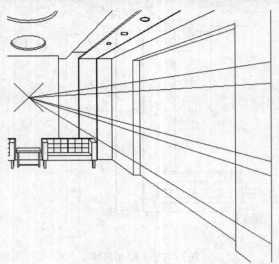

图 14-121　绘制透视线 3

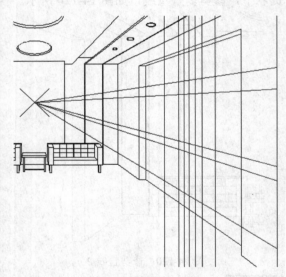

图 14-122　偏移直线 2

步骤 10　执行 TR（修剪）命令，在命令行提示下，修剪绘图区中多余的直线，如图 14-123 所示。

步骤 11　执行 O（偏移）命令，在命令行提示下，依次设置偏移距离为 810、20、37 和 16，将右侧的竖直直线向左偏移，效果如图 14-124 所示。

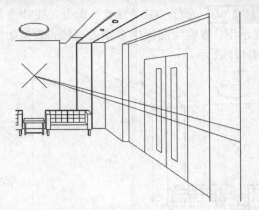

图 14-123　修剪直线 3

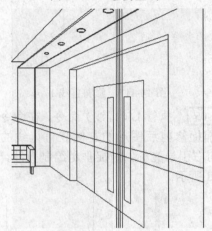

图 14-124　偏移直线 3

步骤 12　执行 TR（修剪）命令，在命令行提示下，修剪绘图区中多余直线；执行 E（删除）命令，删除直线，如图 14-125 所示。

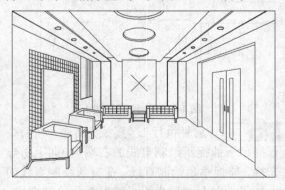

图 14-125　修剪并删除直线

14.4.4　后期处理透视图

步骤 **01**　将"地板"图层置为当前图层，执行 L（直线）命令，在命令行提示下，依次捕捉图形的左下方和右下方端点，捕捉透视点，绘制透视线，如图 14-126 所示。

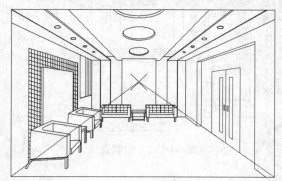

图 14-126　绘制透视线

步骤 **02**　执行 DIV（定数等分）命令，在命令行提示下，设置"线段数目"为 8，将新绘制的透视线和最下方的水平直线进行定数等分，效果如图 14-127 所示。

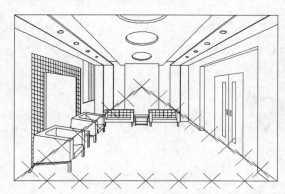

图 14-127　定数等分直线

步骤 **03**　执行 L（直线）命令，在命令行提示下，依次捕捉绘图区中的各个节点，绘制相应的直线对象，效果如图 14-128 所示。

步骤 **04**　执行 TR（修剪）命令，在命令行提示下，修剪绘图区中多余的直线；执行 E（删除）命令，在命令行提示下，删除多余的直线和点，效果如图 14-129 所示。

图 14-128　绘制直线

图 14-129　修剪并删除直线

步骤 **05**　将"墙线"图层置为当前图层，执行 MT（多行文字）命令，在命令行提示下，设置"文字高度"为 120，在绘图区下方的合适位置处，创建相应的文字，并调整其位置，如图 14-130 所示。

接待室透视图
图 14-130　绘制文字

步骤 06 执行 PL（多段线）命令，在命令行提示下，在文字下方绘制一条宽为 20、长为 1108 的多段线，如图 14-131 所示。

接待室透视图

图 14-131　绘制多段线

步骤 07 执行 L（直线）命令，在命令行提示下，在多段线下方绘制一条长度为 1108 的直线，效果如图 14-132 所示。至此完成整个接待室透视图的绘制。

接待室透视图

图 14-132　绘制直线

第 15 章　花园景观图

学前提示

随着经济的高速发展、城市文化的复兴以及人们生活质量的提高，建筑景观设计也已日趋重要。要提高城市文化品位，就必须注重建筑景观设计。景观设计可以协调人与环境的共生性，维护人与自然的生态平衡，加强建筑的协调性，创造良好的城市风景，构筑鲜明的城市文化特色。

本章知识重点

▶　绘制花园景观图道路

▶　绘制景观图建筑

▶　完善花园景观图

学完本章后你会做什么

▶　掌握绘制花园景观图道路的操作，如绘制道路轴线等

▶　掌握绘制景观图建筑的操作，如绘制建筑外轮廓、绘制游泳池等

▶　掌握完善花园景观图的操作，如布置花园景观图、添加文字说明等

视频演示

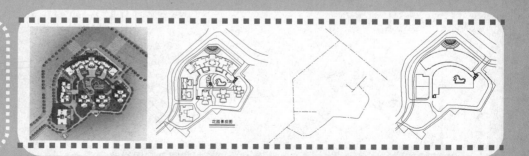

15.1   效果欣赏

　　花园最初是神秘自然的抽象世界，花园与自然界的生命元素（空气、土地、水、植物及石头等）紧密相关，并在一起形成了反映整个世界的一面镜子。本实例主要以景观设计中的花园景观图为例，设计出了最佳的建筑景观图，效果如图 15-1 所示。

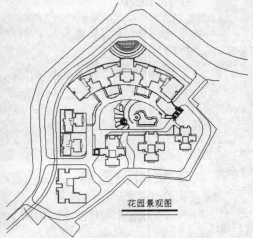

图 15-1　花园景观图

素材文件	光盘\素材\第 15 章\建筑景观.dwg、建筑物.dwg
效果文件	光盘\效果\第 15 章\花园景观图.dwg
视频文件	光盘\视频\第 15 章\

15.2   绘制花园景观图道路

　　本实例介绍花园景观图道路的绘制，效果如图 15-2 所示。

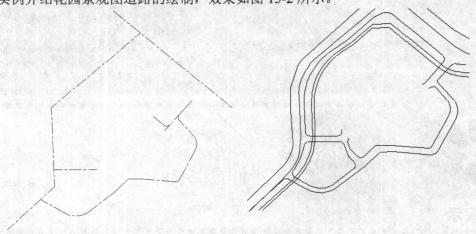

图 15-2　绘制花园景观图道路

15.2.1　绘制道路轴线

步骤 **01**　新建一个 CAD 文件，执行 LA（图层）命令，弹出"图层特性管理器"面板，依次创建"道路"图层、"轴线"图层（红色、CENTER）、"建筑"图层（蓝色），并将"轴线"图层置为当前层，如图 15-3 所示。

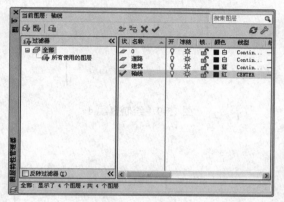

图 15-3　创建图层

步骤 **02**　执行 LINETYPE（线型）命令，弹出"线型管理器"对话框，选择 CENTER 线型，并设置"全局比例因子"为 500，如图 15-4 所示，单击"确定"按钮，设置线型比例。

图 15-4　"线型管理器"对话框

步骤 **03**　执行 L（直线）命令，在命令行提示下，依次输入（@0,0）、（@61524,57740）、（@-3843,105859）和（@116999,101053），每输入一次按【Enter】键确认，绘制直线，效果如图 15-5 所示。

图 15-5　绘制直线 1

步骤 **04**　重复执行 L（直线）命令，在命令行提示下，输入 FROM（捕捉自）命令，按【Enter】键确认；捕捉新绘制直线的最上方的端点，依次输入（@-35258,29803）和（@154729,-130791）并确认，绘制直线对象，效果如图 15-6 所示。

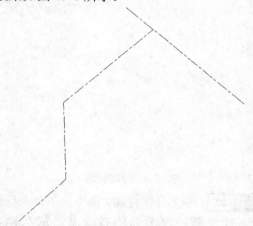

图 15-6　绘制直线 2

步骤 **05**　重复执行 L（直线）命令，在命令行提示下，输入 FROM（捕捉自）命令，按【Enter】键确认，捕捉最下方倾斜直线的下端点，依次输入（@42987,40343）和（@26893,-15271）并确认，绘制直线对象，效果如图 15-7 所示。

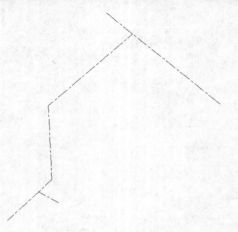

图 15-7　绘制直线 3

步骤 **06**　执行 A（圆弧）命令，在命令行提示下捕捉新绘制直线的右端点，输入（@16080, -6564）和（@17094, 3075），每输入一次按【Enter】键确认，绘制圆弧，效果如图 15-8 所示。

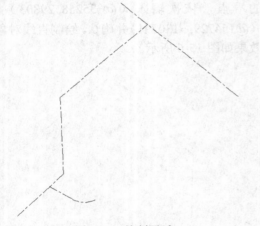

图 15-8　绘制圆弧 1

步骤 **07**　执行 L（直线）命令，在命令行提示下捕捉新绘制圆弧的右端点，依次输入（@36917, 28391）和（@16693, 16206）并确认，绘制两条直线对象，如图 15-9 所示。

步骤 **08**　执行 A（圆弧）命令，在命令行提示下捕捉上一步新绘制直线的右上方端点，输入（@1918, 1253）和（@2248, 442），每输入一次按【Enter】键确认，绘制圆弧，效果如图 15-10 所示。

图 15-9　绘制直线 4

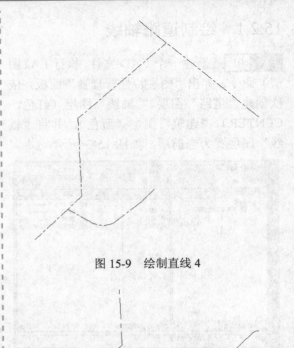

图 15-10　绘制圆弧 2

步骤 **09**　执行 PL（多段线）命令，在命令行提示下捕捉上一步新绘制圆弧的右上方端点，依次输入下一点坐标（@15085, 43）、（@42161, -3712）；再输入 A（圆弧）选项，输入圆弧的端点坐标依次为（@4522, 940）、（@3249, 3253）；输入 L（长度）选项，输入下一点坐标为（@20196, 38118）；输入 A（圆弧）选项，输入圆弧端点依次为（@1978, 7959）、（@-4315, 11318）；输入 L（长度）选项，输入下一点坐标为（@-18419, 20644）；输入 A（选项），输入圆弧端点坐标依次为（@-1523, 3994）、（@1513, 3984）；输入 L（长度）选项，输入下一点坐标为（@16066, 18095），每输入一次按【Enter】键确认一次，绘制多段线，效果如图 15-11 所示。

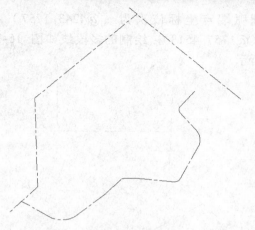

图 15-11 绘制多段线 1

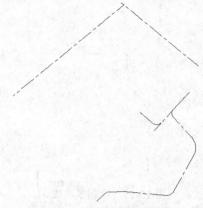

图 15-13 绘制多段线 2

步骤 10 执行 L（直线）命令，在命令行提示下，输入 FROM（捕捉自）命令，按【Enter】键确认；捕捉新绘制多段线的上端点，依次输入（@-16066，-18095）和（@-19488，-21949）并确认，绘制直线，效果如图 15-12 所示。

步骤 12 执行 L（直线）命令，在命令行提示下，输入 FROM（捕捉自）命令，按【Enter】键确认；捕捉最下方倾斜直线的下方端点，输入（@60702，80387）和（@56277，0）并确认，绘制直线，效果如图 15-14 所示。

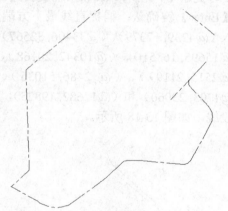

图 15-12 绘制直线 5

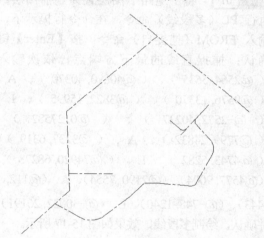

图 15-14 绘制直线 6

步骤 11 执行 PL（多段线）命令，在命令行提示下，输入 FROM（捕捉自）命令，按【Enter】键确认；捕捉新绘制倾斜直线的右上方端点，输入下一点坐标为（@-12241，-13787）；再输入 A（圆弧）选项，输入圆弧端点坐标分别为（@-5223，-1964）、（@-4386，2588）；再输入 L（长度）选项，输入下一点坐标为（@-11734，10101）并确认，绘制多段线，效果如图 15-13 所示。

步骤 13 执行 PL（多段线）命令，在命令行提示下捕捉新直线右端点，依次输入 A（圆弧）选项、S（第二点）选项，再输入圆弧的第二点坐标为（@4115，1757），输入圆弧的端点为（@1757，4243）；再输入 L（直线）选项，输入下一点坐标为（@0，19509），每输入一次按【Enter】键确认一次，绘制的多段线如图 15-15 所示。

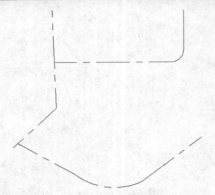

图 15-15　绘制多段线 3

步骤 **14**　执行 PL（多段线）命令，在命令行提示下捕捉右端点，输入下一点坐标为（@8230, 0），再输入 A（圆弧）选项，输入

15.2.2　绘制景观图道路

步骤 **01**　将"道路"图层置为当前图层；执行 PL（多段线）命令，在命令行提示下，输入 FROM（捕捉自）命令，按【Enter】键确认；捕捉直线的最下方端点，依次输入（@2564, 5635）、（@40890, 40370）、A、（@9576, 13370）、（@3822, 15995）、L、（@−2572, 40237）、（@0, 27582）、（@7799, 24832）、A、（@3237, 6319）、（@4743, 5282）、L、（@74920, 68278）、（@4577, 9004）、（@2190, 7554）、A、（@112, 1443）、（@−748, 1240）、L、（@−30022, 26191）并确认，绘制多段线，效果如图 15-17 所示。

图 15-17　绘制多段线 1

圆弧端点坐标依次为（@4243, 1757）和（@1757, 4513），绘制的多段线如图 15-16 所示。

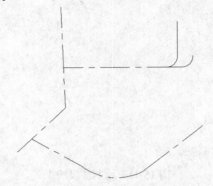

图 15-16　绘制多段线 4

步骤 **02**　重复执行 PL（多段线）命令，在命令行提示下，输入 FROM（捕捉自）命令，按【Enter】键确认；捕捉直线最下方端点，输入（@4239, −7379）、（@33406, 32567）、A、（@15695, 16351）、（@10342, 20168）、L、（@2515, 21199）、（@−2486, 51036）、A、（@4703, 23060）和（@12682, 19825），绘制多段线，如图 15-18 所示。

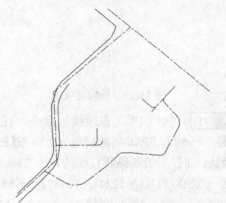

图 15-18　绘制多段线 2

步骤 **03**　重复执行 PL（多段线）命令，在命令行提示下捕捉新绘制多段线的上方端点，依次输入（@81756, 70044）、A、（@7932, 3783）、（@8779, 393）、L、（@63428, −53812）、A、

（@27535，-14885）和（@30560，-6773），绘制多段线，效果如图 15-19 所示。

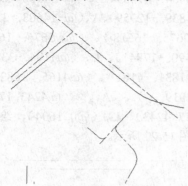

图 15-19　绘制多段线 3

步骤 04 重复执行 PL（多段线）命令，在命令行提示下，输入 FROM（捕捉自）命令，按【Enter】键确认；捕捉最上方倾斜直线的左端点，依次输入（@8354，923）、（@95609，-78679）、A、（@26917，-15972）和（@30281，-7920），绘制多段线，效果如图 15-20 所示。

图 15-20　绘制多段线 4

步骤 05 执行 O（偏移）命令，在命令行提示下，输入 L（图层）选项，按【Enter】键确认，输入 C（当前）选项并确认，设置偏移距离为 3548，将下方合适的直线、圆弧和多段线向下偏移，效果如图 15-21 所示。

步骤 06 重复执行 O（偏移）命令，在命令行提示下，设置偏移距离为 2000，将下方合适的圆弧和直线向上偏移；设置偏移距离为 8122，向最下方的倾斜直线向右偏移，效果如图 15-22 所示。

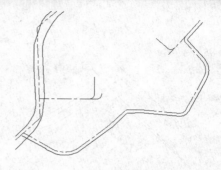

图 15-21　偏移图形

图 15-22　偏移直线

步骤 07 执行 F（圆角）命令，在命令行提示下，分别设置圆角半径为 0 和 6000、"修剪"模式为"不修剪"，将偏移后的图形对象进行圆角处理，效果如图 15-23 所示。

图 15-23　图形倒圆角 1

专家提醒 ☞

当第一次使用"圆角"命令时，圆角"半径"为 0。再次使用该命令时，圆角"半径"默认值为前一次的半径值。

步骤 08 执行 TR（修剪）命令，在命令行提示下，修剪绘图区中多余的直线；执行 E（删除）命令，在命令行提示下，删除绘图区中多余的图形，效果如图 15-24 所示。

图 15-24　修剪并删除直线

步骤 09　执行 PL（多段线）命令，在命令行提示下捕捉修剪后图形上方圆弧的右上端点为起点，依次输入（@7496, 13770）、（@4470, 15028）、A、（@2206, 3482）、（@3872, 1416）、L、（@36375, 0）、A、（@2947, -954）、（@2166, -2214）、L、（@4886, -13635）、A、（@475, -975）、（@674, -850）、L、（@7514, -7249），绘制多段线，效果如图 15-25 所示。

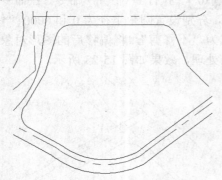

图 15-25　绘制多段线 5

步骤 10　执行 F（圆角）命令，在命令行提示下，设置圆角半径为 6000、"修剪"模式为"修剪"，将新绘制的多段线与下方倾斜的直线进行圆角处理，效果如图 15-26 所示。

步骤 11　执行 PL（多段线）命令，在命令行提示下，输入 FROM（捕捉自）命令，按【Enter】键确认；捕捉最上方倾斜道路轴线的右端点，依次输入（@-84465, -16694）、（@1986, 656）、（@1640, 1298）、（@21274, 25353）、A、（@1382, 4369）、（@-2105, 4070）、L、（@-58738, 49651）、A、（@-11863, 1472）、（@-10884, -4943）、L、（@-31168, -28197）、（@-18839, -12959）、A、（@-14603, -13175）、（@-10675, -16518）、（@-5676, -16979）、（@-1490, -17841）、L、（@1194, -33881）、A、（@1831, -4101）、（@4165, -1682）、L、（@31919, 0）、A、（@4243, 1757）、（@1757, 4243）、L、（@0, 1604），绘制多段线，如图 15-27 所示。

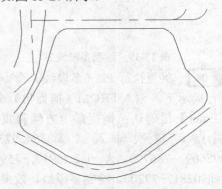

图 15-26　图形倒圆角 2

图 15-27　绘制多段线 6

步骤 12　重复执行 PL（多段线）命令，在命令行提示下，输入 FROM（捕捉自）命令，按【Enter】键确认；捕捉最下方倾斜道路轴线的下端点，根据命令行中的提示依次输入（@123017, 80501）、（@-1411, -3865）、（@352, -2024）、（@2069, -5774）、A、（@475, -975）、（@674, -850）、L、（@7800, -7903）、A、（@4206, -1785）、（@4243, 1965）、L、（@11887, 11541）、A、

（@1918，1253）、（@2248，442）、L、
（@16073，37）、（@42161，-3712）、A、
（@3392，705）、（@2436，2643）、L、
（@19219，36274）、A、（@1964，10593）、
（@-4438，9817）、L、（@-12433，13860）、A、
（@-4252，1279）、（@-3969，-1994），绘制多
段线对象，效果如图 15-28 所示。

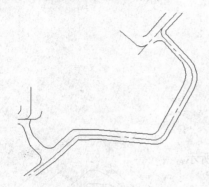

图 15-28　绘制多段线 7

步骤 13　重复执行 PL（多段线）命令，在
命令行提示下捕捉右下方多段线的上方端点，
依次输入 A、（@2684，1739）、（@3196，113）、
（@5380，-863）和（@5448，-48），绘制的多段
线如图 15-29 所示。

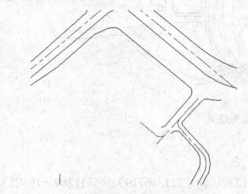

图 15-29　绘制多段线 8

专家提醒 ☞
　　景观设计的设计元素由建筑物、构筑物、
室内室外环境的地形、道路、水体、雕塑、园
林绿化、公共设施等组成。

步骤 14　隐藏"轴线"图层，重复执行 PL
（多段线）命令，在命令行提示下，输入 FROM

（捕捉自）命令，按【Enter】键确认；捕捉
左侧多段线的下端点，根据命令行中的提示依
次输入（@13555，-12121）、（@40396，37933）、
A、（@16565，22831）、（@6960，27335）、L、
（@-1160，41563）、A、（@2647，22651）、
（@29797，41862）、（@7828，5385）、
（@7828，5385）、L、（@24504，22169）、
（@21846，302）、（@59276，-50106）、A、
（@1104，-800）、（@1126，-769）、
（@14736，-6627）、（@16082，-1560），绘制
多段线，效果如图 15-30 所示。

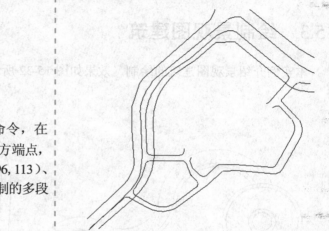

图 15-30　绘制多段线 9

步骤 15　重复执行 PL（多段线）命令，在
命令行提示下，输入 FROM（捕捉自）命令，
按【Enter】键确认，捕捉上一步中新绘制多
段线的下端点，根据命令行中的提示依次输入
（@4383，0）、（@39061，36679）、A、
（@18198，26603）、（@5166，31816）、L、
（@-989，33025）、A、（@2610，22514）、
（@9218，20705）、（@9247，11675）、
（@11372，9617）、L、（@14464，9949）、
（@21935，19845）、（@20251，382）、
（@58407，-49371）、A、（@1024，-739）、
（@1040，-717）、（@16016，-7492）、
（@17537，-2253），绘制多段线，效果如图
15-31 所示。

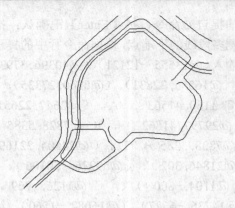

图 15-31　绘制多段线 10

15.3　绘制景观图建筑

　　本实例介绍景观图建筑的绘制,效果如图 15-32 所示。

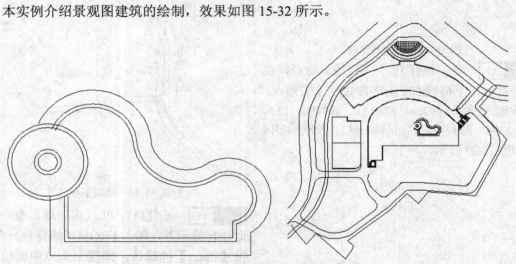

图 15-32　绘制景观图建筑

15.3.1　绘制建筑外轮廓

步骤 01　将"建筑"图层置为当前,执行 PL(多段线)命令,在命令行提示下,输入 FROM(捕捉自)命令,按【Enter】键确认;捕捉左侧多段线的下端点,依次输入(@43864, 22839)、(@3346, -5414)、(@11460, -13918)、(@9554, 10951)、(@28941, -25166)、(@7249, 10243)、(@390, 2699)、(@-5328, 4743)、(@40933, 31412)、(@17221, 16719)、(@11269, -10405)、(@9377, 12079)、(@46702, -4112)、(@30701, 57946)、(@-22180, 24859)、(@2794, 3106)、(@-7659, 6202)、(@17359, 19101)、(@-937, 1491)和(@-12300, 9882),绘制多段线,如图 15-33 所示。

图 15-33　绘制多段线 1

步骤 02　重复执行 PL（多段线）命令，在命令行提示下，输入 FROM（捕捉自）命令，按【Enter】键确认；捕捉左侧多段线的下端点，输入（@84242,107197）并确认；输入 W（宽度）选项并确认，输入起点宽度为 300 并确认；再依次输入（@0,−26300）、（@22300,0）、A、（@4243,1757）、（@1757,4243）、L、（@0,20300）、（@−28300,0）、（@0,26300）、（@14800,0）、（@0,−4100）、（@13500,0）和（@0,−22200），绘制的多段线如图 15-34 所示。

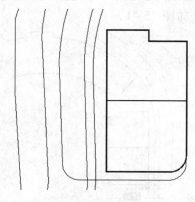

图 15-34　绘制多段线 2

专家提醒 ☞

绘制景观设计图的原则是：正确、实用、清晰和美观。

步骤 03　执行 L（直线）命令，在命令行提示下，输入 FROM（捕捉自）命令，按【Enter】键确认；捕捉新绘制多段线的右上方端点，依次输入（@37867,57776）、（@0,3740）、（@15200,0）和（@0,−3740），绘制直线，如图 15-35 所示。

图 15-35　绘制直线 1

步骤 04　重复执行 L（直线）命令，在命令行提示下，输入 FROM（捕捉自）命令，按【Enter】键确认；捕捉新绘制直线的左下方端点，依次输入（@−58389,−27505）、（@13813,−16463）和（@4628,3883），绘制直线，如图 15-36 所示。

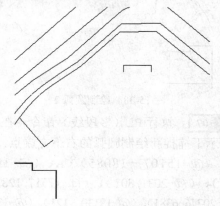

图 15-36　绘制直线 2

步骤 05　执行 A（圆弧）命令，在命令行提示下捕捉上方直线的左下方端点，输入（@−31681,−8475）和（@−26709,−19030），绘制圆弧，效果如图 15-37 所示。

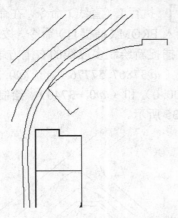

图 15-37　绘制圆弧 1

步骤　06　执行 A（圆弧）命令，在命令行提示下捕捉上方直线的右下方端点为圆弧的起点，依次输入（@29628,-9259）和（@25112,-18246），绘制圆弧，效果如图 15-38 所示。

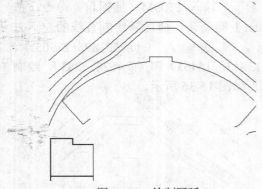

图 15-38　绘制圆弧 2

步骤　07　执行 PL（多段线）命令，在命令行提示下捕捉新绘制圆弧的右下方端点，依次输入（@-15107,-18085）、A、（@-1960,-962）、（@-2031,801）、（@-17517,12816）、（@-20746,6381）、（@-18130,-121）、（@-17410,-5059）、（@-6854,-3564）、（@-6098,-4716）、（@-2068,-964）和（@-1922,804），绘制多段线，效果如图 15-39 所示。

步骤　08　重复执行 PL（多段线）命令，依次捕捉从步骤 3～步骤 6 中所绘制的直线和圆弧中的相应端点，绘制多段线，效果如图 15-40 所示。

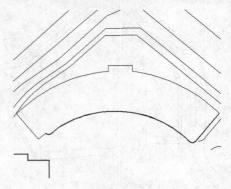

图 15-39　绘制多段线 3

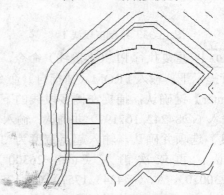

图 15-40　绘制多段线 4

步骤　09　重复执行 PL（多段线）命令，在命令行提示下，输入 FROM（捕捉自）命令，按【Enter】键确认，捕捉左下方合适的端点对象，如图 15-41 所示。

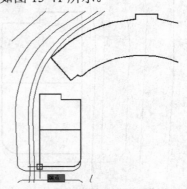

图 15-41　捕捉左下方合适的端点

专家提醒　☞

景观设计平面图是指在景观设计环境的设计区域内，由上往下看，所得到的正投影视图。

步骤 10　依次输入（@35300,1190）、（@7258,0）、（@0,7500）、（@6900,0）、（@0,14748）、（@74700,0）、（@0,21230）、（@-7519,7784）、A、（@-30375,17543）、（@-34891,-3614）、（@-11700,-9960）、（@-4372,-14730）、L、（@0,-40501），每输入一次，按【Enter】键确认，绘制多段线，效果如图 15-42 所示。

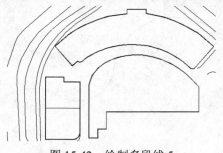

图 15-42　绘制多段线 5

15.3.2　绘制游泳池

步骤 01　执行 PL（多段线）命令，在命令行提示下，输入 FROM（捕捉自）命令，按【Enter】键确认；捕捉新绘制多段线右下方端点，按【Enter】键确认；此时在命令行中将会提示当前线宽信息，若不为 0，则输入 W（宽度）选项，设置线宽为 0；再依次输入下一点坐标（@-40347,16343）、（@0,-6395）、（@20957,0）、（@0,2425），绘制多段线，效果如图 15-43 所示。

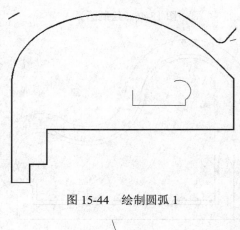

图 15-44　绘制圆弧 1

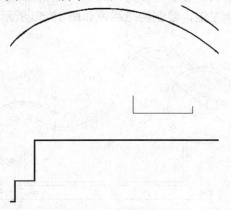

图 15-43　绘制多段线

步骤 02　执行 A（圆弧）命令，在命令行提示下捕捉新绘制多段线的右上方端点，依次输入（@1531,5893）和（@-5812,1816），绘制圆弧，效果如图 15-44 所示。

步骤 03　重复执行 A（圆弧）命令，在命令行提示下捕捉新绘制圆弧的上方端点，依次输入（@-3643,-565）和（@-2356,2835），绘制圆弧，如图 15-45 所示。

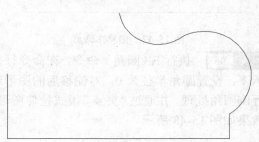

图 15-45　绘制圆弧 2

步骤 04　重复执行 A（圆弧）命令，在命令行提示下捕捉新绘制圆弧的上方端点，输入（@-5071,5620）和（@-6672,-3574），绘制圆弧，如图 15-46 所示。

步骤 05　执行 PE（编辑多段线）命令，在命令行提示下，将最下方多段线与右侧相连的圆弧进行合并处理；执行 O（偏移）命令，在命令行提示下，依次设置偏移距离为 1500、400，将新绘制的多段线和圆弧向内偏移，效果如图 15-47 所示。

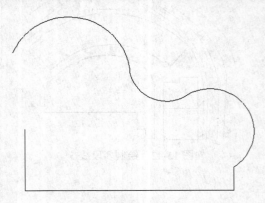

图 15-46 绘制圆弧 3

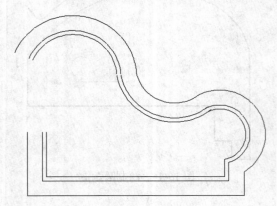

图 15-47 偏移多段线

步骤 06 执行 F（圆角）命令，在命令行提示下，设置圆角半径为 0，对偏移后的图形进行倒圆角处理，并通过"夹点"模式拉伸图形，效果如图 15-48 所示。

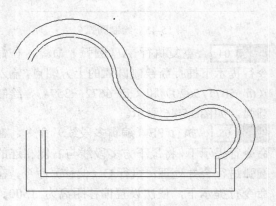

图 15-48 图形倒圆角并拉伸

步骤 07 执行 C（圆）命令，在命令行提示下，输入 FROM（捕捉自）命令，按【Enter】键确认；捕捉最下方多段线的左下方端点，输入（@-225,10199）并确认，分别绘制半径为 3776、4176、1400、1000 的圆，如图 15-49 所示。

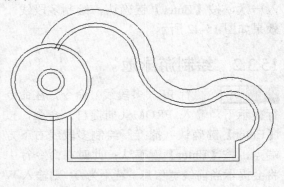

图 15-49 绘制圆

步骤 08 执行 XL（构造线）命令，在命令行提示下，输入 A（角度）选项，按【Enter】键确认，设置角度为 40，并在圆心点上单击鼠标左键，绘制构造线，如图 15-50 所示。

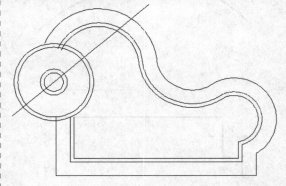

图 15-50 绘制构造线 1

步骤 09 重复执行 XL（构造线）命令，在命令行提示下，输入 A（角度）选项，按【Enter】键确认，设置角度为-40，并在圆心点上单击鼠标左键，绘制构造线，如图 15-51 所示。

步骤 10 执行 EX（延伸）命令，在命令行提示下，延伸绘图区中相应的圆弧和多段线；执行 TR（修剪）命令，在命令行提示下，修剪绘图区中多余的直线，如图 15-52 所示。

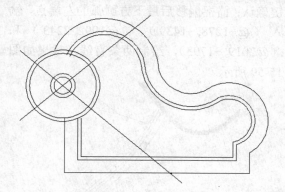

图 15-51 绘制构造线 2

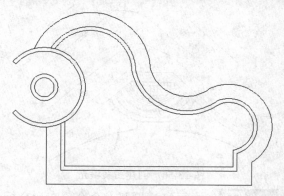

图 15-52 延伸并修剪图形

15.3.3 绘制转台和台阶

步骤 01 执行 C（圆）命令，在命令行提示下，输入 FROM（捕捉自）命令，按【Enter】键确认；捕捉游泳池中的圆心点对象，输入（@-9680, 89011）并确认，分别绘制半径为 11598、12598、13598、14598、17098、17598、20598、23098、23598 的圆，效果如图 15-53 所示。

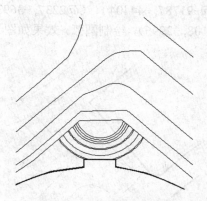

图 15-54 修剪并删除图形

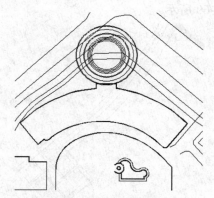

图 15-53 绘制圆

步骤 02 执行 TR（修剪）命令，在命令行提示下，修剪绘图区中多余的圆图形；执行 E（删除）命令，在命令行提示下，删除绘图区中多余的图形，效果如图 15-54 所示。

步骤 03 执行 H（图案填充）命令，弹出"图案填充创建"选项卡，在"图案"面板中单击"图案填充图案"右侧的下拉按钮，在弹出的下拉列表框中选择"ANSI31"选项，如图 15-55 所示。

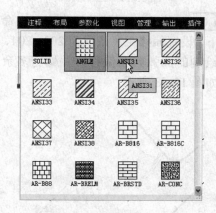

图 15-55 选择"ANSI31"选项

步骤 04 设置"图案填充角度"为 45、"图案填充比例"为 500、"图案填充颜色"为"颜色 8"，在绘图区中合适的位置上单击鼠标左键，即可创建图案填充，效果如图 15-56 所示。

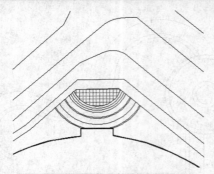

图 15-56 创建图案填充

步骤 **05** 执行 A（圆弧）命令，在命令行提示下，输入 FROM（捕捉自）命令，按【Enter】键确认；捕捉最上方多段线的右端点，依次输入（@-91787，-44404）、（@2237，-3693）和（@3108，-2996），绘制圆弧，效果如图 15-57 所示。

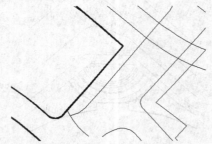

图 15-57 绘制圆弧

步骤 **06** 执行 O（偏移）命令，在命令行提示下，设置偏移距离依次为 203、204、410，将新绘制的圆弧向左偏移，并修剪多余的圆弧，如图 15-58 所示。

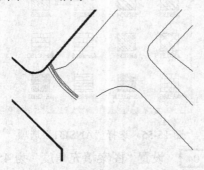

图 15-58 偏移圆弧并修剪

步骤 **07** 执行 L（直线）命令，在命令行提示下，输入 FROM（捕捉自）命令，按【Enter】键确认；捕捉偏移后最下方圆弧的左端点，输入（@-1278，-1439）、（@1992，2243）和（@2019，-1793），绘制两条直线，效果如图 15-59 所示。

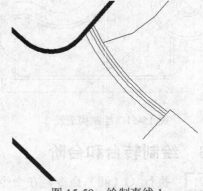

图 15-59 绘制直线 1

步骤 **08** 执行 O（偏移）命令，在命令行提示下，将新绘制的左侧倾斜直线依次向右偏移 200、800、100、500、100、800、200；将新绘制的上方倾斜直线依次向下偏移 200、800、100、800、100、800、200，偏移效果如图 15-60 所示。

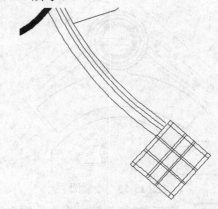

图 15-60 偏移直线 1

步骤 **09** 执行 EX（延伸）命令，在命令行提示下，延伸相应的直线；执行 TR（修剪）命令，在命令行提示下，修剪多余的直线，效果如图 15-61 所示。

步骤 **10** 执行 L（直线）命令，在命令行提示下，依次捕捉修剪图形后的相应对角点，绘制 4 条对角线，如图 15-62 所示。

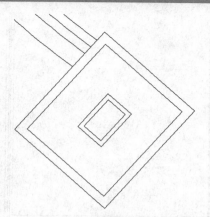

图 15-61　延伸并修剪图形

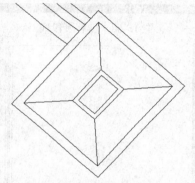

图 15-62　绘制 4 条对角线

步骤 11　重复执行 L（直线）命令，在命令行提示下，输入 FROM（捕捉自）命令，按【Enter】键；捕捉修剪后图形右上方端点，输入（@1552, 1747）、（@-10855, -12225）和（@4188, -3718），绘制直线，效果如图 15-63 所示。

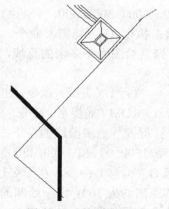

图 15-63　绘制直线 2

步骤 12　执行 O（偏移）命令，在命令行提示下，依次设置偏移距离为 404、4800、404，将新绘制的左侧倾斜直线向右偏移，效果如图 15-64 所示。

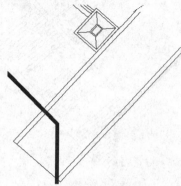

图 15-64　偏移直线 2

步骤 13　重复执行 O（偏移）命令，在命令行提示下，设置偏移距离均为 330，将新绘制的下方倾斜直线向上偏移 49 次，效果如图 15-65 所示。

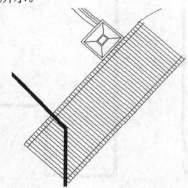

图 15-65　偏移直线 3

步骤 14　执行 EX（延伸）命令，在命令行提示下，延伸相应的直线；执行 TR（修剪）命令，在命令行提示下；修剪多余的直线；执行 E（删除）命令，在命令行提示下，删除多余的直线，如图 15-66 所示。

步骤 15　执行 PL（多段线）命令，在命令行提示下，输入 FROM（捕捉自）命令，按【Enter】键确认；捕捉中间建筑轮廓的左下方端点，依次输入（@0, 750）、（@6780, 0）和（@0, 6850），绘制多段线，效果如图 15-67 所示。

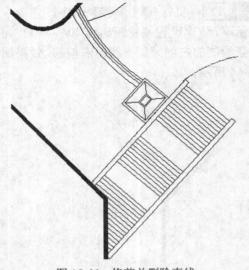

图 15-66　修剪并删除直线

图 15-68　偏移多段线

图 15-69　绘制直线 3

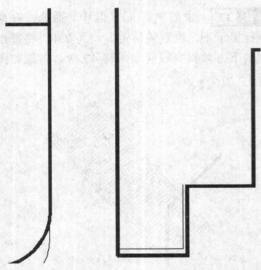

图 15-67　绘制多段线

步骤 16　执行 O（偏移）命令，在命令行提示下，设置偏移距离依次为 100、50、100，将新绘制的多段线向上偏移，效果如图 15-68 所示。

步骤 17　执行 L（直线）命令，在命令行提示下捕捉新绘制多段线的右上方端点，向左引导光标，输入 3780，绘制直线，效果如图 15-69 所示。

步骤 18　执行 O（偏移）命令，在命令行提示下，依次设置偏移距离为 100、200、300、300、300、300、300、300，将新绘制的直线向下偏移；执行 TR（修剪）命令，在命令行提示下，修剪绘图区中多余的直线，效果如图 15-70 所示。

步骤 19　执行 L（直线）命令，在命令行提示下，输入 FROM（捕捉自）命令，按【Enter】键确认；捕捉偏移后多段线的左下方端点，依次输入（@1500,0）和（@0,4800），绘制直线；执行 O（偏移）命令，在命令行提示下，设置偏移距离均为 300，将新绘制的直线向右偏移 5 次，效果如图 15-71 所示。

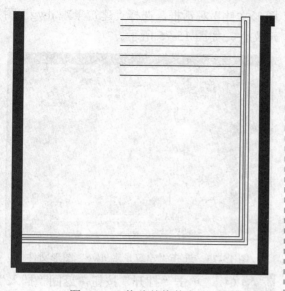

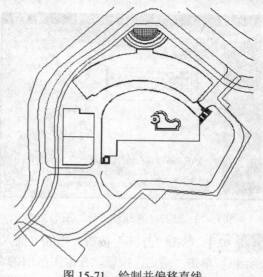

图 15-70　偏移并修剪直线

图 15-71　绘制并偏移直线

15.4　完善花园景观图

本实例介绍如何完善花园景观图，效果如图 15-72 所示。

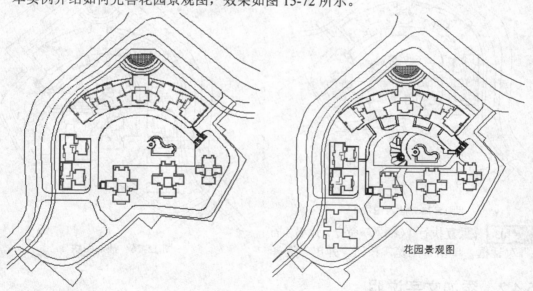

图 15-72　完善后的花园景观图

15.4.1　布置花园景观图

步骤 01　执行 I（插入）命令，弹出"插入"对话框，单击"浏览"按钮，弹出"选择图形文件"对话框，选择"建筑物.dwg"图形文件，如图 15-73 所示。

图 15-73　选择"建筑物.dwg"图形文件

步骤 02　单击"打开"按钮，返回"插入"对话框，单击"确定"按钮，在绘图区中的合适位置单击鼠标左键，即可插入图块，并调整其位置，效果如图 15-74 所示。

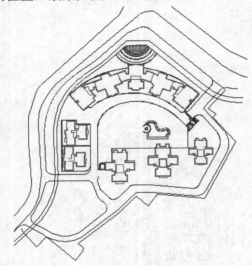

图 15-74　插入图块 1

步骤 03　重复执行 I（插入）命令，弹出"插入"对话框，单击"浏览"按钮，弹出"选择"

15.4.2　添加文字说明

步骤 01　将 0 图层置为当前，执行 MT（多行文字）命令，在命令行提示下，设置"文字高度"为 7000，在绘图区下方的合适位置创建相应的文字，并调整其位置，效果如图 15-77 所示。

图形文件"对话框，选择"建筑景观.dwg"图形文件，如图 15-75 所示。

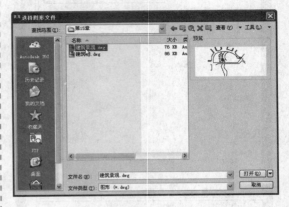

图 15-75　选择"建筑景观.dwg"图形文件

步骤 04　单击"打开"按钮，返回"插入"对话框，单击"确定"按钮，在绘图区中的合适位置单击鼠标左键，即可插入图块，并调整其位置，再修剪绘图区中多余的直线，效果如图 15-76 所示。

图 15-76　插入图块 2

步骤 02　执行 PL（多段线）命令，在命令行提示下，设置宽度为 1500，在文字下方绘制一条多段线；执行 L（直线）命令，在命令行提示下，在多段线的下方绘制一条直线，如图 15-78 所示。至此完成花园景观图的绘制。

中文版 AutoCAD 2013
建筑设计从入门到精通

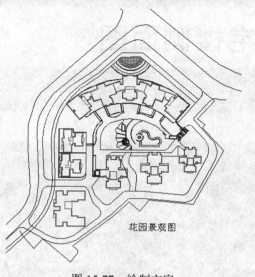

图 15-77 绘制文字

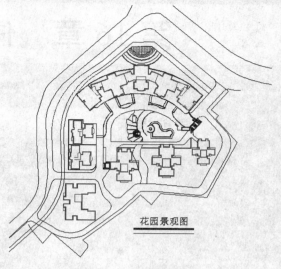

图 15-78 绘制多段线和直线

第 16 章　住宅楼侧面图

学前提示

建筑侧面图反映的是新建房屋的外部造型、外墙面上门窗的位置和型式以及外墙上门窗洞、外部装修的情况。本章将介绍住宅楼侧面图的绘制方法，以帮助读者掌握建筑侧面图的绘制。

本章知识重点

▶ 绘制住宅楼底层

▶ 绘制住宅楼高层

▶ 标注住宅楼侧面图

学完本章后你会做什么

▶ 掌握绘制住宅楼底层的操作，如绘制底层轮廓、绘制底层柱子等

▶ 掌握绘制住宅楼高层的操作，如绘制高层轮廓、绘制高层窗户等

▶ 掌握标注住宅楼侧面图的操作，如创建尺寸标注、创建文字标注等

视频演示

16.1　效果欣赏

本实例所设计的是住宅楼侧面图。在设计过程中，首先绘制住宅楼侧面图的轮廓，然后对住宅楼侧面图进行标注，并调用素材，进一步完善的住宅楼侧面图，从而向读者介绍住宅楼侧面图的具体绘制方法与技巧，效果如图 16-1 所示。

图 16-1　住宅楼侧面图

素材文件	光盘\素材\第 16 章\窗户.dwg
效果文件	光盘\效果\第 16 章\住宅楼侧面图.dwg
视频文件	光盘\视频\第 16 章\

16.2　绘制住宅楼底层

本实例介绍住宅楼底层的绘制，效果如图 16-2 所示。

图 16-2　住宅楼底层

16.2.1　绘制底层轮廓

步骤 01　新建一个 CAD 文件，执行 LA（图层）命令，弹出"图层特性管理器"面板，依次创建"墙体"图层、"门窗"图层（113）、"标注"图层（蓝色）、"填充"图层（253），并将"墙体"图层置为当前，如图 16-3 所示。

图 16-3　创建图层

步骤 02　执行 LINETYPE（线型）命令，弹出"线型管理器"对话框，选择合适线型，并设置"全局比例因子"为 2000，如图 16-4 所示，单击"确定"按钮，设置线型比例。

图 16-4　"线型管理器"对话框

步骤 03　执行 L（直线）命令，在命令行提示下，输入（@0, 0）按【Enter】键确认，向右引导光标，输入 58188 并确认，绘制水平直线；捕捉新绘制直线的左端点，向上引导光标，输入 14100 并确认，绘制竖直直线，效果如图 16-5 所示。

图 16-5　绘制直线 1

步骤 04　执行 O（偏移）命令，在命令行提示下，依次设置偏移距离为 10128、200、50、50、17200、50、200、50、30、270、10000、270、30、50、200、50、6400、50、50、200，将新绘制的左侧竖直直线向右偏移，偏移效果如图 16-6 所示。

图 16-6　偏移直线 1

步骤 05　重复执行 O（偏移）命令，在命令行提示下，依次设置偏移距离为 9000、300、200、100、600、100、200、300、2200、100、150、30、440、30、200、50、100，将新绘制的下方水平直线向上偏移，偏移效果如图 16-7 所示。

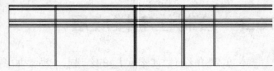

图 16-7　偏移直线 2

步骤 06　执行 L（直线）命令，在命令行提示下捕捉从左数第 2 条竖直直线与从下数第 7 条水平直线的交点为起点，输入（@200, -200），按【Enter】键确认，绘制直线，效果如图 16-8 所示。

步骤 07　重复执行 L（直线）命令，在命令行提示下捕捉从左数第 2 条竖直直线与从下数第 3 条水平直线的交点为起点，输入（@200, 200），按【Enter】键确认，绘制直线，如图 16-9 所示。

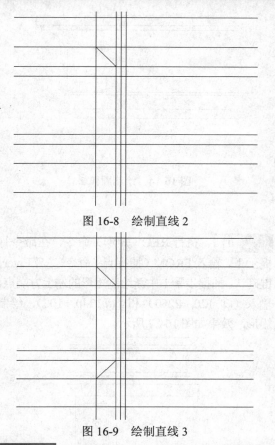

图 16-8　绘制直线 2

图 16-9　绘制直线 3

步骤 08 重复执行 L（直线）命令，在命令行提示下捕捉从右数第 2 条竖直直线与从下数第 7 条水平直线的交点为起点，输入（@-200,-200），按【Enter】键确认，绘制直线，效果如图 16-10 所示。

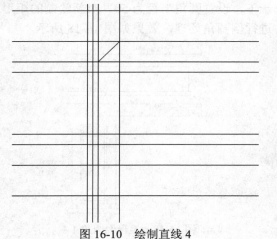

图 16-10　绘制直线 4

步骤 09 重复执行 L（直线）命令，在命令行提示下捕捉从右数第 2 条竖直直线与从下数第 3 条水平直线的交点为起点，输入（@-200,200），按【Enter】键确认，绘制直线，效果如图 16-11 所示。

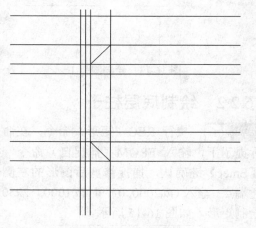

图 16-11　绘制直线 5

步骤 10 执行 TR（修剪）命令，在命令行提示下，修剪多余直线；执行 E（删除）命令，在命令行提示下，删除多余直线，效果如图 16-12 所示。

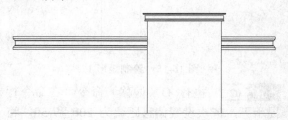

图 16-12　修剪并删除图形

步骤 11 执行 A（圆弧）命令，在命令行提示下捕捉修剪后图形的从上数第 3 条直线的左端点为起点，依次输入（@158,-59）和（@92,-141），绘制圆弧，效果如图 16-13 所示。

步骤 12 重复执行 A（圆弧）命令，在命令行提示下捕捉修剪后图形的从上数第 3 条直线的右端点为起点，输入（@-158,-59）和（@-92,-141），绘制圆弧，效果如图 16-14 所示。

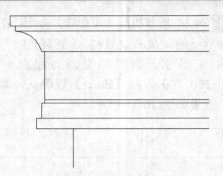

图 16-13　绘制圆弧 1

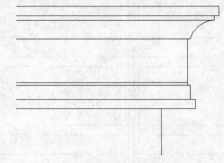

图 16-14　绘制圆弧 2

16.2.2　绘制底层柱子

步骤 **01**　执行 REC（矩形）命令，在命令行提示下，输入 FROM（捕捉自）命令，按【Enter】键确认，捕捉修剪后图形的左侧合适端点，输入（@2000, 0）和（@1000, -2250），绘制矩形，如图 16-15 所示。

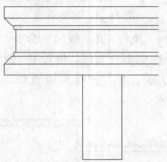

图 16-15　绘制矩形 1

步骤 **02**　执行 O（偏移）命令，在命令行提示下，依次设置偏移距离为 200 和 50，将新绘制的矩形向内偏移，如图 16-16 所示。

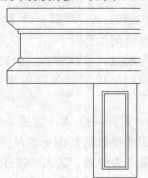

图 16-16　偏移矩形 1

步骤 **03**　执行 REC（矩形）命令，在命令行提示下，输入 FROM（捕捉自）命令，按【Enter】键确认，捕捉步骤 1 中新绘制矩形的左上方端点，输入（@-120, -2250）和（@1240, -100），绘制矩形，效果如图 16-17 所示。

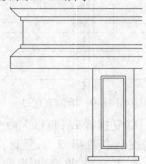

图 16-17　绘制矩形 2

步骤 **04**　执行 F（圆角）命令，在命令行提示下，设置圆角半径为 50，对新绘制的矩形进行倒圆角处理，效果如图 16-18 所示。

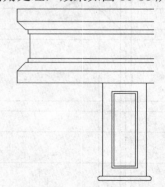

图 16-18　矩形倒圆角 1

步骤 05　执行 REC（矩形）命令，在命令行提示下，输入 FROM（捕捉自）命令，按【Enter】键确认，捕捉新绘制矩形的左下方端点，输入（@20, 0）和（@1100, -100），绘制矩形，效果如图 16-19 所示。

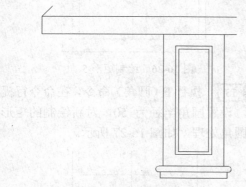

图 16-19　绘制矩形 3

步骤 06　执行 X（分解）命令，在命令行提示下，将上一步中绘制的矩形进行分解处理；执行 O（偏移）命令，在命令行提示下，依次设置偏移距离为 50、150、20、30，将分解后矩形下方的水平直线向下进行偏移处理，效果如图 16-20 所示。

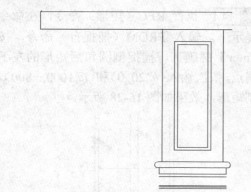

图 16-20　偏移直线

步骤 07　重复执行 O（偏移）命令，在命令行提示下，依次设置偏移距离为 20、30、1000、30，将分解后矩形的左侧竖直直线向右进行偏移处理，并将偏移后的直线和矩形两侧的竖直直线进行延伸处理，效果如图 16-21 所示。

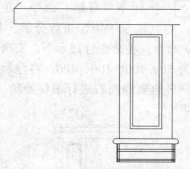

图 16-21　偏移并延伸直线

步骤 08　执行 TR（修剪）命令，在命令行提示下，将绘图区中多余的直线进行修剪处理；执行 E（删除）命令，在命令行提示下，删除绘图区中多余的直线，效果如图 16-22 所示。

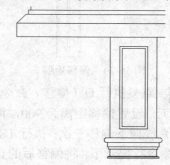

图 16-22　修剪并删除直线

步骤 09　执行 REC（矩形）命令，在命令行提示下，输入 FROM（捕捉自）命令，按【Enter】键确认，捕捉修剪后图形的左下方端点，依次输入（@50, 0）和（@1000, -5400），绘制矩形，效果如图 16-23 所示。

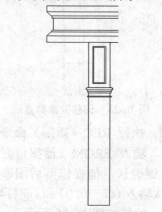

图 16-23　绘制矩形 4

步骤 10 执行 X（分解）命令，在命令行提示下，将新绘制的矩形进行分解；执行 O（偏移）命令，在命令行提示下，依次设置偏移距离为 50、400、100、400，将分解后的矩形的左侧竖直直线向右进行偏移处理，效果如图 16-24 所示。

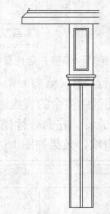

图 16-24　偏移矩形 2

步骤 11 重复执行 O（偏移）命令，在命令行提示下，设置偏移距离为 900，将矩形上方的水平直线向下偏移 5 次；执行 TR（修剪）命令，在命令行提示下，将偏移后的直线进行修剪处理，效果如图 16-25 所示。

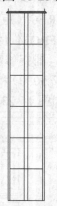

图 16-25　偏移并修剪直线

步骤 12 执行 REC（矩形）命令，在命令行提示下，输入 FROM（捕捉自）命令，按【Enter】键确认，捕捉修剪后图形的左下方端点，依次输入（@-70, 0）和（@1140, -100），绘制矩形，效果如图 16-26 所示。

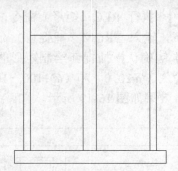

图 16-26　绘制矩形 5

步骤 13 执行 F（圆角）命令，在命令行提示下，设置圆角半径为 50，对新绘制的矩形进行圆角处理，如图 16-27 所示。

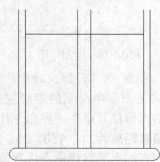

图 16-27　矩形倒圆角 2

步骤 14 执行 REC（矩形）命令，在命令行提示下，输入 FROM（捕捉自）命令，按【Enter】键确认，捕捉倒圆角后矩形的左下方端点，依次输入（@20, 0）和（@1000, -800），绘制矩形，效果如图 16-28 所示。

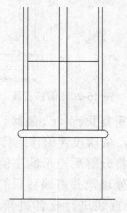

图 16-28　绘制矩形 6

步骤 15　执行 X（分解）命令，在命令行提示下，对新绘制的矩形进行分解处理；执行 O（偏移）命令，在命令行提示下，设置偏移距离依次为 50 和 900，将矩形左侧的竖直直线向右偏移，效果如图 16-29 所示。

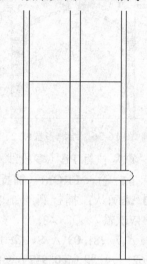

图 16-29　分解并偏移直线

步骤 16　将"填充"图层置为当前，执行 H（图案填充）命令，弹出"图案填充创建"选项卡，在"图案填充图案"面板中，选择 AR-CONC 选项，设置"图案填充比例"为 2，如图 16-30 所示。

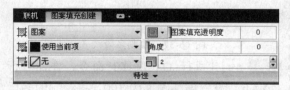

图 16-30　设置图案填充比例

步骤 17　在绘图区中需要填充的区域中，单击鼠标左键，并按【Enter】键确认，创建图案填充，效果如图 16-31 所示。

步骤 18　执行 CO（复制）命令，在命令行提示下选择新绘制的柱子，捕捉左上方端点，输入（@2500，0）、（@9300，0）和（@31900，0），复制图形，如图 16-32 所示。

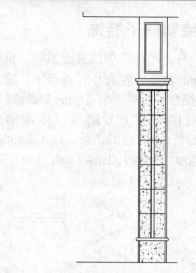

图 16-31　创建图案填充

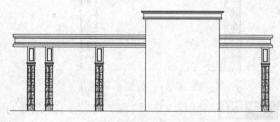

图 16-32　复制图形 1

步骤 19　重复执行 CO（复制）命令，在命令行提示下选择柱子下方合适的图形，捕捉左上方端点，输入（@16100，0）和（@25100，0），复制图形，如图 16-33 所示。

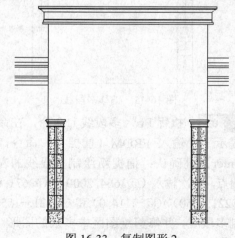

图 16-33　复制图形 2

16.2.3 绘制柱子装饰

步骤 **01** 将"墙体"图层置为当前，执行 PL（多段线）命令，在命令行提示下，输入 FROM（捕捉自）命令，按【Enter】键确认；捕捉复制后图形左上方端点，依次输入（@1070, 0）、（@0, 550）、A、S、（@4000, 1649）、（@4000, -1649）、L 和（@0, -550），绘制多段线，如图 16-34 所示。

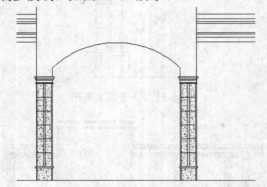

图 16-34　绘制多段线 1

步骤 **02** 执行 O（偏移）命令，在命令行提示下，设置偏移距离为 150 和 100，将新绘制的多段线向外偏移，如图 16-35 所示。

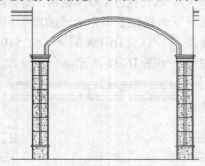

图 16-35　偏移多段线

步骤 **03** 执行 PL（多段线）命令，在命令行提示下，输入 FROM（捕捉自）命令，按【Enter】键确认；捕捉新绘制多段线的左下方端点，依次输入（@3664, 2000）、（@671, 0）、（@221, 1550）、（@-1114, 0）和（@221, -1550），绘制多段线，并修剪绘图区中多余的图形，效果如图 16-36 所示。

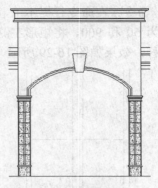

图 16-36　绘制多段线 2

步骤 **04** 重复执行 PL（多段线）命令，在命令行提示下，输入 FROM（捕捉自）命令，按【Enter】键确认；捕捉新绘制多段线的右上方端点，依次输入（@643, 0）、（@3500, 0）、（@0, -2641）（@-281, 0）、A、S、（@-1480, 1103）、（@-1739, 621）、L 和（@0, 917），绘制多段线，如图 16-37 所示。

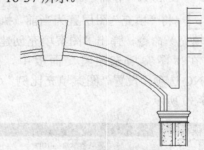

图 16-37　绘制多段线 3

步骤 **05** 执行 O（偏移）命令，在命令行提示下，设置偏移距离为 100，将绘制的多段线向内偏移，如图 16-38 所示。

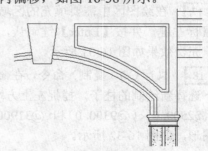

图 16-38　偏移多段线

步骤 06　执行 C（圆）命令，在命令行提示下，输入 FROM（捕捉自）命令，按【Enter】键确认；捕捉多段线的右上方端点，输入（@-885，-845）并确认，确定圆心，绘制半径为 300、225 和 75 的圆，如图 16-39 所示。

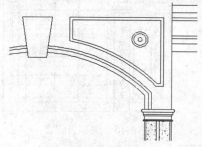

图 16-39　绘制圆

步骤 07　执行 XL（构造线）命令，在命令行提示下捕捉圆心点，分别绘制水平构造线、竖直构造线、45°构造线和-45°构造线，并对构造线进行修剪，如图 16-40 所示。

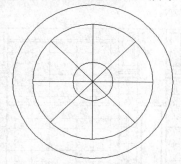

图 16-40　绘制并修剪构造线

步骤 08　执行 MI（镜像）命令，在命令行提示下选择右侧的多段线和圆等图形作为镜像对象，进行镜像，如图 16-41 所示。

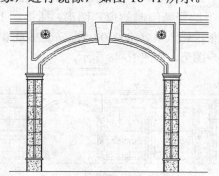

图 16-41　镜像图形

步骤 09　执行 L（直线）命令，在命令行提示下，输入 FROM（捕捉自）命令，按【Enter】键确认；捕捉左下方端点，输入（@13128，600）和（@1500，0），绘制直线；执行 O（偏移）命令，在命令行提示下，依次设置偏移距离为 250、3900、50、100、50 和 300，将新绘制的直线向上偏移，并修剪多余的直线，效果如图 16-42 所示。

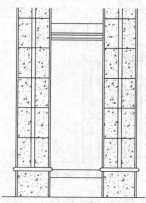

图 16-42　绘制并偏移直线

步骤 10　执行 REC（矩形）命令，在命令行提示下，输入 FROM（捕捉自）命令，按【Enter】键确认；捕捉新绘制直线的左端点，输入（@200，500）和（@1100，3450），绘制矩形；执行 O（偏移）命令，在命令行提示下，设置偏移距离为 50，将新绘制的矩形向内偏移，效果如图 16-43 所示。

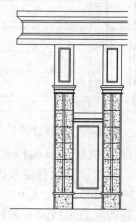

图 16-43　绘制并偏移矩形

16.2.4 绘制底层窗户

步骤 **01** 将"门窗"图层置为当前，执行 L（直线）命令，在命令行提示下，输入 FROM（捕捉自）命令，按【Enter】键确认；捕捉新绘制矩形的右下方端点，依次输入（@1200，−500）、（@5800，0）和（@0，7600），绘制两条相互垂直的直线，如图 16-44 所示。

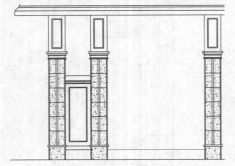

图 16-44　绘制直线 1

步骤 **02** 执行 O（偏移）命令，在命令行提示下，依次设置偏移距离为 250、50、800、600、30、570、600、30、520、700、50、100、50、300、300、300、300、300、30、570、600、30、520、50、50、100，将新绘制的水平直线向上偏移，效果如图 16-45 所示。

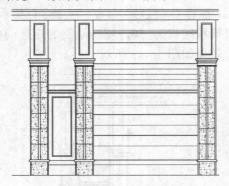

图 16-45　偏移直线 1

步骤 **03** 重复执行 O（偏移）命令，在命令行提示下，依次设置偏移距离为 400、30、870、870、30、1400、30、870、870、30，将步骤 1 中绘制的竖直直线向左偏移，效果如图 16-46 所示。

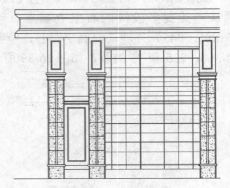

图 16-46　偏移直线 2

步骤 **04** 执行 TR（修剪）命令，在命令行提示下，修剪绘图区中多余的直线；执行 E（删除）命令，在命令行提示下，删除多余的直线，并依次选择修剪后图形的最上方和最下方水平直线，将其移至"墙体"图层，效果如图 16-47 所示。

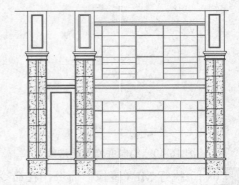

图 16-47　修剪并删除图形

步骤 **05** 执行 CO（复制）命令，在命令行提示下选择新绘制的窗户图形，捕捉左上方端点，依次输入（@6800，0）和（@22600，0），复制窗户图形，如图 16-48 所示。

图 16-48　复制窗户图形 1

步骤 06 执行 REC（矩形）命令，在命令行提示下，输入 FROM（捕捉自）命令，按【Enter】键确认；捕捉左上方端点，输入（@800，-1300）和（@600，-1850），绘制矩形；执行 O（偏移）命令，在命令行提示下，将新绘制矩形向内偏移 50，如图 16-49 所示。

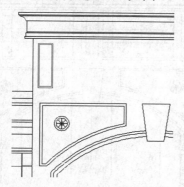

图 16-49 绘制并偏移矩形

步骤 07 执行 CO（复制）命令，在命令行提示下选择新绘制的矩形，捕捉左上方端点，输入（@4500，0）和（@9000，0），复制矩形图形，如图 16-50 所示。

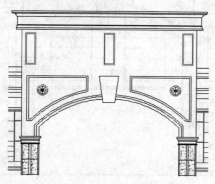

图 16-50 复制矩形

步骤 08 执行 L（直线）命令，在命令行提示下，输入 FROM（捕捉自）命令，按【Enter】键确认；捕捉新绘制矩形的右上方端点，依次输入（@200，200）、（@0，-2300）和（@3500，0），绘制直线，如图 16-51 所示。

步骤 09 执行 O（偏移）命令，在命令行提示下，设置偏移距离依次为 100、700、600、600，将上一步中新绘制的水平直线向上偏移，

如图 16-52 所示。

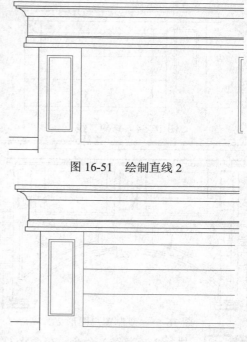

图 16-51 绘制直线 2

图 16-52 偏移直线 3

步骤 10 重复执行 O（偏移）命令，在命令行提示下，设置偏移距离依次为 335、30、2720、30、385，将步骤 8 中新绘制的竖直直线向右偏移，效果如图 16-53 所示。

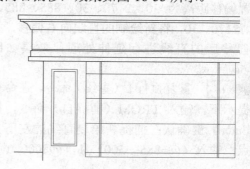

图 16-53 偏移直线 4

步骤 11 执行 TR（修剪）命令，在命令行提示下，修剪多余直线，如图 16-54 所示。

步骤 12 执行 CO（复制）命令，在命令行提示下选择新绘制的窗户，捕捉左上方端点，输入（@4500，0），复制窗户图形，效果如图 16-55 所示。

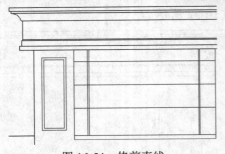

图 16-54 修剪直线

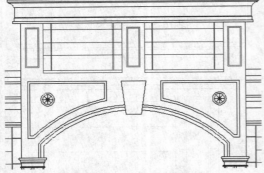

图 16-55 复制窗户图形 2

步骤 13 执行 L（直线）命令，在命令行提示下，输入 FROM（捕捉自）命令，按【Enter】键确认；捕捉新绘制窗户的左下方端点，输入（@885，-2682）和（@0，-2768），绘制直线；执行 O（偏移）命令，在命令行提示下，依次设置偏移距离为 30、2170、30、885、885、30、2170、30，将新绘制的直线向右偏移，并对偏移后的直线进行延伸处理，效果如图 16-56 所示。

步骤 14 重复执行 L（直线）命令，在命令行提示下，输入 FROM（捕捉自）命令，按【Enter】键确认；捕捉新绘制直线的左下方端点，输入（@-885，-500）和（@8000，0），

绘制直线；执行 O（偏移）命令，在命令行提示下，依次设置偏移距离为 50、100、50、300、600、600、600、600、600，将新绘制的直线向上偏移，并修剪多余的直线，效果如图 16-57 所示。

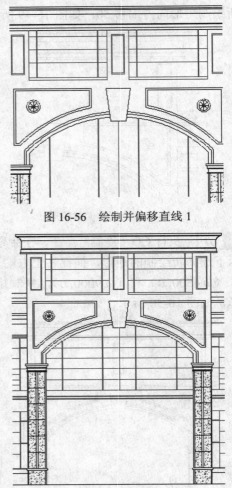

图 16-56 绘制并偏移直线 1

图 16-57 绘制并偏移直线 2

16.2.5 绘制底层门和台阶

步骤 01 执行 O（偏移）命令，在命令行提示下，设置偏移距离依次为 700、1220、30、2200、150、150、150，将窗户的最下方水平直线向下偏移，并将最下方的 4 条水平直线移至"墙体"图层，如图 16-58 所示。

步骤 02 执行 L（直线）命令，在命令行提示下，依次捕捉上一步偏移直线的左侧上下端点，绘制竖直直线；执行 O（偏移）命令，在命令行提示下，设置偏移距离为 970、30、1500、1500、1500、1500、30，将新绘制的竖直直线向右偏移，效果如图 16-59 所示。

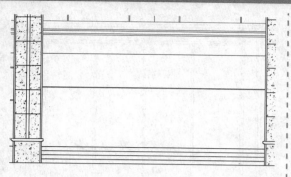

图 16-58　偏移直线 1

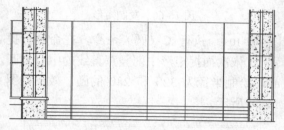

图 16-59　偏移直线 2

步骤 03　执行 PL（多段线）命令，在命令行提示下，输入 FROM（捕捉自）命令，按【Enter】键确认；捕捉偏移后最下方水平直线的左端点，依次输入（@2200, 600）、（@0, 2500）、（@3600, 0）和（@0, -2500），绘制多段线，效果如图 16-60 所示。

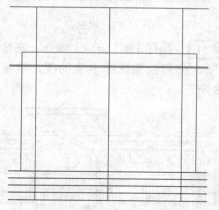

图 16-60　绘制多段线

步骤 04　执行 O（偏移）命令，在命令行提示下，设置偏移距离依次为 50、30、190、30，将新绘制的多段线向内偏移，效果如图 16-61 所示。

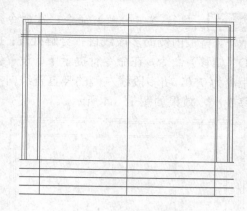

图 16-61　偏移多段线

步骤 05　执行 TR（修剪）命令，在命令行提示下，修剪多余直线；执行 E（删除）命令，在命令行提示下，删除多余直线，如图 16-62 所示。

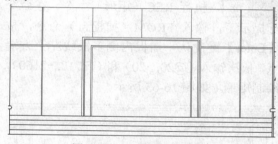

图 16-62　修剪并删除直线

步骤 06　执行 L（直线）命令，在命令行提示下，依次捕捉多段线的左上方端点和右上方端点，绘制直线，如图 16-63 所示。

图 16-63　绘制直线

步骤 07 执行 X（分解）命令，在命令行提示下，将最内侧的多段线进行分解处理；执行 O（偏移）命令，在命令行提示下，设置偏移距离为 750，将多段线左侧的竖直直线向右偏移 3 次，效果如图 16-64 所示。

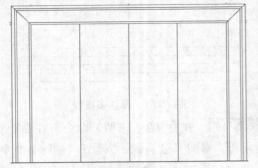

图 16-64　偏移直线 3

步骤 08 执行 REC（矩形）命令，在命令行提示下，输入 FROM（捕捉自）命令，按【Enter】键确认，捕捉内侧多段线左上方端点，依次输入（@20,-20）和（@710,-2160），绘制矩形，如图 16-65 所示。

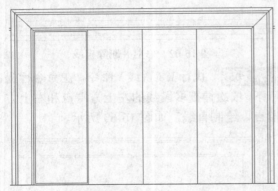

图 16-65　绘制矩形

步骤 09 执行 CO（复制）命令，在命令行提示下选择新绘制的矩形，捕捉左上方端点，依次输入（@750,0）、（@1500,0）和（@2250,0），复制矩形，如图 16-66 所示。

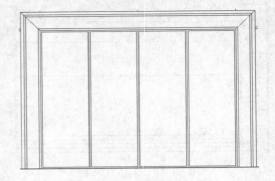

图 16-66　复制矩形

步骤 10 执行 C（圆）命令，在命令行提示下，依次捕捉矩形中间竖直直线的中点为圆心，绘制半径为 320 和 280 的圆，效果如图 16-67 所示。

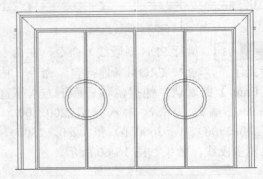

图 16-67　绘制圆

步骤 11 执行 TR（修剪）命令，在命令行提示下，修剪绘图区中多余的圆，效果如图 16-68 所示。

图 16-68　修剪图形

16.3　绘制住宅楼高层

本实例介绍住宅楼高层的绘制，效果如图 16-69 所示。

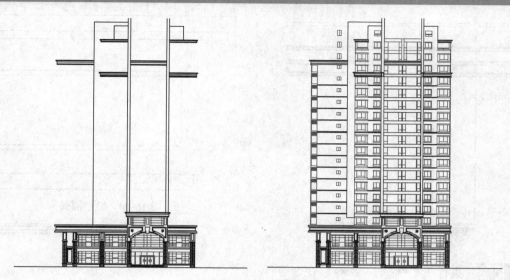

图 16-69　住宅楼高层

16.3.1　绘制高层轮廓

步骤 **01** 将"墙体"图层置为当前，执行 L（直线）命令，在命令行提示下捕捉底层图形的左上方端点，向上引导光标，输入 53230，按【Enter】键确认，绘制直线，如图 16-70 所示。

图 16-70　绘制直线

步骤 **02** 执行 O（偏移）命令，在命令行提示下，设置偏移距离依次为 50、200、50、30、9170、1300、50、50、50、100、50、30、23、50、30、3270、3400、600、9200，将新绘制的直线向右偏移，效果如图 16-71 所示。

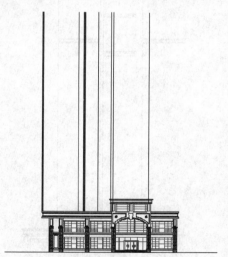

图 16-71　偏移直线 1

步骤 **03** 重复执行 O（偏移）命令，在命令行提示下，依次设置偏移距离为 49000、100、150、30、440、30、200、50、100、1900、100、150、30、440、30、200、50、100、4800、100、150、30、200、50、100、3600、870，将最下方的水平直线向上偏移，偏移效果如图 16-72 所示。

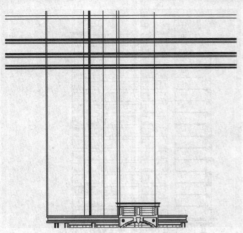

图 16-72　偏移直线 2

步骤 04　执行 TR（修剪）命令，在命令行提示下，修剪多余直线；执行 E（删除）命令，在命令行提示下，删除多余直线，如图 16-73 所示。

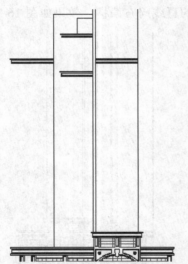

图 16-73　修剪并删除直线 1

步骤 05　执行 A（圆弧）命令，在命令行提示下捕捉左侧合适的端点，依次输入（@158，-59）和（@92，-141），绘制圆弧，效果如图 16-74 所示。

步骤 06　执行 CO（复制）命令，在命令行提示下选择圆弧，捕捉圆弧上端点，输入（@10900，5430）和（@10800，-3000），复制圆弧，如图 16-75 所示。

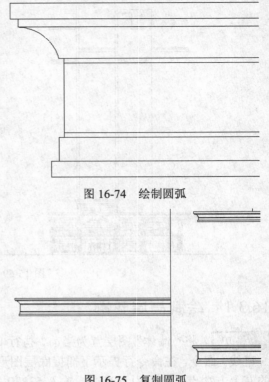

图 16-74　绘制圆弧

图 16-75　复制圆弧

步骤 07　执行 MI（镜像）命令，在命令行提示下选择合适的图形为镜像对象，对其进行镜像处理，效果如图 16-76 所示。

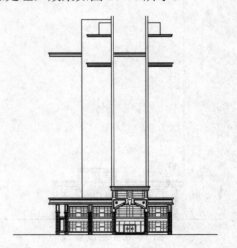

图 16-76　镜像图形

步骤 08　执行 O（偏移）命令，在命令行提示下，依次设置偏移距离为 12900、850、50、100、2850、50、100、2850、50、100、

2850、50、100、2850、50、100、2850、50、100、2850、50、100、2850、50、100、2850、50、100、2850、50、100、2850、50、100、2850、50、100、2850、50、100，将最下方水平直线向上偏移，如图 16-77 所示。

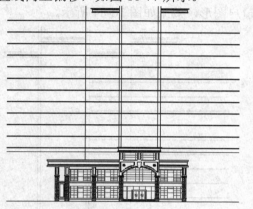

图 16-77　偏移直线 3

16.3.2　绘制高层窗户

步骤 01 　将"门窗"图层置为当前，执行 REC 命令，在命令行提示下，输入 FROM 命令，按【Enter】键确认，捕捉左上方端点，输入（@-1700，-2100）、（@-900，-1400），绘制矩形，如图 16-79 所示。

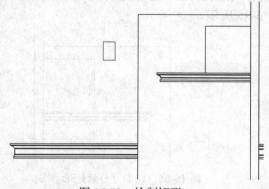

图 16-79　绘制矩形 1

步骤 02 　执行 X（分解）命令，在命令行提示下，将新绘制的矩形进行分解处理；执行 O（偏移）命令，在命令行提示下，将矩形左侧的竖直直线向右偏移 450，完成窗户 1 图形的绘制，如图 16-80 所示。

步骤 09 　执行 TR（修剪）命令，在命令行提示下，修剪多余直线；执行 E（删除）命令，在命令行提示下，删除多余的直线，效果如图 16-78 所示。

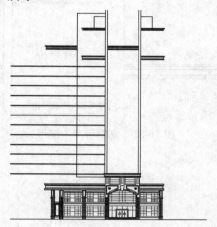

图 16-78　修剪并删除直线 2

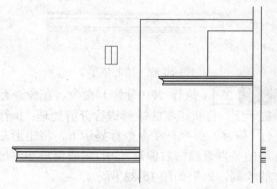

图 16-80　完成窗户 1 图形的绘制

步骤 03 　执行 CO（复制）命令，在命令行提示下选择新绘制的窗户，捕捉左上方端点，输入（@0，-3000）和（@0，-6000），复制窗户图形，效果如图 16-81 所示。

步骤 04 　执行 REC（矩形）命令，在命令行提示下，输入 FROM（捕捉自）命令，按【Enter】键确认；捕捉最下方窗户的左下方端点，输入（@0，-1600）、（@900，-800），绘制矩形，效果如图 16-82 所示。

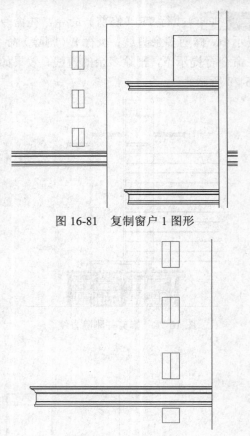

图 16-81　复制窗户 1 图形

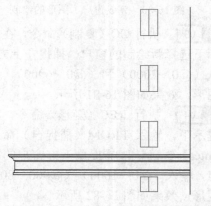

图 16-82　绘制矩形 2

步骤 **05**　执行 X（分解）命令，在命令行提示下，将新绘制的矩形进行分解处理；执行 O（偏移）命令，在命令行提示下，将矩形左侧的竖直直线向右偏移 450，完成窗户 2 图形的绘制，效果如图 16-83 所示。

图 16-83　完成窗户 2 图形的绘制

步骤 **06**　执行 CO（复制）命令，在命令行提示下选择新绘制的窗户，捕捉左上方端点，向下引导光标，依次输入 3000、6000、9000、12000、15000、18000、21000、24000、27000、30000、33000、36000、39000，复制新绘制的窗户图形，效果如图 16-84 所示。

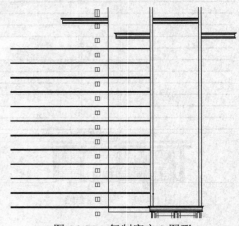

图 16-84　复制窗户 2 图形

步骤 **07**　执行 REC（矩形）命令，在命令行提示下，输入 FROM（捕捉自）命令，按【Enter】键确认；捕捉左上方端点，输入（@1800，-5100）、（@3250，-2100），绘制矩形；执行 X（分解）命令，在命令行提示下，将新绘制的矩形进行分解处理，效果如图 16-85 所示。

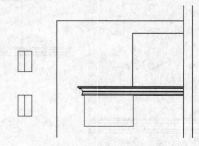

图 16-85　绘制并分解矩形

步骤 **08**　执行 O（偏移）命令，在命令行提示下，设置偏移距离依次为 400、1390、20、1390，将矩形左侧竖直直线向右偏移；设置偏移距离依次为 300、350、50，将矩形下方水平直线向上偏移，如图 16-86 所示。

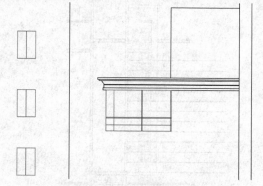

图 16-86　偏移直线 1

步骤 09　执行 EX（延伸）命令，在命令提示下，延伸相应直线，执行 TR（修剪）命令，在命令行提示下，修剪多余直线，并更改相应直线的图层，效果如图 16-87 所示。

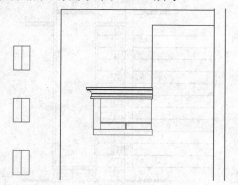

图 16-87　延伸并修剪直线

步骤 10　执行 L（直线）命令，在命令行提示下捕捉修剪后图形的左上方端点，输入（@0，-47100），绘制直线，并将新绘制的直线移至"墙体"图层，并修剪多余的直线，如图 16-88 所示。

步骤 11　执行 L（直线）命令，在命令行提示下，输入 FROM（捕捉自）命令，按【Enter】键确认；捕捉新绘制直线的上端点，依次输入（@0，-2800）、（@3250，0）和（@0，-2300），绘制直线，如图 16-89 所示。

步骤 12　执行 O（偏移）命令，在命令行提示下，依次设置偏移距离为 200、1400、400和 300，将新绘制的水平直线向下偏移，如图 16-90 所示。

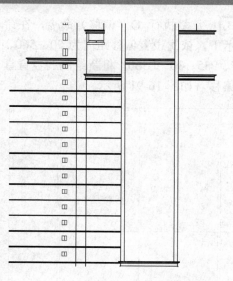

图 16-88　绘制并修剪直线

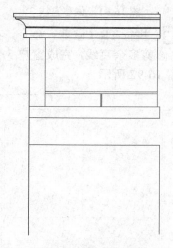

图 16-89　绘制直线 1

图 16-90　偏移直线 2

步骤 13 重复执行 O（偏移）命令，在命令行提示下，依次设置偏移距离为 50、560、30、985、985、30 和 560，将新绘制的竖直直线向左偏移，如图 16-91 所示。

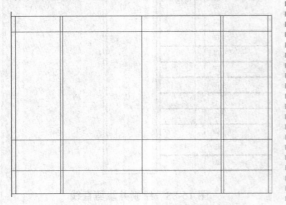

图 16-91 偏移直线 3

步骤 14 执行 TR（修剪）命令，在命令行提示下，修剪多余直线，完成窗户 3 图形的绘制，如图 16-92 所示。

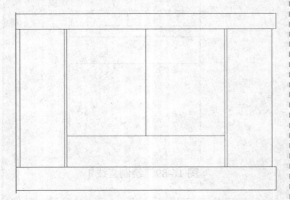

图 16-92 完成窗户 3 图形的绘制

步骤 15 执行 CO（复制）命令，在命令行提示下选择新绘制的窗户，捕捉左上方端点，向下引导光标，依次输入 3000、6000、9000、12000、15000、18000、21000、24000、27000、30000、33000、36000、39000 和 42000，复制图形，如图 16-93 所示。

步骤 16 执行 TR（修剪）命令，在命令行提示下，修剪多余直线；执行 E（删除）命令，删除多余的直线，如图 16-94 所示。

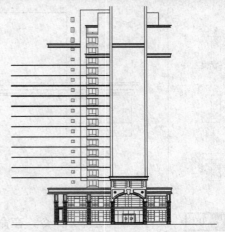

图 16-93 复制窗户 3 图形

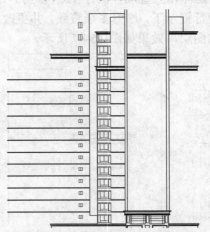

图 16-94 修剪并删除直线

步骤 17 执行 REC（矩形）命令，在命令行提示下，输入 FROM（捕捉自）命令，按【Enter】键确认；捕捉新绘制直线的上端点，依次输入（@4750, 3000）和（@1500, -1400），绘制矩形，如图 16-95 所示。

图 16-95 绘制矩形 3

步骤 18 执行 X（分解）命令，在命令行提示下，对新绘制的矩形进行分解处理；执行 O（偏移）命令，在命令行提示下，将矩形的左侧竖直直线向右偏移 750，将上方水平直线向下偏移 900 和 50，并修剪偏移后的直线对象，效果如图 16-96 所示。

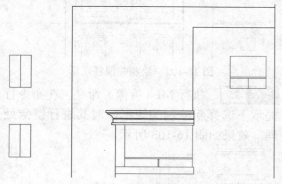

图 16-96 偏移并修剪图形

步骤 19 执行 REC（矩形）命令，在命令行提示下，输入 FROM（捕捉自）命令，按【Enter】键确认；捕捉新绘制窗户左下方端点，输入（@-100，-1500）和（@1700，-1800），绘制矩形，如图 16-97 所示。

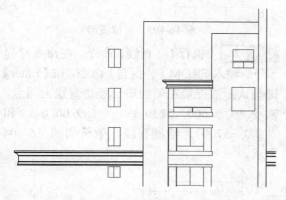

图 16-97 绘制矩形 4

步骤 20 执行 X（分解）命令，在命令行提示下，对新绘制的矩形进行分解处理；执行 O（偏移）命令，在命令行提示下，依次设置偏移距离为 100、30、1340 和 30，将矩形上方水平直线向下偏移，如图 16-98 所示。

图 16-98 偏移直线 4

步骤 21 重复执行 O（偏移）命令，在命令行提示下，依次设置偏移距离为 100、30、720、720 和 30，将矩形左侧竖直直线向右偏移，并对偏移后的图形进行修剪处理，完成窗户 4 图形的绘制，效果如图 16-99 所示。

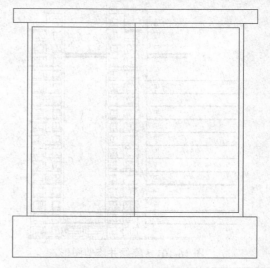

图 16-99 完成窗户 4 图形的绘制

步骤 22 执行 CO（复制）命令，在命令行提示下选择新绘制的窗户 4，捕捉左上方端点，向下引导光标，依次输入 3000、6000、9000、12000、15000、18000、21000、24000、27000、30000、33000、36000、39000、42000 和 45000，复制窗户 4 图形，如图 16-100 所示。

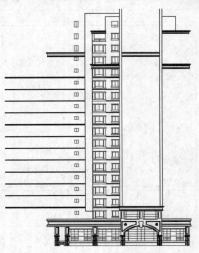

图 16-100 复制窗户 4 图形

步骤 23 执行 MI（镜像）命令，在命令行提示下选择左侧合适的窗户和直线图形，对其进行镜像处理，并修剪多余的图形，效果如图 16-101 所示。

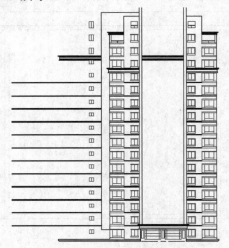

图 16-101 镜像并修剪图形

步骤 24 执行 REC（矩形）命令，在命令行提示下，输入 FROM（捕捉自）命令，按【Enter】键确认；捕捉最左侧最长竖直直线上端点，输入（@0，-13930）和（@600，-1100），绘制矩形，并将绘制的矩形移至"墙体"图层；执行 O（偏移）命令，在命令行提示下，将新绘制的矩形向内偏移 100，偏移效果如图 16-102 所示。

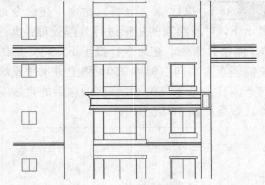

图 16-102 绘制并偏移矩形

步骤 25 执行 MI（镜像）命令，在命令行提示下选择新绘制的矩形，对其进行镜像处理，效果如图 16-103 所示。

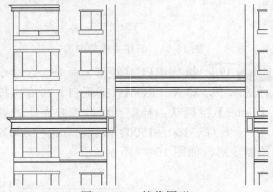

图 16-103 镜像图形

步骤 26 执行 L（直线）命令，在命令行提示下，输入 FROM（捕捉自）命令，按【Enter】键确认；捕捉最左侧的最长竖直直线上端点，输入（@600，-5230）、（@9200，0）和（@0，-5700），绘制直线，效果如图 16-104 所示。

图 16-104 绘制直线 2

步骤 27　执行 O（偏移）命令，在命令行提示下，依次设置偏移距离为 50、885、30、2670、30、685、500、685、30、2670、30 和 885，将右侧竖直直线向左偏移，效果如图 16-105 所示。

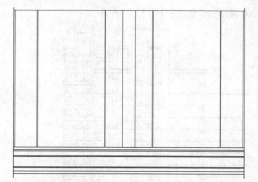

图 16-105　偏移直线 5

步骤 28　重复执行 O（偏移）命令，在命令行提示下，依次设置偏移距离为 800、1500、700、800 和 1500，将上方新绘制的水平直线向下偏移；执行 TR（修剪）命令，在命令行提示下，修剪多余的直线，效果如图 16-106 所示。

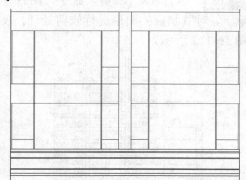

图 16-106　偏移并修剪直线

16.3.3　完善住宅楼高层

步骤 01　执行 L（直线）命令，在命令行提示下，输入 FROM（捕捉自）命令，按【Enter】键确认，捕捉左上方合适的端点，输入（@500，-1100）、（@1550，0）和（@0，-3000），绘制直线，如图 16-109 所示。

步骤 29　执行 I（插入）命令，弹出"插入"对话框，单击"浏览"按钮，弹出"选择图形文件"对话框，选择"窗户.dwg"图形文件，如图 16-107 所示。

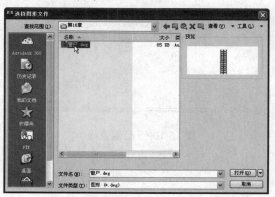

图 16-107　选择"窗户.dwg"图形文件

步骤 30　单击"打开"按钮，返回"插入"对话框，单击"确定"按钮，在绘图区中的合适位置上，单击鼠标左键，插入窗户图块，并调整图块至合适的位置，如图 16-108 所示。

图 16-108　插入窗户图块

步骤 02　执行 O（偏移）命令，在命令行提示下，设置偏移距离依次为 100、1800、300、50、50、50、50、50、50、50、50、50、50、50、50、50、50、50、50，将新绘制的水平直线向下偏移，效果如图 16-110 所示。

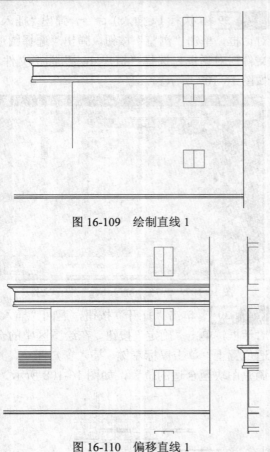

图 16-109 绘制直线 1

图 16-110 偏移直线 1

步骤 03 重复执行 O（偏移）命令，在命令行提示下，依次设置偏移距离为 50、1420、30 和 50，将新绘制的右侧竖直直线向左偏移；执行 TR（修剪）命令，在命令行提示下，对偏移后的图形进行修剪处理，效果如图 16-111 所示。

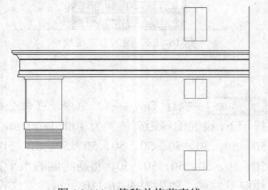

图 16-111 偏移并修剪直线

步骤 04 执行 CO（复制）命令，在命令行提示下选择新绘制的阳台对象，捕捉左上方端点，向下引导光标，依次输入 3000、6000、9000、12000、15000、18000、21000、24000、27000、30000、33000、36000 和 39000，复制阳台图形，如图 16-112 所示。

图 16-112 复制阳台图形

步骤 05 执行 TR（修剪）命令，在命令行提示下，对复制后的图形进行修剪处理，效果如图 16-113 所示。

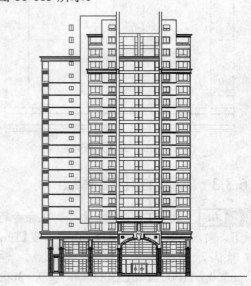

图 16-113 修剪图形

步骤 06　执行 REC（矩形）命令，在命令行提示下，输入 FROM（捕捉自）命令，按【Enter】键确认；捕捉左上方合适的端点，输入（@-1620, 12100）和（@3970, -300），绘制矩形，如图 16-114 所示。

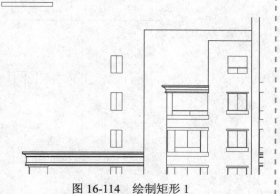

图 16-114　绘制矩形 1

步骤 07　执行 PL（多段线）命令，在命令行提示下捕捉新绘制矩形的右上方端点，依次输入（@5290, 0）、（@0, -200）、（@-1200, -200）、（@-4090, 0）和 C（闭合）选项，绘制多段线，效果如图 16-115 所示。

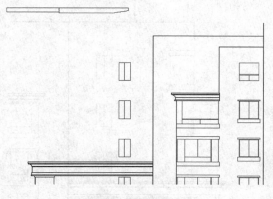

图 16-115　绘制多段线 1

步骤 08　执行 L（直线）命令，在命令行提示下，输入 FROM（捕捉自）命令，按【Enter】键确认；捕捉新绘制多段线的右上方端点，输入（@1860, -2200）、（@-7550, 0）和（@0, -4800），绘制直线，效果如图 16-116 所示。

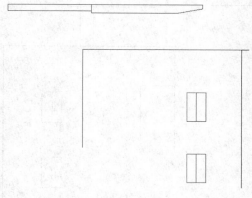

图 16-116　绘制直线 2

步骤 09　重复执行 L（直线）命令，在命令行提示下捕捉新绘制多段线的左下方端点，输入（@0, -1800），绘制直线；执行 O（偏移）命令，在命令行提示下，依次设置偏移距离为 3190 和 600，将新绘制的直线向右偏移，效果如图 16-117 所示。

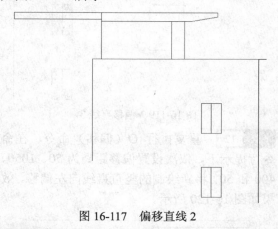

图 16-117　偏移直线 2

步骤 10　重复执行 L（直线）命令，在命令行提示下，输入 FROM（捕捉自）命令，按【Enter】键确认；捕捉步骤 8 中新绘制直线的左上方端点，依次输入（@-50, -1800）、（@1550, 0）和（@0, -2400），绘制直线，如图 16-118 所示。

步骤 11　执行 O（偏移）命令，在命令行提示下，依次设置偏移距离为 300、1800 和 300，将新绘制水平直线向下偏移，如图 16-119 所示。

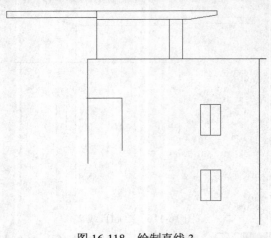

图 16-118 绘制直线 3

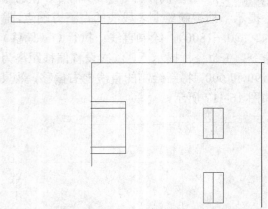

图 16-119 偏移直线 3

步骤 12 重复执行 O（偏移）命令，在命令行提示下，依次设置偏移距离为 50、1050、400 和 50，将新绘制的竖直直线向左偏移，效果如图 16-120 所示。

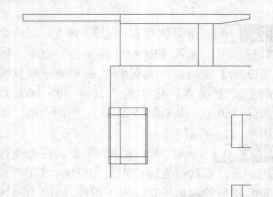

图 16-120 偏移直线 4

步骤 13 执行 TR（修剪）命令，在命令行提示下，对偏移后的直线进行修剪处理，效果如图 16-121 所示。

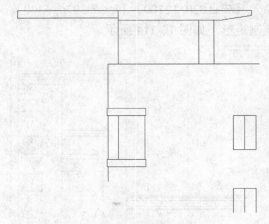

图 16-121 修剪直线 1

步骤 14 执行 CO（复制）命令，在命令行提示下选择新修剪的图形为复制对象，捕捉左上方端点为基点，输入（@-1400,-3000），复制图形，效果如图 16-122 所示。

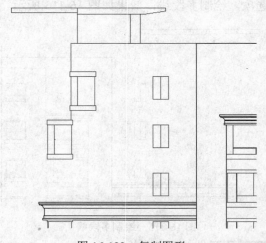

图 16-122 复制图形

步骤 15 执行 L（直线）命令，在命令行提示下捕捉复制后图形的左下方端点，输入（@0,-2700），绘制直线；执行 O（偏移）命令，在命令行提示下，设置偏移距离依次为 50、30、1420 和 50，将新绘制的直线向右偏移，效果如图 16-123 所示。

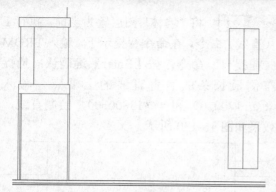

图 16-123　偏移直线 5

步骤 16 重复执行 O（偏移）命令，在命令行提示下，设置偏移距离依次为 800 和 100，将复制图形的最下方水平直线向下偏移；执行 TR（修剪）命令，在命令行提示下，修剪多余的直线，效果如图 16-124 所示。

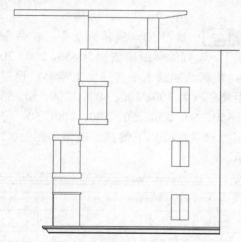

图 16-124　偏移并修剪直线

步骤 17 执行 L（直线）命令，在命令行提示下，输入 FROM（捕捉自）命令，按【Enter】键确认，捕捉左上方端点，输入（@150，-300）、（@0，-100）和（@1189，0），绘制直线，如图 16-125 所示。

步骤 18 执行 PL（多段线）命令，在命令行提示下，输入 FROM（捕捉自）命令，按【Enter】键确认；捕捉新绘制直线的左下方端点，输入（@1181，100）、（@619，-8230）

和（@0，-3570），绘制多段线，效果如图 16-125 所示。

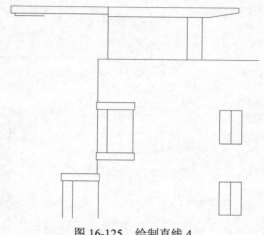

图 16-125　绘制直线 4

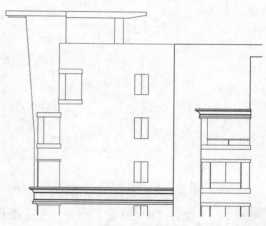

图 16-126　绘制多段线 2

步骤 19 执行 REC（矩形）命令，在命令行提示下，输入 FROM（捕捉自）命令，按【Enter】键确认；捕捉图形的左下方端点，输入（@1031，1056）和（@1433，-1056），绘制矩形，效果如图 16-127 所示。

步骤 20 执行 X（分解）命令，在命令行提示下，对新绘制的矩形进行分解处理；执行 O（偏移）命令，在命令行提示下，设置偏移距离为 200，将矩形上方的水平直线向下偏移 3 次，设置偏移距离依次为 300 和 833，将矩形左侧竖直直线向右偏移，效果如图 16-128 所示。

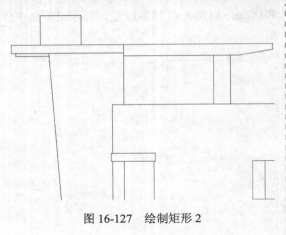

图 16-127　绘制矩形 2

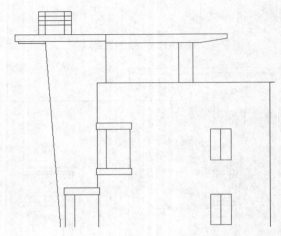

图 16-128　分解并偏移图形

步骤 21　执行 TR（修剪）命令，在命令行提示下，修剪多余直线，如图 16-129 所示。

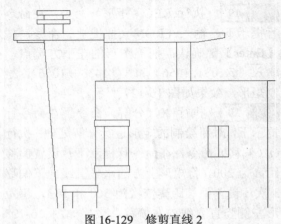

图 16-129　修剪直线 2

步骤 22　将"墙体"图层置为当前，执行 L（直线）命令，在命令行提示下，输入 FROM（捕捉自）命令，按【Enter】键确认；捕捉左侧最长条的竖直直线的上端点，输入（@-1700, 0）和（@13800, 0），绘制直线，效果如图 16-130 所示。

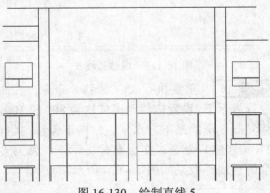

图 16-130　绘制直线 5

步骤 23　执行 O（偏移）命令，在命令行提示下，设置偏移距离依次为 456、200、200、200，将新绘制的水平直线向上偏移；设置偏移距离依次为 300、100、600、1200、50、550、50、550、50、550、50、280、200、50，将新绘制的水平直线向下偏移，效果如图 16-131 所示。

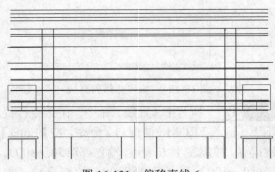

图 16-131　偏移直线 6

步骤 24　执行 L（直线）命令，在命令行提示下，输入 FROM（捕捉自）命令，按【Enter】键确认；捕捉偏移后图形的左上方端点，输入（@5700, 0）和（@0, -2056），绘制直线，效果如图 16-132 所示。

图 16-132 绘制直线 6

步骤 25 执行 O（偏移）命令，在命令行提示下，依次设置偏移距离为 183、300、1433、300 和 183，将新绘制的直线向右偏移，效果如图 16-133 所示。

图 16-133 偏移直线 7

步骤 26 执行 PL（多段线）命令，在命令行提示下，输入 FROM（捕捉自）命令，按【Enter】键确认，捕捉新绘制直线的下方端点，输入（@483,1456）和（@267,-5986），绘制多段线，如图 16-134 所示。

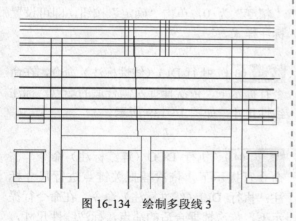

图 16-134 绘制多段线 3

步骤 27 执行 MI（镜像）命令，在命令行提示下选择新绘制的多段线为镜像对象，对其进行镜像处理，效果如图 16-135 所示。

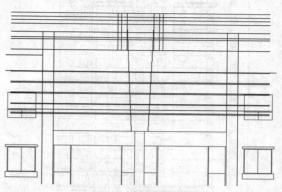

图 16-135 镜像图形

步骤 28 执行 TR（修剪）命令，在命令行提示下修剪多余的直线；执行 E（删除）命令，在命令行提示下，删除多余的直线；执行 L（直线）命令，在命令行提示下捕捉左右合适的端点，绘制直线，效果如图 16-136 所示。

图 16-136 修剪并删除直线

16.4 标注住宅楼侧面图

本实例介绍如何标注住宅楼侧面图，效果如图 16-137 所示。

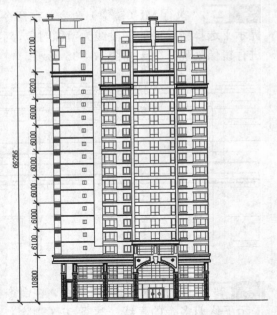

住宅楼侧面图

图 16-137　标注后的住宅楼侧面图

16.4.1　创建尺寸标注

步骤 01　将"标注"图层置为当前，执行 D（标注样式）命令，弹出"标注样式管理器"对话框，如图 16-138 所示，选择默认的标注样式，单击"修改"按钮。

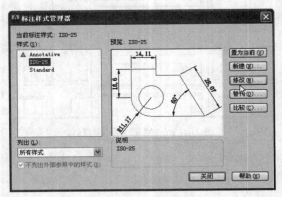

图 16-138　"标注样式管理器"对话框

步骤 02　弹出"修改标注样式"对话框，

在"线"选项卡中设置"超出尺寸线"为 800、"起点偏移量"为 1500；在"箭头和符号"选项卡中设置"第一个"箭头为"建筑标记"、"箭头大小"为 1000；在"文字"选项卡中设置"文字高度"为 1200；在"主单位"选项卡中设置"精度"为 0，单击"确定"按钮，即可设置标注样式。

步骤 03　执行 DLI（线性标注）命令，在命令行提示下，依次捕捉左侧合适的端点，标注线性尺寸，如图 16-139 所示。

步骤 04　执行 DCO（连续标注）命令，在命令行提示下，依次捕捉关键点进行尺寸标注；执行 DLI（线性标注）命令，在命令行提示下，依次捕捉合适的端点，标注线性尺寸，如图 16-140 所示。

图 16-139　标注线性尺寸

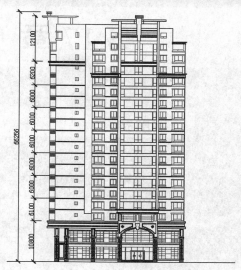

图 16-140　标注其他尺寸

16.4.2　创建文字标注

步骤 01　将"墙体"图层置为当前，执行 MT（多行文字）命令，在命令行提示下，设置"文字高度"为 1500，在绘图区下方的合适位置处，创建相应的文字，并调整其位置，如图 16-141 所示。

步骤 02　执行 PL（多段线）命令，在命令行提示下，设置宽度为 400，在文字的下方绘制一条合适长度的多段线；执行 L（直线）命令，在命令行提示下，在多段线下方，绘制一条直线，如图 16-142 所示。

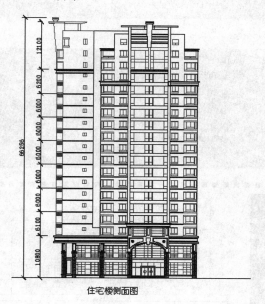

图 16-141　创建文字

图 16-142　绘制多段线和直线

第 17 章　别墅立面图

学前提示

　　建筑立面图通常为建筑主体的主要表现手法。一般情况下，人们对建筑物的感知都是由它的立面反映出来的，所以一个建筑物的成与败、好与坏及人们是否对建筑物认同，建筑物的立面起着决定性的作用。建筑立面图是将建筑的不同侧表面投影到垂直投影面上而得到的正投影图。

本章知识重点

▶ 绘制别墅立面图

▶ 完善别墅立面图

学完本章后你会做什么

▶ 掌握绘制别墅立面图的操作，如绘制别墅轮廓、绘制别墅窗户等

▶ 掌握完善别墅立面图的操作，如填充和标注别墅立面图等

视频演示

17.1　效果欣赏

　　本实例所设计的是别墅立面图。该设计将建筑穿梭于环境的怀抱中，建筑融于自然。别墅立面图在外观设计上力求以全新的景观设计手法塑造出生态效益、环境效益和社会效益兼备的居住之地，使其散发出浓郁的地域文化和历史文化气息，如图 17-1 所示。

图 17-1（a）　别墅立面图效果图

别墅立面图

图 17-1（b）　别墅立面图 CAD 图

	素材文件	光盘\素材\第 17 章\双人床枕头.dwg、植物.dwg、家具图块.dwg
	效果文件	光盘\效果\第 17 章\别墅立面图.dwg
	视频文件	光盘\视频\第 17 章\

17.2　绘制别墅立面图

　　本实例介绍别墅立面图的绘制，效果如图 17-2 所示。

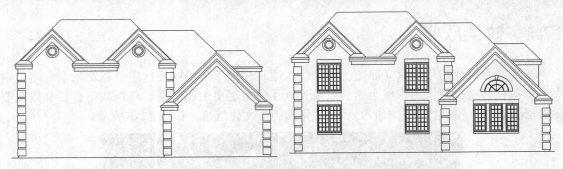

图 17-2 绘制别墅立面图

17.2.1 绘制别墅轮廓

步骤 01 新建一个 CAD 文件，执行 LA（图层）命令，弹出"图层特性管理器"面板，依次创建"墙体"图层、"填充"图层（颜色为 8），并将"墙体"图层置为当前图层，如图 17-3 所示。

图 17-3 创建图层

步骤 02 执行 L（直线）命令，在命令行提示下，在绘图区中任意捕捉一点为起点，向右引导光标，输入 22897，按【Enter】键确认，绘制水平直线，并全部缩放显示图形。

步骤 03 重复执行 L（直线）命令，在命令行提示下，输入 FROM（捕捉自）命令，按【Enter】键确认，捕捉新绘制直线的左端点，依次输入（@2581,0）和（@0,5795），绘制竖直直线，效果如图 17-4 所示。

步骤 04 执行 REC（矩形）命令，在命令行提示下，输入 FROM（捕捉自）命令，按【Enter】键确认，捕捉新绘制直线的下端点，依次输入（@-50,122）和（@500,450），绘制矩形，效果如图 17-5 所示。

图 17-4 绘制直线 1

图 17-5 绘制矩形 1

步骤 05 执行 CO（复制）命令，在命令行提示下选择新绘制的矩形，捕捉左下方端点，向上引导光标，依次输入 550、1100、1650、2200、2750、3300、3850、4400 和 4950，复制矩形，如图 17-6 所示。

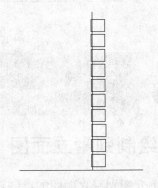

图 17-6 复制矩形

步骤 06　执行 TR（修剪）命令，在命令行提示下，修剪多余的直线，如图 17-7 所示。

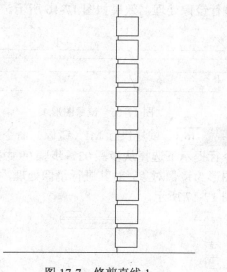

图 17-7　修剪直线 1

步骤 07　执行 REC（矩形）命令，在命令行提示下，输入 FROM（捕捉自）命令，按【Enter】键确认，捕捉新绘制直线的上端点，依次输入（@-159, 0）和（@1051, 200），绘制矩形，如图 17-8 所示。

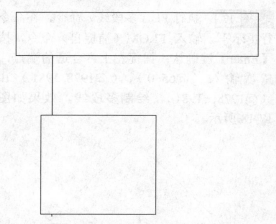

图 17-8　绘制矩形 2

步骤 08　重复执行 REC（矩形）命令，在命令行提示下，输入 FROM（捕捉自）命令，按【Enter】键确认，捕捉上一步中新绘制矩形的左上方端点，输入（@-30, 0）和（@1101, 100），绘制矩形，如图 17-9 所示。

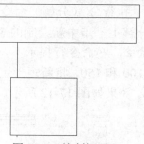

图 17-9　绘制矩形 3

步骤 09　执行 PL（多段线）命令，在命令行提示下，输入 FROM（捕捉自）命令，按【Enter】键确认，捕捉上一步中新绘制矩形的左上方端点，输入（@50, 0）、（@255, 250）、（@545, 0）和（@251, -250），绘制多段线，效果如图 17-10 所示。

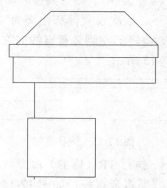

图 17-10　绘制多段线 1

步骤 10　执行 REC（矩形）命令，在命令行提示下，输入 FROM（捕捉自）命令，按【Enter】键确认；捕捉新绘制多段线的右下方端点，输入（@2494, 0）和（@2925, -471），绘制矩形，效果如图 17-11 所示。

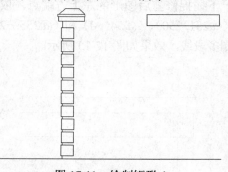

图 17-11　绘制矩形 4

步骤 **11** 执行 X（分解）命令，在命令行提示下，分解上一步中新绘制的矩形；执行 O（偏移）命令，在命令行提示下，依次设置偏移距离为 100 和 150，将新矩形上方水平直线向下偏移，效果如图 17-12 所示。

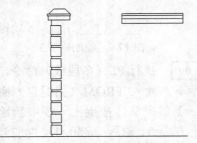

图 17-12 分解并偏移直线

步骤 **12** 重复执行 O（偏移）命令，在命令行提示下，依次设置偏移距离为 20、95、2695、95，将矩形左侧竖直直线向右偏移，效果如图 17-13 所示。

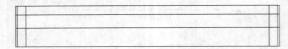

图 17-13 偏移直线

步骤 **13** 执行 TR（修剪）命令，在命令行提示下，修剪多余直线，如图 17-14 所示。

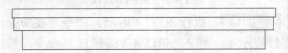

图 17-14 修剪直线 2

步骤 **14** 执行 PL（多段线）命令，在命令行提示下捕捉修剪后图形的左上方端点，依次输入（@251, 250）、（@545, 0）和（@255, -250），绘制多段线，效果如图 17-15 所示。

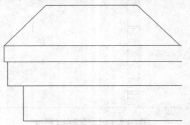

图 17-15 绘制多段线 2

步骤 **15** 执行 MI（镜像）命令，在命令行提示下选择新绘制的多段线为镜像对象，对其进行镜像处理，效果如图 17-16 所示。

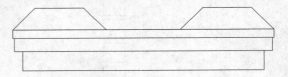

图 17-16 镜像图形 1

步骤 **16** 重复执行 MI（镜像）命令，在命令行提示下选择从步骤 02～步骤 09 中的所有图形为镜像对象，对其进行镜像处理，效果如图 17-17 所示。

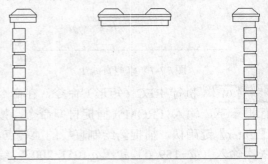

图 17-17 镜像图形 2

步骤 **17** 执行 PL（多段线）命令，在命令行提示下，输入 FROM（捕捉自）命令，按【Enter】键确认；捕捉左上方合适的端点，依次输入（@65, 0）、（@1978, 1981）和（@1978, -1981），绘制多段线，效果如图 17-18 所示。

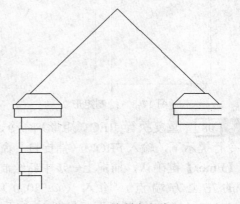

图 17-18 绘制多段线 3

步骤 **18**　执行 O（偏移）命令，在命令行提示下，依次设置偏移距离为 200、100、249，将新绘制的多段线向下偏移；设置偏移距离为 65，将多段线向上偏移，如图 17-19 所示。

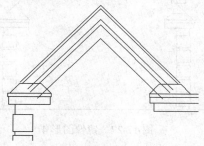

图 17-19　偏移多段线

步骤 **19**　执行 TR（修剪）命令，在命令行提示下，修剪多余直线，并通过夹点拉伸图形，效果如图 17-20 所示。

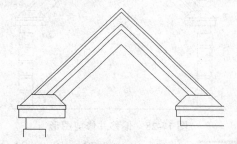

图 17-20　修剪直线 3

步骤 **20**　执行 C（圆）命令，在命令行提示下，输入 FROM（捕捉自）命令，按【Enter】键确认；捕捉内侧多段线的上方端点，输入（@0，-631）并确认，分别创建半径为 400、288、218 的圆，如图 17-21 所示。

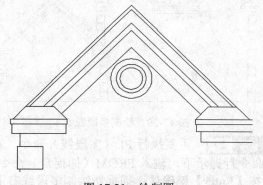

图 17-21　绘制圆

步骤 **21**　执行 MI（镜像）命令，在命令行提示下，在绘图区中选择新绘制的多段线和圆，对其进行镜像处理，如图 17-22 所示。

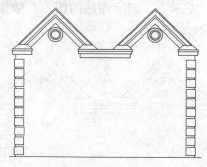

图 17-22　镜像图形 3

步骤 **22**　执行 PL（多段线）命令，在命令行提示下捕捉左侧多段线最上方端点，输入（@530，550）、（@4359，0）和（@530，-550），绘制多段线，如图 17-23 所示。

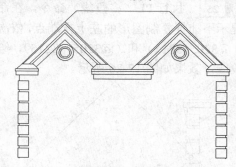

图 17-23　绘制多段线 4

步骤 **23**　执行 CO（复制）命令，在命令行提示下捕捉左侧合适的图形为复制对象，如图 17-24 所示。

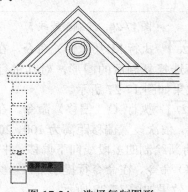

图 17-24　选择复制图形

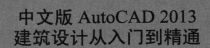

步骤 24 按【Enter】键确认，捕捉选择图形左上方端点为基点，输入（@9126，–2750）并确认，复制图形；执行 E（删除）命令，在命令行提示下，删除相应的图形，效果如图17-25 所示。

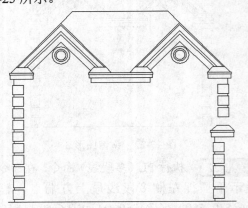

图 17-25 复制并删除图形

步骤 25 执行 PL（多段线）命令，在命令行提示下捕捉复制图形的左上方端点，依次输入（@3205，3215）和（@3205，–3215），绘制多段线，效果如图 17-26 所示。

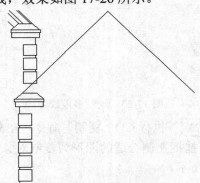

图 17-26 绘制多段线 5

步骤 26 执行 MI（镜像）命令，在命令行提示下选择复制后的图形，对其进行镜像处理，效果如图 17-27 所示。

步骤 27 执行 O（偏移）命令，在命令行提示下，依次设置偏移距离为 100、200、100、230，将新绘制的多段线向下偏移；并执行 TR（修剪）命令，在命令行提示下，修剪多余的直线，效果如图 17-28 所示。

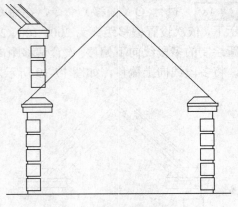

图 17-27 镜像图形 4

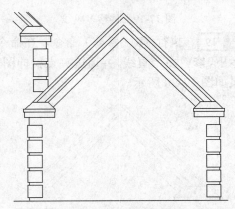

图 17-28 偏移并修剪图形

步骤 28 执行 PL（多段线）命令，在命令行提示下捕捉新绘制多段线的最上方端点，输入（@–1424，1427）和（@–3267，0），绘制多段线，效果如图 17-29 所示。

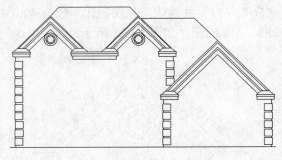

图 17-29 绘制多段线 6

步骤 29 重复执行 PL（多段线）命令，在命令行提示下，输入 FROM（捕捉自）命令，按【Enter】键确认；捕捉新绘制多段线右下方端点，输入（@-96,97）、（@1857,0）和（@1061,-1063），绘制多段线，效果如图17-30 所示。

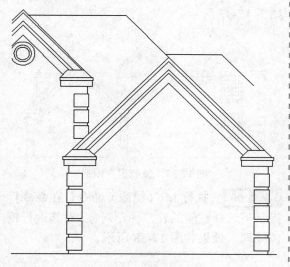

图 17-30　绘制多段线 7

步骤 30　执行 L（直线）命令，在命令行提示下，输入 FROM（捕捉自）命令，按【Enter】键确认；捕捉新绘制多段线右下方端点，输入（@964,-966）、（@1907,0）和（@0,-1910），绘制直线，如图 17-31 所示。

17.2.2　绘制别墅窗户

步骤 01　执行 REC（矩形）命令，在命令行提示下，输入 FROM（捕捉自）命令，按【Enter】键确认，捕捉左下方端点，依次输入（@3985,5970）和（@1500,-2136），绘制矩形，效果如图 17-33 所示。

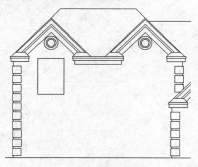

图 17-33　绘制矩形 1

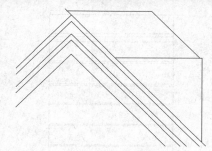

图 17-31　绘制直线 2

步骤 31　执行 O（偏移）命令，在命令行提示下，依次设置偏移距离为 100 和 200，将新绘制的水平直线向下偏移；依次设置偏移距离为 30 和 152，将新绘制的竖直直线向左偏移，并对偏移后的图形进行修剪处理，效果如图 17-32 所示。

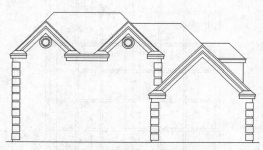

图 17-32　偏移并修剪直线

步骤 02　执行 X（分解）命令，在命令行提示下，分解新绘制的矩形；执行 O（偏移）命令，在命令行提示下，依次设置偏移距离为240、40、60、253、20、263、20、223、20、243、20、243、20、253、60、40，将矩形上方水平直线向下偏移，如图 17-34 所示。

步骤 03　重复执行 O（偏移）命令，在命令行提示下，依次设置偏移距离为 40、60、193、20、193、164、60、63、193、20、194、20、164、57，将矩形左侧的竖直直线向右偏移，效果如图 17-35 所示。

图 17-34　偏移直线 1

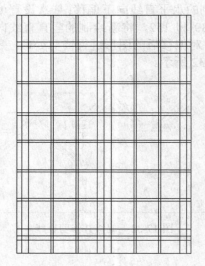

图 17-35　偏移直线 2

步骤 04　执行 TR（修剪）命令，在命令行提示下，修剪多余直线，得到窗户图形，如图 17-36 所示。

图 17-36　修剪直线 1

步骤 05　执行 CO（复制）命令，在命令行提示下选择新绘制的窗户对象，捕捉左上方端点为基点，输入（@0, -2654），复制窗户图形，如图 17-37 所示。

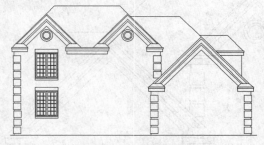

图 17-37　复制窗户图形

步骤 06　执行 MI（镜像）命令，在命令行提示下选择左侧的窗户图形对象，对其进行镜像处理，效果如图 17-38 所示。

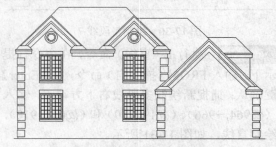

图 17-38　镜像窗户图形

步骤 07　执行 REC（矩形）命令，在命令行提示下，输入 FROM（捕捉自）命令，按【Enter】键确认；捕捉右下方端点，依次输入（@-6447, 3316）和（@-2800, -2136），绘制矩形，如图 17-39 所示。

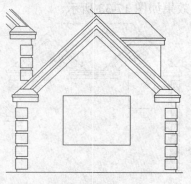

图 17-39　绘制矩形 2

步骤 08 执行 X（分解）命令，在命令行提示下，分解新绘制的矩形对象；执行 O（偏移）命令，在命令行提示下，将矩形的上方水平直线向下偏移，偏移距离依次为 240、1776，将矩形的左侧竖直直线向右偏移，偏移距离依次为 800、200、800、200，效果如图 17-40 所示。

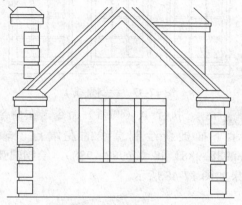

图 17-40　偏移直线 3

步骤 09 执行 TR（修剪）命令，在命令行提示下，修剪多余直线，如图 17-41 所示。

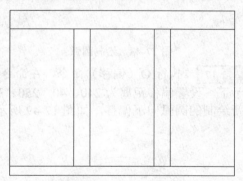

图 17-41　修剪直线 2

步骤 10 执行 REC（矩形）命令，在命令行提示下，输入 FROM（捕捉自）命令，按【Enter】键确认；捕捉修剪后图形左上方端点，输入（@40，-280）和（@720，-1696），绘制矩形，如图 17-42 所示。

步骤 11 执行 O（偏移）命令，在命令行提示下，设置偏移距离为 60，将新绘制的矩形向内偏移，效果如图 17-43 所示。

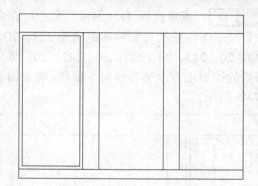

图 17-42　绘制矩形 3

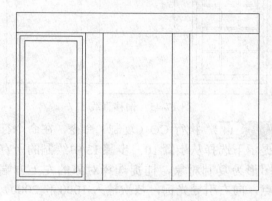

图 17-43　偏移矩形

步骤 12 执行 X（分解）命令，在命令行提示下，将偏移后的矩形进行分解处理；执行 O（偏移）命令，在命令行提示下，依次设置偏移距离为 190、20、180、20，将分解后的矩形左侧竖直直线向右偏移，效果如图 17-44 所示。

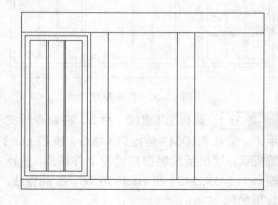

图 17-44　偏移直线 4

步骤 13 重复执行 O（偏移）命令，在命令行提示下，依次设置偏移距离为 253、20、243、20、243、20、243、20、243、20，将分解后的矩形上方水平直线向下偏移，效果如图 17-45 所示。

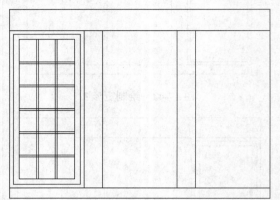

图 17-45 偏移直线 5

步骤 14 执行 CO（复制）命令，在命令行提示下选择从步骤 10～步骤 13 中绘制的所有图形为复制对象，捕捉选择对象的左上方端点，向右引导光标，依次输入 1000 和 2000，复制图形，效果如图 17-46 所示。

图 17-46 复制图形

步骤 15 执行 L（直线）命令，在命令行提示下，输入 FROM（捕捉自）命令，按【Enter】键确认；捕捉新绘制窗户的左上方端点，依次输入（@455,545）和（@1976,0），绘制直线，效果如图 17-47 所示。

图 17-47 绘制直线 1

步骤 16 执行 A（圆弧）命令，在命令行提示下捕捉新绘制直线的左端点，输入（@988,988）和（@988,-988），绘制圆弧，效果如图 17-48 所示。

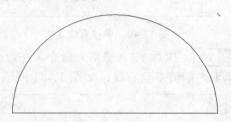

图 17-48 绘制圆弧

步骤 17 执行 O（偏移）命令，在命令行提示下，设置偏移距离为 240、40、250、30，将新绘制的圆弧向下偏移，如图 17-49 所示。

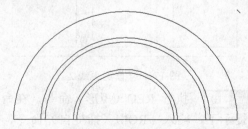

图 17-49 偏移圆弧

步骤 18 执行 L（直线）命令，在命令行提示下，输入 FROM（捕捉自）命令，按【Enter】键确认；捕捉大圆弧的左端点，输入（@480,494）和（@494,-494），绘制直线，如图 17-50 所示。

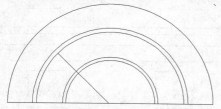

图 17-50　绘制直线 2

步骤 19　重复执行 L（直线）命令，在命令行提示下，输入 FROM（捕捉自）命令，按【Enter】键确认；捕捉大圆弧的左端点，依次输入（@494, 507）、（@484, −484）和（@0, 684），绘制直线，如图 17-51 所示。

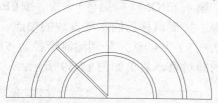

图 17-51　绘制直线 3

步骤 20　执行 MI（镜像）命令，在命令行提示下选择新绘制的 3 条直线为镜像对象，对其进行镜像处理；执行 TR（修剪）命令，在命令行提示下，修剪多余的直线，效果如图 17-52 所示。

步骤 21　执行 PL（多段线）命令，在命令行提示下，输入 FROM（捕捉自）命令，按【Enter】键确认；捕捉大圆弧的左端点，依次输入（@920, 745）、（@−26, 289）、（@186, 0）和（@−26, −289），绘制多段线，效果如图 17-53 所示。

17.2.3　绘制别墅门和其他

步骤 01　执行 REC（矩形）命令，在命令行提示下，输入 FROM（捕捉自）命令，按【Enter】键确认；捕捉左上方窗户的左上方端点，输入（@2376, −481）和（@500, −450），绘制矩形，效果如图 17-55 所示。

步骤 02　执行 CO（复制）命令，在命令行提示下选择新绘制的矩形，捕捉左上方端点，向下引导光标，输入 510 和 1020，复制图形，

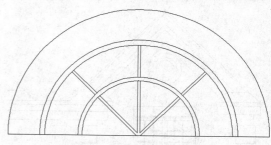

图 17-52　镜像并修剪图形

图 17-53　绘制多段线

步骤 22　执行 TR（修剪）命令，在命令行提示下，修剪绘图区中多余的圆弧，效果如图 17-54 所示。

图 17-54　修剪图形

如图 17-56 所示。

步骤 03　执行 L（直线）命令，在命令行提示下捕捉复制后最下方矩形的右下方端点，向右引导光标，输入 1178，按【Enter】键确认，绘制直线；执行 O（偏移）命令，在命令行提示下，设置偏移距离为 397，将新绘制直线向上偏移，如图 17-57 所示。

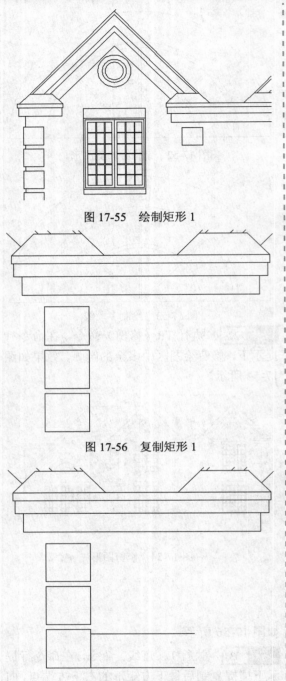

图 17-55　绘制矩形 1

图 17-56　复制矩形 1

图 17-57　绘制并偏移直线 1

步骤 04　执行 MI（镜像）命令，在命令行提示下选择直线左侧的所有矩形，对其进行镜像处理，效果如图 17-58 所示。

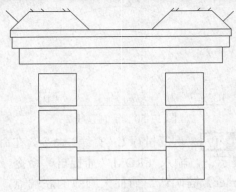

图 17-58　镜像图形

步骤 05　执行 C（圆）命令，在命令行提示下，输入 FROM（捕捉自）命令，按【Enter】键确认；捕捉偏移后的水平直线的中点，输入（@0, 617）并确认，分别绘制半径为 515 和 415 的圆对象，效果如图 17-59 所示。

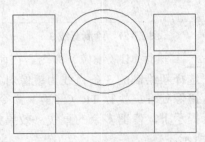

图 17-59　绘制圆

步骤 06　执行 PL（多段线）命令，在命令行提示下，输入 FROM（捕捉自）命令，按【Enter】键确认；捕捉左侧最下方矩形的左下方端点，依次输入（@383, 0）、（@-738, -578）、（@2791, 0）和（@-738, 578），绘制多段线，效果如图 17-60 所示。

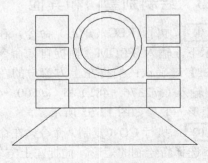

图 17-60　绘制多段线

步骤 07 执行 X（分解）命令，在命令行提示下，分解新绘制的多段线；执行 O（偏移）命令，在命令行提示下，依次设置偏移距离为 50、200、100，将分解后的图形最下方的水平直线向下偏移，如图 17-61 所示。

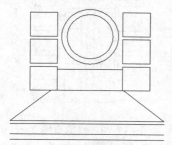

图 17-61　偏移直线 1

步骤 08 执行 L（直线）命令，在命令行提示下捕捉新绘制多段线左下方端点，向下引导光标，输入 2990，按【Enter】键确认，绘制直线；执行 O（偏移）命令，在命令行提示下，依次设置偏移距离为 45、159、45、2293、45、159、45，将新绘制直线向右偏移，效果如图 17-62 所示。

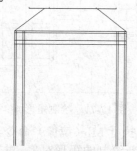

图 17-62　绘制并偏移直线 1

步骤 09 执行 TR（修剪）命令，在命令行提示下，修剪多余直线，如图 17-63 所示。

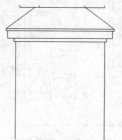

图 17-63　修剪直线 1

步骤 10 执行 REC（矩形）命令，在命令行提示下，输入 FROM（捕捉自）命令，按【Enter】键确认；捕捉修剪后图形的左下方端点，输入（@-28, 222）和（@500, 450），绘制矩形，效果如图 17-64 所示。

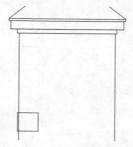

图 17-64　绘制矩形 2

步骤 11 执行 CO（复制）命令，在命令行提示下选择新绘制矩形为复制对象，捕捉左下方端点，向上引导光标，输入 550、1100、1650，复制图形，效果如图 17-65 所示。

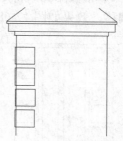

图 17-65　复制矩形 2

步骤 12 执行 MI（镜像）命令，在命令行提示下选择左侧的所有矩形对象，对其进行镜像处理，并修剪多余的直线，效果如图 17-66 所示。

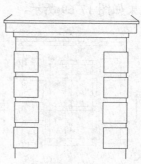

图 17-66　镜像并修剪图形

步骤 13 执行 REC（矩形）命令，在命令行提示下，输入 FROM（捕捉自）命令，按【Enter】键确认；捕捉修剪后图形的左下方端点，输入（@549, 164）和（@1200, 2116），绘制矩形，效果如图 17-67 所示。

图 17-67 绘制矩形 3

步骤 14 执行 X（分解）命令，在命令行提示下，分解新绘制的矩形；执行 O（偏移）命令，在命令行提示下，依次设置偏移距离为 100、366、134、134、366，将矩形左侧的竖直直线向右偏移，效果如图 17-68 所示。

图 17-68 分解并偏移直线

步骤 15 重复执行 O（偏移）命令，在命令行提示下，依次设置偏移距离为 100、250、100、700、100、700，将矩形上方水平直线向下偏移，效果如图 17-69 所示。

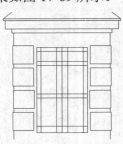

图 17-69 偏移直线 2

步骤 16 执行 TR（修剪）命令，在命令行提示下，修剪多余直线，如图 17-70 所示。

图 17-70 修剪直线 2

步骤 17 执行 REC（矩形）命令，在命令行提示下，输入 FROM（捕捉自）命令，按【Enter】键确认；捕捉修剪后图形的左下方端点，输入（@-1130, -14）和（@-300, -600），绘制矩形，效果如图 17-71 所示。

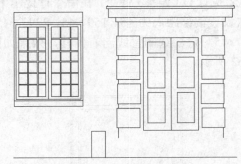

图 17-71 绘制矩形 4

步骤 18 执行 MI（镜像）命令，在命令行提示下选择新绘制的矩形对象，对其进行镜像处理，效果如图 17-72 所示。

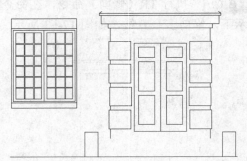

图 17-72 镜像矩形

步骤 19　执行 O（偏移）命令，在命令行提示下，设置偏移距离均为 150，将最下方水平直线向上偏移 3 次，如图 17-73 所示。

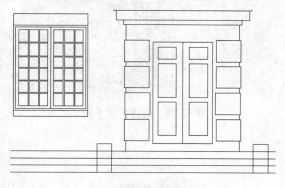

图 17-73　偏移直线 3

步骤 20　执行 TR（修剪）命令，在命令行提示下，修剪绘图区中多余的直线；执行 E（删除）命令，在命令行提示下，删除多余的直线，效果如图 17-74 所示。

图 17-74　修剪并删除直线

17.3　完善别墅立面图

本实例介绍如何完善别墅立面图，效果如图 17-75 所示。

图 17-75　完善别墅立面图

17.3.1　填充别墅立面图

步骤 01　将"填充"图层置为当前，执行 H（图案填充）命令，弹出"图案填充创建"选项卡，在"图案填充图案"下拉列表框中，选择"ANSI31"选项，设置"图案填充角度"为 315、"图案填充比例"为 40，如图 17-76 所示。

步骤 02　在绘图区中的合适位置上单击鼠标左键，并按【Enter】键确认，即可创建图案填充，效果如图 17-77 所示。

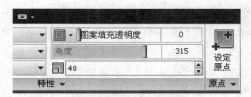

图 17-76　设置填充参数

步骤 03　重复执行 H（图案填充）命令，弹出"图案填充创建"选项卡，选择"AR-RSHKE"选项，在合适位置上单击鼠标左键，并按【Enter】键确认，即可创建图案填充，如图 17-78 所示。

图 17-77　创建图案填充 1

图 17-78　创建图案填充 2

17.3.2　标注别墅立面图

步骤 01　将 0 图层置为当前，执行 D（标注样式）命令，弹出"标注样式管理器"对话框，如图 17-79 所示，选择默认的标注样式，单击"修改"按钮。

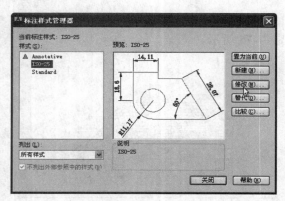

图 17-80　标注线性尺寸

步骤 04　重复执行 DLI（线性标注）命令，在命令行提示下，依次捕捉合适的端点，标注其他线性尺寸，如图 17-81 所示。

图 17-79　"标注样式管理器"对话框

步骤 02　弹出"修改标注样式"对话框，在"线"选项卡中，设置"超出尺寸线"为 300、"起点偏移量"为 200；在"箭头和符号"选项卡中设置"第一个"箭头为"建筑标记"、"箭头大小"为 300；在"文字"选项卡中设置"文字高度"为 300；在"主单位"选项卡中设置"精度"为 0，单击"确定"按钮，即可设置标注样式。

步骤 03　执行 DLI（线性标注）命令，在命令行提示下，依次捕捉最下方水平直线的左右端点，标注线性尺寸，如图 17-80 所示。

图 17-81　标注其他线性尺寸

步骤 05　执行 MT（多行文字）命令，在命令行提示下，设置"文字高度"为 400，在绘图区下方的合适位置处，创建相应的文字，并调整其位置，如图 17-82 所示。

步骤 06　执行 PL（多段线）命令，在命令行提示下，设置宽度为 100，在文字的下方绘制一条合适长度的多段线；执行 L（直线）命令，在命令行提示下，在多段线下方，绘制一条直线，如图 17-83 所示。至此完成整个别墅立面图的绘制。

图 17-82　绘制文字

图 17-83　绘制多段线和直线

第 18 章　会议室效果图

学前提示

　　会议室的设置要考虑到朝向、采光、景观等多多项要求，以保证会议室未来环境质量的优良。由于会议室是用来交谈各种事件的场所，所以需要较为安静的环境。因此，会议室的位置适当偏离活动区。

本章知识重点

▶　绘制会议室轮廓

▶　完善会议室效果图

学完本章后你会做什么

▶　掌握绘制会议室轮廓的操作，如绘制会议室墙柱、墙体、天棚等

▶　掌握完善会议室效果图的操作，如布置会议桌、办公桌椅对象等

视频演示

18.1　效果欣赏

本实例以会议室效果图为例，领先一步，让用户通过 3D 效果图的欣赏，将会议室用真实和直观的视图表现出来，让大家能够一目了然地看到施工后的实际效果，如图 18-1 所示。

图 18-1（a）　会议室 3D 效果图

图 18-1（b）　会议室 CAD 效果图

	素材文件	光盘\素材\第 18 章\会议桌.dwg、办公桌.dwg、会议桌.dwg 等
	效果文件	光盘\效果\第 18 章\会议室效果图.dwg
	视频文件	光盘\视频\第 18 章\

18.2　绘制会议室轮廓

本实例介绍会议室轮廓的绘制，效果如图 18-2 所示。

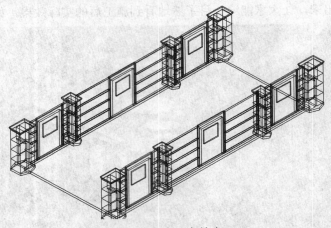

图 18-2　会议室轮廓

18.2.1　绘制会议室墙柱

步骤 **01**　新建一个 CAD 文件，执行 LA（图层）命令，弹出"图层特性管理器"面板，依次创建"墙体"图层、"地板"图层、"天棚"图层，并将"墙体"图层置为当前，如图 18-3 所示。

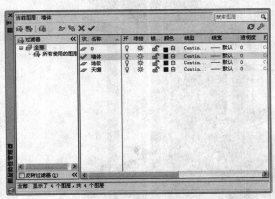

图 18-3　创建图层

步骤 **02**　单击"视图"工具栏中的"西南等轴测"按钮，将视图切换到西南等轴测视图界面。

步骤 **03**　执行 PL（多段线）命令，在命令

行 提 示 下， 依 次 输 入 （ −573, 340, 120 ）、（@476, 174）、（@489, −174）、（@0, −679）、（@−489, −174）、（@−476, 174）和 C，绘制多段线，效果如图 18-4 所示。

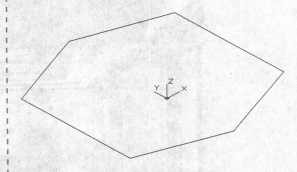

图 18-4　绘制多段线 1

步骤 **04**　执行 EXTRUDE（拉伸）命令，在命令行提示下选择多段线对象，按【Enter】键确认，设置拉伸高度为 120，进行拉伸处理，效果如图 18-5 所示。

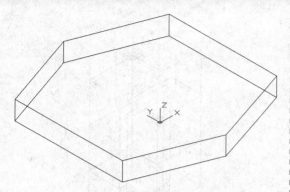

图 18-5　拉伸多段线 1

步骤 05　执行 BOX（长方体）命令，在命令行提示下，以（−573,−305,240）和（@965,610,2300）为长方体的角点和对角点，绘制长方体，效果如图 18-6 所示。

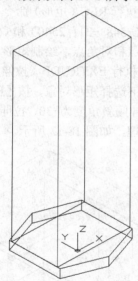

图 18-6　绘制长方体 1

步骤 06　重复执行 BOX（长方体）命令，在命令行提示下，以（−141,−305,240）和（@100,610,1570）为长方体的角点和对角点，绘制长方体，效果如图 18-7 所示。

步骤 07　重复执行 BOX（长方体）命令，在命令行提示下，以（−206,−305,1810）和（@230,610,700）为长方体的角点和对角点，绘制长方体，效果如图 18-8 所示。

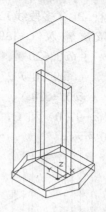

图 18-7　绘制长方体 2

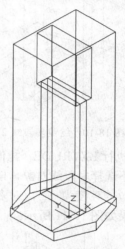

图 18-8　绘制长方体 3

步骤 08　执行 SUBTRACT（差集）命令，在命令行提示下，将绘制的后两个长方体从绘制的第一个长方体中减去，效果如图 18-9 所示。

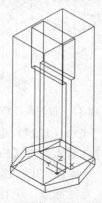

图 18-9　差集运算实体效果 1

步骤 09 执行 PL（多段线）命令，在命令行提示下，依次输入（-139,-310,815）、（@-441,0）、（@0,620）、（@441,0）、（@0,-122）、（@97,0）、（@0,122）、（@440,0）、（@0,-620）、（@-441,0）、（@0,122）、（@-97,0）和 C，绘制多段线，效果如图 18-10 所示。

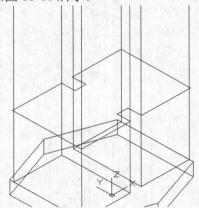

图 18-10 绘制多段线 2

步骤 10 执行 EXTRUDE（拉伸）命令，在命令行提示下选择多段线对象，按【Enter】键确认，设置拉伸高度为 1.3，对多段线进行拉伸处理，效果如图 18-11 所示。

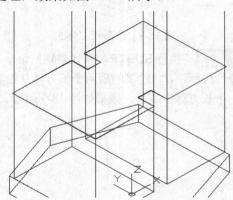

图 18-11 拉伸多段线 2

步骤 11 执行 CO（复制）命令，在命令行提示下选择拉伸体对象，按【Enter】键确认，任意捕捉一点为基点，以（@0,0,575）和（@0,0,1150）为目标点，进行复制处理，如图 18-12 所示。

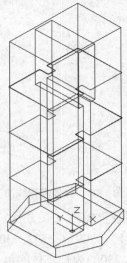

图 18-12 复制多段线对象

步骤 12 执行 REC（矩形）命令，在命令行提示下，以（-548,-311,2540）和（@914,622）为矩形的角点和对角点，绘制矩形。

步骤 13 执行 EXTRUDE（拉伸）命令，在命令行提示下选择矩形对象，按【Enter】键确认，设置拉伸倾斜角度为-30、拉伸高度为 95，进行拉伸处理，如图 18-13 所示。

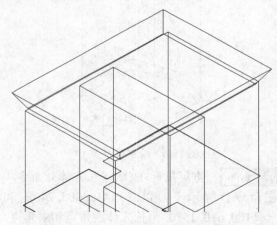

图 18-13 拉伸矩形对象 1

步骤 14 执行 SOLIDEDIT（实体编辑）命令，在命令行提示下，依次输入 F（面）选项、E（拉伸）选项，按【Enter】键确认，选择柱子顶面对象，设置拉伸高度为 50、拉伸倾斜角度为 0，进行拉伸面处理，效果如图 18-14 所示。

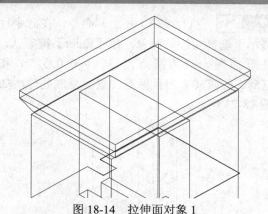

图 18-14　拉伸面对象 1

步骤 15 执行 PL（多段线）命令，在命令行提示下，依次输入（3196, -513, 120）、（@-276, 174）、（@0, 679）、（@276, 174）、（@289, -174）、（@0, -679）和 C，绘制多段线，如图 18-15 所示。

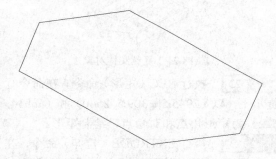

图 18-15　绘制多段线 3

步骤 16 执行 EXTRUDE（拉伸）命令，在命令行提示下选择多段线对象，按【Enter】键确认，设置拉伸高度为 120，进行拉伸处理，如图 18-16 所示。

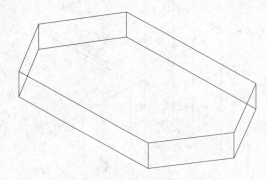

图 18-16　拉伸多段线 3

步骤 17 执行 BOX（长方体）命令，在命令行提示下，分别以（2945, -304.5, 240）和（@515, 610, 2300）、（3177, -304.5, 240）和（@50, 610, 1570）、（3137.5, -304.5, 1810）和（@130, 610, 700）为长方体的角点和对角点，绘制 3 个长方体，效果如图 18-17 所示。

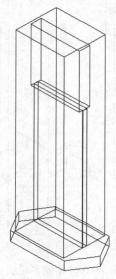

图 18-17　绘制长方体 4

步骤 18 执行 SUBTRACT（差集）命令，在命令行提示下，将绘制的后两个长方体从绘制的第一个长方体中减去，效果如图 18-18 所示。

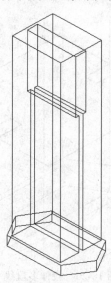

图 18-18　差集运算实体效果 2

步骤 19　执行 PL（多段线）命令，在命令行提示下，依次输入（2918，–309.5，815）、（@0，620）、（@256，0）、（@0，–122）、（@57，0）、（@0，122）、（@256，0）、（@0，–620）、（@–256，0）、（@0，122）、（@–57，0）、（@0，–122）和 C，绘制多段线，如图 18-19 所示。

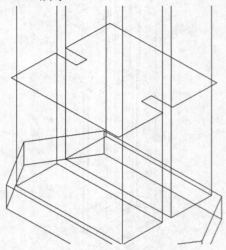

图 18-19　绘制多段线 4

步骤 20　执行 EXTRUDE（拉伸）命令，在命令行提示下选择多段线对象，按【Enter】键确认，设置拉伸高度为 1.3，进行拉伸处理，如图 18-20 所示。

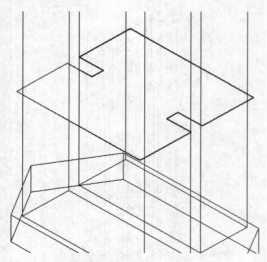

图 18-20　拉伸多段线 4

步骤 21　执行 CO（复制）命令，在命令行提示下选择拉伸体对象，按【Enter】键确认，任意捕捉一点为基点，以（@0，0，575）和（@0，0，1150）为目标点，进行复制处理，如图 18-21 所示。

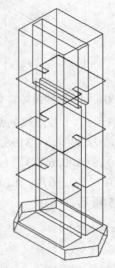

图 18-21　复制实体对象 1

步骤 22　执行 REC（矩形）命令，在命令行提示下，以（2945.5，–309.5，2540）和（@514，622）为矩形角点和对角点，绘制矩形。

步骤 23　执行 EXTRUDE（拉伸）命令，在命令行提示下选择矩形对象，按【Enter】键确认，设置拉伸倾斜角度为–30、拉伸高度为 95，进行拉伸处理，如图 18-22 所示。

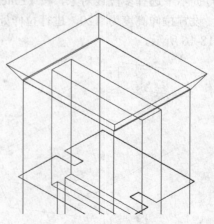

图 18-22　拉伸矩形对象 2

步骤 24　执行 SOLIDEDIT（实体编辑）命令，在命令行提示下，依次输入 F（面）选项、E（拉伸）选项，按【Enter】键确认，选择柱子顶面对象，设置拉伸高度为 50、拉伸倾斜角度为 0，进行拉伸面处理，效果如图 18-23 所示。

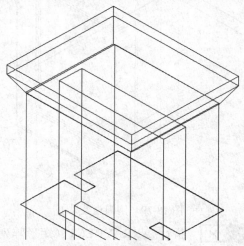

图 18-23　拉伸面对象 2

步骤 25　执行 BOX（长方体）命令，在命令行提示下，分别以（3137.5, 265.5, 240）和（@130, 23, 2270）、（3147.5, 270, 2380）和（@110, 20, 120）、（3152.5, 288.5, 2385）和（@100, 10, 110）为长方体的角点和对角点，绘制 3 个长方体，效果如图 18-24 所示。

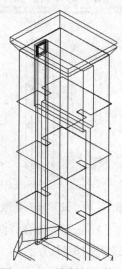

图 18-24　绘制长方体 5

步骤 26　在"功能区"选项板的"视图"选项卡中，单击"坐标"面板中的 X 按钮，输入 90，按【Enter】键确认，将坐标系统 X 轴旋转 90°。

步骤 27　执行 CYLINDER（圆柱体）命令，在命令行提示下，以（3202.5, 2440, -288.5）为圆柱体底面中心点，绘制半径为 45、高为-10 的圆柱体，效果如图 18-25 所示。

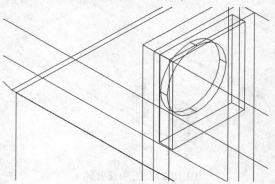

图 18-25　创建圆柱体对象

步骤 28　执行 UNI（并集）命令，在命令行提示下，将新绘制的圆柱体与相应的长方体进行并集处理。

步骤 29　执行 CO（复制）命令，在命令行提示下选择并集对象，按【Enter】键确认，任意捕捉一点为基点，以（@0, -140）、（@0, -280）、（@0, -420）和（@0, -560）为目标点，进行复制处理，如图 18-26 所示。

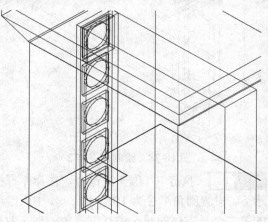

图 18-26　复制实体对象 2

18.2.2 绘制会议室墙体

步骤 01 将"地板"图层置为当前,执行 BOX(长方体)命令,在命令行提示下,以 (0,0,0)和(13000,120,-6000)为长方体的 角点和对角点,绘制一个长方体,效果如图 18-27 所示。

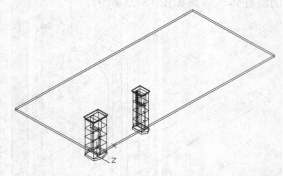

图 18-27 绘制长方体 1

步骤 02 将"墙体"图层置为当前,执行 BOX(长方体)命令,在命令行提示下,分别 以 (392,120,0) 和 (@2528,120,-120)、 (366,240,0)和(@425,575,-100)为长方体 的角点和对角点,绘制两个长方体,如图 18-28 所示。

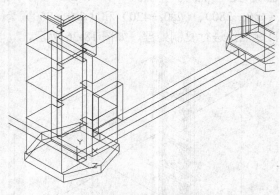

图 18-28 绘制长方体 2

步骤 03 执行 F(圆角)命令,在命令行提 示下,设置圆角半径为 10,对上一步中所绘制 的第二个长方体的棱边进行倒圆角处理,效果 如图 18-29 所示。

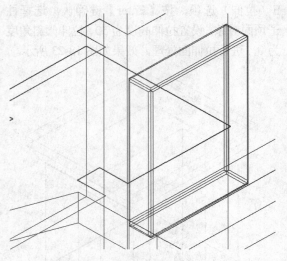

图 18-29 倒圆角效果 1

步骤 04 执行 ARRAYRECT(矩形阵列) 命令,在命令行提示下选择倒圆角后的长方体 为阵列对象,按【Enter】键确认,弹出"阵列 创建"选项卡,设置"列数"为 1、"介于"为 1、"行数"为 3、第二个"介于"为 575,如 图 18-30 所示。

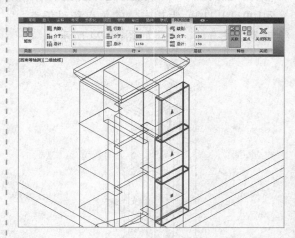

图 18-30 设置阵列参数

步骤 05 按【Enter】键确认,即可矩形阵列 长方体,效果如图 18-31 所示。

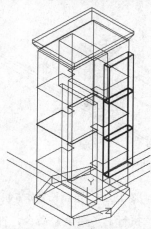

图 18-31 矩形阵列长方体对象 1

步骤 06 执行 BOX（长方体）命令，在命令行提示下，以（366, 1965, 0）和（@425, 720, -100）为长方体的角点和对角点，绘制长方体，效果如图 18-32 所示。

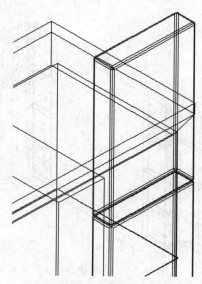

图 18-33 倒圆角效果 2

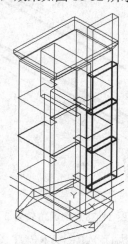

图 18-32 绘制长方体 3

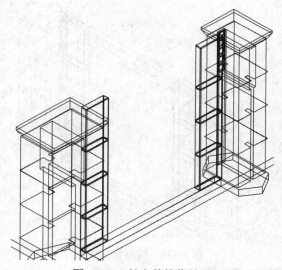

图 18-34 长方体镜像效果

步骤 07 执行 F（圆角）命令，在命令行提示下，设置圆角半径为 10，对步骤 05 中所绘制的长方体的棱边进行倒圆角处理，效果如图 18-33 所示。

步骤 08 执行 MI（镜像）命令，在命令行提示下选择绘制并倒圆角的 4 个长方体为镜像对角，以（1655.8, 120）和（@0, 1）为镜像线上的第一点和第二点，进行镜像处理，效果如图 18-34 所示。

步骤 09 执行 BOX（长方体）命令，在命令行提示下，以（791, 240, 0）和（@1729.6, 2445, -110）为长方体的角点和对角点，绘制长方体，效果如图 18-35 所示。

步骤 10 重复执行 BOX（长方体）命令，在命令行提示下，以（941, 240, 0）和（@1429.6, 2195, -110）为长方体的角点和对角点，绘制长方体，效果如图 18-36 所示。

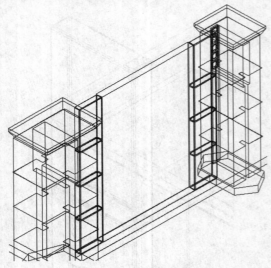

图 18-35　绘制长方体 4

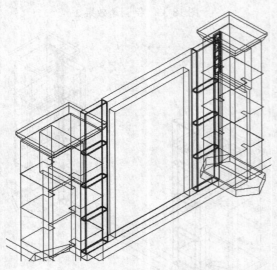

图 18-36　绘制长方体 5

步骤 11　执行 SUBTRACT（差集）命令，在命令行提示下，将绘制的第二个长方体从第一个长方体中减去。

步骤 12　执行 BOX（长方体）命令，在命令行提示下，分别以（791, 240, 10）和（@1729.6, 2445, −70）、（1191, 1387.5, −60）和（@929.6, 797.5, −50）、（3485, 120, 0）和（@6030, 120, −120）、（3460, 240, 0）和（@2176, 575, −100）为长方体的角点和对角点，绘制 4 个长方体，效果如图 18-37 所示。

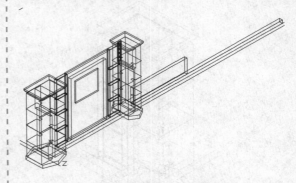

图 18-37　绘制长方体 6

步骤 13　执行 F（圆角）命令，在命令行提示下，设置圆角半径为 10，对上一步中所绘制的最后一个长方体的棱边进行倒圆角处理，效果如图 18-38 所示。

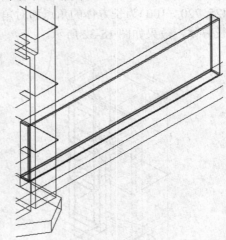

图 18-38　倒圆角效果 3

步骤 14　执行 ARRAYRECT（矩形阵列）命令，在命令行提示下选择圆角后的长方体为阵列对象，按【Enter】键确认，弹出"阵列创建"选项卡，设置"列数"为 1、"介于"为 1、"行数"为 3、第二个"介于"为 575。

步骤 15　按【Enter】键确认，即可矩形阵列长方体对象，效果如图 18-39 所示。

步骤 16　执行 BOX（长方体）命令，在命令行提示下，以（3460, 1965, 0）和（@2176, 720, −100）为长方体的角点和对角点，绘制长方体，效果如图 18-40 所示。

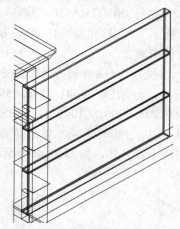

图 18-39 矩形阵列长方体对象 2

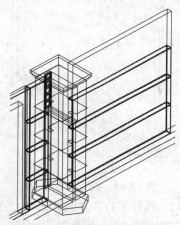

图 18-40 绘制长方体 7

步骤 17 执行 F（圆角）命令，在命令行提示下，设置圆角半径为 10，将新绘制的长方体的棱边进行倒圆角处理，效果如图 18-41 所示。

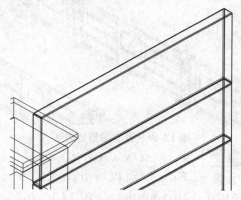

图 18-41 倒圆角效果 4

步骤 18 执行 MI（镜像）命令，在命令行提示下，将左侧的墙体和柱子进行镜像处理，效果如图 18-42 所示。

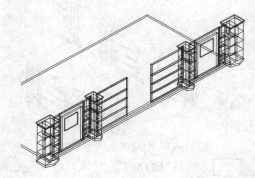

图 18-42 镜像处理效果

步骤 19 执行 CO（复制）命令，在命令行提示下，将墙体复制至左边墙体中间位置，效果如图 18-43 所示。

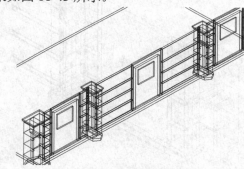

图 18-43 复制图像效果 1

步骤 20 执行 MIRROR3D（三维镜像）命令，在命令行提示下选择右边墙体为镜像对象，以 XY 为镜像面，捕捉地板左边线中点，进行三维镜像处理，效果如图 18-44 所示。

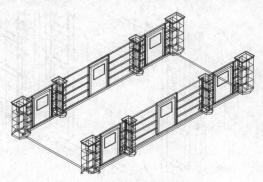

图 18-44 三维镜像处理效果

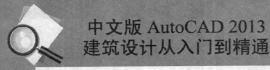

步骤 21 执行 E（删除）命令，在命令行提示下，删除三维镜像后的多余实体，效果如图 18-45 所示。

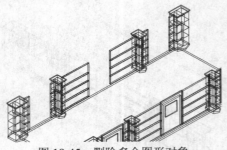

图 18-45 删除多余图形对象

步骤 22 执行 BOX（长方体）命令，在命令行提示下，以（791, 240, -5900）和（@1729.6, 2445, -100）为长方体的角点和对角点，绘制长方体，效果如图 18-46 所示。

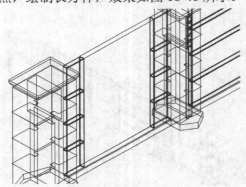

图 18-46 绘制长方体 8

步骤 23 重复执行 BOX（长方体）命令，在命令行提示下，以（1041, 1120, -5900）和（@1229.6, 1015, -100）为长方体的角点和对角点，绘制长方体，效果如图 18-47 所示。

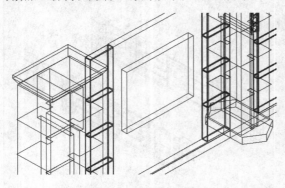

图 18-47 绘制长方体 9

步骤 24 执行 SUBTRACT（差集）命令，在命令行提示下，将绘制的第二个长方体从第一个长方体中减去。

步骤 25 执行 BOX（长方体）命令，在命令行提示下，分别以（1041, 1140, -5940）和（@1229.6, 995, -20）、（1041, 1120, -5880）和（@1229.6, 20, -140）为长方体的角点和对角点，绘制两个长方体，如图 18-48 所示。

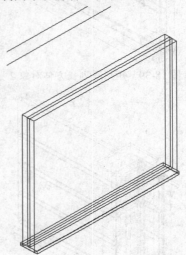

图 18-48 绘制长方体 10

步骤 26 执行 CO（复制）命令，在命令行提示下选择步骤 22～步骤 25 所绘制的图形为复制对象，将其进行多次复制处理，效果如图 18-49 所示。

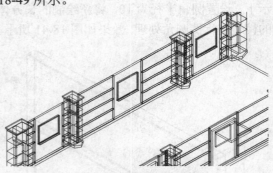

图 18-49 复制图形效果 2

步骤 27 执行 BOX（长方体）命令，在命令行提示下，分别以（0, 120, 0）和（@120, 120, -6000）、（0, 240, -0.2）和（@100, 575, -6000）为长方体的角点和对角

点，绘制两个长方体，效果如图 18-50 所示。

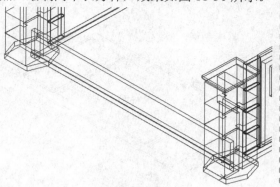

图 18-50　绘制长方体 11

步骤 28　执行 F（圆角）命令，在命令行提示下，设置圆角半径为 10，对新绘制的第二个长方体的棱边进行倒圆角处理，效果如图 18-51 所示。

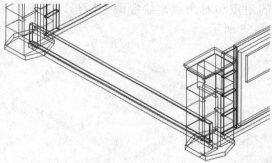

图 18-51　倒圆角效果 5

步骤 29　执行 ARRAYRECT（矩形阵列）命令，在命令行提示下选择倒圆角后的长方体为阵列对象，按【Enter】键确认，弹出"阵列创建"选项卡，设置"列数"为 1、"介于"为 1、"行数"为 3、第二个"介于"为 575。

步骤 30　按【Enter】键确认，即可矩形阵列长方体对象，效果如图 18-52 所示。

步骤 31　执行 BOX（长方体）命令，在命令行提示下，以（0，1965，-0.2）和（@100，720，-6000）为长方体的角点和对角点，绘制长方体，效果如图 18-53 所示。

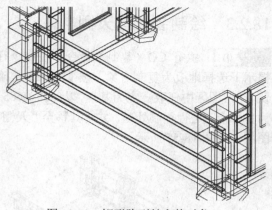

图 18-52　矩形阵列长方体对象 3

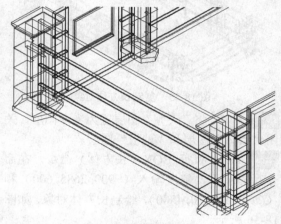

图 18-53　绘制长方体 12

步骤 32　执行 F（圆角）命令，在命令行提示下，设置圆角半径为 10，对新绘制的长方体的棱边进行倒圆角处理，效果如图 18-54 所示。

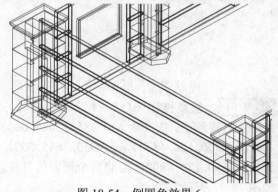

图 18-54　倒圆角效果 6

18.2.3 绘制会议室天棚

步骤 **01** 执行 CO（复制）命令，在命令行提示下选择地板为复制对象，按【Enter】键确认，在绘图区中任取一点为基点，以（@0, 2685）为目标点，进行复制处理，并将其移至"天棚"图层，如图 18-55 所示。

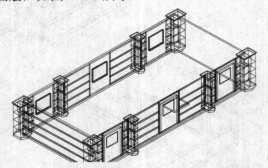

图 18-55 复制长方体对象

步骤 **02** 将"天棚"图层置为当前图层，关闭"墙体"图层和"地板"图层。

步骤 **03** 执行 BOX（长方体）命令，在命令行提示下，依次输入（−900, 2685, 600）和（@−2150, 120, 4800），绘制长方体对象，如图 18-56 所示。

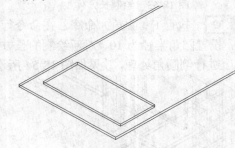

图 18-56 绘制长方体 1

步骤 **04** 重复执行 BOX（长方体）命令，在命令行提示下，依次输入（−3350, 2685, 600）和（@−6300, 120, 4800）、（−9950, 2685, 600）和（@−2150, 120, 4800），绘制两个长方体对象，如图 18-57 所示。

步骤 **05** 执行 SUBTRACT（差集）命令，在命令行提示下，将绘制的三个长方体从复制的长方体对象中减去。

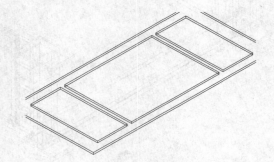

图 18-57 绘制长方体 2

步骤 **06** 将坐标系恢复到世界坐标系，执行 REC（矩形）命令，在命令行提示下，分别以（800, 500, 2805）和（@2350, 5000）、（3250, 500, 2805）和（@6500, 5000）为矩形的角点和对角点，绘制两个矩形，效果如图 18-58 所示。

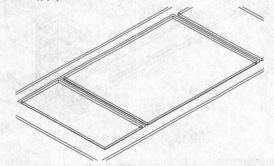

图 18-58 绘制矩形

步骤 **07** 执行 POLYSOLID（多段体）命令，在命令行提示下，输入 H（高度）选项，按【Enter】键确认，输入 150 并确认；再输入 W（宽度）选项并确认，输入 60 并确认；输入 J（对正）选项并确认；输入 R（右对正）选项并确认；输入 O（对象）选项并确认，分别选择新绘制的两个矩形，绘制多段体，如图 18-59 所示。

步骤 **08** 执行 MIRROR3D（三维镜像）命令，在命令行提示下选择左边的多段体为镜像对象，以 YZ 平面为镜像面，捕捉地板中点，进行三维镜像处理，效果如图 18-60 所示。

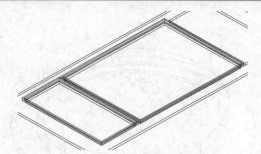

图 18-59　绘制多段体对象

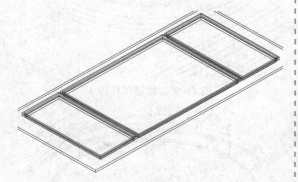

图 18-60　三维镜像图形对象

步骤 09　执行 BOX（长方体）命令，在命令行提示下，分别以（860,1600,2805）和（@2230,2800,100）、（3310,1600,2805）和（@6380,2800,100）、（9910,1600,2805）和（@2230,2800,100）为长方体的角点和对角点，绘制 3 个长方体，如图 18-61 所示。

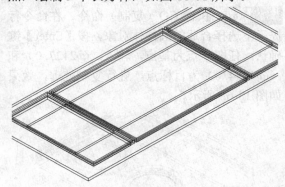

图 18-61　绘制长方体 3

步骤 10　执行 CYLINDER（圆柱体）命令，在命令行提示下，以（4373,3000,2805）为圆柱体底面中心点，绘制半径为 800、高为 100 的圆柱体，效果如图 18-62 所示。

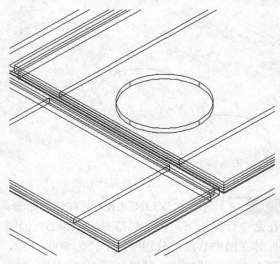

图 18-62　绘制圆柱体 1

步骤 11　执行 CO（复制）命令，在命令行提示下选择新绘制的圆柱体对象，按【Enter】键确认，任取一点为基点，输入（@2127,0）和（@4254,0）为目标点，进行复制处理，效果如图 18-63 所示。

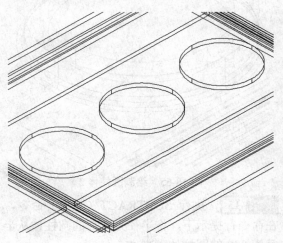

图 18-63　复制圆柱体效果

步骤 12　执行 SUBTRACT（差集）命令，在命令行提示下，将绘制的三个圆柱体从所在的长方体对象中减去。

步骤 13　执行 F（圆角）命令，在命令行提示下，设置圆角半径为 50，对差集孔进行圆角处理，效果 18-64 所示。

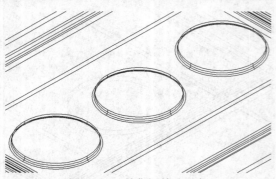

图 18-64 差集运算孔对象

步骤 14 执行 CYLINDER（圆柱体）命令，在命令行提示下，以（4373, 3000, 2905）为圆柱体底面中心点，分别绘制半径为 800、632，高为 180 的圆柱体，效果如图 18-65 所示。

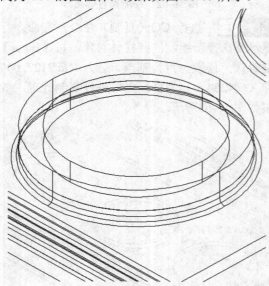

图 18-65 绘制圆柱体 2

步骤 15 执行 SUBTRACT（差集）命令，在命令行提示下，将半径为 632 的圆柱体从半径为 800 的圆柱体中减去。

步骤 16 执行 CYLINDER（圆柱体）命令，在命令行提示下，以（4373, 3000, 2905）为圆柱体底面中心点，绘制半径为 632，高为-20 的圆柱体，效果如图 18-66 所示。

步骤 17 执行 F（圆角）命令，在命令行提示下，设置圆角半径为 10，对圆柱体底面进行倒圆角处理，效果如图 18-67 所示。

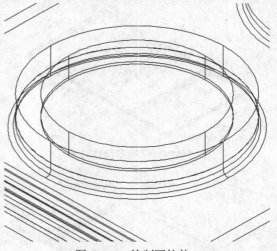

图 18-66 绘制圆柱体 3

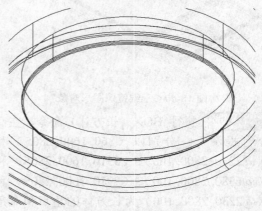

图 18-67 对圆柱体倒圆角

步骤 18 执行 CO（复制）命令，在命令行提示下选择合适的圆柱体对象，按【Enter】键确认，任取一点为基点，输入（@2127, 0）和（@4254, 0）为目标点，进行复制处理，效果如图 18-68 所示。

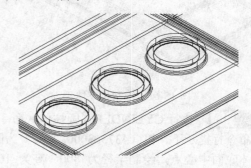

图 18-68 复制图形效果 1

步骤 19　执行 CYLINDER（圆柱体）命令，在命令行提示下，以（570, 632, 2685）为圆柱体底面中心点，分别绘制半径 63、75，高为-3 的两个圆柱体，效果如图 18-69 所示。

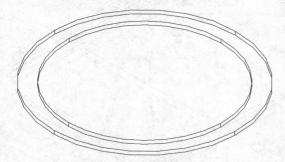

图 18-69　绘制圆柱体 4

步骤 20　执行 SUBTRACT（差集）命令，在命令行提示下，将半径为 63 的圆柱体从半径为 75 的圆柱体中减去。

步骤 21　执行 CYLINDER（圆柱体）命令，在命令行提示下，以（570, 632, 2684.5）为圆柱体底面中心点，绘制半径为 63，高为-2 的圆柱体，效果如图 18-70 所示。

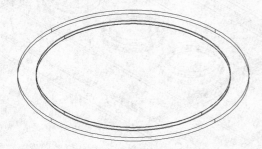

图 18-70　绘制圆柱体 5

步骤 22　执行 CO（复制）命令，在命令行提示下选择合适的图形为复制对象，按【Enter】键确认，任取一点为基点，输入（@505, -314）为目标点，进行复制处理，效果如图 18-71 所示。

步骤 23　执行 ARRAYRECT（矩形阵列）命令，在命令行提示下选择合适的圆柱体对象为阵列对象，按【Enter】键确认，弹出"阵列创建"选项卡，设置"列数"为 1、"介于"为 1、"行数"为 3、第二个"介于"为 1170。

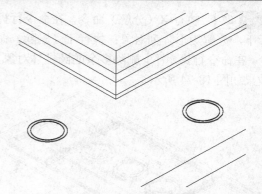

图 18-71　复制图形对象 2

步骤 24　按【Enter】键确认，即可矩形阵列圆柱体对象，效果如图 18-72 所示。

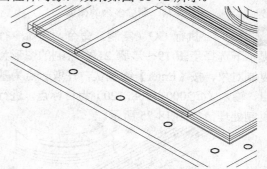

图 18-72　矩形阵列圆柱体对象 1

步骤 25　执行 ARRAYRECT（矩形阵列）命令，在命令行提示下选择合适的圆柱体对象为阵列对象，按【Enter】键确认，弹出"阵列创建"选项卡，设置"列数"为 11、"介于"为 1090、"行数"为 1、第二个"介于"为 1。

步骤 26　按【Enter】键确认，即可矩形阵列圆柱体对象，效果如图 18-73 所示。

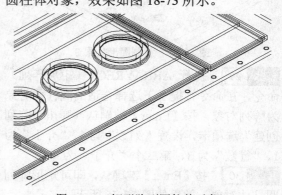

图 18-73　矩形阵列圆柱体对象 2

步骤 27 执行 X（分解）命令，在命令行提示下，分解矩形阵列对象；执行 E（删除）命令，在命令行提示下，删除多余的圆柱体对象，效果如图 18-74 所示。

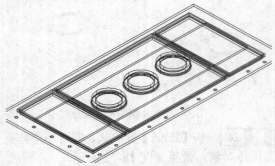

图 18-74 删除多余的图像

步骤 28 执行 CO（复制）命令，在命令行提示下选择步骤 19～步骤 21 中绘制的图形为复制对象，按【Enter】键确认，任取一点为基点，输入（@2000, 1968, 120）为目标点，进行复制处理，如图 18-75 所示。

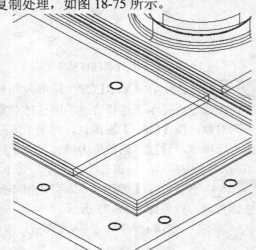

图 18-75 复制图形效果 3

步骤 29 执行 ARRAYRECT（矩形阵列）命令，在命令行提示下选择合适的圆柱体对象为阵列对象，按【Enter】键确认，弹出"阵列创建"选项卡，设置"列数"为 1、"介于"为 1、"行数"为 3、第二个"介于"为 400。

步骤 30 按【Enter】键确认，即可矩形阵列圆柱体对象，效果如图 18-76 所示。

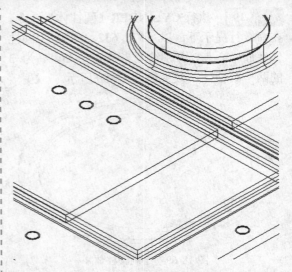

图 18-76 矩形阵列圆柱体对象 3

步骤 31 执行 MIRROR3D（三维镜像）命令，在命令行提示下选择阵列后的图形对象，以 YZ 平面为镜像面，捕捉合适的中点，进行三维镜像处理，效果如图 18-77 所示。

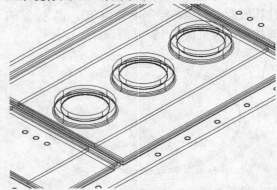

图 18-77 三维镜像处理效果 1

步骤 32 重复执行 MIRROR3D（三维镜像）命令，在命令行提示下，依次选择合适的图形对象，对其进行镜像处理，如图 18-78 所示。

步骤 33 将视图切换至俯视图中，执行 BOX（长方体）命令，在命令行提示下，以（990, 4340, 2905）和（@10, 1100, 50）为长方体的角点和对角点，绘制长方体，效果如图 18-79 所示。

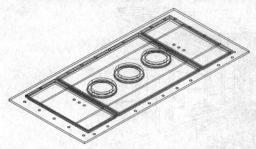

图 18-78　三维镜像处理效果 2

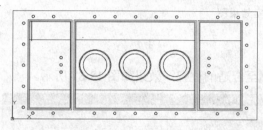

图 18-79　绘制长方体 4

步骤 34　执行 ARRAYRECT（矩形阵列）命令，在命令行提示下选择新绘制的长方体对象为阵列对象，按【Enter】键确认，弹出"阵列创建"选项卡，设置"列数"为 93、"介于"为 120、"行数"为 1、第二个"介于"为 1。

步骤 35　按【Enter】键确认，即可矩形阵列长方体对象，效果如图 18-80 所示。

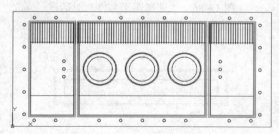

图 18-80　矩形阵列长方体对象

步骤 36　执行 MI（镜像）命令，在命令行提示下选择阵列的长方体为镜像对象，捕捉左边和右边垂直线上的中点为镜像线上的第一点和第二点，进行镜像处理，效果如图 18-81 所示。

18.3　完善会议室效果图

本实例介绍如何完善会议室效果图，效果如图 18-84 所示。

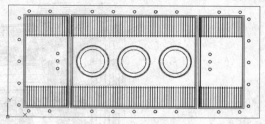

图 18-81　镜像长方体对象 1

步骤 37　执行 BOX（长方体）命令，在命令行提示下，以（860,4340,2955）和（@11280,1100,50）为长方体的角点和对角点，绘制长方体。

步骤 38　执行 MI（镜像）命令，在命令行提示下，捕捉左右垂直线上的中点为镜像线，对新绘制的长方体进行镜像处理，如图 18-82 所示。

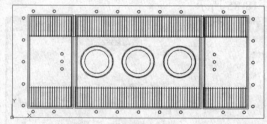

图 18-82　镜像长方体对象 2

步骤 39　将视图切换至西南等轴测视图，显示"墙体"图层和"地板"图层，绘制的会议室天棚图像效果如图 18-83 所示。

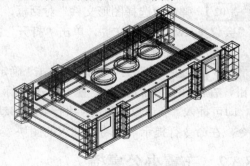

图 18-83　会议室天棚效果

图 18-84　会议室效果图

18.3.1　布置会议桌对象

步骤 01　将视图切换至俯视图，隐藏"墙体"图层和"天棚"图层，执行 I（插入）命令，弹出"插入"对话框，单击"浏览"按钮，如图 18-85 所示。

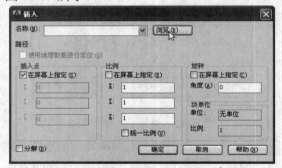

图 18-85　"插入"对话框

步骤 02　弹出"选择图形文件"对话框，选择"会议桌.dwg"图形文件，单击"打开"按钮，如图 18-86 所示。

步骤 03　返回"插入"对话框，单击"确定"按钮，在绘图区中的合适位置上单击鼠标左键，即可插入"会议桌"图块；执行 M（移动）命令，在命令行提示下，将新插入的图块

18.3.2　布置办公桌椅

步骤 01　执行 I（插入）命令，弹出"插入"对话框，单击"浏览"按钮，弹出"选择图形文件"对话框，选择"会议桌.dwg"图形文件，单击"打开"按钮，如图 18-88 所示。

移至合适的位置，效果如图 18-87 所示。

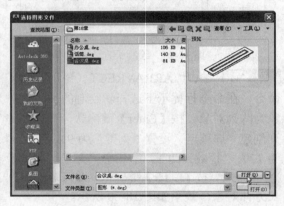

图 18-86　"选择图形文件"对话框

图 18-87　插入"会议桌"图块效果

步骤 02　返回"插入"对话框，单击"确定"按钮，在绘图区中的合适位置上单击鼠标左键，即可插入"办公桌"图块；执行 M（移动）命令，在命令行提示下，将新插入的图块移至合适的位置，效果如图 18-89 所示。

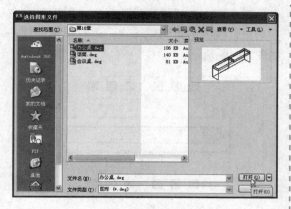

图 18-88　选择"会议桌.dwg"图形文件

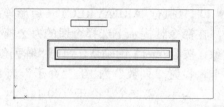

图 18-89　插入"办公桌"图块效果

步骤 03　执行 MI（镜像）命令，在命令行提示下选择新插入的图块对象，以矩形的上下方水平直线的中点为镜像点，进行镜像处理，效果如图 18-90 所示。

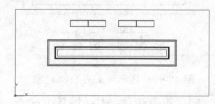

图 18-90　镜像图形效果 1

步骤 04　重复执行 MI（镜像）命令，在命令行提示下选择合适的图形对象，以矩形的左右侧垂直直线的中点为镜像点，进行镜像处理，效果如图 18-91 所示。

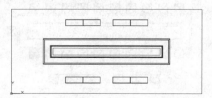

图 18-91　镜像图形效果 2

步骤 05　执行 I（插入）命令，弹出"插入"对话框，单击"浏览"按钮，弹出"选择图形文件"对话框，选择"办公椅.dwg"图形文件，单击"打开"按钮，如图 18-92 所示。

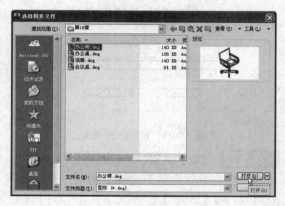

图 18-92　选择"办公椅.dwg"图形文件

步骤 06　返回"插入"对话框，单击"确定"按钮，在绘图区中的合适位置上单击鼠标左键，即可插入"办公椅"图块；执行 M（移动）命令，在命令行提示下，将新插入的图块移至合适的位置，效果如图 18-93 所示。

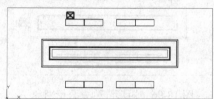

图 18-93　插入"办公椅"图块效果

步骤 07　执行 CO（复制）命令，在命令行提示下选择新插入的椅子对象，按【Enter】键确认，任取一点，输入（@-1212,-1324,-792）和（@7617,-2617,0）为目标点，进行复制处理，如图 18-94 所示。

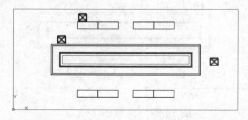

图 18-94　复制图形效果

步骤 08 执行 RO（旋转）命令，在命令行提示下，将右侧复制的椅子对象进行旋转处理，并调整图形的位置，如图 18-95 所示。

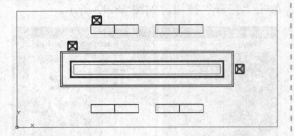

图 18-95 旋转图形效果

步骤 09 执行 ARRAYRECT（矩形阵列）命令，在命令行提示下选择合适的办公椅为阵列对象，按【Enter】键确认，弹出"阵列创建"选项卡，设置"列数"为 3、"介于"为 900、"行数"为 1、第二个"介于"为 1。

步骤 10 按【Enter】键确认，即可矩形阵列办公椅对象，效果如图 18-96 所示。

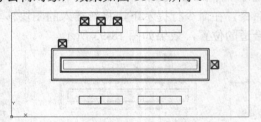

图 18-96 矩形阵列办公椅对象 1

步骤 11 执行 MI（镜像）命令，在命令行提示下选择阵列后的对象，以矩形的上下方水平直线的中点为镜像点，进行镜像处理，如图 18-97 所示。

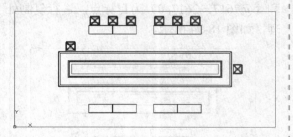

图 18-97 镜像图形效果 3

步骤 12 重复执行 MI（镜像）命令，在命

令行提示下，选择阵列后的对象，以矩形的左右垂直直线的中点为镜像点，进行镜像处理，如图 18-98 所示。

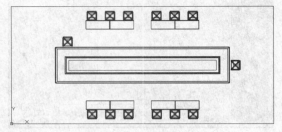

图 18-98 镜像图形效果 4

步骤 13 执行 ARRAYRECT（矩形阵列）命令，在命令行提示下选择合适的办公椅为阵列对象，按【Enter】键确认，弹出"阵列创建"选项卡，设置"列数"为 10、"介于"为 800、"行数"为 1、第二个"介于"为 1。

步骤 14 按【Enter】键确认，即可矩形阵列办公椅对象，效果如图 18-99 所示。

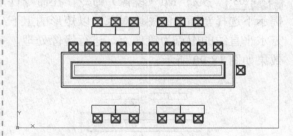

图 18-99 矩形阵列办公椅对象 2

步骤 15 重复执行 MI（镜像）命令，在命令行提示下选择上一步中阵列后的对象，以矩形的左右垂直的中点为镜像点，进行镜像处理，如图 18-100 所示。

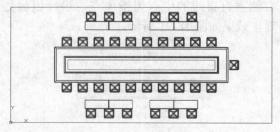

图 18-100 镜像图形效果 5

18.3.3　布置话筒对象

步骤 01　执行 I（插入）命令，弹出"插入"对话框，单击"浏览"按钮，弹出"选择图形文件"对话框，选择"话筒.dwg"图形文件，单击"打开"按钮，如图 18-101 所示。

图 18-101　选择"话筒.dwg"图形文件

步骤 02　返回"插入"对话框，单击"确定"按钮，在绘图区中的合适位置上单击鼠标左键，即可插入"话筒"图块；执行 M（移动）命令，在命令行提示下，将新插入的图块移至合适的位置，效果如图 18-102 所示。

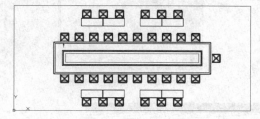

图 18-102　插入"话筒"图块效果

步骤 03　执行 ARRAYRECT（矩形阵列）命令，在命令行提示下选择话筒为阵列对象，按【Enter】键确认，弹出"阵列创建"选项卡，设置"列数"为 10、"介于"为 800、"行数"为 1、第二个"介于"为 1。

步骤 04　按【Enter】键确认，即可矩形阵列话筒对象，效果如图 18-103 所示。

步骤 05　重复执行 MI（镜像）命令，在命令行提示下选择阵列后的话筒对象，以矩形的左右垂直直线的中点为镜像点，进行镜像处

理，如图 18-104 所示。

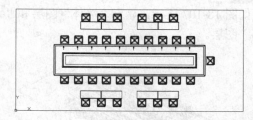

图 18-103　矩形阵列话筒对象

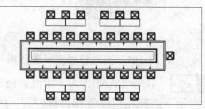

图 18-104　镜像图形效果

步骤 06　执行 X（分解）命令，分解矩形阵列对象；执行 CO（复制）命令，选择右上方的话筒对象，任意捕捉一点为基点，捕捉合适的位置为目标点，进行复制图形处理，如图 18-105 所示。

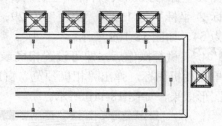

图 18-105　复制图形效果

步骤 07　执行 RO（旋转）命令，在命令行提示下，对右侧复制的话筒对象进行旋转处理，并调整话筒位置，效果如图 18-106 所示。

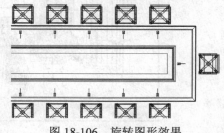

图 18-106　旋转图形效果

18.3.4 创建会议室相机

步骤 01 将视图切换至西南等轴测视图，效果如图 18-107 所示，显示"墙体"图层和"天棚"图层。

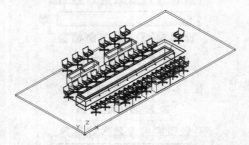

图 18-107 西南等轴测视图效果

步骤 02 执行 CAMERA（相机）命令，在命令行提示下选择相机位置和目标位置，按【Enter】键确认，即可创建相机，如图 18-108 所示。

步骤 03 在相机图标上单击鼠标右键，在弹出的快捷菜单中选择"特性"选项，弹出"特性"面板，设置"相机 X 坐标"为 15000、"相机 Y 坐标"为 2000、"相机 Z 坐标"为 1500、"目标 X 坐标"为 2000、"目标 Y 坐标"为 4000、"目标 Z 坐标"为 1500、"焦距"为 29、"视野"为 64，如图 18-109 所示。

步骤 04 执行操作后，即可设置相机参数，再次单击相机图标，弹出"相机预览"窗口，预览图形效果，如图 18-110 所示。

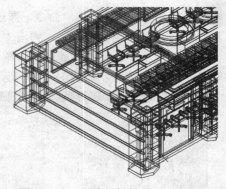

图 18-108 创建相机效果

图 18-109 "特性"面板

图 18-110 预览图形效果